化 学 工 程 基 础

温瑞媛　　严世强
江　洪　　翟茂林　编著

北京大学出版社
北　京

图书在版编目(CIP)数据

化学工程基础/温瑞媛等编著.—北京：北京大学出版社，2002.3
ISBN 978-7-301-05469-7

Ⅰ.化…　Ⅱ.①温…②严…　Ⅲ.化学工程-高等学校-教材　Ⅳ.TQ02

中国版本图书馆 CIP 数据核字(2002)第 005930 号

书　　　名：化学工程基础
著作责任者：温瑞媛　严世强　江洪　翟茂林 编著
责 任 编 辑：赵学范
标 准 书 号：ISBN 978-7-301-05469-7/O·0534
出 版 发 行：北京大学出版社
地　　　址：北京市海淀区成府路 205 号　100871
网　　　址：http://www.pup.cn
电 子 信 箱：zpup@pup.pku.edu.cn
电　　　话：邮购部 62752015　发行部 62750672　编辑部 62752021　出版部 62754962
印 刷 者：三河市博文印刷有限公司
经 销 者：新华书店
　　　　　　787 毫米×1092 毫米　16 开本　17.5 印张　450 千字
　　　　　　2002 年 3 月第 1 版　2021 年 3 月第 11 次印刷
印　　　数：30001～33000 册
定　　　价：35.00 元

内 容 简 介

　　本书是参照综合大学应用化学和化学专业的化工基础教学大纲,并结合作者多年教学实践经验编写而成的。

　　本书包括流体流动、热量传递、传质分离和化学反应工程四章,每章后均附有精心选编的习题。基于本书的读者主要为理科学生,在阐述化工过程原理时,特别注意揭示化工过程的内在规律,如动量传递、热量传递和质量传递机理的相似性及类似律等。书中还注意突出工程学特有方法,如对量纲分析法等内容的介绍,详细叙述了它们的来龙去脉。本书在绪论中简介了化工过程开发知识,在传质分离一章增加了膜分离过程,并在化学反应工程的基本原理一章中增加了生化反应工程基础。书后附录中有参考文献、中英文对照的化工专业术语、习题参考答案及需要经常使用的各类附表。

　　本书可作为综合性大学、师范院校应用化学和化学专业的化学工程基础教材或教学参考书。

前　言

本书是根据新的理科大学化工基础教学大纲和近年教材建设会议精神,结合多年教学实践经验编写的理科大学应用化学和化学专业的化学工程基础教材。在编写中既注意了理科学生探究机理的钻研习惯,又注意突出了有别于基础理论学科的工程学特点。较以往教材增加了深度,扩充了内容。例如增加了流体粘性本质和规律的阐述,三种传递过程机理的相似性及类似律的推导,以及内外扩散对催化反应的影响等进一步揭示化工过程的内在规律。又如,重点阐述了工程学特有的方法,像对影响因素极复杂的工程实践往往无法列出数学表达式或式子太复杂无法求解而产生的量纲分析法(黑箱法),以及类似律法、流动模型法和传质单元法等,引导理科学生注意学习另一类解决问题的方法,启迪思维,开阔视野。另外,还增加了新型分离方法——膜分离过程,以及生化反应工程基础。同时,也注意将工程学的实践性和经济观点贯穿始终。书末还列了书中涉及到的化工专业术语的英汉、汉英对照表,便于学生查阅国外资料,及时学习、了解学科新动态。

鉴于学习化工过程开发知识对理科学生是重要的,但因受学时数的限制难以单独开课,我们就将其编写在绪论中,以简介给学生起到引路作用。

通过对课程内容的学习,学生不仅能对化工过程有了理性认识,而且拓展了解决问题的思路,进而了解科研成果产业化过程中可能遇到的问题和解决途径,有了和工程师合作开发的共同语言。

鉴于不同专业对课程内容的要求有所不同,授课老师可按专业要求和学时数有所侧重和详略。

本书由北京大学的温瑞媛、江洪、翟茂林和兰州大学的严世强编写,由温瑞媛主编。其中流体流动和热量传递部分由温瑞媛编写,传质分离的精馏部分和中英文对照专业术语由翟茂林编写,传质分离的其余部分和绪论由江洪编写,化学反应工程部分由严世强编写。

在本书即将面世之际,编者感谢北大原技物系历届领导,由于他们对化工课程建设的重视和支持,我们成功地开设了化工基础、工程制图课,建成并逐渐完善了实验教学基地——化工实验室,现在又编写出版了新教材,使得化工课程的建设完成了阶段任务。感谢本书责任编辑赵学范编审为本书的出版付出的辛劳。也感谢高宏成教授的热忱鼓励和叶宪曾教授的严谨审核。

由于作者水平有限,书中若有错误与不当之处,恳请读者批评指正。

编　者

2001 年 10 月

目 录

绪　　论

0.1　化工技术学科的发展

化工技术学科是伴随着化学工业形成和发展起来的。起初,人们对化工生产的研究仅仅是针对某种具体产品,探讨生产的最优工艺过程,这些研究逐渐形成了化学工艺学。随着化工生产的不断发展,化工产品及其工艺过程日益增多,1893 年在芝加哥化学家会议上人们开始注意到:"化工、食品工业,尽管其物料不同,但都具有共同的基础"。进一步的研究发现:千变万化的化工过程,除化学反应外,都包含着许多物理操作过程,这些操作过程依其操作目的和物理原理可以归结为若干种基本过程。具有共同操作目的和物理原理的一类操作过程称为单元操作。二战之后,流化床催化裂化,丁苯橡胶合成以及原子能工程三项重大技术的崛起,生产规模的日益扩大以及非均相催化反应的广泛应用,化学动力学已不能完全解决生产中化学反应过程的实际问题,人们开始从工程的角度去研究化学反应过程的化学变化和物理影响,至 1957 年正式形成了化学反应工程学。可以说,单元操作概念的提出,开辟了对化工过程的共同规律和工程问题的研究,形成了化学工程学。化工单元操作及其设备的原理(化工原理)和化学反应工程学构成了化学工程学的两大支柱。

随着对单元操作物理本质的深入研究,人们把众多的单元操作归结为动量传递、热量传递和质量传递三大传递过程,并发现其内在联系,从而形成了化工传递工程学。由于化工生产日趋大型化、综合化和自动化以及系统论、计算技术的发展,化学工程学的研究已从单个单元操作扩展到整个工厂甚至整个行业的大系统,形成了化工系统工程学。近年来,化学工程学已经步入新近发展起来的生物反应工程、环境工程和系统仿真等崭新的领域。

0.2　化工基础课的内容和学习目的

化工基础课介绍的是化工技术学科的基础知识。主要内容是化学工程学的基础知识,对于综合性大学理科化学专业和应用化学专业没有开设其他化工类选修课的,还可以包括化学工艺学、化工过程开发、化工计算等化工技术学科的初步知识。本书以化工过程开发方法为向导,介绍流体动力过程、传热过程、分离过程和化学反应工程学。

学习本课程是为了提高学生"科研、科技开发、科技管理及分析和解决一般生产问题的初步能力"。从理科化学专业的培养规格来看,不是把学生培养成工程技术人员,而是科研、开发、教学人员,学习化工基础课是为了使他们能与工程技术人员搞好"接力"或是互相"渗透",使他们的科研成果尽快转化为现实生产力。从这个层面上讲,学习化工基础课的目的是:

(1) 在科研工作中提高产业化意识。例如在科研的选题、研究方案中树立市场需求、经济可行性和环境保护等技术经济观点。

(2) 与工程技术人员建立共同语言。包括科研成果的表述方式和化学工程技术中的基本观点和方法,如合理简化的观点、最优化观点、衡算的方法、数学模型的方法等。

(3) 指导开发和科研工作。了解科研成果产业化过程中可能遇到的问题和解决方法。利用这些知识分析确定科研成果应用于生产时,设计的方案能否实现,如何有效利用能源以及设备的可行性等。

另外,化学工程学的一些研究方法是理科课程中没有系统介绍的,学习本课程有助于理科学生理论联系实际,避免他们的思维模式单一化,有利于全面掌握科学方法论。

0.3　化工过程开发

化工过程开发的方法提供了一种系统方法,指导我们运用化学工程学的理论和方法以及其他相关知识,进行化工新技术开发;提出了需要化学工程学解决的问题和主要任务;揭示了技术经济和工程技术的基本观点。

(一) 化工过程开发的含义和步骤

化工生产由于原料并非纯品,工艺过程受混合、传热等因素影响,以及出于其他技术和经济的考虑,与化学实验有很大差别,因此要实现工业化生产,还要做大量的研究工作。由化学科研成果到实现工业化生产的全部研究过程称为化工过程开发。在图 0-1 所示的科研成果产业化过程中,这些研究工作主要集中于"开发研究"阶段。化工过程开发工作大致可分为开发基础研究、过程研究、工程研究和技术经济评价等四个方面,其步骤如图 0-1 所示。

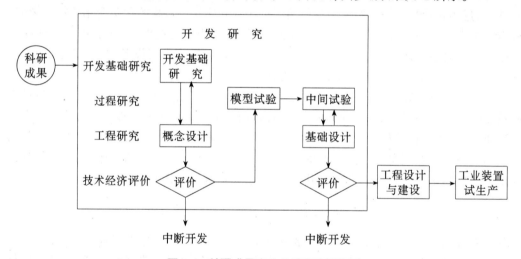

图 0-1　科研成果产业化过程流程框图

1. 开发基础研究

开发基础研究是针对化工过程开发而进行的实验室规模的初步研究。通过研究为进一步开发提供依据。其内容包括:

(1) 初步筛选原料路线;

(2) 了解过程特征(包括反应的必要条件、催化剂性能、副反应及其进行程度以及开发所需的热力学动力学数据和物性数据);

(3) 归纳出适宜的工艺条件;

(4) 拟定原料、中间产物、产品的分析方法。

开发基础研究也包括收集技术经济资料,能从文献、手册获得的经验和可靠数据资料应充分利用,从而减少试验工作量。

2．过程研究

过程研究(process research)是按设想的工业化技术方案进行的模拟和放大试验研究。它包括小型工业模拟试验、模型试验、中间(工厂)试验等等。

3．工程研究

工程研究包括概念设计、中间工厂的基础设计、最终生产装置的基础设计等。它们都带有研究的性质,不属于常规的工程设计。

(1) 概念设计(conceptual design)。是指对预定生产规模的生产装置提出的设计方案,是凭借对过程的概念认识提出的技术方案。

(2) 基础设计。是指针对工业装置进行的初步的设计。它是开发研究成果的主要形式,可以作为技术转让的主要技术文件。

基础设计的内容包括:工艺概述、工艺流程图、工程计算及工艺条件、带控制点的工艺流程图、物料衡量及能量衡算、设备明细表、公用工程及"三废"处理方案等等。

4．技术经济评价

技术经济评价是化工过程开发中对开发项目的技术可行性和经济合理性的考察。开发研究正式立题前要进行"立题评价";开始放大试验前要进行"方案论证";完成基础设计后开始投资建设时要进行"项目评估";开发研究的每一个中间阶段也要进行阶段性的评价。如果评价结果是肯定的,则可进行下一步研究;当评价中对过程提出质疑时,应就有关问题返回重新研究,或对开发方案提出改进意见;否则应中止开发研究工作。

技术经济评价包括技术的(工艺过程的速率和效率等即先进性,安全和容易操作控制即可靠性)、经济的(资源及其价格、产品市场、成本、生命周期等)、社会的(产业政策、法律、就业等)和生态环境的(污染程度和危害性)等几方面的内容。

化工过程开发是一个逐步放大的过程,其间,过程研究借助试验研究为开发工作提供信息,并验证放大的技术方案和设计质量,而工程研究则是依赖设计者的理论和经验提出进一步放大的决策,也是对前者的总结。当然,对于规模较小、工艺过程不太复杂、放大效应不大的精细化工产品,如染料、生物化学品、化学试剂等产品的生产,一些试验和设计步骤可以省略或简化。综上所述,化工过程开发是在技术经济评价中过程研究和工程研究交插进行,逐步放大,得到最佳设计的过程。因此,放大和优化是开发工作的核心问题,而探索化工过程共性规律和放大方法,为化工设计计算提供依据则是化学工程学的主要任务。

(二) 过程研究的步骤和内容

过程研究旨在为开发工作提供信息依据,同时具有验证技术方案的性质。与开发基础研究的试验不同的是,过程研究侧重于探索工程因素(物料混合、扩散、传热以及杂质积累对反应过程的影响、设备型式、尺寸及腐蚀情况等)对过程的影响。在目前广泛运用的开发方法中,经验放大的方法不研究过程的内在规律,需要从各级试验中了解工艺条件和设备尺寸对过程结果的影响规律,因此更多地依赖于试验,而数学模型放大方法则是从小型试验中获得概念认识和物理描述,依据相对成熟的理论进行放大设计,对试验的依赖相对较少,有时甚至可以省略中间试验。因此对于不同的开发方法,各级试验的要求、信息内容和试验方法有很大差异。

1．小型工业模拟试验

小型工业模拟试验是在实验室里用小型工业模型装置进行的模拟试验,习惯称为"小试"。小试通常包括以下内容:

(1) 比较各种可能的反应器或分离提纯方法的效果(转化率、选择性、纯度等);

(2) 在不同条件下试验,初步优选工艺条件;

(3) 运用经验放大法时,应比较不同尺寸的反应器和不同物料处理量对过程结果的影响规律即"放大效应"和消除放大效应的判据;

(4) 用数学模型放大时,应从上述试验现象中找出识别模型的特征规律。

另外,有时人们把开发基础研究中的试验也称为小试。

小试通常使用实际生产中拟用的粗原料,必要时,还应对比不同原料的效果。

2. 模型试验

为建立过程的理论模型,在实物模型设备中进行的试验称为模型试验,一般是对单一过程甚至只对过程的某一特征进行模拟。采用实际物料在实际工艺条件下进行试验,称为"热模试验",其试验内容类似于小试中的第(3)条,当规模不大时常被并入小试。用数学模型放大反应过程时,常采用与实际物料物理性质相近的惰性物料进行试验,可单独考察反应器内的物理规律,称为"冷模试验",其目的是验证和修正数学模型。"大型冷模试验"有时可以取代中间试验。

3. 中间工厂试验

中间工厂试验简称"中试",它是用小于工业规模的半工业化装置,对化工过程所做的一种较全面的试验考察。其考察的内容应包括:

(1) 检验工艺流程以及工艺系统连续运转的可靠性;

(2) 确定最优工艺操作条件(温度、压力、浓度、流量等);

(3) 进一步考察放大效应,测试和寻求放大判据;

(4) 用数学模型放大时,检验和修正数学模型,测取过程参数(模型参数、物性数据等);

(5) 考察其他工程因素(设备材质和腐蚀作用、工艺过程中杂质积累等)对过程及产品的影响;

(6) 生产一定的产品供进一步开发使用;

(7) 考察工艺过程中产生"三废"的情况,寻找治理方法。

中试比较接近实际生产,许多小试中不易观察到的工程因素表现得比较充分,但中试耗资巨大,必须在充分论证之后系统地有计划地实施。在中试装置的设计建设前应确定中试规模、中试流程和测量控制方法问题。中试放大倍数取决于对过程规律掌握的程度,有时放大 10 倍都困难,需要进行多次中试,但采用数学模型放大,有报导丙烯二聚一次放大 17 000[①]倍。中试可以是部分流程的,很多单元操作,人们已充分掌握其过程规律,可以不做中试。除非特殊需要,一般应避免全流程中试。

(三) 概念设计的内容和方法

概念设计又称为"方案设计",是根据开发初期获得的技术经济信息对预定生产规模的装置提出的设计方案。其目的是估计开发项目实施后的技术经济效果;确定进一步开发的方案、试验内容和重点。概念设计的重点在于合理安排流程,而不是完整精确的计算,即使如此,它对于方案的评选仍有较高的价值。

概念设计的内容主要包括:方案概述、工艺过程的优化、物料衡算和能量衡算、主要工艺条

---

① 陈甘棠,梁玉衡:《化学反应技术基础》,p.5,北京:科学出版社(1981)

件、工艺流程图和主要设备规格表等。有时还可以有"三废"治理初步方案,主要技术经济指标、技术经济资料以及对进一步试验的建议等。

1. 方案概述

概念设计目前尚不存在一个万能的方法,一般是先将技术方案分解成若干个因素,单独研究每一个问题,最后进行过程合成(process synthesis)即综合的过程。在所有技术因素中,原料路线和反应、分离加工的方法是技术方案首先要考虑的问题。因此方案概述中在确定生产规模、产品规格、质量的前提下,主要就是优选原料路线和原则流程。选择原料路线时要考虑到原料来源稳定、价格低、储运方便、反应步骤少等原则。如聚氯乙烯单体氯乙烯可以由电石乙炔加氯化氢,也可以由乙烯氧氯化法生产。电石乙炔法反应步骤少且后处理方便,但耗电多;氧氯化法可以利用石油化工系统中生产的大量的乙烯和副产品氯化氢,但反应步骤多,产物分离提纯麻烦。在电力和煤资源丰富的地区可以用电石乙炔法,而在石化工业发达的地区则多采用乙烯氧氯化法。原则流程的选择则应考虑反应条件不太苛刻、分离方法简便且能耗小,以及资源充分利用等。苯氯代生产氯苯时,副产物多,有二氯苯、三氯苯和未反应的苯,且产率约50%。但反应温度只需55~70℃,通过精馏又可以很好的分离产物,苯还可循环利用,因此该方案仍然是可行的。以上的工作主要是靠经验和资料分析筛选,当经验不能确定时,可以将几个选择方案列出,待优化工艺时进一步选择。一般应确定一个原料路线,其中某些单元过程可有少数几种选择,以减少优化时的工作量。

2. 工艺过程的优化

化工生产过程应该在一个最佳的状态下运行,这样才能使产业的效益最佳。最佳可以是速度快、产量高、质量好、消耗低、费用少,这些称为优化目标。它们一般是影响过程的各种因素——需要在设计中决定的变量的函数,因此称为目标函数,而这些变量称为决策变量,包括结构变量(设备的型式、尺寸)和操作变量(操作方式和操作条件)。当然,优化最终是以经济效益为目标,而其他技术经济指标如安全、污染程度等一般可当作约束条件。

工艺过程的最优化或称优化(optimization)的一般步骤如下:

(1) 确定优化目标。各种目标有时是矛盾的,因此最终应以整个系统的经济效益为目标;

(2) 分解优化目标并找出与决策变量的关系,写出目标函数和约束条件;

(3) 运用数学方法给出目标函数的最优解。简单函数的最优化可以采用求极值的方法,对于复杂的目标函数有专门的最优化数学方法,可以参考有关书籍。

另外,由于过程的复杂性,有时人们对过程的机理不很清楚,也可以通过试验确定一些操作变量的最优值(参见本节)。

由于开发过程一般都要经过中试,基础设计中还要进一步优化,因此概念设计中的优化要求不高,许多不敏感的因素可以暂不优化。设计时可根据小试结果或一般原则选取。

3. 物料衡算和能量衡算

物料衡算和能量衡算一般是先将各股物料的量、物料的能量变化、做功和传热量等各项算出,分别列表表示。衡算的区域可以是一个工厂、一个单元、一个设备,也可以是一个微分空间,时间可以是一年、一天等等。

通过物料衡算和能量衡算,可以了解原料、产品、中间产物、副产物的量;计算设备的热负荷、尺寸和主要性能;在生产中可以检验装置运转的情况;还可以为资源和能量的综合利用提供依据。物料衡算和能量衡算也是技术经济评价的重要依据。

【例 0-1】　苯氯代生产氯苯反应器的物料衡算和工艺优化。

苯氯代反应为连串反应：

$$C_6H_6 + Cl_2 \xrightarrow{k_1} C_6H_5Cl + HCl$$

$$C_6H_5Cl + Cl_2 \xrightarrow{k_2} C_6H_4Cl_2 + HCl$$

$$C_6H_4Cl_2 + Cl_2 \longrightarrow C_6H_3Cl_3 + HCl$$

小试了解到 Cl_2 限量时，最后一个副反应可忽略；在搅拌充分的条件下，气液接触良好，化学反应是动力学控制的，可视为均相反应；主副反应均为准一级反应，其动力学方程为：

$$-\frac{\mathrm{d}x_A}{\mathrm{d}t} = k_1 x_A$$

$$\frac{\mathrm{d}x_B}{\mathrm{d}t} = k_1 x_A - k_2 x_B$$

$$k_1 = 4.72 \times 10^{12} \mathrm{e}^{-82000/RT}$$

$$k_2 = 2.7 \times 10^{20} \mathrm{e}^{-136400/RT}$$

式中：x_A，x_B—分别为反应物苯和产物氯苯的摩尔分数；t—反应时间，h；k_1，k_2—主、副反应的速率常数，h^{-1}。

(1) 反应器的物料衡算

该反应前后分子数是不变的，故可以用物质的量 n 衡算。以 1 kmol 氯苯为基准的物料衡算列于表 0-1。

表 0-1　氯苯反应器的物料衡算

输　　入		输　　出	
项　　目	n/kmol	项　　目	n/kmol
苯	$1/x_B$	苯基	$1/x_B$
		其中：氯苯	1
		苯	x_A/x_B
		二氯苯	$\dfrac{1}{x_B} - \dfrac{x_A}{x_B} - 1$
氯气	$\dfrac{2}{x_B} - 2\dfrac{x_A}{x_B} - 1$	氯化氢	$\dfrac{2}{x_B} - 2\dfrac{x_A}{x_B} - 1$
总　计	$\dfrac{3}{x_B} - 2\dfrac{x_A}{x_B} - 1$		$\dfrac{3}{x_B} - 2\dfrac{x_A}{x_B} - 1$

(2) 工艺优化

化工生产过程常常以一年的成本，又称生产费用为优化目标，它一般可分为原料费用，操作费用（能耗、人工等）和设备费用（折旧）。在本例中，用精馏分离苯、氯苯和二氯苯（年产氯苯 3600 t），该过程能耗很高，若反应转化率低，则需要回收的苯增多，操作费用大；转化率提高，副产物的量随之增多，原料费用又会增高，因此选择适当的主副产品的量是优化的主要任务，而其他因素均为不敏感因素。

经计算该生产过程的各项费用（参考表 0-1）为：

原料费　$\left(636484\dfrac{1-x_A}{x_B} - 224\,728\right)\$ \cdot a^{-1}$

$$\text{分离操作费} \quad \left(82\,295\,\frac{x_A}{x_B} + 7900\right) \$ \cdot a^{-1}$$

其他过程操作费与上述的浓度无关,基本是固定的,为 $279\ \$ \cdot d^{-1}$;设备费用在总费用中所占比例很小,其中除反应器以外基本是固定的,为 $42\,000\ \$ \cdot a^{-1}$。

综合以上各项即构成目标函数。但 x_A、x_B 不是独立可调的因素,动力学方程为约束条件。该反应是在三釜串联反应器中进行的,其动力学方程的解为:

$$x_A = \frac{1}{\left(1 + k_1\,\dfrac{N_R}{F}\right)^3}$$

$$x_B = \frac{k_1\,\dfrac{N_R}{F}}{\left(1 + k_1\,\dfrac{N_R}{F}\right)^3\left(1 + k_2\,\dfrac{N_R}{F}\right)} + \frac{k_1\,\dfrac{N_R}{F}}{\left(1 + k_1\,\dfrac{N_R}{F}\right)^2\left(1 + k_2\,\dfrac{N_R}{F}\right)^2}$$

$$+ \frac{k_1\,\dfrac{N_R}{F}}{\left(1 + k_1\,\dfrac{N_R}{F}\right)\left(1 + k_2\,\dfrac{N_R}{F}\right)^3}$$

式中:k_1,k_2——主、副反应的速率常数,如前,均为温度 T 的函数;F——反应器进料流量,$kmol \cdot h^{-1}$;N_R——单釜容纳物料的量,kmol。

由此运用数学方法,即可求出两个独立变量 T 和 (N_R/F)(即单釜反应时间)的最佳值:

$$T = 333\ K$$

$$N_R/F = 0.384\ h$$

$$\text{生产费用} = 740\,000\ \$ \cdot a^{-1}$$

4. 主要工艺条件

工艺条件包括各项操作条件,如上例中反应器进料量、冷却水温度等,还包括设备性能的指标,如反应器的转化率、换热器的热负荷等。根据工艺优化的结果和对过程的概念认识,即可计算这些工艺条件。概念设计中工艺条件的计算不要求很精确,应尽量根据理论和文献数据进行计算。

5. 工艺流程图和设备规格表

概念设计的最后要将全部设计结果用图、表表示出来,绘制工艺流程图,编制设备规格、性能等主要指标的一览表。在工艺流程图中,用设备图形符号表示设备,用主要物流连接起来并加上必要说明。流程框图则用单元或工序的名称表示过程,主要用于表示原则流程。

化工过程开发是涉及多学科知识和技术的综合性工程技术,需要化学科研工作者、工程技术人员和技术经济专家的通力合作。随着现代科学技术和生产的发展,他们的结合点已从实验室推进到概念设计和中试现场。对于应用研究的科研成果,化学科研人员应尽量以概念设计的方式提供。因为科研人员最了解开发项目的目标,由他们完成概念设计可以将过程特征和工程技术方法以及技术经济观点紧密结合,保证开发工作的质量,同时提高科研成果的"含金量"。

第1章　流体的流动及输送

化工生产中所处理的物料大部分都处于液体和气体状态,气体和液体统称为流体。流体在设备内进行物理变化和化学变化的效果与流体流动直接相关。在连续化生产中,物料要由一个设备输送到另一个设备,流体在管道中的流动、输送和测量均有规律可循。即使固体物料也常使其处于流态化,便于自动化连续化操作。它们均遵守流体力学规律。故相关的流体力学规律必须学习掌握。

1.1　流体概述

1.1.1　流体的特性

流体由大量分子组成,每个分子都在不停地作不规则的运动,相互间经常碰撞,在碰撞中交换着动量和能量。因此流体的微观结构和运动,无论在时间或空间上都充满着不均匀性、离散性和随机性。另一方面人们用仪器测到的宏观结构和运动,却明显地呈现出均匀性、连续性和确定性,例如压强、温度和速率等。流体的微观和宏观性质截然不同,却和谐地统一在流体物质中,形成了流体运动的两个重要侧面。它是我们分析研究流体流动中的问题的依据。

针对流体具有的微观和宏观性质,人们通过两种不同的途径研究归纳流体流动的规律:

(1) 从分子运动出发,采用统计平均的方法,建立宏观物理量满足的方程,即统计物理的方法。

(2) 以连续介质假设的模型去研究流体流动的规律。

以上两种方法相辅相成全面地研究描述流体的运动。在研究流体宏观性质方面,则以连续介质假设为根本假设。

1.1.2　连续介质假设

假设流体是由大量质点组成,彼此间没有空隙完全充满所占空间,而且每个空间点在每个时刻都有确定的物理量,它们都是空间坐标和时间的连续函数,因此可以用数学分析工具去处理。

流体质点是指微观上充分大、宏观上充分小的分子团,其尺度远比设备小但比分子自由程大得多。流体质点所具有的宏观物理量如质量、速率、压力和温度等满足一切相关的物理定律。例如牛顿定律,质量、能量守恒定律,热力学定律,以及动量、热量和质量的传递规律。

所谓流体质点是微观上充分大的分子团的含意,是分子团的尺度充分大,其中包含大量分子,对分子团进行统计平均后能得到稳定的数值,少数分子的出入不影响稳定的平均值。所谓宏观上充分小是指分子团的平均物理量可看成是均匀不变的,因而可以把它近似地看成是几何上的一个点,一个有确定物理量的点。由许多质点组成的物系空间,因条件的不同,会有连续变化的物理量。

连续介质假设是流体力学的根本假设,对一般流体都适用,只对稀薄气体不适用。

有了连续介质假设,我们对流体的宏观性质的描述应该是,流体是均匀的连续体,而不是含有大量分子的离散体。流体流动是流体质点的位移,而不是个别分子的位移。研究流体静力学时,流体质点是静止不动的,虽然其中的分子热运动在不断进行。

1.1.3 流体的易流动性和粘性

固体在静止时它的界面上可以承受切应力,固体沿界面切线方向发生微小的形变,而后达到平衡,界面上承受着切应力。这说明固体在静止时既能承受法应力也能承受切应力。而流体静止时只要持续施加切应力,都能使流体流动,发生任意大的形变,这种流体的宏观性质称为易流动性。它说明流体静止时,只有法应力没有切应力。

流体在静止时虽不能承受切应力,但在运动时却对两层流体间的相对运动,即相对滑动速率有抵抗。流体的这种抵抗两层流体相对滑动速率即抵抗形变的性质称作粘性,也称内摩擦力。

当流体的粘性很小时,比如空气和水在运动速率不大时,所产生的粘性应力比起惯性力等可忽略不计时,我们可近似地把它看成是无粘性的,称作理想流体。对粘性应力不可忽略的称为粘性流体。理想流体在客观实际中是不存在的,它只是实际流体在某种条件下的近似模型。

1.1.4 定态流动和非定态流动

流体流动空间各点的状态不随时间变化的流动称为定态流动。定态流动空间的任一固定点,随着时间的流逝流体质点不断更新,但该点的运动参数(如压强、温度和流速等)不随时间变化,系统的参数可随位置变化。相反,流体流动空间固定点的运动参数,随时间变化的流动称为非定态流动。工业规模生产中连续运转的流动体系多为定态流动。

要注意定态性和稳定性是两个不同的概念,定态性指的是有关运动参数随时间的变化情况。而稳定性则是指系统对外界干扰的反应,当系统受到瞬时扰动,使之偏离平衡状态,而扰动消失后,它能自动恢复原平衡状态,则该平衡状态是稳定的。反之,则不稳定。例如后面要学到的层流区的层流平衡状态的稳定性和反应器的热稳定性。

1.2 流体静力学

流体静力学是研究流体在外力作用下达平衡,处于静止状态的规律。流体静力学基本方程在工程实践中,应用很广泛。

1.2.1 流体的密度

流体的密度 ρ 为单位体积流体的质量,法定单位为 $kg \cdot m^{-3}$。由于流体具有压缩性,一定质量流体的体积要随温度、压力的变化而变化,即流体密度要随温度、压力变化。

液体密度基本上不随压力变化,随温度略有变化,手册上可查到。在工程计算中,常把液体密度视为常数。

气体的密度随温度和压力的变化而变化。在压力不太高、温度不太低时,从手册上查得的某指定条件下的密度,可按理想气体状态方程进行换算。

流体的密度在传递工程中也称为质量浓度。密度的倒数称为比体积 v,单位为 $m^3 \cdot kg^{-1}$。

化学工业过程处理的流体物料常常是混合物。液体混合物的平均密度 ρ_m,在工程计算中

可忽略偏摩尔体积的影响,近似按下式计算:

$$\frac{1}{\rho_m} = \sum_{i=1}^{n} \frac{w_i}{\rho_i} \tag{1-1}$$

式中:w_i—液体混合物中 i 组分的质量分数;ρ_i—液体混合物中 i 组分的密度。

气体混合物的平均密度用下式计算:

$$\rho_m = \sum_{i=1}^{n} \rho_i \varphi_i \tag{1-2}$$

式中:φ_i—气体混合物中 i 组分的体积分数。

若气体混合物可按理想气体处理,气体混合物的平均摩尔质量 M_m 用下式计算:

$$M_m = \sum_{i=1}^{n} M_i y_i \tag{1-3}$$

式中:M_i—混合物气体中 i 组分的摩尔质量;y_i—混合物气体中 i 组分的摩尔分数。

则气体混合物的密度,用理想气体状态方程计算:

$$\rho_m = \frac{p M_m}{RT} \tag{1-4}$$

1.2.2 流体的静压强

压力是法向表面力,表面力是接触力与表面积成正比。单位面积上所受的压力称为压强。在静止流体内,过任一点取任意界面其面积为 ΔA,垂直作用于该面积上的压力为 F,单位面积上所受的压力称为流体的静压强

$$\overline{p} = \frac{F}{\Delta A} \tag{1-5}$$

式中:$\overline{p}$ 为所取界面的平均静压强。

$$p = \lim_{\Delta A \to 0} \frac{F}{\Delta A} \tag{1-6}$$

式中:p 为该点的静压强。

如前所述,流体具有易流动性,静止流体任意界面上只承受大小相等方向相反的静压力,不存在切向力。

静压强的法定单位是 $N \cdot m^{-2}$,即 Pa(帕[斯]卡)。与历史上曾用过以往资料中常见的物理大气压(atm)、工程大气压($1\,at = 1\,kgf \cdot cm^{-2}$)、毫米汞柱(mmHg)、米水柱($mH_2O$)、巴(bar)等压强单位间的关系如下:

$1\,atm = 1.0133 \times 10^5\,Pa = 1.0133\,bar = 760\,mmHg = 10.33\,mH_2O = 1.033\,kgf \cdot cm^{-2}$

$1\,at = 1\,kgf \cdot cm^{-2} = 735.6\,mmHg = 10\,mH_2O = 0.9807 \times 10^5\,Pa = 0.9807\,bar$

式中:kgf 称为公斤力,是历史上工程单位制的基本单位。1 kgf 是质量为 1 kg 的物质在重力加速度为 $9.807\,m \cdot s^{-2}$ 所受的重力。

$$1\,kgf = 1\,kg \times 9.807\,m \cdot s^{-2} = 9.807\,N$$

在工程上,压强有不同的基准不同的术语。绝对压强是以绝对零压为基准,表示流体的真实压强。表压是以大气压为基准,高出大气压强的数值,由压强表测定读数。真空度是以大气压为基准,低于大气压强的数值,由真空表测得。其关系见图 1-1,关系式如下:

表压强 = 绝对压强 - 大气压强

真空度 = 大气压强 - 绝对压强

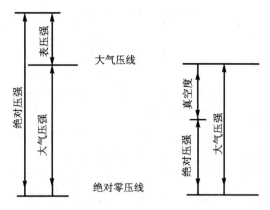

图 1-1 绝对压强、表压强和真空度之间的关系

式中大气压强指当地当时的大气压强。之所以如此是源于测量仪表的结构。在做习题时,如未给出大气压强的数值,就用 $1.013×10^5$ Pa。为避免混淆,对表压强和真空度应加以标注,如 $3×10^5$ Pa(表压)、$2×10^3$ Pa(真空度)。

1.2.3 流体静力学基本方程

在密度为 ρ 的静止流体中,取一微元立方体,其边长分别为 dx、dy、dz,它们分别与 x、y、z 轴平行(见图 1-2)。作微元体受力分析,在 z 轴方向上

下底面受压力: $p\,dx\,dy$

上底面受压力: $-(p+\frac{\partial p}{\partial z}dz)dx\,dy$

微元体受重力: $-\rho g\,dx\,dy\,dz$

流体静止,其合力为零,则有

$$p\,dx\,dy - (p+\frac{\partial p}{\partial z}dz)dx\,dy - \rho g\,dx\,dy\,dz = 0$$

经简化为

$$-\frac{\partial p}{\partial z} - \rho g = 0$$

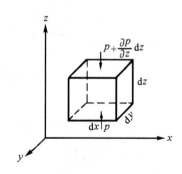

图 1-2 微元流体的静力平衡

在 x 轴和 y 轴方向,所受重力投影为零,则相应的受力平衡式分别为

$$-\frac{\partial p}{\partial x} = 0$$

$$-\frac{\partial p}{\partial y} = 0$$

将以上三个受力平衡微分方程分别乘以 dx、dy、dz,然后相加,得

$$\frac{\partial p}{\partial x}dx + \frac{\partial p}{\partial y}dy + \frac{\partial p}{\partial z}dz = -\rho g\,dz$$

上式左侧为压强的全微分 dp,于是得

$$dp = -\rho g\,dz \tag{1-7}$$

对不可压缩流体 ρ = 常数,积分上式,得

$$\frac{p}{\rho} + gz = 常数 \tag{1-8}$$

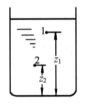

图 1-3　静止液体内的压强分布

在静止液体内取 1、2 两点(见图 1-3)

$$\frac{p_1}{\rho} + gz_1 = \frac{p_2}{\rho} + gz_2 \qquad (1\text{-}9)$$

或

$$p_2 = p_1 + \rho g(z_1 - z_2)$$

若将 1 点取在液面上,液面上方压强为 p_0,液体内部任一点的压强为 p,则

$$p = p_0 + \rho gh \qquad (1\text{-}10)$$

式中:h 为该点离液面的垂直距离,即该点上方的液柱高。

式(1-8)～(1-10) 称为重力场中流体静力学基本方程,是静止液体内压强分布规律。该方程仅适用于重力场中静止的不可压缩流体。液体近似为不可压缩流体,气体虽具有较大压缩性,但在化工容器里其密度的变化可忽略,故上式也适用于气体,所以统称为流体静力学方程。

由流体静力学方程可得,当液面上方压强一定时,静止液体内部任一点的压强仅与液体的密度和该点上方的液柱高有关,从而得出,在静止的连续的同一液体内,同一水平面上各点的压强相等,与容器形状无关。

图 1-4 所示为 4 个形状不同、但底面积(为 A)相等的容器,当其中盛有等高度 h 的水时,理论和实验均表明其底面所受的压力均为 $(p_0 + \rho gh)A$。显然,它与固体截然不同,这就是著名的流体静力学矛盾。通过对该例的分析思考不难得出结论,流体中各质点间的相对位置可以改变,是它与固体的重要区别,由此形成了流体运动的特有规律。

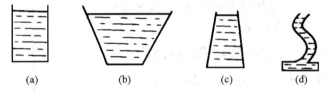

(a)　　　　　(b)　　　　　(c)　　　　(d)

图 1-4　几种形状不同(底面积相等)的容器

1.2.4　流体静力学基本方程的应用

(一) 压强的测量

以流体静力学基本方程为依据的测压仪器称为液柱压差计。主要有以下两种:

1. U 型压差计

U 型压差计的结构如图 1-5 所示,它是一根 U 型玻璃管,内装指示液 A,指示液不与被测流体 B 互溶,指示液的密度 ρ_A 大于被测流体的密度 ρ_B。

当测量管道中 1—1′与 2—2′两截面间流体的压强差时,将 U 管两端口与测压口相连通。由于 p_1 和 p_2 不相等,压差计内指示液出现高度差 R。a、a′是管内静止、连续、同一液体内等高的两点,故压强相等,$p_a = p_{a'}$,即

$$p_1 + \rho_B g(m + R) = p_2 + \rho_B g(z + m) + \rho_A gR$$

则

$$p_1 - p_2 = (\rho_A - \rho_B)gR + \rho_B gz \qquad (1\text{-}11)$$

当被测压强处等高 $z = 0$

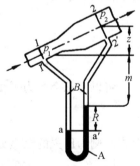

图 1-5　U 型压差计

$$p_1 - p_2 = (\rho_A - \rho_B)gR \tag{1-12}$$

当被测流体是气体,且 $\rho_B \ll \rho_A$

$$p_1 - p_2 = \rho_A gR \tag{1-13}$$

要测某点的压强时,将 U 型压差计另一端口通大气。若被测压强高于大气压强,它就是压强表。若被测压强低于大气压强,就是真空表。当压强差较大时选用密度大的指示液,如 Hg 和 CCl_4 等,当压强差较小时,要选用密度小的指示液如水等,可提高压差计读数精度。注意,水银压差计开口端要注入一小段水,避免汞蒸气污染环境。

【例 1-1】 采用串联 U 型压差计(指示液为汞)测量输水管路 A 截面处的压强,见图 1-6,其中 $R_1 = 0.6\,\mathrm{m}$,$R_2 = 0.7\,\mathrm{m}$,$h_1 = 0.5\,\mathrm{m}$,$h_2 = 0.8\,\mathrm{m}$。两 U 管连接管充满水,当地大气压强 $p_0 = 9.807 \times 10^4\,\mathrm{Pa}$。试求测得的压强。

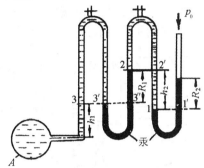

图 1-6 串联压差计

解 由静力学方程知

$$p_1 = p_1' = p_0 + \rho_{汞}\,gR_2$$
$$p_1 = p_2' + \rho_{水}\,gh_2 = p_2 + \rho_{水}\,gh_2$$
$$p_3 = p_3' = p_3'' = p_2 + \rho_{汞}\,gR_1$$
$$p = \rho_{水}\,gh_1 + p_3'$$

解得

$$\begin{aligned}
p - p_0 &= \rho_{汞}\,g(R_1 + R_2) + \rho_{水}\,g(h_1 - h_2) \\
&= 13600\,\mathrm{kg \cdot m^{-3}} \times 9.81\,\mathrm{m \cdot s^{-2}} \times (0.6 + 0.7)\,\mathrm{m} - 1000\,\mathrm{kg \cdot m^{-3}} \\
&\quad \times 9.81\,\mathrm{m \cdot s^{-2}} \times (0.8 - 0.5)\,\mathrm{m} \\
&= 1.705 \times 10^5\,\mathrm{Pa}(表压)
\end{aligned}$$

由本例可看出,把各参数联系在算式中的是"在静止的连续的同一液体内等高处压强相等"这一原理。另外它提示我们若压强差较大,为便于读数,可串联成复式 U 型压差计使用。

2. 微压差计

若压强差很小,又要精确读出 R 值。人们就设计出双液杯式微压差计,如图 1-7 所示。U 管上端各装一扩大室,扩大室直径 D 与 U 管直径 d 之比要大于 10。压差计内装有 A、C 两种指示液,两者密度 ρ_A 和 ρ_C 相近,互不相溶不起反应,也不与被测流体互溶。因为 $D/d > 10$,由 R 变化引起的扩大室内液面变化很小,可视为等高,则压强差

$$p_1 - p_2 = (\rho_A - \rho_C)gR \tag{1-14}$$

式中 $(\rho_A - \rho_C)$ 值小,则 R 值大。即小的压强差,也可精确读取 R 值。通常用它测气体的压强差。

例如要测的压强差 $\Delta p = 120\,\mathrm{Pa}$,若用苯($\rho_{苯} = 879\,\mathrm{kg \cdot m^{-3}}$)作指示液的 U 型压差计测量,压差计读数:

$$R = \frac{\Delta p}{\rho g} = \frac{120\,\mathrm{Pa}}{879\,\mathrm{kg \cdot m^{-3}} \times 9.81\,\mathrm{m \cdot s^{-2}}} = 0.014\,\mathrm{m} = 14\,\mathrm{mm}$$

若用苯和水($\rho = 998\,\mathrm{kg \cdot m^{-3}}$)做指示液的双液杯式压差计测量,压差计读数:

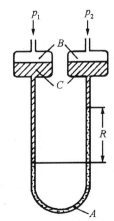

图 1-7 微压差计

$$R' = \frac{\Delta p}{(\rho_A - \rho_C)g} = \frac{120\,\text{Pa}}{(998 - 879)\,\text{kg} \cdot \text{m}^{-3} \times 9.81\,\text{m} \cdot \text{s}^{-2}} = 0.103\,\text{m} = 103\,\text{mm}$$

则读数放大

$$R'/R = 103\,\text{mm}/14\,\text{mm} = 7.34\,\text{倍}$$

（二）液位的测量和控制

化工厂中液体物料容器的液位测量是必须的。较小的容器接一连通玻璃管液位计便可一目了然。下面介绍高大容器和远距离地下容器的液位测量装置及两液相界面的控制。

1. 地上高大容器的液位计

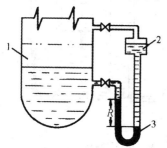

图1-8　压差法测量液位
1—容器，2—平衡器的小室，
3—U管压差计

它是由平衡器和压差计串联组成的液位计，见图1-8。液位计的平衡器(扩大室2)与贮液器液面上方相通，压差计的另一端与容器下方相通，平衡器内装有与容器内相同的液体物料，料液高度控制在容器液面允许达到的最大高度。容器内与平衡器液位等高时，$R = 0$，容器内液位下降，R增大。不难看出容器内液位下降高度

$$\Delta h = \frac{\rho_汞 - \rho}{\rho}R \qquad (1\text{-}15)$$

这样容器内液位高度的变化即可由R表征。以小的R值反映大的液位变化，即在测控室读取R值就知道高大容器内的液位变化。

2. 远距离测量液位计

其结构示意图见图1-9。压缩氮气由调节阀1通入，使流量极小，只要在鼓泡观测器看见有气泡逸出即可。气体通过吹气管从 a 处释放，管内充满气体流

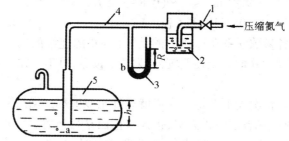

图1-9　远距测量液位计
1—调节阀，2—鼓泡观察器，3—U管压差计，4—吹气管，5—贮罐

速极慢，流动阻力可忽略，故 $p_a = p_b$。

$$p_a = p_0 + \rho g h$$
$$p_b = p_0 + \rho_汞 g R$$

则

$$h = \frac{\rho_汞}{\rho}R \qquad (1\text{-}16)$$

若料液为硝基氯苯，其密度 $\rho = 1250\,\text{kg} \cdot \text{m}^{-3}$，读得 $R = 0.5\,\text{m}$，则

$$h = \frac{13600\,\text{kg} \cdot \text{m}^{-3}}{1250\,\text{kg} \cdot \text{m}^{-3}} \times 0.5\,\text{m} = 5.44\,\text{m}$$

可见，用该液位计可方便地在测控室测远距离地下危险品大贮罐的液位。

3．两液相界面的控制

图1-10所示为一油水分离器,油水混合物由入口管缓慢进入分离器。由于油和水互不相溶且密度不同,会自然分层,油从上部出口流出,水经下方可控高度的 π 型出水管流出(π 型管顶部为三通管,向上的管子接通容器液面上方),由于流动很慢可近似按流体静力学原理处理,即

$$\rho_{油} g H_s + p_0 = \rho_{水} g H + p_0$$

则
$$H = \frac{\rho_{油}}{\rho_{水}} H_s \qquad (1\text{-}17)$$

这样我们就可由两液相的密度值和需要的界面高度求 π 管的应放置高度,人为控制相界面在两相出口中间位置,使分相效果最好又便于观察。用 π 管控制界面的高度,应用广泛。

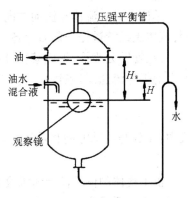

图 1-10　相界面控制

(三) 液封

化工生产中液封的使用较为广泛。具有一定正压的气体系统,需控制其压强不超过某一限定值时,常由系统引出管道插入水槽内一定深度,以管口的流体静压强与气体压强相平衡。当气体压强超过限定值时,冲出水面流出系统。

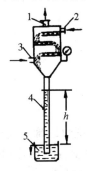

图 1-11

1—与真空泵相通的不凝性气体出口, 2—冷水进口, 3—水蒸气进口, 4—气压管, 5—液压槽

另外还有负压系统的水封,如图 1-11 所示为混合冷凝器及其水封装置。由真空蒸发器来的水蒸气进入冷凝器用水冷凝,不凝气去真空泵,冷凝水要排走,系统要保持负压,插入水槽的气压管即为水封装置。

正压系统的安全液封管插入水的深度和负压系统的气压管内水上升的高度(即气压管高度的设计)的计算都依据流体静力学原理。

1.3　流体在管内流动的基本方程

像大自然其他物质运动一样,流体流动要遵守质量守恒、能量守恒和动量守恒等规律。由这些基本定律关联了流体流动中各参数的变化关系,使生产中遇到的实际问题有规律可循,再结合实验结果,则可指导生产实践。化学工程中,主要遇到的是流体在管道中的流动输送,因此本节主要讨论流体在管路中的流动规律。

1.3.1　流量和流速

这里先定义两个基本物理量。

(1) 流量

单位时间内流过管截面的物质量称为流量。流过的量如以体积计量,则称为体积流量,以 q_V 表示,其单位为 $m^3 \cdot s^{-1}$。若流量以质量计量,则称为质量流量,以 q_m 表示,单位为 $kg \cdot s^{-1}$。体积流量和质量流量的关系为

$$q_m = q_V \rho \qquad (1\text{-}18)$$

注意流量的瞬时性。只有当流体作定态流动时,流量不随时间变化。

（2）平均流速

单位时间内流体在流动方向上流经的距离称为流速，以 u 表示，单位为 $m \cdot s^{-1}$。实验证明，流体流经管道任一截面上各点的流速沿管径变化，即在管中心处最大，越靠近管壁处流速越小，在管壁处为零，形成某种分布。在工程计算中为简便起见，流体的流速通常指整个管截面上的平均流速，其表达式为：

$$u = \frac{q_V}{A}$$ (1-19)

式中：A 为与流动方向相垂直的管道截面积，m^2。则 q_m、q_V 和 u 的关系为

$$q_m = q_V \rho = u A \rho$$ (1-20)

由于气体的体积流量随温度和压力而变化，其流速亦随之变化，故工程计算中采用质量流速较方便。质量流速的定义是单位时间内流体流过管道单位截面积的质量，亦称质量通量，以 G 表示，其单位为 $kg \cdot m^{-2} \cdot s^{-1}$，表达式为：

$$G = \frac{q_m}{A} = \frac{q_V \rho}{A} = u \rho$$ (1-21)

一般管道为圆管，若内径以 d 表示，则

$$u = \frac{q_V}{\frac{\pi}{4} d^2}$$

于是

$$d = \sqrt{\frac{4 q_V}{\pi u}}$$ (1-22)

这样，对于给出的生产要求，即指定的流量，选择适宜的流速就可以确定输送管路的直径。管路设计中，适宜流速的选择是由输送设备的操作费用和管路的设备基建费用的经济权衡及优化来决定。一般液体流速取 $0.5 \sim 3.0 \, m \cdot s^{-1}$，气体流速则取 $10 \sim 30 \, m \cdot s^{-1}$。表 1-1 列出了流体在一定操作条件下适宜流速的常用值。

表 1-1 流体在管道中的常用流速范围

流体种类及状况	流速范围/$(m \cdot s^{-1})$	流体种类及状况	流速范围/$(m \cdot s^{-1})$
水及一般液体	$1 \sim 3$	压强较高的气体	$15 \sim 25$
粘度较大的液体	$0.5 \sim 1$	饱和水蒸气	$20 \sim 40$
低压气体	$8 \sim 15$	过热水蒸气	$30 \sim 50$
易燃易爆的低压气体	< 8		

1.3.2 连续性方程

流体流动的连续性方程是质量守恒原理的体现，由物料衡算推导而来。物料衡算是指在流体流动系统中，对整个系统或系统的一部分应用质量守恒原理进行分析，解决进出口流股中的物料量和内部物料量之间关系的衡算，即

输入的质量流量＝输出的质量流量＋质量的累积速率

如图 1-12 所示，取截面 1—1′ 和 2—2′ 之间的管段作衡算范围。在定态流动时，其质量的累积速率为零，则

$$q_m = \rho_1 u_1 A_1 = \rho_2 u_2 A_2 = \rho u A = 常数$$ (1-23)

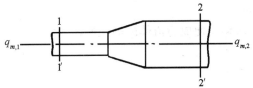

图 1-12 连续性方程式的推导

它表明在定态流动系统中,流体流经各截面的质量流量不变,流速随截面积 A 和密度 ρ 而变化。若流体可视为不可压缩流体,ρ = 常数,则

$$u_1 A_1 = u_2 A_2 = uA = q_V = 常数 \qquad (1\text{-}24)$$

该式表明,对不可压缩流体,不仅质量流量不变,它们的体积流量也不变。上述二式称为管内定态流动的连续性方程。对于圆形管道,不可压缩流体作定态流动时,连续性方程为

$$u_1 \frac{\pi}{4} d_1^2 = u_2 \frac{\pi}{4} d_2^2 \qquad 即 \quad \frac{u_2}{u_1} = \left(\frac{d_1}{d_2}\right)^2 \qquad (1\text{-}25)$$

它说明体积流量一定时,管内流体的流速与管径平方呈反比。这一点在分析流体流动问题时很有用。另外还说明若流体在均匀直管内定态流动时,因受质量守恒原理的约束,流速沿程保持定值,并不因摩擦受阻而减速。

1.3.3 柏努利方程

柏努利(Bernoulli)方程是流体流动中的能量守恒定律。这里采用在化工流动系统中进行能量衡算的方法推导柏努利方程。

(一) 流动系统中总能量衡算式

1. 流动流体具有的能量

(1) 内能

内能是贮存于流体内部的能量,它是由原子和分子的运动及相互作用而产生的能量总和。从宏观角度看,它决定于流体的状态,因此与流体的温度有关,一般忽略压强的影响。单位质量流体的内能用 U 表示,单位为 $J \cdot kg^{-1}$。

(2) 位能

流体因受重力作用,在不同高度处有不同的位能。计算位能时应先指定基准水平面,如图 1-13 中的 O—O' 面。设流体与基准面的垂直距离为 z(m),则 1 kg 流体的位能为 gz,即将 1 kg 流体举高 z (m)所做的功,其单位为 $J \cdot kg^{-1}$。

(3) 动能

流体以一定速率流动时,便具有一定的动能。其值等于流体从静止状态加速到速率为 u 所需的功。1 kg 流体的动能为 $u^2/2$,单位为 $J \cdot kg^{-1}$。

(4) 静压能

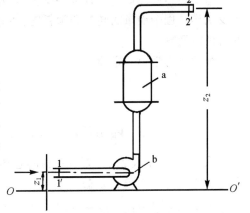

图 1-13 柏努利方程式的推导

a—换热器, b—泵

静止流体内部任一处都具有相应的静压强,流动的流体内部任一位置上也有静压强。在有流体流动的管道壁面上开孔接一垂直于轴向的玻璃管,管内流体会升到一定高度,这便是流动流体具有静压强的体现,也是静压强具有做功本领的体现。当流体流进某截面进入体系时,要对抗截面上的压力 pA 做功。这部分功便成为流体的静压能输入体系。

1 kg 流体流入某截面要克服阻力 pA,流过距离 v/A 做功($J \cdot kg^{-1}$),即

$$pA \times v/A = pv = p/\rho$$

这种功是在流体流动时才出现的,故称为流动功。流动功便成为流体的静压能输入体系。

2. 体系与外界交换的能量

(1) 与热交换器交换的能量

设图 1-13 中流体被加热,热交换器向 1 kg 流体输入的热能为 Q_e,其单位为 J·kg⁻¹(加热为输入,则冷却为输出)。

(2) 输送机械向系统输入的功

1 kg 流体由输送机械获得的能量称为外功或净功,又称有效功,以 W_e 表示,单位为 J·kg⁻¹。

3. 总能量衡算

在图 1-13 中以管道、输送机械和热交换器等的内壁面、截面 1—1′ 及 2—2′ 间作衡算范围。根据能量守恒原理,在定态操作系统中,输入的总能量等于输出的总能量。以 1 kg 流体为衡算基准,则

$$U_1 + gz_1 + \frac{u_1^2}{2} + p_1 v_1 + W_e + Q_e = U_2 + gz_2 + \frac{u_2^2}{2} + p_2 v_2$$

式中:下标 1、2 分别代表进口截面 1—1′ 和出口截面 2—2′ 处的物理量。上式也可写成

$$\Delta U + g\Delta z + \frac{\Delta u^2}{2} + \Delta(pv) = Q_e + W_e \tag{1-26}$$

该式即单位质量流体在定态流动过程中的总能量衡算式。

(二) 柏努利方程式

由于热和内能都不能直接转变为机械能而用于流体输送,因此计算流体输送所需要的能量及输送过程中能量的转变和消耗时,可将热和内能消去,从而得到适用于计算输送流体系统的机械能衡算式。

根据热力学第一定律

$$\Delta U = Q'_e - \int_{v_1}^{v_2} p\,\mathrm{d}v \tag{1-27}$$

式中: $\int_{v_1}^{v_2} p\,\mathrm{d}v$ 代表 1 kg 流体从截面 1—1′ 流到截面 2—2′ 因体积膨胀所做的功; Q'_e 则代表 1 kg 流体从截面 1—1′ 流到 2—2′ 所获得的总热量,它由两部分组成:(i) 流体通过换热器从环境获得的热能 Q_e;(ii) 流体从截面 1—1′ 流到 2—2′ 克服流动阻力消耗机械能转化的热能,这部分能量损失称为阻力损失或能量损耗,以 $\sum h_f$ 表示(单位为 J·kg⁻¹),即

$$Q'_e = Q_e + \sum h_f \tag{1-28}$$

又

$$\Delta(pv) = \int_{v_1}^{v_2} p\,\mathrm{d}v + \int_{p_1}^{p_2} v\,\mathrm{d}p \tag{1-29}$$

将以上三式代入(1-26)式,整理,得

$$g\Delta z + \frac{\Delta u^2}{2} + \int_{p_1}^{p_2} v\,\mathrm{d}p = W_e - \sum h_f \tag{1-30}$$

该式称为定态流动时流体的机械能衡算式,它对可压缩流体和不可压缩流体均适用。

对不可压缩流体,比体积 $v = 1/\rho$ 为常数,式(1-30)进一步简化为

$$g\Delta z + \frac{\Delta u^2}{2} + \frac{\Delta p}{\rho} = W_e - \sum h_f \tag{1-31}$$

或

$$gz_1 + \frac{u_1^2}{2} + \frac{p_1}{\rho} + W_e = gz_2 + \frac{u_2^2}{2} + \frac{p_2}{\rho} + \sum h_f \tag{1-32}$$

若流体为理想流体，$\sum h_f = 0$，又无外功加入，$W_e = 0$，则

$$gz_1 + \frac{u_1^2}{2} + \frac{p_1}{\rho} = gz_2 + \frac{u_2^2}{2} + \frac{p_2}{\rho} \tag{1-33}$$

式(1-33)称为柏努利方程，式(1-31)和(1-32)是柏努利方程的引申，习惯上也称柏努利方程式。

(三) 柏努利方程的讨论

(1) 柏努利方程式(1-33)适用于不可压缩理想流体作定态流动无外功输入的情况。该方程表明 1 kg 流体在流动沿程任一截面上具有的位能、动能和静压能之和为一常数。位能、动能和静压能均为机械能，在流动过程中总机械能守恒，但各种形式的机械能可互相转换。

(2) 由式(1-31)可知，当不可压缩实际流体在水平直管中定态流动时，若无外功加入，受连续性方程的约束流速不变，克服阻力损失了机械能，致使流体的压强能降低，沿程压强减小。

(3) 当流体静止时，$u = 0$，$\sum h_f = 0$，$W_e = 0$，式(1-32)变成式(1-8)

$$gz_1 + \frac{p_1}{\rho} = gz_2 + \frac{p_2}{\rho}$$

该式即流体静力学方程，可见它是柏努利方程的特例。位能和压强能均为势能，式(1-8)表明在同一静止流体中，不同位置的流体微元其位能和压强能各不相同，但两者之和即总势能各处相同。

(4) 式(1-31)中，W_e 和 $\sum h_f$ 是流动过程中获得的能量和损失的能量。W_e 是输送机械对单位质量流体做的有效功。单位时间做的有效功称为有效功率，以 N_e 表示，单位为 $J \cdot s^{-1}$ 或 W。

$$N_e = W_e q_m \tag{1-34}$$

(5) 衡算基准不同的柏努利方程式

不难看出，经过简单的公式变换，便可导出以下衡算基准不同，能量单位不同的柏努利方程：

① 以单位质量流体为基准的方程(1-32a)为

$$gz_1 + \frac{u_1^2}{2} + \frac{p_1}{\rho} + W_e = gz_2 + \frac{u_2^2}{2} + \frac{p_2}{\rho} + \sum h_f \qquad [J \cdot kg^{-1}]$$

② 以单位体积流体为基准的方程(1-32b)为

$$\rho g z_1 + \frac{\rho u_1^2}{2} + p_1 + \rho W_e = \rho g z_2 + \frac{\rho u_2^2}{2} + p_2 + \rho \sum h_f \qquad [J \cdot m^{-3} = Pa]$$

③ 以单位重量流体为基准的方程(1-32c)为

$$z_1 + \frac{u_1^2}{2g} + \frac{p_1}{\rho g} + H_e = z_2 + \frac{u_2^2}{2g} + \frac{p_2}{\rho g} + H_f \qquad [J \cdot N^{-1} = m]$$

式(1-32c)中各项 z、$\frac{u^2}{2g}$、$\frac{p}{\rho g}$ 分别称为位压头、动压头、静压头，而 H_e 和 H_f 分别称为有效压头和压头损失。

针对不同情况采用不同形式的柏努利方程进行计算，比较方便。

(6) 柏努利方程适用于不可压缩流体，液体压缩性很小，可近似看做不可压缩流体。气体

一般为可压缩流体,对气体当所取系统两截面间的绝对压强变化$(p_1 - p_2)/p_1 < 20\%$时,仍可用柏努利方程计算,式中的流体密度采用两截面间流体的平均密度。这种计算带来的误差在工程计算中是允许的。

1.3.4　动量衡算方程

流体的质量 m 和流动速度 u 的乘积 mu 称为流体的动量。动量和速度一样也是向量,其方向与速度的方向相同。牛顿第二定律可改写为动量定理,即

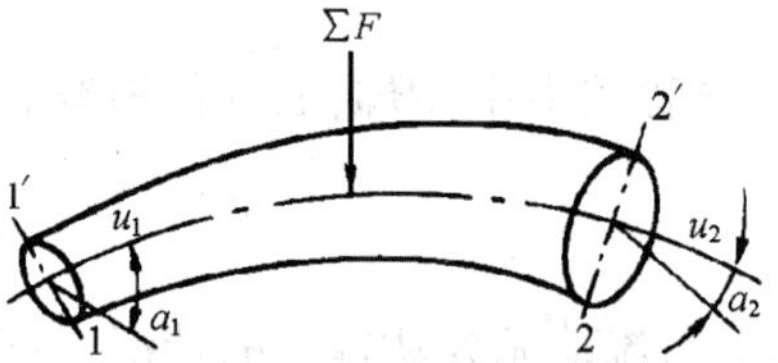

$$\sum F = \frac{\mathrm{d}(mu)}{\mathrm{d}t} \tag{1-35}$$

图 1-14　动量衡算方程推导

该式表示作用在物体上的外力之和等于动量变化速率。现以图 1-14 所示的管段作为考察对象(称控制体),应用该原理得流体流动的动量守恒定律,它可表述为:

作用在控制体内流体上的外力的合力 = (动量输出的速率) - (动量输入的速率) + (动量累积的速率)

对于定态流动,控制体中的动量累积速率为零。又若管截面上的速度为均匀分布,则上述动量守恒定律可表达为:

$$\sum F_x = q_m(u_{2x} - u_{1x})$$
$$\sum F_y = q_m(u_{2y} - u_{1y}) \tag{1-36}$$
$$\sum F_z = q_m(u_{2z} - u_{1z})$$

式中:q_m 为流体的质量流量,$\sum F_x$、$\sum F_y$、$\sum F_z$ 为作用于控制体内流体上的外力之和在 3 个坐标方向上的分量,u_x、u_y、u_z 为截面上的速度在 3 个坐标方向上的分量。

该动量守恒定律可用于流动体系的受力分析、机械能损失计算等实际问题中。

1.3.5　基本方程的应用举例

【例 1-2】　虹吸。如图 1-15 所示,水槽内水位恒定,水在虹吸管内作定态流动。虹吸管直径不变,水流经管路的能量损失忽略不计。求管内截面2—2′、3—3′、4—4′和5—5′上的压强(大气压强为 1.013×10^5 Pa,图中所标尺寸单位均为 mm)。

解　作能量衡算,选已知量多的截面 1—1′ 和 6—6′ 间列柏努利方程

$$gz_1 + \frac{u_1^2}{2} + \frac{p_1}{\rho} = gz_6 + \frac{u_6^2}{2} + \frac{p_6}{\rho}$$

其中 $p_1 = p_6 = 0$(表压),$u_1 \approx 0$,设 $z_6 = 0$,则 $z_1 = 1$ m

$$9.81 \text{ m·s}^{-2} \times 1 \text{ m} = \frac{u_6^2}{2}$$

解得　　　　$u_6 = 4.43 \text{ m·s}^{-1}$

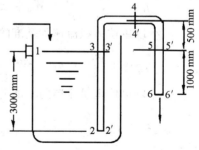

图 1-15　虹吸

由于管截面积不变,由连续性方程知 $q_V = Au = $ 常数,则

$$u_2 = u_3 = u_4 = u_5 = u_6 = 4.43 \text{ m·s}^{-1}$$

由题设条件知,流体流动系统总机械能 E 在各截面处相等。现以 2—2′ 截面为基准,在

1—1′和2—2′截面间进行能量衡算,得

$$E = 9.81 \text{ m} \cdot \text{s}^{-2} \times 3 \text{ m} + \frac{1.013 \times 10^5 \text{ Pa}}{1000 \text{ kg} \cdot \text{m}^{-3}} = 130.8 \text{ J} \cdot \text{kg}^{-1}$$

从而得各截面处的压强:

$$p_2 = \left(E - \frac{u_2^2}{2} - gz_2 \right) \rho$$

$$= \left(130.8 \text{ J} \cdot \text{kg}^{-1} - \frac{4.43^2 \text{ m}^2 \cdot \text{s}^{-2}}{2} - 9.81 \text{ m} \cdot \text{s}^{-2} \times 0 \text{ m} \right) \times 1000 \text{ kg} \cdot \text{m}^{-3}$$

$$= 1.21 \times 10^5 \text{ Pa}$$

$$p_3 = \left(E - \frac{u_3^2}{2} - gz_3 \right) \rho = 9.16 \times 10^4 \text{ Pa}$$

$$p_4 = \left(E - \frac{u_4^2}{2} - gz_4 \right) \rho = 8.67 \times 10^4 \text{ Pa}$$

$$p_5 = \left(E - \frac{u_5^2}{2} - gz_5 \right) \rho = 9.16 \times 10^4 \text{ Pa}$$

由该例可见流体流动中的各机械能间的转换情况,等高处位能相同,1—1′处的静压能转化为3—3′处的动能,即 $u_3 > u_1$,则 $p_3 < p_1$。虹吸管内流速相同,动能处处相等,位置高位能高,静压能必低,所以 $p_4 < p_3 < p_2$,$p_4 < p_5 < p_6$。

【例 1-3】 流向判断。如图 1-16 所示,在文丘里管的喉颈处接一支管与下部水槽相通,文氏管的直管处的内径为 50 mm,喉管处内径为 15 mm。当水以 7 $\text{m}^3 \cdot \text{h}^{-1}$ 的流量流过文氏管时,截面 1—1′ 处的表压强为 0.02 MPa。试判断垂直支管中水的流向。假设流动无阻力,水的密度为 1000 $\text{kg} \cdot \text{m}^{-3}$。

解 假设支管上有一阀门处于关闭状态。首先分析文丘里管内流体流动,在截面 1—1′ 和 2—2′ 间列柏努利方程

$$\frac{p_1}{\rho} + \frac{u_1^2}{2} = \frac{p_2}{\rho} + \frac{u_2^2}{2}$$

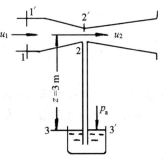

图 1-16 流向判断

其中

$$u_1 = \frac{q_V}{0.785 d_1^2} = \frac{\dfrac{7 \text{ m}^3 \cdot \text{h}^{-1}}{3600 \text{ s} \cdot \text{h}^{-1}}}{0.785 \times (0.05 \text{ m})^2} = 0.99 \text{ m} \cdot \text{s}^{-1}$$

$$p_1 = p_a + 0.02 \times 10^6 \text{ Pa} = 1.013 \times 10^5 \text{ Pa} + 0.02 \times 10^6 \text{ Pa} = 1.213 \times 10^5 \text{ Pa}$$

由连续性方程得

$$u_2 = u_1 \left(\frac{d_1}{d_2} \right)^2 = 0.99 \text{ m} \cdot \text{s}^{-1} \times \left(\frac{0.05 \text{ m}}{0.015 \text{ m}} \right)^2 = 11.0 \text{ m} \cdot \text{s}^{-1}$$

则

$$p_2 = p_1 - \frac{\rho}{2} (u_2^2 - u_1^2) = 6.09 \times 10^4 \text{ Pa}$$

其次,再分析比较垂直支管上端面 2 处和支管下方 3—3′ 截面的势能。对于不可压缩流体,位能和压强能均属势能。取水槽液面 3—3′ 为势能基准面,则支管上端面 2 和 3—3′ 截面的势能之和分别为

$$\frac{p_2}{\rho} + z_2 g = \frac{6.09 \times 10^4 \text{ Pa}}{1000 \text{ kg} \cdot \text{m}^{-3}} + 3 \text{ m} \times 9.81 \text{ m} \cdot \text{s}^{-2} = 90.3 \text{ J} \cdot \text{kg}^{-1}$$

$$\frac{p_3}{\rho} + z_3 g = \frac{1.013 \times 10^5 \,\mathrm{Pa}}{1000\,\mathrm{kg \cdot m^{-3}}} = 101.3\,\mathrm{J \cdot kg^{-1}}$$

由于3—3′处的势能大于2处的势能,若打开阀门时,流体则由下方向上流动。

【例1-4】 流体流动阻力分析和实验测定。假设流体在管内作定态流动,且任一截面上流体的流速、密度和压强均匀分布,如图1-17所示。根据连续性方程,在管截面1—1′和2—2′间则有

$$\rho_1 u_1 A_1 = \rho_2 u_2 A_2$$

对于该控制体内流动的流体,所受外力包括压力和管壁摩擦阻力(忽略质量力),即

压力 $\quad \Delta p = p_1 A_1 - p_2 A_2$

图1-17 流体流过导管的阻力分析

阻力 $\quad F_f = \displaystyle\int_A \tau \mathrm{d} A_w \qquad (1\text{-}37)$

式中:A_1、A_2—截面1—1′和2—2′的横截面积;τ—管壁剪应力即单位管壁面积施于流体的阻力;A_w—管壁面积。

由动量衡算方程知

$$\sum F = q_m (u_2 - u_1) \qquad (1\text{-}38)$$

即

$$\sum F = \Delta p - F_f = q_m (u_2 - u_1)$$

则

$$F_f = \Delta p - q_m (u_2 - u_1) \qquad (1\text{-}39)$$

式(1-39)即为计算流体流动阻力的基本方程。

对于均一直径为d、长为l的水平圆管内流动的不可压缩流体,有

$$u_1 = u_2$$

则

$$F_f = \Delta p$$

即

$$\tau \pi d l = \frac{\pi}{4} d^2 (p_1 - p_2) \qquad (1\text{-}40)$$

流体因克服阻力消耗能量,使静压能降低,压强减小,由此而降低的压强称为压强降,以Δp_f表示,由式(1-40)得

$$\Delta p_f = p_1 - p_2 = 4\tau l / d \qquad (1\text{-}41)$$

将上式进行变换

$$\Delta p_f = 4 \times \frac{2\tau}{\rho u^2} \times \frac{l}{d} \times \frac{\rho u^2}{2} = \frac{8\tau}{\rho u^2} \frac{l}{d} \frac{\rho u^2}{2}$$

令

$$\lambda = \frac{8\tau}{\rho u^2} \qquad (1\text{-}42)$$

则

$$\Delta p_f = \lambda \frac{l}{d} \frac{\rho u^2}{2} \qquad (1\text{-}43)$$

式中:无量纲系数λ称为摩擦系数。式(1-43)即计算圆型直管阻力的通式,称为范宁(Fanning)公

式。

通过实验,测定在一定管径管长的直管内流体的平均流速和两端的压强,则可求得不同流速下的 λ 值。

【例1-5】 管道突然扩大。如图1-18所示,流体流过突然扩大管道时必伴有机械能损失。据柏努利方程及连续性方程,有

$$gz_1 + \frac{p_1}{\rho} + \frac{u_1^2}{2} = gz_2 + \frac{p_2}{\rho} + \frac{u_2^2}{2} + h_f \qquad \text{(a)}$$

$$\rho u_1 A_1 = \rho u_2 A_2 \qquad \text{(b)}$$

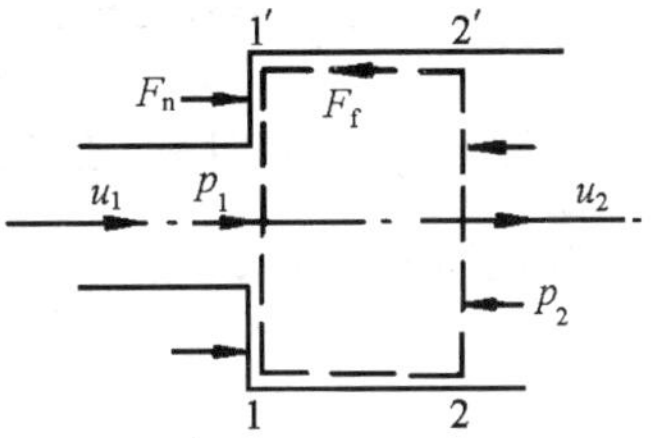

显然,由于 h_f 未知,即使 p_1、u_1、d_1、d_2 均已知,仍无法计算出 p_2。

图 1-18 突然扩大

再试用动量定理,为简化起见,设管道水平放置,即 $z_1 = z_2$。在截面 1—1′ 和 2—2′ 间流体所受外力示于图中,设管壁对流体的摩擦阻力 F_f 与其他各力相比可以忽略,则定态流动时,动量定理为

$$p_1 A_1 - p_2 A_2 + F_n = \rho A_2 u_2^2 - \rho A_1 u_1^2 \qquad \text{(c)}$$

式中:p_1、p_2 分别为截面 1—1′ 和 2—2′ 处的平均压强;F_n—器壁对流体的作用力。

设截面 1—1′ 处壁面对流体的压强近似等于 p_1,则

$$F_n = p_1(A_2 - A_1) \qquad \text{(d)}$$

综合以上四式,联立求解,得

$$h_f = \left(1 - \frac{A_1}{A_2}\right)^2 \frac{u_1^2}{2} \qquad \text{(1-44)}$$

这就方便地由突然变化的管截面积和变化前(即小管)的流速求得流体流经管道突然扩大处的能量损失计算式。这里要注意,该式是联立了能量衡算式、质量衡算式和动量衡算式推导而得。

从以上的应用举例可以看出,流体流动同样遵守质量守恒定律、能量守恒定律和动量守恒定律。每个规律都把相应的变量定量地关联起来,再将几个关系式联立求解,使实际问题得以解决。另一方面也应注意到,在推导中作过简化假设,所以计算结果还应经实验去检验校正。

在实际应用中,柏努利方程应用最广。在选取衡算截面时,应是不可压缩流体连续充满其间作定态流动。所选的上下游截面要垂直于流动方向在平稳流动处,要便于进行有关物理量的求算。物理量要取截面上的平均值。

1.4　流体的流动现象

化工中的许多过程都与流体的流动现象的状态、结构有关,例如实际流体流动时的阻力、流体的热量传递和流体的质量传递均与流动结构直接相关。流体流动结构问题很复杂,本节只作简单讨论。

1.4.1　牛顿粘性定理与流体的粘度

如前所述,流体具有易流动性,同时又具有抵抗两层流体相对滑动速度的性质即粘性。

(一)牛顿粘性定理

流体流动时存在内摩擦力,流体流动时必须克服内摩擦力做功。内摩擦力是一种平行于流动方向的流体微元表面的表面力,常称做剪力。表面力与表面积成正比,单位面积上所受的

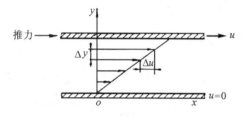

图 1-19 平板间液体速度变化图

剪力称做剪应力。

设有间距甚小的两平行板，其间充满流体，下板固定，给上板施加一平行于平板的外力 F，使平板以速度 u 做匀速运动。紧贴在运动板上的流体以同一速度 u 流动，而紧贴固定板的流体层则静止不动，两板间各层流体的速度不同其大小如图 1-19 中的箭头所示。

实验证明，对大多数流体，剪应力 τ 服从下述牛顿粘性定律：

$$\tau = -\mu \frac{du}{dy} \tag{1-45}$$

式中：τ—剪应力，$N \cdot m^{-2}$；du/dy—法向速度梯度，s^{-1}；μ—比例系数，称为粘性系数或动力粘度，简称粘度，单位为 $N \cdot s \cdot m^{-2}$ 或 $Pa \cdot s$。

牛顿粘性定律指出，流体的剪应力与法向速度梯度成正比，而与法向压力无关。流体的这一规律与固体表面的摩擦力的变化规律截然不同。

（二）流体的粘度

由牛顿粘性定律知

$$\mu = \frac{\tau}{du/dy}$$

粘度的物理意义是促使流体产生单位速度梯度的剪应力。粘度是流体的一种物性。通常粘度只与温度有关，而与速度梯度无关。一般液体粘度随温度升高而减小，气体的粘度随温度升高而增大。流体的粘度是影响流体流动的一个重要物理性质，许多流体的粘度可从有关手册中查到，以往手册中粘度的单位为 P(泊)或 cP(厘泊)，它们与 SI 单位制的 Pa·s 关系如下：

$$1cP = 0.01\ P = 10^{-2} dyn \cdot s/cm^2 = 10^{-3} Pa \cdot s$$

实验证明，气体及水、溶剂、甘油等液体服从牛顿粘性定律，此类流体统称牛顿型流体。也有不少流体不服从牛顿粘性定律，它们统称非牛顿型流体，如泥浆等。

1.4.2 两种流动型态和雷诺准数

（一）雷诺实验证实两种流型

为了直接观察流体流动时内部质点的运动状况和各种因素的影响，1883 年雷诺做实验进行了研究。图 1-20 即雷诺实验装置示意图。在一个透明水箱内，水箱下方安装一个带喇叭形进口的玻璃管，管下游装有阀门，用阀门调节管内流量。在管中心处有一根针形小管，自小管流出一丝有色水流，其密度与水几乎相同。

图 1-20 雷诺实验

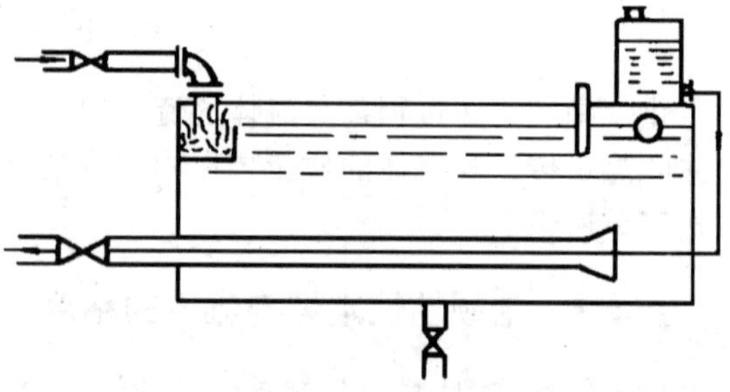

当水的流量较小时，玻管水流中出现一丝稳定而明显的有色直线。随着流速增加，起初流线保持平滑直线，当流速增至某临界值后，有色线条开始抖动、弯曲，最后完全与水流主体混合。

实验现象揭示了流动的机理，流体流动存在着两种截然不同的流型，一种是流体质点作直线运动，即流体分层流动，层次分明，致使有色流线稳定平滑,这种流型称作层流或滞流。另一种是流体质点总体上沿管道向前流动,同时质点也向各个方向做随机运动,彼此混合,致使其中的有色流线被搅混,这种流型称作湍流或紊流。

(二) 流型的判据——雷诺数

雷诺实验表明,流体流型不仅与流速 u 有关,还与流体的密度 ρ、粘度 μ 和流道的几何尺寸 l(若为圆管则 l 为管内径 d)有关。雷诺发现,将这些影响因素组成一个数群,可作为流型的判据。这一数群称为雷诺准数简称雷诺数,以 Re 表示。

$$Re = \frac{du\rho}{\mu} \tag{1-46}$$

Re 准数是一个无量纲数群,无论采用何种单位制,只要数群中各物理量的单位一致,算出的 Re 数必定是一个相等的纯数。

雷诺指出:

(1) 当 Re<2000 时,流动总是层流状态,称为层流区;

(2) 当 2000<Re<4000 时,有时出现层流,有时出现湍流,与外界条件有关,称为过渡区;

(3) 当 Re>4000 时,流动呈现湍流型态,称为湍流区。

这里以 Re 数为判据,将流动分为层流区、过渡区和湍流区,但流型只有两种层流和湍流,过渡区的流动实际上处于不稳定状态,究竟出现何种流型,需视外界扰动而定。

Re 数之所以可用做流型的判据,是因为它反映了惯性力与粘性力之比

$$\text{惯性力} \propto \rho u^2 \qquad \text{粘性力} \propto \mu \frac{u}{l}$$

则
$$\frac{\text{惯性力}}{\text{粘性力}} = \frac{\rho u^2}{\mu u l^{-1}} = \frac{lu\rho}{\mu} = Re$$

当惯性力大时,Re 数大,湍动程度强;当粘性力大时,Re 数小,将抑制流体的湍动。

1.4.3 层流和湍流的特征

(一) 两种流型流体质点运动的特征

流体在管内作层流流动时,其质点沿管轴作有规则的一维运动,各质点互不碰撞,互不混合。

管内湍流时,流体质点的运动是杂乱无章的,湍流被视为在流体平均前进运动之外,附加有无数漩涡的不规则高频脉动。对这种运动,人们采用了统计方法。就流速而言,将湍流中任何一个质点的速度向量分解为两部分,一个是时均速度分量,它不随时间而变,另一个是脉动速度分量,它在时均速度上下波动。在直角坐标系中,令流体质点在 x、y、z 三个方向上的瞬时速度分别为 u_x、u_y、u_z,时均速度分别为 $\overline{u_x}$、$\overline{u_y}$、$\overline{u_z}$,脉动速度分别为 u_x'、u_y'、u_z',则其关系如下

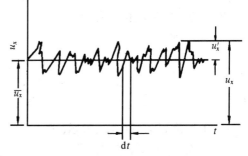

图 1-21 湍流中瞬时、时均与脉动速度之间的关系图

$$\begin{aligned} u_x &= \overline{u_x} + u_x' \\ u_y &= \overline{u_y} + u_y' \\ u_z &= \overline{u_z} + u_z' \end{aligned} \tag{1-47}$$

就 x 方向,任一流体质点在 $0\sim t$ 时间范围内的时均速度 $\overline{u}_x$(如图 1-21 所示)为

$$\overline{u}_x = \frac{1}{t}\int_0^t u_x \mathrm{d}t \tag{1-48}$$

式中 u_x 为该流体质点的瞬时速度,是时间 t 的函数;当 t 取得足够长时,时均速度 $\overline{u}_x$ 在 t 内是一个常数。由于脉动速度的频率很高,实际上 t 只需几秒。

从微观上讲,湍流根本无所谓定态,但就统计的观点,湍流又是定态。这是指时均量而言,即如果时均量在所选的时间内具有恒定值,这样的湍流可以认为是定态湍流。

所谓脉动量是指距时均量的偏离量,就脉动速度,它相对于时速度,有时为正有时为负,因此脉动速度 u_x' 在 $0\sim t$ 范围内的时均量 $\overline{u}_x'$ 必为零。那么在径向上,$\overline{u}_y = 0$,$\overline{u}_z = 0$,瞬时速度 $u_y = u_y'$,$u_z = u_z'$,正是径向脉动速度加强了动量、能量和质量的传递。

(二) 流体在圆管内流动的速度分布

因为流体具有粘性,无论是层流或湍流,在管道的任一截面上,流体质点的速度都沿管径而变。管壁处为零,离开管壁速度渐增,至中心处速度最大。速度在管截面上的分布,因流型而异。

层流时,流体层间的剪应力服从牛顿粘性定律,由此可用数学分析法推导层流速度分布表达式。

在水平圆管中心处取一半径为 r、长为 $\mathrm{d}l$ 的流体微元柱,作微元柱的受力分析,则

柱后端面受压力　　　　　　　$P_1 = p\pi r^2$

柱前端面受压力　　　$P_2 = -(p+\mathrm{d}p)\pi r^2$

柱侧面受剪力　　　　$F = -\tau(2\pi r\mathrm{d}l)$

流体做定态匀速运动,合力为零,则

$$p\pi r^2 - (p+\mathrm{d}p)\pi r^2 - \tau(2\pi r\mathrm{d}l) = 0$$

整理,得　　　　　　　$-\frac{\mathrm{d}p}{\mathrm{d}l}r - 2\tau = 0$

由式(1-45)　　　　　　　$\tau = -\mu\frac{\mathrm{d}u}{\mathrm{d}r}$

联立上二式,得　　　　　$\mathrm{d}u = \frac{1}{2\mu}\frac{\mathrm{d}p}{\mathrm{d}l}r\mathrm{d}r$

按下列边值条件积分之,有

$$r=R,\ u=0;\ \ r=r,\ u=u$$

$$\int_0^u \mathrm{d}u = \frac{1}{2\mu}\frac{\mathrm{d}p}{\mathrm{d}l}\int_R^r r\mathrm{d}r$$

得　　　　　　$u = \frac{-1}{4\mu}\frac{\mathrm{d}p}{\mathrm{d}l}(R^2 - r^2) \tag{1-49}$

$r=0$ 处的速度最大,以 u_{max} 表示,则

$$u_{max} = \frac{-1}{4\mu}\frac{\mathrm{d}p}{\mathrm{d}l}R^2 \tag{1-50}$$

式(1-49)可写成

$$u = u_{max}\left(1 - \frac{r^2}{R^2}\right) \tag{1-51}$$

式(1-51)即为圆管内层流的速度分布表达式。显然,u 随 r 变化的函数曲线为抛物线,见图 1-22(a)。

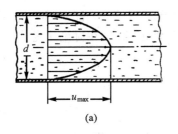 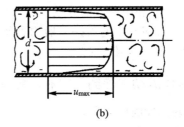

(a)   (b)

图 1-22 圆管内速度分布

(a) 层流, (b) 湍流

湍流时,流体质点运动不规则,目前还不能采用理论方法得出湍流的速度分布规律。管内湍流的速度分布一般通过实验研究采用经验公式近似表示,常用下式表示:

$$u = u_{max}\left(1 - \frac{r}{R}\right)^{1/n} \tag{1-52}$$

式中 n 值与 Re 数大小有关:

$$4 \times 10^4 < Re < 1.1 \times 10^5 \text{ 时,} \quad n = 6$$

$$1.1 \times 10^5 < Re < 3.2 \times 10^6 \text{ 时,} \quad n = 7$$

$$Re > 3.2 \times 10^6 \text{ 时,} \quad n = 10$$

湍流时由于流体质点的脉动碰撞,使截面上靠近管中心处各点的速度彼此拉平,其分布曲线不再是抛物线,圆管内湍流速度分布曲线见图 1-22(b)。

(三) 圆管内层流和湍流的平均速度

平均速度 $\overline{u}$ 为单位时间单位管截面积流过的流体体积,等于体积流量 q_V 除以管截面积 A,即

$$\overline{u} = \frac{q_V}{A} = \frac{\int_0^R u 2\pi r \, dr}{\pi R^2} \tag{1-53a}$$

(1) 层流时,管径 r 处的速度 $u = f(r)$ 为

$$u = u_{max}\left(1 - \frac{r^2}{R^2}\right)$$

则

$$\overline{u} = \frac{u_{max}\int_0^R \left(1 - \frac{r^2}{R^2}\right) 2\pi r \, dr}{\pi R^2} = \frac{1}{2} u_{max} \tag{1-53b}$$

即管内的层流平均速度为最大速度的一半。

(2) 湍流时,管径 r 处的速度 $u = f'(r)$ 为

$$u = u_{max}\left(1 - \frac{r}{R}\right)^{1/n}$$

则

$$\overline{u} = \frac{u_{max}\int_0^R \left(1 - \frac{r}{R}\right)^{1/n} 2\pi r \, dr}{\pi R^2} = \frac{2n^2}{(n+1)(2n+1)} u_{max}$$

式中 n 与 Re 数有关。在通常流体输送的 Re 数范围内 $n \approx 7$,则

$$\overline{u} = 0.82 u_{max} \tag{1-53c}$$

即圆管内湍流时,平均速度是最大速度的 0.82 倍。

流体在圆管内流动的动能,经理论推导,层流时为 $\overline{u}^2$,湍流时为 $0.53\overline{u}^2$。但由于动能项

往往在各项能量的总和中所占的分数很小,故流体流动系统的动能,一般可取平均速度计算为$\bar{u}^2/2$,对于层流或湍流产生的误差一般均可忽略。请注意,仅在讨论速度分布时 u 代表点速度,一般公式中 u 指平均速度 $\bar{u}$。

1.4.4 流体流动中的剪应力和动量传递

(一) 层流状态的剪应力

粘性流体层流时的内摩擦阻力即剪应力服从牛顿粘性定律,即

$$\tau = -\mu \frac{\mathrm{d}u}{\mathrm{d}y}$$

层流剪应力从宏观上看是流体质点分层流动,速度较快的流体层给较慢的流体层一个推力,较慢层则给较快层一个阻力,此推力和阻力为一对作用力和反作用力。它的物理本质是分子热运动的吸引、碰撞和扩散的结果,较快层流体的分子扩散进入较慢层,使较慢层速度加快,较慢层的分子扩散进入较快层,使较快层速度变慢,从而形成了法向上的速度梯度。

(二) 湍流状态的剪应力

湍流时,流体质点的不规则运动,产生了许多的漩涡,已不再有质点的分层运动,因此不能用牛顿粘性定律描述。若仍沿用牛顿粘性定律的形式,则写成

$$\tau = -(\mu + e)\frac{\mathrm{d}u}{\mathrm{d}y} \tag{1-54}$$

式中 e 为涡流粘度,它与流体的物性无关,而与湍动强度、管壁粗糙度等因素有关。e 很难确定,且 $e \gg \mu$,所以湍流主体的速度分布平坦,但流动阻力却很大。

(三) 流动中的动量传递

从传递的角度来分析牛顿粘性定律。假设所研究的流体为不可压缩流体,密度 ρ 为常数,则牛顿粘性定律可写成如下形式:

$$\tau = -\frac{\mu}{\rho} \frac{\mathrm{d}(\rho u)}{\mathrm{d}y} = -\gamma \frac{\mathrm{d}(\rho u)}{\mathrm{d}y} \tag{1-55}$$

式中:τ—剪应力或动量通量,其单位为:

$$[\tau] = \left[\frac{\mathrm{N}}{\mathrm{m}^2}\right] = \left[\frac{\mathrm{kg \cdot m \cdot s^{-2}}}{\mathrm{m}^2}\right] = \left[\frac{\mathrm{kg \cdot m \cdot s^{-1}}}{\mathrm{m}^2 \cdot \mathrm{s}}\right]$$

$\gamma = \dfrac{\mu}{\rho}$—运动粘度或称动量扩散系数,其单位为:

$$[\gamma] = \left[\frac{\mu}{\rho}\right] = \left[\frac{\mathrm{kg}}{\mathrm{m \cdot s}} \frac{\mathrm{m}^3}{\mathrm{kg}}\right] = [\mathrm{m}^2 \cdot \mathrm{s}^{-1}]$$

(ρu)—动量浓度,其单位为:

$$[\rho u] = \left[\frac{\mathrm{kg}}{\mathrm{m}^3}\right]\left[\frac{\mathrm{m}}{\mathrm{s}}\right] = \left[\frac{\mathrm{kg \cdot m \cdot s^{-1}}}{\mathrm{m}^3}\right]$$

$\mathrm{d}(\rho u)/\mathrm{d}y$—动量浓度梯度,其单位为:

$$\left[\frac{\rho u}{y}\right] = \left[\frac{\mathrm{kg \cdot m \cdot s^{-1}}}{\mathrm{m}^3 \cdot \mathrm{m}}\right]$$

式(1-55)表示剪应力为单位时间通过单位面积的动量即动量通量是动量传递速率,它与动量浓度梯度成正比,比例系数为动量扩散系数,负号表示动量传递的方向与动量浓度梯度的方向相反,即动量由高速层向低速层传递。它类似于热能由高温处向低温处传递,物质由高浓

处向低浓处传递。动量传递的方向与流动方向垂直。显然,在层流中动量传递的本质是源于分子热运动的扩散作用,所以牛顿粘性定律是分子传递的基本定律。

在湍流中,由于存在着大量的漩涡运动,除分子传递外,还有涡流传递存在,漩涡的运动和交换使动量的传递大大加强,人们仿照分子传递的方程,对涡流动量通量可写成:

$$\tau' = -\varepsilon \frac{\mathrm{d}(\rho u)}{\mathrm{d}y} \tag{1-56}$$

式中:τ'为涡流剪应力;$\varepsilon = e/\rho$,称之为涡流动量扩散系数。

显然,ε与γ不同,ε与流体的物性无关,而与湍动程度、管壁粗糙度等因素有关,且$\varepsilon \gg \gamma$。湍流时的总剪应力

$$\tau = -(\gamma + \varepsilon) \frac{\mathrm{d}(\rho u)}{\mathrm{d}y} \tag{1-57}$$

由上所述可见,对牛顿粘性定律,我们有时用力的观点来阐述揭示所处理问题的力学性质,有时又用动量传递来阐明揭示化工过程的动量传递、能量传递和质量传递的类比性,深入分析研究事物的内在规律。

1.4.5　边界层概念

(一) 边界层

当流体以均匀流速u_0流经固体壁面时,由于流体具有粘性,在垂直于流体流动方向上产生了速度梯度,在壁面附近存在着较大速度梯度的流体层,称为流动边界层,简称边界层。从壁面到速度为$0.99u_0$处的距离δ称为边界层的厚度。

随着流体流经壁面距离的增加,剪应力对流体持续作用,边界层逐渐增厚,这叫边界层的发展过程,如图1-23所示。在圆管入口段中边界层的发展,如图1-24所示。管截面上的速度

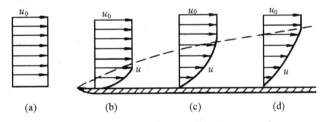

(a)　　　(b)　　　(c)　　　(d)

图1-23　平壁上边界层的形成

分布沿管长变化,至边界层汇合后,速度分布不再变化,呈定态流动,称为完全发展了的流动。对层流流动,其稳定段长度x_0与管径d及Re数的关系为

$$x_0/d = 0.0575\,\mathrm{Re} \tag{1-58}$$

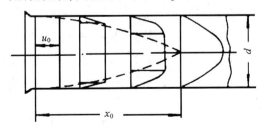

图1-24　圆管入口段中边界层的发展

边界层按管中流型分为层流边界层和湍流边界层。即使是湍流边界层,在靠近管壁处,仍存在一极薄的层流底层。湍流时圆管中的层流底层厚度δ_b可采用经验公式估算。当平均速度满足$\overline{u} = 0.82u_{\max}$时,一般采用下式计算:

$$\frac{\delta_b}{d} = \frac{61.5}{\mathrm{Re}^{7/8}} \tag{1-59}$$

虽然层流底层的厚度很薄,但由于其流型为层流,对传热和传质都有极重要的影响。

(二) 边界层分离

流体流过平板或直管,流动边界层紧贴壁面。若流体流过球体、圆柱体或突然变形的壁面,在一定条件下就会发生边界层脱离壁面的现象。

现以流速均匀的流体流过圆柱体为例说明。如图 1-25 所示,当匀速流体绕过圆柱体时,在 A 点遇阻速度变为零,动能全部转化为压强能,A 处压强最大。当流体自 A 向两侧流去时,由于圆柱面的阻滞作用便形成了边界层,流体由 A 流向 B,流道逐渐缩小,流速增大压强减小,形成负压强梯度。流体流过 B 点之后,由于流道逐渐变大,流速渐减压强渐增,又形成正压强梯度。壁面附近的流体由于克服剪应力和逆压强梯度,流速迅速下降,到 C 点降为零。离壁面稍远的流体质点,因具有较高速度和动能,可继续流至 C' 也变为零。若将速度为零的各点连成一线(如图中 C—C' 所示),该线与边界层上缘之间的区域就是脱离了壁面的边界层,这一现象就称为边界层分

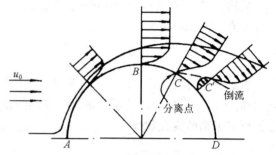

图 1-25　流体对圆柱体的绕流

离或脱体。在 C—C' 线下方流体在逆压强梯度推动下倒流,形成漩涡区,流体质点由于强烈碰撞而消耗能量,这部分能量损耗源于壁面形状变化,故称为形体阻力。

粘性流体绕过固体曲面的阻力为摩擦阻力和形体阻力之和。两者之和又称为局部阻力。流体流经管件、阀门和管子进出口等,由于流动方向和流道截面的突然变化均产生局部阻力。

1.5　流体在管内的流动阻力损失

化工管路由直管和管件组成。管件包括弯头、阀门、突然扩大缩小和流量计等。流体在管路中流动的阻力包括直管阻力(或称沿程阻力)和管件的局部阻力。流体流动克服阻力消耗的机械能,称为阻力损失。在柏努利方程中,用 $\sum h_f (\text{J} \cdot \text{kg}^{-1})$、$\rho \sum h_f (\text{Pa})$ 和 $H_f(\text{m})$ 表示。其中,$\rho \sum h_f = \Delta p_f$ 称做压强降,是指以帕(Pa)为单位的阻力损失,不是两截面间压强差。

1.5.1　圆形直管阻力损失计算通式

如图 1-26 所示,不可压缩流体在水平圆形直管中定态流动,取截面 1—1′ 和 2—2′ 间流体柱进行分析,作两截面间能量衡算:

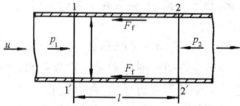

图 1-26　直管阻力通式的推导

$$g\Delta z + \Delta \frac{u^2}{2} + \frac{\Delta p}{\rho} = W_e - \sum h_f$$

式中:$\Delta u = 0$,$\Delta z = 0$,$W_e = 0$,则

$$p_1 - p_2 = \rho \sum h_f = \Delta p_f \qquad (1\text{-}60)$$

作两截面间受力分析,流体匀速流动,推力 = 阻力,即

$$(p_1 - p_2)\frac{\pi}{4}d^2 = \tau \pi dl \qquad (1\text{-}61)$$

将式(1-60)和式(1-61)联立,得

$$\Delta p_{\mathrm{f}} = \frac{4l}{d}\tau \tag{1-62}$$

将等式作适当变换,把阻力损失表示为动能的倍数,得

$$\Delta p_{\mathrm{f}} = \frac{8\tau}{\rho u^2}\frac{l}{d}\frac{\rho u^2}{2}$$

令

$$\lambda = \frac{8\tau}{\rho u^2} \tag{1-63}$$

则

$$\Delta p_{\mathrm{f}} = \lambda \frac{l}{d}\frac{\rho u^2}{2} \tag{1-64}$$

式(1-64)即为圆形直管阻力损失计算通式,与前面推导出的(1-43)式相同,即范宁公式。式中动能项和管子的特征尺寸均易求得,摩擦系数 λ 与剪应力 τ 有关。流型不同,剪应力不同,因此求阻力损失的关键是求 λ。下面将分别讨论层流和湍流时的摩擦系数。

1.5.2 层流时的阻力损失

由式(1-53a)和式(1-50)得层流时的平均速率

$$\bar{u} = 0.5u_{\max} = -\frac{1}{8\mu}\frac{\mathrm{d}p}{\mathrm{d}l}R^2$$

定态流动时 $\bar{u}$ 为常数,则式中的微商

$$\frac{\mathrm{d}p}{\mathrm{d}l} = \frac{\Delta p}{\Delta l} = \frac{(p_2 - p_1)}{l}$$

代入上式,则

$$p_1 - p_2 = \frac{32\mu l\,\bar{u}}{d^2}$$

水平直管无外功加入,$p_1 - p_2 = \Delta p_{\mathrm{f}}$,则

$$\Delta p_{\mathrm{f}} = \frac{32\mu l\,\bar{u}}{d^2} \tag{1-65}$$

式(1-65)称为哈根(Hagen)-泊肃叶(Poiseuille)公式,是层流阻力损失计算式。显然,$\Delta p_{\mathrm{f}} \propto \bar{u}$,即层流时阻力损失与流速的一次方成正比,因此也称作层流阻力的一次方定律。式(1-65)经过变换,与范宁公式对比

$$\Delta p_{\mathrm{f}} = \frac{64}{\underset{\mu}{\mathrm{d}\,\bar{u}\rho}}\frac{l}{d}\frac{\rho\,\bar{u}^2}{2}$$

得

$$\lambda = \frac{64}{Re} \tag{1-66}$$

这里给出了层流时 λ 与 Re 的关系,即摩擦系数与雷诺数的倒数成正比,在双对数坐标图上呈现直线关系。

1.5.3 湍流阻力损失与量纲分析法

层流时流体质点运动规律,服从牛顿粘性定律,可用理论分析导出阻力损失计算式。而湍流时流体质点的不规则脉动现象复杂,目前还无法用理论推导得出阻力损失的数学表达式。

工程技术中,常遇到所研究的现象过于复杂,影响因素多,难以用理论推导出各变量之间的函数关系式,而工程实践中又必须要应用之解决设计及控制操作的问题。若采用纯实验方

法,逐个研究某因素的影响,固定其他变量,这样实验工作量将非常大。鉴于此,人们采用量纲分析法结合实验来建立经验关系式,指导工程实践。具体步骤是,首先通过初步的实验结果,分析列出影响过程的变量,然后用量纲分析法将影响过程的变量,组成几个无量纲数群的关联式,再由实验确定关联式的待定系数和指数。

(一) 量纲分析法

量纲分析法依据量纲一致性原则和 π 定理,应用雷莱(Lord Rylegh)指数法将影响过程的因素组成无量纲数群。

(1) 量纲一致性原则

凡是根据基本物理规律,导出的物理方程,其中各项的量纲必然相同。

(2) π 定理

任何物理方程必可转化为无量纲形式,即以无量纲数群的关系式代替原物理方程,无量纲数群的个数等于原方程的变量数减去基本量纲数。

下面以求湍流的阻力损失为例说明量纲分析法。

根据对湍流时流体阻力的分析和实验得知,影响湍流阻力损失的因素是管径 d、管长 l、平均流速 u、流体密度 ρ、粘度 μ 和管壁粗糙度 ε(壁面凸出部分的平均高度,亦称绝对粗糙度),即

$$\Delta p_f = \varphi(d, l, u, \rho, \mu, \varepsilon) \tag{a}$$

① 用雷莱指数法进行推导:

$$\Delta p_f = k d^a l^b u^c \rho^e \mu^f \varepsilon^g \tag{b}$$

式中各物理量的量纲以基本量纲:质量[M]、长度[L]、时间[T]表示,即

$$[p] = ML^{-1}T^{-2} \qquad [d] = [l] = L \qquad [u] = LT^{-1}$$
$$[\rho] = ML^{-3} \qquad [\mu] = ML^{-1}T^{-1} \qquad [\varepsilon] = L$$

把各物理量的量纲代入式(b)中,得

$$ML^{-1}T^{-2} = k[L]^a[L]^b[LT^{-1}]^c[ML^{-3}]^e[ML^{-1}T^{-1}]^f[L]^g$$

即

$$ML^{-1}T^{-2} = k[M]^{e+f}[L]^{a+b+c-3e-f+g}[T]^{-c-f}$$

按量纲一致性原则,等式两边各基本量纲的指数相等,即

$$\begin{cases} e+f=1 \\ a+b+c-3e-f+g=-1 \\ -c-f=-2 \end{cases} \tag{c}$$

这里有 6 个未知数,3 个方程。解得

$$\begin{cases} a=-b-f-g \\ c=2-f \\ e=1-f \end{cases} \tag{d}$$

将(d)式代入(b)式,得

$$\Delta p_f = k d^{-b-f-g} l^b u^{2-f} \rho^{1-f} \mu^f \varepsilon^g$$

将指数相同的各物理量归并,得

$$\frac{\Delta p_f}{\rho u^2} = k \left(\frac{l}{d}\right)^b \left(\frac{du\rho}{\mu}\right)^{-f} \left(\frac{\varepsilon}{d}\right)^g \tag{1-67}$$

该式为 4 个无量纲数群的函数关系式。这样,就把 7 个变量的关系式转化为 4 个无量纲

变量的关系式,可使实验量大大减少。

    ② 用 π 定理检验:

$$无量纲数群数 = 方程的变量数 - 基本量纲数 = 7 - 3 = 4$$

$$(\Delta p_f, d, l, u, \rho, \mu, \varepsilon) \qquad (M, L, T)$$

    上述导出的无量纲数群都具有一定物理意义:$\Delta p_f/(\rho u^2)$ 代表机械能损失与动能之比,称为欧拉准数;l/d 为管道长径比;$du\rho/\mu$ 为雷诺数;而 ε/d 为相对粗糙度。

(二) 湍流的阻力损失及摩擦系数

    实验证明,对圆形直管,流动阻力损失与管长成正比,即式(1-67)中的 $b = 1$,则

$$\frac{\Delta p_f}{\rho u^2} = k \left(\frac{l}{d} \right) \left(\frac{du\rho}{\mu} \right)^{-f} \left(\frac{\varepsilon}{d} \right)^g$$

对照范宁公式[即式(1-64)]

$$\Delta p_f = \lambda \frac{l}{d} \frac{\rho u^2}{2}$$

则

$$\lambda = \psi \left(\mathrm{Re}, \frac{\varepsilon}{d} \right) \qquad (1-68)$$

    通过实验把求得的 λ 与 Re 数和 ε/d 的数值绘于双对数坐标图上,得摩狄(Moody)摩擦系数图,见图 1-27。在工程计算时便可由 Re 数和 ε/d 的值查得 λ。该图可分为 4 个区:

    (1) 层流区(Re≤2000)

    λ 与管壁粗糙度无关,与雷诺准数 Re 呈直线关系。由该直线在图上的坐标值便可算得 $\lambda = 64/\mathrm{Re}$,与前述理论推导出的式(1-66)相一致。该直线关系即是层流阻力一次方定律的实验证明。Re<2000 层流是稳定的。

    (2) 过渡区(2000<Re<4000)

    工程上一般作湍流处理,将湍流曲线向左延伸,以查取 λ。因为 Re>2000 层流不再是稳定的。

    (3) 湍流区(Re≥4000 的虚线以下区域)

    该区的特点是 λ 与 Re 数及 ε/d 都有关,当 ε/d 一定时,λ 随 Re 数增大而减小,变化逐渐趋于平缓。当 Re 数一定时,λ 随 ε/d 增大而增大。

    (4) 完全湍流区(Re≥4000 的虚线以上区域)

    区内的曲线趋于水平线,表明 λ 只与 ε/d 有关,而与 Re 数无关。若 ε/d 一定,λ 为常数。在范宁公式中,若 l/d 一定,λ 又为常数,则 $\Delta p_f \propto u^2$。此即高度湍流时阻力的平方定律,故该区称为阻力平方区。

    高度湍流时能量损失与流速的平方成正比,流速提高将使能耗急剧增大,流速低则管径要粗,设备投资大,故在工程设计中要选用适宜流速,才符合经济原则。这便是前述表 1-1 给出管内最宜流速的依据。

    由摩擦系数图可知,层流时管壁粗糙度对阻力无影响,这是因为管壁的粗糙度不改变层流的内摩擦规律。湍流时层流底层厚度减薄至小于壁面的凸起高度,凸起部分对质点的脉动产生形体阻力,故湍流时 λ 随 ε/d 变化显著。

    还有不少作者根据实验结果,提出了各种关联式,例如:

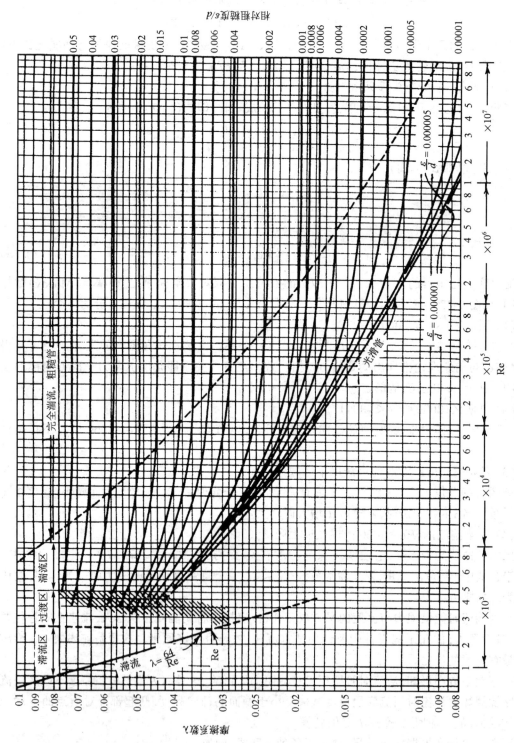

图1-27　摩擦系数与Re数及相对粗糙度间的关系

(1) 柏拉修斯光滑管公式

$$\lambda = \frac{0.3164}{Re^{0.25}} \tag{1-69}$$

适用于 $Re = 3 \times 10^3 \sim 1 \times 10^5$。

(2) 顾毓珍粗糙管公式

$$\lambda = 0.01227 + 0.7543/Re^{0.38} \tag{1-70}$$

适用于 $Re = 3 \times 10^3 \sim 3 \times 10^6$，粗糙管指钢管和铁管。

(3) 阻力平方区 λ 计算式

$$\frac{1}{\sqrt{\lambda}} = 1.74 - 2 \lg\left(\frac{\varepsilon}{d}\right) \tag{1-71}$$

在用量纲分析法时要注意：

(1) 在确定影响因素时，既不能遗漏也不能列入不相干变量，否则将得出错误的结论。

(2) 导出的无量纲数群要有一定物理意义，因为它是在揭示事物的内在规律。

(3) 无量纲数群关联式的建立和确定，都要与实验相结合，由实验数据回归求取关联式的待定系数和指数，从而得到具体的函数关系式。

这种只要通过一些实验来分析变量对过程的宏观影响，发现主要因素，再用量纲分析法规划实验建立关联式的方法，并不需要对过程本身的内在规律作出详细的分析，因此，这种方法也被称为是"黑箱"模型法。

正因为工程实践处理的问题影响因素多情况复杂，所以工程学科中无量纲数群关联式多，这是它有别于基础学科的特点。

前面介绍的是圆管内流体流动阻力损失计算式。流体流道若为非圆管，管径则要用当量直径。当量直径 d_e 的定义为：

$$d_e = \frac{4 \times 流道截面积}{浸润周边长}$$

如是套管的环形截面流道，其当量直径为

$$d_e = \frac{4 \times \left(\frac{\pi}{4}D^2 - \frac{\pi}{4}d^2\right)}{\pi D + \pi d} = D - d$$

式中：D、d 分别为环形截面的外圆和内圆直径。

1.5.4 局部阻力损失

流体在管路中流动的阻力包括沿程阻力和局部阻力。流体流过形状各异的管件、阀门、流量计和管子进、出口等产生的局部阻力损失，主要是源于流道形状的突然变化，使流动边界层分离，形成大量漩涡，导致机械能损失。

局部阻力损失的计算采用两种方法。

(一) 阻力系数法

近似地认为局部阻力服从平方定律，把局部阻力损失表示为动能的函数，即

$$h_f = \zeta \frac{u^2}{2} \tag{1-72}$$

式中：ζ 为阻力系数，其值主要由实验测定。

例如管径突然扩大的阻力损失,我们在例 1-5 中已由理论推导出其计算式(1-44)为

$$h_f = \left(1 - \frac{A_1}{A_2}\right)^2 \frac{u_1^2}{2}$$

式中:A_1、A_2 分别为小管和大管的截面积。与公式(1-72)对照,则

$$\zeta = \left(1 - \frac{A_1}{A_2}\right)^2 \tag{1-73}$$

对于突然缩小的阻力也有类似的表达式。再进一步推广到由管道流入设备的出口和由设备流入管道的进口。人们经实验总结出如图 1-28 所示的阻力系数图:图中横坐标为小管与大管的截面积之比,(a)为突然扩大曲线,(b)为突然缩小曲线。由变化前后的管截面积可查取 ζ 值。其中出口 $A_1/A_2 \approx 0$,$\zeta = 1$;进口 $A_2/A_1 \approx 0$,$\zeta = 0.5$。

注意,公式 $h_f = \zeta u^2/2$ 中的 u 取小管的平均流速。选取能量衡算截面时,要注意位置与衡算量的对应。如将下游截面选在出口内侧,截面上的速率为管内速率,出口损失则不计入。

(二) 当量长度法

近似地认为局部阻力损失可以相当于长度为 l_e 的直管阻力损失,即

$$h_f = \lambda \frac{l_e}{d} \frac{u^2}{2} \tag{1-74}$$

式中:l_e 为管件的当量长度,其值由实验测定。常用的管件和阀门的阻力系数和当量长度见表 1-2。

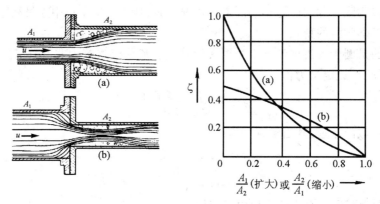

图 1-28　截面突然扩大和突然缩小时的阻力系数

(a) 突然扩大, (b) 突然缩小

表 1-2　管件与阀门的阻力系数与当量长度数据(适用于湍流)

名　　称	阻力系数 ζ	当量长度与管径之比 l_e/d
弯头,45°	0.35	17
弯头,90°	0.75	35
三通	1	50
回弯头	1.5	75
管接头,活接头	0.04	2
闸阀		
全开	0.17	9
半开	4.5	225

续表

名　称	阻力系数 ζ	当量长度与管径之比 l_e/d
标准阀		
全开	6.9	300
半开	9.5	475
角阀,全开	2	100
止逆阀		
球式	70	3500
摇板式	2	100
水表,盘式	7	350

【例1-6】　用泵将贮槽中20 °C的硝基苯($\rho = 1200\,kg\cdot m^{-3}$, $\mu = 2.1\times10^{-3}\,Pa\cdot s$)送入表压强为9810 Pa的反应器中,流量为8 kg·s^{-1},贮槽液面为常压。管路为$\varnothing$89 mm×4 mm的钢管,总长为45 m,管壁粗糙度0.2 mm。管路中装有孔板流量计一个,其阻力系数为8.25,全开闸阀两个及90°弯头三个。贮槽液面与反应器入口高度差15 m,求泵的有效功率(见图1-29)。

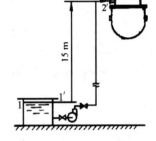

图1-29　例1-6附图

解　在贮藏液面1—1′和输送管出口内侧2—2′面间列柏努利方程,并以1—1′面为基准面,得

$$W_e = (z_2 - z_1)g + \frac{p_2 - p_1}{\rho} + \frac{u_2^2 - u_1^2}{2} + \sum h_f$$

式中：$z_1 = 0$, $z_2 = 15$ m, $p_1 = 0$(表压), $p_2 = 9810\,Pa$(表压), $u_1 = 0$, 则

$$u_2 = \frac{q_m}{\rho A} = \frac{8\,kg\cdot s^{-1}}{1200\,kg\cdot m^{-3}\times\frac{\pi}{4}(0.081\,m)^2} = 1.29\,m\cdot s^{-1}$$

$$Re = \frac{du\rho}{\mu} = \frac{0.081\,m\times1.29\,m\cdot s^{-1}\times1200\,kg\cdot m^{-3}}{2.1\times10^{-3}\,Pa\cdot s} = 59709$$

$$\varepsilon/d = 0.2\times10^{-3}\,m/81\times10^{-3}\,m = 0.00247$$

由 Re 和 ε/d 的数值查摩擦系数图,得 $\lambda = 0.027$。
又查得局部阻力系数值：

管入口 $\zeta = 0.5$,全开闸阀 $\zeta = 0.17$, 90°弯头 $\zeta = 0.75$,孔板流量计 $\zeta = 8.25$

$$\sum\zeta = 0.5 + 2\times0.17 + 3\times0.75 + 8.25 = 11.34$$

$$\sum h_f = \left(\lambda\frac{l}{d} + \sum\zeta\right)\frac{u^2}{2} = \left(0.027\times\frac{45\,m}{0.081\,m} + 11.34\right)\frac{(1.29\,m\cdot s^{-1})^2}{2} = 21.92\,J\cdot kg^{-1}$$

$$W_e = 15\,m\times9.81\,m\cdot s^{-2} + \frac{9810\,Pa}{1200\,kg\cdot m^{-3}} + \frac{(1.29\,m\cdot s^{-1})^2}{2} + 21.92\,J\cdot kg^{-1} = 178.1\,J\cdot kg^{-1}$$

$$N_e = W_e q_m = 178.1\,J\cdot kg^{-1}\times8\,kg\cdot s^{-1} = 1425\,W = 1.425\,kW$$

1.5.5　阻力损失计算式的应用——乌氏粘度计

流体在管内层流时的阻力,主要来源于粘性流体流动时产生的剪应力。乌氏粘度计便是基于此原理测定液体粘度,如图1-30所示。操作时,让被测流体流经直径约0.5～1 mm的毛细管,使流体处于层流状态,通过测量 ab 刻度间液体流经毛细管 bc 的时间,计算液体的粘度。

公式推导如下：

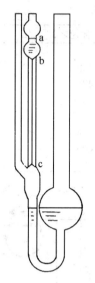

图 1-30　乌氏粘度计

在 bc 两截面间列柏努利方程

$$\frac{\Delta p}{\rho g} + \frac{\Delta u^2}{2g} + \Delta z + H_f = 0$$

由于毛细管直径不变，$u_b = u_c$，$\Delta u = 0$，忽略 ab 间变化着的小的高度差，上液面和管出口 c 处通大气，均为大气压强，故 $\Delta p = 0$，则

$$H_f = -\Delta z = z_b - z_c = l (毛细管长)$$

将直管层流阻力损失计算式(哈根-泊肃叶公式)结合上式，可得

$$\Delta p_f = \frac{32 \mu l u}{d^2} = \rho g H_f = \rho g l$$

则

$$\mu = \frac{\rho g d^2}{32 u} = \frac{\rho g d^2}{32 V / \left(\frac{\pi}{4} d^2 t \right)} = \frac{\pi \rho g d^4 t}{128 V} \qquad (1\text{-}75)$$

测定时使用同一粘度计，式中毛细管直径 d 和 ab 间球形容器的体积 V 一定，则两种流体的粘度、密度之比与各自流过毛细管的时间 t 成正比，即

$$\frac{\mu_1 / \rho_1}{\mu_2 / \rho_2} = \frac{t_1}{t_2} \qquad (1\text{-}76)$$

若已知液体 2 的粘度 μ_2、密度 ρ_2，则通过测定两流体流过的时间 t_1 和 t_2，就可求出流体 1 的 μ_1 / ρ_1。

【例 1-7】　乌氏粘度计刻度 a 和 b 间的体积为 3.5 mL，毛细管长度为 130 mm，毛细管直径为 1.0 mm。若密度为 1050 kg·m^{-3} 的液体由 a 降至 b 需要 100 s，问该液体的粘度为多少？

解　$d = 1 \times 10^{-3}$ m，$V = 3.5 \times 10^{-6}$ m^3，$\rho = 1050$ kg·m^{-3}

$$u = \frac{3.5 \times 10^{-6} \text{ m}^3}{0.785 \times (1 \times 10^{-3} \text{ m})^2 \times 100 \text{ s}} = 0.0446 \text{ m·s}^{-1}$$

$$\mu = \frac{\rho g d^2}{32 u} = \frac{1050 \text{ kg·m}^{-3} \times 9.81 \text{ m·s}^{-2} \times (1 \times 10^{-3} \text{m})^2}{32 \times 0.0446 \text{ m·s}^{-1}} = 7.22 \times 10^{-3} \text{ Pa·s}$$

验证

$$\text{Re} = \frac{1 \times 10^{-3} \text{ m} \times 0.0446 \text{ m·s}^{-1} \times 1050 \text{ kg·m}^{-3}}{7.22 \times 10^{-3} \text{ Pa·s}} = 6.5 \ll 2000$$

证明液体在毛细管内流动为层流状态。

1.6　管　路　计　算

管路计算实际上就是连续性方程式、柏努利方程式和能量损失计算式的具体运用。以下以实例加以介绍。

1.6.1　简单管路

所谓简单管路是指流体从入口到出口在一条管路中流动。整个管路可以由内径相同的管子组成，也可以由几种不同内径的管子组成，不同管径管道连接成的管路又称串联管路。简单管路的主要特点是：

(1) 通过各管段的质量流量不变，对于不可压缩流体，则有：

$$q_{V,1} = q_{V,2} = \cdots = q_V = 常数 \tag{1-77}$$

（2）整个管路的阻力损失等于各管段直管阻力损失之和，即

$$\sum h_f = h_{f,1} + h_{f,2} + \cdots \tag{1-78}$$

在简单管路计算中，常常遇到要求算的量在求算过程中还必须用到它。在这种情况下，工程上常用试差法，依据对问题的分析和工程经验数据，先假设一个数值进行计算，由结果判断假设是否合理，直到假设与结果相符。

【例 1-8】 用 $\varnothing 108\,mm \times 4\,mm$ 钢管输送原油，管路总长 2000 m，管路中允许的压强降为 0.2 MPa，原油密度为 850 kg·m^{-3}，粘度为 5.0×10^{-3} Pa·s，钢管粗糙度为 0.2 mm，求管路中的流量。

解 $\quad \Delta p_f = \lambda \dfrac{l}{d} \dfrac{\rho u^2}{2}$

式中：$\Delta p_f = 2 \times 10^5$ Pa，$d = 0.1$ m，$l = 2000$ m，$\rho = 850$ kg·m^{-3}，$\mu = 5.0 \times 10^{-3}$ Pa·s。

由于不知 u，无法查 λ。故用试差法设 $\lambda - 0.03$，则

$$u = \sqrt{\frac{2d\Delta p_f}{\lambda l \rho}} = \sqrt{\frac{2 \times 0.1\,m \times 2 \times 10^5\,Pa}{0.03 \times 2000\,m \times 850\,kg·m^{-3}}} = 0.886\,m·s^{-1}$$

再求 Re

$$Re = \frac{du\rho}{\mu} = \frac{0.1\,m \times 0.886\,m·s^{-1} \times 850\,kg·m^{-3}}{5 \times 10^{-3}\,Pa·s} = 15060$$

$$\varepsilon/d = 0.2 \times 10^{-3}\,m / 100 \times 10^{-3}\,m = 0.002$$

查图得 $\quad \lambda = 0.031$；代入，求 u

$$u = \sqrt{\frac{2 \times 0.1\,m \times 2 \times 10^5\,Pa}{0.031 \times 2000\,m \times 850\,kg·m^{-3}}} = 0.871\,m·s^{-1}$$

核算 $Re' = \dfrac{0.1\,m \times 0.871\,m·s^{-1} \times 850\,kg·m^{-3}}{5 \times 10^{-3}\,Pa·s} = 14807$，并由 Re′ 和 ε/d 查得 $\quad \lambda = 0.031$，与试算相符。故原油流量

$$q_V = \frac{\pi d^2}{4}u = 3600\,s·h^{-1} \times 0.785 \times (0.1\,m)^2 \times 0.871\,m·s^{-1} = 24.3\,m^3·h^{-1}$$

1.6.2 分支管路

分支管路就是流体由一条总管分流至两条或多条支管流动，各支管的流量彼此影响，相互制约，遵循能量衡算和质量衡算原则。

【例 1-9】 用离心泵将贮槽内的溶液，同时送到开口的高位槽 A 和 B 中，如图 1-31 所示两条分支管路均与高位槽底部相连。已知从三通处到 A 槽的管径为 $\varnothing 76\,mm \times 3\,mm$，直管部分长为 20 m，管件与阀门总当量长度为 5 m。从三通到 B 槽的管径为 $\varnothing 57\,mm \times 3\,mm$，直管部分长 47 m，管件与阀门总当量长度为 4.2 m。A 槽液面比 B 槽液面高 1.5 m，贮槽及两高位槽液面均维持恒定。总管流量为 60 m^3·h^{-1}。试求两分支管（在本题条件下流体在两分支管中的摩擦系数均可取0.02）中的流量。

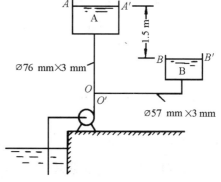

图 1-31 例 1-9 附图

解　在三通进口处 $O—O'$ 分别与两高位槽液面 $A—A'$ 和 $B—B'$ 间列柏努利方程,即

$$gz_A + \frac{p_A}{\rho} + \frac{u_A^2}{2} + \sum h_{f,0-A} = gz_0 + \frac{p_0}{\rho} + \frac{u_0^2}{2} = gz_B + \frac{p_B}{\rho} + \frac{u_B^2}{2} + \sum h_{f,0-B} \qquad (1\text{-}79)$$

式中:$p_A = 0$(表压),$p_B = 0$(表压),$u_A \approx 0$,$u_B \approx 0$,$z_A - z_B = 1.5\ \text{m}$。

由于管路很长,可忽略流体在三通内的阻力,则

$$\sum h_{f,0-A} = \lambda \frac{l + \sum l_e}{d_a} \frac{u_a^2}{2} = 0.02 \frac{20\ \text{m} + 5\ \text{m}}{0.07\ \text{m}} \times \frac{u_a^2}{2} = 3.57\ u_a^2$$

$$\sum h_{f,0-B} = \lambda \frac{l + \sum l_e}{d_b} \frac{u_b^2}{2} = 0.02 \times \frac{47\ \text{m} + 4.2\ \text{m}}{0.051\ \text{m}} \times \frac{u_b^2}{2} = 10.04\ u_b^2$$

式中:u_a 和 u_b 分别为两支管中的流速。

将数据代入(1-79)式整理,得

$$9.81\ \text{m·s}^{-2} \times 1.5\ \text{m} + 3.57\ u_a^2 = 10.04\ u_b^2 \qquad (a)$$

又

$$q_V = q_{V,a} + q_{V,b} \qquad (1\text{-}80)$$

即

$$\frac{\pi}{4}(0.07\ \text{m})^2 u_a + \frac{\pi}{4}(0.051\ \text{m})^2 u_b = 60\ \text{m}^3/3600\ \text{s}$$

得

$$u_a = 4.33\ \text{m·s}^{-1} - 0.531\ u_b \qquad (b)$$

联立(a)和(b)式,解得

$$u_a = 3.14\ \text{m·s}^{-1} \qquad\qquad u_b = 2.23\ \text{m·s}^{-1}$$

$$q_{V,a} = \frac{\pi}{4}(0.07\ \text{m})^2 \times 3.14\ \text{m·s}^{-1} = 0.01208\ \text{m}^3 \cdot \text{s}^{-1} = 43.5\ \text{m}^3 \cdot \text{h}^{-1}$$

$$q_{V,b} = 60\ \text{m}^3 \cdot \text{h}^{-1} - 43.5\ \text{m}^3 \cdot \text{h}^{-1} = 16.5\ \text{m}^3 \cdot \text{h}^{-1}$$

1.6.3　并联管路

若管路分支后又汇合,就形成了并联管路。对不可压缩流体,并忽略交叉处的局部阻力损失,在图 1-32 所示的并联管路的分支和交汇处的 A、B 间,列各分支管路的柏努利方程,则可得

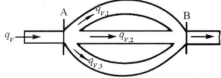

图 1-32　并联管路

$$h_{f,1} = h_{f,2} = h_{f,3} = h_{f,A-B} \qquad (1\text{-}81)$$

又有

$$q_V = q_{V,1} + q_{V,2} + q_{V,3} \qquad (1\text{-}82)$$

式(1-81)和(1-82)便是流体在并联管路内流动的规律,进一步分析便可导出各管路中流量之比。

因为

$$h_{f,i} = \lambda_i \frac{l_i}{d_i} \frac{u_i^2}{2} \qquad (a)$$

其中

$$u_i = \frac{4q_{V,i}}{\pi d_i^2} \qquad (b)$$

联立(a)、(b)二式,得

$$q_{V,i} = \frac{\pi\sqrt{2}}{4} \sqrt{\frac{d_i^5 h_{fi}}{\lambda_i l_i}} \qquad (c)$$

由式(1-81)知各分支管路阻力相等,因此各管路流量之比为

$$q_{V,1} : q_{V,2} : q_{V,3} = \sqrt{\frac{d_1^5}{\lambda_1 l_1}} : \sqrt{\frac{d_2^5}{\lambda_2 l_2}} : \sqrt{\frac{d_3^5}{\lambda_3 l_3}} \qquad (1\text{-}83)$$

【例 1-10】　在图 1-32 所示的分支并联输水管路中,已知水的总流量为 $3.0\,\mathrm{m^3 \cdot s^{-1}}$,水温 20 ℃。各支管的管径和管长分别为 $d_1 = 0.6\,\mathrm{m}$, $l_1 = 1200\,\mathrm{m}$; $d_2 = 0.5\,\mathrm{m}$, $l_2 = 1500\,\mathrm{m}$; $d_3 = 0.8\,\mathrm{m}$, $l_3 = 800\,\mathrm{m}$。输水管的 $\varepsilon = 0.3\,\mathrm{mm}$。求各支管的流量。

解　在式(1-83)中只有 λ_i 不知,用试差法。假设水在各支管中流动处于阻力平方区,即 λ 与 Re 关系不大,仅取决于 ε_i/d_i 值。

$$\varepsilon_1/d_1 = 0.0005 \quad \varepsilon_2/d_2 = 0.0006 \quad \varepsilon_3/d_3 = 0.00038$$

查图 1-27,得

$$\lambda_1 = 0.017, \quad \lambda_2 = 0.0178, \quad \lambda_3 = 0.0159$$

代入式(1-83),得

$$q_{V,1} : q_{V,2} : q_{V,3} = \sqrt{\frac{(0.6\,\mathrm{m})^5}{0.017 \times 1200\,\mathrm{m}}} : \sqrt{\frac{(0.5\,\mathrm{m})^5}{0.0178 \times 1500\,\mathrm{m}}} : \sqrt{\frac{(0.8\,\mathrm{m})^5}{0.0159 \times 800\,\mathrm{m}}}$$

$$= 0.0617 : 0.0342 : 0.1605$$

解得

$$q_{V,1} = \frac{0.0617}{0.0617 + 0.0342 + 0.1605} \times 3.0\,\mathrm{m^3 \cdot s^{-1}} = \frac{0.0617}{0.256} \times 3\,\mathrm{m^3 \cdot s^{-1}} = 0.723\,\mathrm{m^3 \cdot s^{-1}}$$

$$q_{V,2} = \frac{0.0342}{0.256} \times 3.0\,\mathrm{m^3 \cdot s^{-1}} = 0.401\,\mathrm{m^3 \cdot s^{-1}}$$

$$q_{V,3} = \frac{0.1605}{0.256} \times 3.0\,\mathrm{m^3 \cdot s^{-1}} = 1.88\,\mathrm{m^3 \cdot s^{-1}}$$

验证　20 ℃的水取 $\rho = 1000\,\mathrm{kg \cdot m^{-3}}$, $\mu = 1 \times 10^{-3}\,\mathrm{Pa \cdot s}$

$$Re = \frac{d\rho u}{\mu} = \frac{d\rho}{\mu} \frac{4q_V}{\pi d^2} = \frac{4\rho q_V}{\pi \mu d}$$

$$(Re)_1 = \frac{4 \times 1000\,\mathrm{kg \cdot m^{-3}} \times 0.723\,\mathrm{m^3 \cdot s^{-1}}}{\pi \times 1 \times 10^{-3}\,\mathrm{Pa \cdot s} \times 0.6\,\mathrm{m}} = 1.53 \times 10^6$$

$$(Re)_2 = 1.02 \times 10^6$$

$$(Re)_3 = 3.0 \times 10^6$$

由对应的 Re 数和 ε/d 的值查图 1-27,可以看出各对应点均处于图上虚线附近,即 λ 基本不随 Re 数变化,仅随 ε/d 变化的区域,可见假设成立,计算正确。

在工程计算中需用试差法运算时,可在电脑上编程运算。

1.7　流速和流量的测量

管路中的流速和流量是化工中工业化生产过程中要控制的重要参数,自动化连续化的中小型科学实验也需要准确测定流速和流量。这里介绍应用流体流动中机械能转换原理设计的流速计和流量计。

1.7.1　测速管

测速管又称皮托(Pitot)管,如图 1-33 所示,它是由两根同心圆管组成,外管的管口封闭,在外管侧壁面上开有若干测压小孔 B,为减小对流体流动的干扰,测速管前端做成半球形,内管口开通。测量时测速管可放置在管道截面的任意位置,轴向平行于流动方向,内管口 A 正对流体流动方向,测压口 B 平行于流动方向,内、外管的另一端伸向管外与压差计相连。

在管路中,流体流至管口即驻点 A 处,流速变为零,其动能转化为压强能,A 处的压强能 p_A 为动能和静压能之和,即

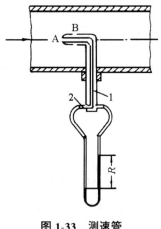

图 1-33　测速管
1—静压管, 2—冲压管

$$p_A = p + \rho u^2/2$$

故内管为冲压管。测压口 B 处的压强能 $p_B = p$,故外管为静压管。

$$p_A - p_B = \rho u^2/2$$

A、B 两处的压强差传递到压差计,引起密度为 ρ' 的指示液产生高度差 R,即

$$p_A - p_B = Rg(\rho' - \rho)$$

则

$$\rho u^2/2 = Rg(\rho' - \rho)$$

$$u = \sqrt{\frac{2Rg(\rho' - \rho)}{\rho}}$$

考虑到制造精度等影响,乘一校正系数 C,即

$$u = C\sqrt{\frac{2Rg(\rho' - \rho)}{\rho}} \tag{1-84}$$

一般 $C = 0.98 \sim 1.00$。若精度要求不高,可不校正。

如测管路中气体流速,$(p_A - p_B)$ 差值小,可外接微压差计。

要注意,测速管测的是某点的速度,应放置在充分发展的稳定流段上。它的外径应不大于流道内径的 1/50,以尽量减小对流动的干扰。

1.7.2　孔板流量计和文丘里流量计

(一) 孔板流量计

如图 1-34 所示,在管道中垂直插入一片中心为圆孔的金属圆板,圆孔从前向后扩大呈45°角,称为锐孔,在孔板前后连接压差计,组成孔板流量计。

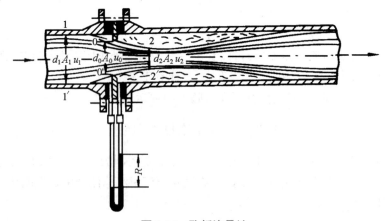

图 1-34　孔板流量计

流体流经圆孔,流道突然缩小,流速增大压强减小。流体流过锐孔,由于惯性流体流束继续缩小(缩脉)直至 2—2′截面处,之后逐渐扩大充满管道。若不计阻力损失,在截面 1—1′和 2—2′间列柏努利方程

$$\frac{p_1}{\rho} + \frac{u_1^2}{2} = \frac{p_2}{\rho} + \frac{u_2^2}{2}$$

由于 2—2′ 处流束截面无法测量,近似以孔口的面积 A_0 和流速 u_0 代替 A_2 和 u_2。由不可压缩流体的连续性方程知

$$u_1 A_1 = u_0 A_0 \qquad u_1 = u_0 A_0 / A_1$$

则

$$\frac{p_1 - p_2}{\rho} = \frac{u_0^2 - u_1^2}{2} = \frac{u_0^2}{2}\left[1 - \left(\frac{A_0}{A_1}\right)^2\right]$$

得

$$u_0 = \frac{1}{\sqrt{1 - (A_0/A_1)^2}}\sqrt{\frac{2(p_1 - p_2)}{\rho}}$$

式中:$p_1 - p_2 = Rg(\rho' - \rho)$,$R$ 为压差计指示液高度差,ρ' 为指示液密度,其他非理想因素用 C 校正,即得

$$u_0 = \frac{C}{\sqrt{1 - (A_0/A_1)^2}}\sqrt{\frac{2Rg(\rho' - \rho)}{\rho}}$$

令

$$C_0 = \frac{C}{\sqrt{1 - (A_0/A_1)^2}}$$

则

$$q_V = u_0 A_0 = C_0 A_0 \sqrt{\frac{2Rg(\rho' - \rho)}{\rho}} \tag{1-85}$$

式中:C_0 称为流量系数或孔流系数,无量纲。C_0 与孔板的局部阻力有关,即与流体的 Re 数有关;也与取压法(压差计接口位置)有关;还与 A_0/A_1 有关,由实验测定。对角接取压法(如图示在紧靠孔板前后连接压差计)测得实验结果如图 1-35 所示。

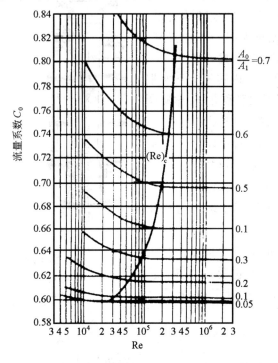

图 1-35 孔板流量计流量系数 C_0 与 Re、A_0/A_1 的关系曲线图

由图可见,对某 A_0/A_1 值,C_0 随 Re 增加先下降后呈水平状,即当 $Re > (Re)_c$,C_0 为定值。由式(1-85)可见,流量 q_V 只与 R 有关。流量计所测的范围最好落在 C_0 为定值的区域,设计合

适的孔板流量计,其 C_0 值为 $0.6 \sim 0.7$,$(\mathrm{Re})_c$ 称为临界雷诺数。

孔板流量计构造简单,安装方便,主要缺点是流体通过孔板时局部阻力损失很大。

(二) 文丘里流量计

为克服孔板流量计阻力损失大的缺点,又设计了文丘里流量计,即把锐孔结构改制成渐缩

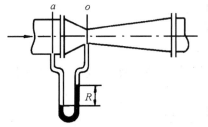

图 1-36　文丘里流量计

渐扩管,如图 1-36 所示。流体流过渐缩渐扩管,避免了流体边界层分离,基本上不产生漩涡,阻力损失较小。

文丘里流量计的流量计算式为

$$q_V = C_v A_0 \sqrt{\frac{2Rg(\rho' - \rho)}{\rho}} \qquad (1\text{-}86)$$

式中:C_v 值一般为 $0.98 \sim 0.99$。

文丘里流量计阻力损失小,大多数用于低压气体输送中的测量。但加工精度要求高,造价较高,且安装时流量计本身占较长位置。

1.7.3　转子流量计

转子流量计是由一支上粗下细的微锥形玻璃管及管内的直径略小于玻璃管直径的转子组成,如图 1-37 所示。转子的材质可为金属或其他材料,其密度大于流体密度。流体自下而上流经转子流量计,在转子处形成环隙流道,流量小时转子位置低,流量大时转子位置高,流量用刻度表示,其原理及公式推导如下:

当流体流过时,在锥形管内转子上下两端处截面 2—2′ 和 1—1′ 间列柏努利方程,忽略两截面间高度差且不计阻力损失时,得

$$p_1 - p_2 = \rho(u_2^2 - u_1^2)/2 \qquad (a)$$

由不可压缩流体的连续性方程知

$$u_1 = q_V/A_1 \qquad u_2 = q_V/A_2$$

因环隙面积 A_2 小于转子下端处管面积 A_1,$u_2 > u_1$,则 $p_1 > p_2$。

再作转子的受力分析:转子受向上的压力 $(p_1 - p_2)A_f$,受重力 $V_f \rho_f g$,也受浮力 $V_f \rho g$。流体稳定流动,转子处于某位置不动,则受力平衡,即

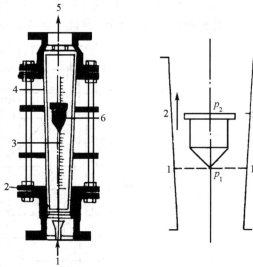

图 1-37　转子流量计

1—流体入口,2—突缘填函盖板,3—刻度,
4—锥形硬玻璃管,5—流体出口,6—转子

$$(p_1 - p_2)A_f + V_f \rho g = V_f \rho_f g$$

$$p_1 - p_2 = \frac{V_f g(\rho_f - \rho)}{A_f} \qquad (b)$$

由(a)式和(b)式,得

$$\rho(u_2^2 - u_1^2)/2 = \frac{V_f g(\rho_f - \rho)}{A_f}$$

即

$$\left(\frac{q_V}{A_2}\right)^2 - \left(\frac{q_V}{A_1}\right)^2 = \frac{2V_f\,g\,(\rho_f - \rho)}{\rho A_f}$$

整理得

$$q_V = \frac{A_2}{\sqrt{1 - (A_2/A_1)^2}}\sqrt{2g\,\frac{V_f}{A_f}\,\frac{\rho_f - \rho}{\rho}} \tag{c}$$

式中：V_f、A_f、ρ_f 分别为转子的体积、横截面积、密度，ρ 为流体密度，q_V 为被测流体的体积流量。

当转子流量计、流体和操作条件确定了，V_f、A_f、ρ_f 及 ρ 均为定值，则式(c)中后项为常数，前项的分母也变化极小，故流体的流量 q_V 与环隙面积 A_2 成正比，即与锥管的上下位置相关。

仿照孔板流量计的表达式，将非理想因素的影响用流量系数 C_R 表示，最终导出的计算公式为

$$q_V = C_R A_2 \sqrt{\frac{2gV_f(\rho_f - \rho)}{A_f\,\rho}} \tag{1-87}$$

C_R 与 Re 数及转子形状有关，可查阅相关资料。

转子流量计在出厂时一般是根据 20 ℃的水或 20 ℃ 0.1 MPa 下的空气进行实验标定的，并将流量值刻在玻璃管上。在流量计使用时，若流体的条件与标定条件不符时，应实验标定或进行刻度换算，在同一刻度下，流量之比

$$\frac{q_{V,2}}{q_{V,1}} = \sqrt{\frac{\rho_1(\rho_f - \rho_2)}{\rho_2(\rho_f - \rho_1)}} \tag{1-88}$$

式中：下标 1 代表标定流体(水或空气)的流量和密度值，下标 2 代表实际操作流体的流量和密度值。

综上所述不难看出，测速管和流量计的共同点是它们均依据柏努利方程设计而成，测速管是流体流动遇到障碍，在驻点处动能转化为压强能，利用垂直正对流向和平行于流向两测压孔间的压强差测定流速。而孔板流量计和转子流量计是在流道上设置一节流元件，使流体流道面积变化，促使流体在节流口前后动能和压强能转换，依据转化规律测量流量。

对比孔板流量计和转子流量计，两者的不同是前者节流口(孔板的孔)面积不变，压差随流量变化，由压差反映流量，故称做压差流量计。而后者正相反，由式(b)和式(1-87)可见，节流口前后压差不变，而节流口面积(转子所在处的环隙面积)随流量变化，故称做截面流量计。

再比较孔板流量计和文丘里流量计，前者只设置孔板，则引起边界层分离，导致较大的能量损失。而后者按流体流束的实际形状即按客观规律设置节流装置(渐缩渐扩管)，实测就十分接近理论推导($C_R = 0.98\sim0.99$)，从而避免了较大的能量损失。这便是人们研究自然，探求规律，再应用规律去进行生产实践。

1.8 流体输送机械

流体输送机械是向流体作功以提高流体机械能的装置。输入流体的机械能用以提高流体的位能，增加流体的压强能和动能，并补充由于阻力损失而消耗的机械能，即

$$H_e = \Delta z + \frac{\Delta p}{\rho g} + \frac{\Delta u^2}{2g} + H_f \tag{1-89}$$

H_e 为输送机械对单位重量流体所做的有效功。

输送机械按原理可分为下面几种。

（1）叶轮式:利用高速旋转的叶轮使流体的动能增大,继而动能又转变为静压能,如离心泵和离心压缩机。

（2）容积式:利用活塞或转子挤压使流体升压并推动其前进,如往复泵、往复压缩机和齿轮泵等。

（3）喷射式:利用工作流体流过喷嘴,造成低压去抽吸流体,如喷射泵。

现以离心泵为重点介绍流体输送设备。

1.8.1　离心泵

（一）离心泵的工作原理

1．离心泵的构造

离心泵的装置简图见图 1-38。离心泵的基本部件是旋转的叶轮和固定的泵壳,叶轮与电机以联轴器相联,被电机带动高速旋转。叶轮的外面是通道逐渐扩大的蜗形泵壳,泵壳在切线方向上与压出导管相接,再装上调节阀。吸入管的另一端装有单向底阀,使液体只能流进不能流出,外装滤网阻挡杂物。叶轮由 6～12 片向后弯曲的叶片组成,叶轮分敞式、半敞式和蔽式,见图 1-39。蔽式效率高适用于输送清液,敞式适用于输送含悬浮物的液体。

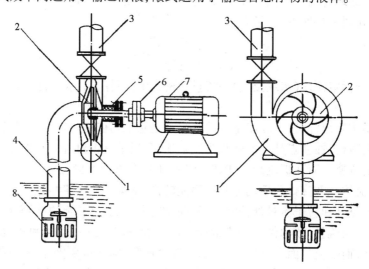

图 1-38　离心泵的构造

1—泵壳, 2—叶轮, 3—压出导管, 4—吸入导管, 5—轴封装置, 6—联轴器, 7—电动机, 8—底阀

2．工作原理

首先在启动前将泵内灌满液体,关闭调节阀,开动电机,在泵运转后再开调节阀。高速运转的叶轮将其中的液体沿叶片抛向周边,使液体的静压能增高流速增大可达 $15～25\ m\cdot s^{-1}$。液体离开叶轮进入蜗状泵壳,流道逐渐扩大,部分动能转化为静压能。于是具有较高压强的液体从泵的排出口进入排出管路,被输送到所需管路系统。叶轮中心处在液体被抛出后形成负压,贮槽的液体在压差作用下被压入泵内。液体就这样在离心泵内获得机械能再进入流动系统。

3．气缚现象

如果泵内和吸入管内没有充满液体,存在空气,叶轮旋转后,密度极小的空气的离心力很小,叶轮中心处形不成必要的真空度,吸不上液体,离心泵无法工作,这种现象称做气缚现象。

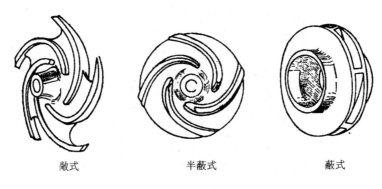

敞式　　　　　半蔽式　　　　　蔽式

图 1-39　离心泵的叶轮型式

因此在离心泵启动前一定要灌满液体。为了避免每次启动离心泵时都需灌液,防止启动前泵内及吸入管内的液体泄漏,在吸入管端要安装单向底阀。

(二) 离心泵的主要性能参数

1. 流量

离心泵的流量是指单位时间内排送到管路系统的液体体积,一般用 q_V 表示,单位为 $m^3 \cdot s^{-1}$。离心泵的流量与泵的结构、尺寸及转速有关。

2. 压头

离心泵的压头又称扬程,指离心泵对单位重量液体所能提供的有效能量,以 H_e 表示,单位为 m。离心泵的压头与泵的结构、转速和流量有关,一般由实验测定。管路中选用离心泵,确定泵应提供的压头以下式计算

$$H_e = \Delta z + \frac{\Delta p}{\rho g} + H_f \tag{1-90}$$

注意,扬程 H_e 并不等于升举高度 Δz。

3. 有效功率、轴功率和效率

离心泵的有效功率 $N_e = q_V H_e \rho g$,电机输入离心泵的功率称轴功率 N,单位为 W。两者之比是离心泵的效率 η

$$\eta = \frac{N_e}{N} \tag{1-91}$$

显然,效率反映了离心泵运转过程中能量损失的大小。能量损失包括:

(1) 容积损失,获得能量的高压液体漏回低压区损失的能量。

(2) 水力损失,粘性流体在泵内流动的能量损失。

(3) 机械损失,高速旋转的叶轮盘面与液体间的摩擦,轴封及轴承处的机械摩擦损失的能量。

一般小型泵的效率为 $50\% \sim 70\%$,大型泵的效率为 90%。

这里要特别指出,在流动系统的能量衡算中,即柏努利方程的阻力损失一项,不包括泵内的流动阻力损失,离心泵内的流动阻力损失由效率 η 表示。

(三) 离心泵的特性曲线

离心泵的特性曲线是泵的性能参数 H_e、N、η 与 q_V 的关系曲线,由实验测定,反映泵的基本性能。该曲线由泵的制造厂提供,如图 1-40 所示。

特性曲线随转速而变,故特性曲线图上要标出实验时的转速。各种型号的离心泵有其固

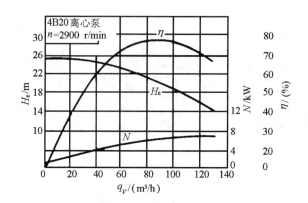

图 1-40 4B20 型离心水泵的特性曲线

有的特性曲线,但它们都具有以下的共同点:

(1) H_e-q_V 曲线

表示泵的压头与流量的关系,离心泵的压头一般随流量的增大而下降。

(2) N-q_V 曲线

表示泵的轴功率与流量的关系,离心泵的轴功率随流量增大而上升,流量为零时轴功率最小。所以离心泵启动时,应关闭泵的出口阀门,使启动功率小电流小,以保护电机。

(3) η-q_V 曲线

表示泵的效率与流量的关系,随着流量的增大,效率将上升并达到一个最大值,此后流量再增大,效率就下降。这说明在一定转速下,离心泵存在最高效率点。离心泵在与最高效率点对应的压头、流量下工作最经济。离心泵的铭牌上标明的参数就是该泵的最佳工况参数。在选用离心泵时,应使之在该点附近工作。一般操作时效率应不低于最高效率的 92%。

【例 1-11】 在图 1-41 所示的实验装置上测定离心泵的性能。泵的入口管内径 100 mm,排出管内径 80 mm,两测压口间垂直距离0.5 m,泵的转速为 2900 r·min^{-1},以 20 ℃ 清水为介质测得以下数据,$q_V = 0.015 \text{ m}^3 \cdot \text{s}^{-1}$,泵出口处表压 2.55×10^5 Pa,泵入口处真空度 2.67×10^4 Pa,功率表显示电动机消耗功率6.2 kW,电动机效率93%。试求泵的压头、轴功率和效率。

解 (1) 泵的压头 在真空表接口截面 1—1′ 和压强表接口截面 2—2′ 间列柏努利方程

$$H_e = (z_2 - z_1) + \frac{p_2 - p_1}{\rho g} + \frac{u_2^2 - u_1^2}{2g} + H_f$$

$$\Delta z = 0.5 \text{ m}$$

$$p_1 = -2.67 \times 10^4 \text{ Pa (表压)}$$

$$p_2 = 2.55 \times 10^5 \text{ Pa (表压)}$$

$$u_1 = \frac{4q_V}{\pi d_1^2} = \frac{4 \times 0.015 \text{ m}^3 \cdot \text{s}^{-1}}{\pi \times (0.1 \text{ m})^2} = 1.91 \text{ m} \cdot \text{s}^{-1}$$

$$u_2 = \frac{4 \times 0.015 \text{ m}^3 \cdot \text{s}^{-1}}{\pi \times (0.08 \text{ m})^2} = 2.98 \text{ m} \cdot \text{s}^{-1}$$

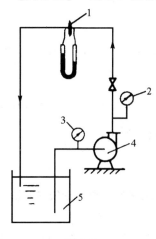

图 1-41

1—流量计, 2—压强表, 3—真空计
4—离心泵, 5—贮槽

两截面间管路短,$H_f = 0$,则

$$H_e = 0.5\,\text{m} + \frac{2.55 \times 10^5\,\text{Pa} + 2.67 \times 10^4\,\text{Pa}}{1000\,\text{kg}\cdot\text{m}^{-3} \times 9.81\,\text{m}\cdot\text{s}^{-2}} + \frac{(2.98\,\text{m}\cdot\text{s}^{-1})^2 - (1.91\,\text{m}\cdot\text{s}^{-1})^2}{2 \times 9.81\,\text{m}\cdot\text{s}^{-2}} = 29.5\,\text{m}$$

（2）泵的轴功率　电动机的有效功率为泵的轴功率

$$N = 6.2\,\text{kW} \times 0.93 = 5.77\,\text{kW}$$

（3）泵的效率

$$\eta = \frac{N_e}{N} = \frac{H_e q_V \rho g}{N} = \frac{29.5\,\text{m} \times 0.015\,\text{m}^3\cdot\text{s}^{-1} \times 1000\,\text{kg}\cdot\text{m}^{-3} \times 9.81\,\text{m}\cdot\text{s}^{-2}}{5.77 \times 10^3\,\text{W}} \times 100\% = 75.2\%$$

上例是测定计算出的离心泵性能的一组参数值。若从小到大改变流量,则可测定计算出多组参数值,绘制 H_e-q_V 曲线、N-q_V 曲线和 η-q_V 曲线,即泵的特性曲线图。

（四）离心泵的安装高度

1. 气蚀现象

由离心泵的工作原理知,离心泵叶轮中心区为低压区,该压强值与泵的吸上高度密切相关。泵的吸入口压强越低,则吸上高度越高。但泵中心区的低压若等于或小于输送温度下的液体饱和蒸气压,液体在该处要气化产生蒸气泡,它随同液体流向高压区,气泡在高压作用下迅速凝结,产生了局部真空,周围液体以极高速度冲向原气泡处,产生极大的冲击压力,造成对叶轮和泵壳的冲击,使其震动并发出噪声。尤其当气泡的凝结发生在叶片上时,液体的冲击会逐渐将叶轮冲蚀成海绵状,这种现象称做气蚀现象。气蚀现象发生时,泵体振动发出噪声,液体流量明显下降,压头和效率大幅降低,严重时会吸不上液体。

为了避免气蚀现象,叶轮中心处的绝对压强必须高于工作温度下液体的饱和蒸气压。由于叶轮中心处压强难以测定,往往以实测泵入口处的压强,考虑一安全量后作为泵入口处允许的最低压强。

2. 允许吸上高度

离心泵的允许吸上高度又称允许安装高度,是指泵的吸入口与贮槽液面间允许达到的最大垂直距离,以 H_g 表示。分析图 1-42,在贮槽液面 $O\!-\!O'$ 和泵入口 $1\!-\!1'$ 两截面间列柏努利方程,可得

$$H_g = \frac{p_0 - p_1}{\rho g} - \frac{u_1^2}{2g} - H_{f,0-1} \qquad (1\text{-}92)$$

若贮槽液面敞口,液面压强 $p_0 = p_a$,则

$$H_g = \frac{p_a - p_1}{\rho g} - \frac{u_1^2}{2g} - H_{f,0-1} \qquad (1\text{-}93)$$

式中: p_a 为大气压强, $H_{f,0-1}$ 为流体流经吸入管路为压头损失。

为避免气蚀现象发生, p_1 要有下限, H_g 则有上限,即允许吸上高度。

为了确定离心泵的安装高度,在国产离心泵标准中,采用两种指标来表示泵的抗气蚀性能。

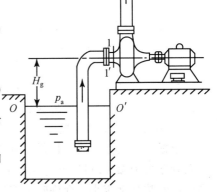

图 1-42　离心泵的吸液示意图

（1）离心泵的允许吸上真空度

泵入口处压强 p_1 为允许的最低绝对压强,但习惯上常把 p_1 表示为真空度,且用 m(米)液柱为单位表示,即

$$H'_s = \frac{p_a - p_1}{\rho g} \tag{1-94}$$

式中：H'_s—离心泵的允许吸上真空度，是指在泵入口处可允许达到的最高真空度；ρ—液体的密度。

要注意，在水泵性能表中允许吸上真空度的高度是指水柱的高度，即 $m(H_2O)$。

将式(1-94)代入式(1-93)，则得

$$H_g = H'_s - \frac{u_1^2}{2g} - H_{f,0-1} \tag{1-95}$$

式(1-95)为离心泵允许吸上高度的计算式。由公式可见，H'_s 越大，泵的允许吸上高度越高。H'_s 与泵的结构、流量、被输送液体的物性及当地大气压强有关。H'_s 越大表示该泵在一定的操作条件下抗气蚀性能越好。通常由泵的制造工厂实验测定，实验值列于说明书上。H'_s 随流量增大而减小，确定安装高度时选大流量的 H'_s 计算。若输送其他液体，则要用下式进行换算：

$$H_s = \left[H'_s + (H_a - 10) - \frac{p_v}{9.81 \times 10^3} - 0.24 \right] \frac{1000}{\rho} \tag{1-96}$$

式中：H_s—操作条件下输送液体的允许吸上真空度，m(液柱)；H'_s—水泵性能表上的允许吸上真空度，$m(H_2O)$；H_a—当地大气压强，$m(H_2O)$；p_v—实际输送液体在操作温度下的饱和蒸气压，Pa；ρ—实际输送液体在操作温度下的密度，$kg \cdot m^{-3}$；10—工厂测定 H'_s 的大气压 $10\ m(H_2O)$；0.24—20℃ 水的饱和蒸气压，$m(H_2O)$。

将 H_s 代替式(1-95)中的 H'_s 计算出的 H_g 就是使用泵时的允许吸上高度。

(2) 允许气蚀余量

离心泵的另一种抗气蚀性能的参数是允许气蚀余量，允许气蚀余量 Δh 的定义为，为防止气蚀现象发生，在离心泵入口处的液体静压头 $p_1/(\rho g)$ 与动压头 $u_1^2/(2g)$ 之和必须大于液体在操作温度下的饱和蒸气压头 $p_v/(\rho g)$ 某一最小值 Δh，即

$$\Delta h = \frac{p_1}{\rho g} + \frac{u_1^2}{2g} - \frac{p_v}{\rho g} \tag{1-97}$$

将式(1-97)代入式(1-92)，得另一允许吸上高度计算式

$$H_g = \frac{p_0}{\rho g} - \frac{p_v}{\rho g} - \Delta h - H_{f,0-1} \tag{1-98}$$

允许气蚀余量 Δh 由工厂实验测定，列于油泵性能表上。Δh 随 Q 增大而增大，计算时取大流量的 Δh，Δh 也是用 20℃清水测得，当输送其他液体时可不作校正。

3．离心泵的安装高度

根据离心泵性能表上提供的允许吸上真空度或气蚀余量的数值及输送液体的性质、温度、吸入管路阻力损失，可以预算出离心泵的允许吸上高度。一般为安全起见，离心泵的实际吸上高度或安装高度应小于允许吸上高度，一般比允许值小 0.5～1 m。

【例 1-12】 用油泵从贮罐向反应器输送 44℃的异丁烷，贮罐内液面恒定，其上方的压强为 650 kPa。泵位于贮罐液面下 1.5 m 处，吸入管路全部压头损失为 1.6 m。异丁烷在 44℃时的密度为 530 $kg \cdot m^{-3}$，饱和蒸气压为 637.5 kPa。该泵的气蚀余量为 3.5 m，问此泵能否正常操作？

解 根据已知条件核算能避免气蚀现象的允许安装高度，以便与实际安装高度比较。

$$H_g = \frac{p_0}{\rho g} - \frac{p_v}{\rho g} - \Delta h - H_{f,0-1}$$

式中：$p_0 = 650 \times 10^3 Pa$，$p_V = 637.5 \times 10^3 Pa$，$\Delta h = 3.5\,m$，$H_{f,0-1} = 1.6\,m$。

$$H_g = \frac{6.50 \times 10^5\,Pa - 6.375 \times 10^5\,Pa}{530\,kg \cdot m^{-3} \times 9.81\,m \cdot s^{-2}} - 3.5\,m - 1.6\,m = -2.70\,m$$

已知泵的实际安装高度为 $-1.5\,m$，高于计算结果，说明泵的安装高度太高，会发生气蚀现象，故该泵不能正常操作。

由上例可见，当输送的液体温度较高或沸点较低，即液体的饱和蒸气压较高时，可能出现允许吸上高度为负值的情况。此时应将泵安装在贮罐液面以下一定位置，泵才能正常工作。

离心式流体输送设备除输送液体的离心泵外，还有输送气体的离心压缩机，其原理与离心泵相同，它们都是利用高速旋转的叶轮使流体得到动能，而后在蜗形通道中使动能转变为静压能。由于气体密度小，经单级离心压缩后压强增加不多，又因气体可压缩，压缩后要升温，故一般采用多级压缩，但有中间冷却器的多级离心压缩机。

1.8.2 往复泵和往复压缩机简介

往复式压缩机械是利用活塞的往复运动对流体直接加压，它的结构原理示意图见图1-43，其工作原理是由曲轴连杆将电动机的圆周运动变为活塞在气缸内的往复运动。活塞由一端移至另一端的距离称为冲程，活塞运动至端面时，不应与气缸盖直接相撞，要留有一定空隙，称为余隙。每一个工作循环包括吸入和排出两个冲程，吸入低压流体排出高压流体，将外功输入流体并推动其在系统中流动。

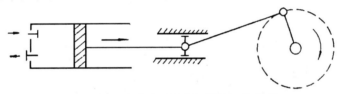

图 1-43 往复式流体输送机械的工作原理

由于液体的可压缩性很小，故输送液体的往复泵，只要设备耐压性好，具有足够的动力，可以一次将流体压到很高的压力。图1-44为往复泵的示意图。

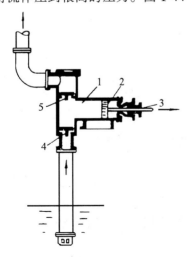

图 1-44 往复泵装置简图
1—泵缸，2—活塞，3—活塞杆，4—吸入阀，5—排出阀

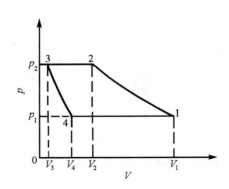

图 1-45 实际压缩循环

输送气体的往复压缩机,由于气体可压缩,其压缩过程就较复杂。

(一) 往复压缩机的压缩循环

往复压缩机的工作循环的示意图如图 1-45 所示。设 V_3 为余隙体积, V_1 为最大体积。现将该图定性简述如下:

p-V 图上对应点		压强变化	体积变化	过程作用
吸入冲程	3→4	$p_2 \to p_1$	$V_3 \to V_4$	膨胀减压
	4→1	p_1 恒定	$V_4 \to V_1$	恒低压吸入
排出冲程	1→2	$p_1 \to p_2$	$V_1 \to V_2$	压缩增压
	2→3	p_2 恒定	$V_2 \to V_3$	恒高压排出

在这一循环中, p-V 图中由 1—2—3—4 围成的面积即为活塞输入的外功。

由以上分析可见, p-V 图上过程 3→4 为余隙体积内气体的膨胀减压过程。为简化表达式,假设过程等温,则 $p_1 V_4 = p_2 V_3$,膨胀体积 $V_4 = (p_2/p_1) V_3$ 。若余隙体积占总容积的1/10,即 $V_3 = V_1/10$,如要求压缩比 $p_2/p_1 = 5$,则 $V_4 = V_1/2$,即气缸的一半容积不能吸气。若 $p_2/p_1 = 10$,则 $V_4 = V_1$,即膨胀体积为气缸的全部容积,压缩机运转却不能吸气。由此可见,单级压缩过程压缩比不能高。再者由于压缩过程极快,实际压缩过程为绝热过程,压缩气体温度很高,将引起润滑油气化等问题,而且绝热压缩需外功大。

(二) 多级压缩

为克服上述缺点,一般采用多级压缩过程,图 1-46 给出了三级压缩示意图,其 p-V 图见图 1-47。

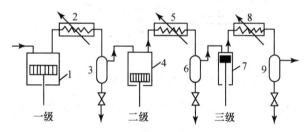

图 1-46　三级压缩示意图

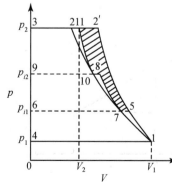

图 1-47　三级压缩所需外功

由 p-V 图可以看出,从同样的起始状态(p_1, V_1)变到终态(p_2):若按一级绝热压缩,变化过程为 1—5—2′ 曲线;若按一级等温压缩,其变化过程为 1—7—10—2 曲线;若经三级压缩冷却,其过程为 1—5—7—8—10—11连线。由图可见,多级压缩所需外功比单级绝热过程少,两者所需外功之差为阴影部分的面积。级数越多,愈接近等温过程。

由以上分析可知,多级压缩可以省功,提高压缩机的经济性;避免排出气体温度过高,便于操作;此外,还可以提高总压缩比,因为每一级的压缩比只是总压缩比的一部分,从而提高气缸容积利用率。

1.8.3 几种化工用泵简介

（一）喷射泵

喷射泵是利用高速流体射流时静压能转换为动能形成的真空将流体吸入泵体,在泵内与喷射流体混合,一并排出泵体,其结构如图 1-48 所示。

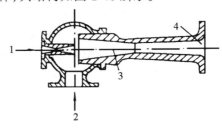

图 1-48 单级蒸气喷射泵
1—工作蒸气入口, 2—气体吸入口, 3—混合室, 4—压出口

喷射泵的工作流体可以是水,也可以是蒸气。单级蒸气喷射泵可以达到 90% 的真空度,为获得更高真空度,可采用多级蒸气喷射泵。喷射泵结构简单,无运动部件,但效率很低,工作流体消耗很大。喷射泵既可以用于吸送气体,也可以用于吸送液体,在化工厂中,常用于抽真空,故又称为喷射式真空泵。

（二）齿轮泵

图 1-49 为齿轮泵的结构示意图,泵壳内有两个齿轮,一个靠电机带动旋转称为主动轮,另一个是靠与主动轮相啮合而转动,称为从动轮。两齿轮与泵壳间形成吸入和排出两个空间,当齿轮按图中所示的箭头方向转动时,吸入空间内两轮的齿互相拨开,然后分两路将液体沿泵内壁被齿轮嵌住,并随齿轮转动而达到排出空间,吸入空间则形成低压将液体吸入,排出空间内两轮的齿互相合拢,挤压液体,于是形成高压而将液体排出。

齿轮泵的压头高而流量小,适用于输送粘稠液,但不能输送含有固体粒子的悬浮液。

（三）水环真空泵

如图 1-50 所示,水环真空泵的外壳内偏心地装有叶轮,叶轮上有辐射状叶片 2,泵壳内充有约一半容积的水。当叶轮旋转时形成水环 3,水环具有密封作用,使叶片间空隙的大小随转动而变化。当空隙增大时,气体从吸入口 4 吸入;当空隙变小时,气体由压出口 5 排出。

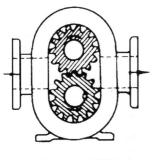

图 1-49 齿轮泵

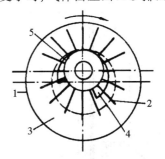

图 1-50 水环真空泵简图
1—外壳, 2—叶片, 3—水环, 4—吸入口, 5—排出口

水环真空泵可产生的最大真空度约为 83 kPa。当被抽吸气体不宜与水接触时,泵内可充其他液体,故又可称为液环真空泵。水环真空泵结构简单,易于制造维修,可抽吸含有液体的气体。但效率很低约为 30 %～50 %,其真空度受水温限制。

习　题

1-1　用一旧式压强表测某定态操作的反应器的压强,压强表上显示 2.5 kgf·cm^{-2}。若改用水银压差计测量,其读数为多少 mmHg? 若当时大气压强为 0.980×10^{5}Pa,问反应器的真实压强为多少?

1-2　某油水分离池液面上方为常压,混合液中油(o)与水(w)的体积比为 5:1,油的密度为 $\rho_o=830$ kg·m^{-3},水的密度 $\rho_w=1000$ kg·m^{-3}。池的液位计读数 $h_c=1.1$ m。试求混合液分层的油水界面高 h_w 和液面总高度(h_w+h_o)。

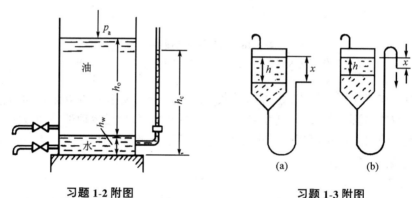

习题 1-2 附图　　　　　　　　习题 1-3 附图

1-3　如图示的油水分离器内,油的密度为 800 kg·m^{-3},水的密度为 1000 kg·m^{-3},为了分离效果好流速很慢,因而阻力可忽略。其中油水分界面距液面距离为 h,顶部通大气,导管出口距液面距离 x。

(1)　附图(a)中:当 $h=1$ m,下列四种结论中哪种正确?

　　 ① $x=1$ m, ② $x=0$, ③ $x>1$ m, ④ $0<x<1$ m

(2)　附图(b)中:当 $x=0.1$ m 时,h 为若干?

1-4　如图示在流化床反应器上装有两个 U 型水银压差计,测得 $R_1=420$ mm, $R_2=45$ mm,为防止水银蒸气扩散,于 U 型管通大气一端加一段水,其高度 $R_3=40$ mm。试求 A、B 两处的表压强。

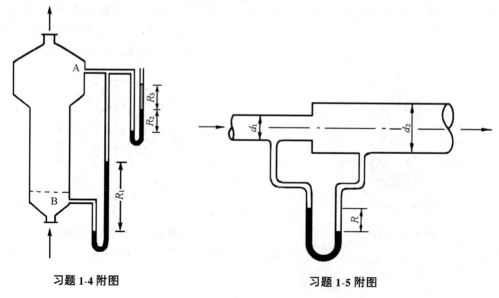

习题 1-4 附图　　　　　　　　习题 1-5 附图

1-5　为测量直径由 $d_1 = 40$ mm 到 $d_2 = 80$ mm 的突然扩大的局部阻力系数,在扩大两侧装一 U 型压差计,指示液为 CCl_4, $\rho(CCl_4) = 1600$ kg·m^{-3}。当水的流量为 2.78×10^{-3} m^3·s^{-1} 时,压差计读数 R 为 165 mm,如图示。忽略两侧压口间的直管阻力,试求局部阻力系数。

1-6　如图示于异径水平管段两截面间连一倒置 U 型管压差计,粗、细管的直径分别为 $\varnothing 60$ mm×3.5 mm 与 $\varnothing 42$ mm×3 mm。当管内水的流量为 3 kg·s^{-1} 时,U 型管压差计读数 R 为 100 mm。试求该两截面间的压强差和压强降。

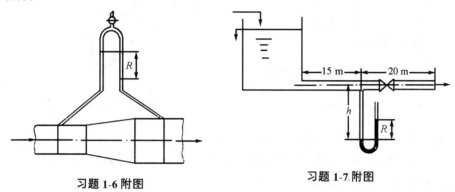

习题 1-6 附图　　　　　　　　　　　　习题 1-7 附图

1-7　如图示贮水槽水位保持恒定,槽底放水管内径 100 mm,距管子入口 15 m 处接一 U 型水银压差计。其左壁上方充满水,右壁通大气,测压点距管子出水口 20 m。其间装一闸阀控制流量。

(1) 当闸阀关闭时,测得 $R = 620$ mm, $h = 1510$ mm;当闸阀部分开启时,测得 $R = 420$ mm, $h = 1410$ mm。设摩擦系数 $\lambda = 0.02$,管入口阻力系数为 0.5,求水的流量。

(2) 当闸阀全开时(全开时闸阀的 $l_e/d = 15$, $\lambda = 0.018$),U 型管压差计读数是多少?

1-8　若管路的长度和流体流量不变,用加粗管径来减小阻力损失。讨论下面三种情况下,当管径增大 30% 时,阻力损失减少的百分比。

(1) 流体在管内层流;

(2) 流体在光滑管内湍流,$Re = 10^5$;

(3) 管内流动处于阻力平方区,$\lambda = 0.11(\varepsilon/d)^{0.25}$。

1-9　列管换热器的管束由13根 $\varnothing 25$ mm×2.5 mm 的钢管组成。平均温度为 50 ℃的空气以 9 m·s^{-1} 的速度在列管内流动,管内压强为 1.96×10^5 Pa(表压),当地压强为 9.87×10^4 Pa,标准状况下空气的密度 $\rho_0 = 1.293$ kg·m^{-3}。试求换热器内:

(1) 空气的质量流量;

(2) 操作条件下空气的体积流量;

(3) 换算为标准状况下的体积流量。

1-10　密度为830 kg·m^{-3},粘度为 5×10^{-3} Pa·s 的液体,在管径为 $\varnothing 20$ mm×2.5 mm 的水平钢管内输送,流速为 0.6 m·s^{-1}。试计算:

(1) 雷诺准数;

(2) 局部速度等于平均速度处距管轴的距离;

(3) 流体流程 15 m 管长压强下降多少帕?

1-11　采用如图所示装置测定 90° 弯头的局部阻力系数,已知 AB 段直管总长为 10 m,管径 $\varnothing 57$ mm×3.5 mm,摩擦系数 λ 为 0.03,水箱液面恒定。测得 AB 两截面测压管的水柱高度差 $\Delta h = 0.45$ m,管内水的流量为0.0023 m^3·s^{-1}。求弯头的局部阻力系数 ζ。

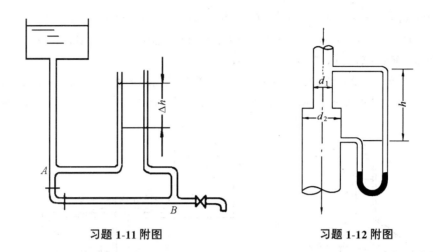

习题 1-11 附图　　　　　　　　　习题 1-12 附图

1-12 如图示水流经扩大管段,管径 $d_1 = 100$ mm, $d_2 = 200$ mm,水在粗管内的流速 $u_2 = 2.2$ m·s^{-1}。试确定水流经扩大管时水银压差计中哪一侧水银面高及压差计的读数。压差计测压口间距离 $h = 1.5$ m。计算时忽略水在直管内流动的摩擦阻力。

1-13 某水泵的吸入口高出水池液面 3 m,吸入管内径 50 mm($\varepsilon = 0.2$ mm)。管下端装有带滤水网的底阀($\zeta = 10$),底阀至真空表间的直管长 8 m,其间有一 90°标准弯头($\zeta = 0.75$)。试计算当输水量为 0.005 m^3·s^{-1}时,泵入口处水银压差计真空表的读数为多少 mmHg? 操作温度 20 ℃。又问当泵的输水量增加时,真空表的读数是增大还是减小? (20 ℃ 时水的 $\rho = 998$ kg·m^{-3}, $\mu = 1.005 \times 10^{-3}$Pa·s)

1-14 附图所示为水由喷嘴喷入大气,喷嘴管径 $d_1 = 80$ mm, $d_2 = 40$ mm,水的流量 $q_V = 0.025$ m^3·s^{-1},压强表显示 p_1(表压) $= 0.8$ MPa。求水流对喷嘴的作用力。

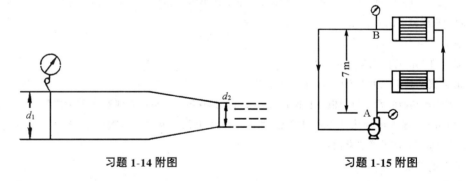

习题 1-14 附图　　　　　　　　　习题 1-15 附图

1-15 附图所示为冷冻盐水循环系统,盐水的密度为 1100 kg·m^{-3},循环量为 0.0125 m^3·s^{-1},管路的直径相同。盐水由 A 流经两个换热器而至 B 的能量损失为 98.1 J·kg^{-1},由 B 流至 A 的能量损失为 49 J·kg^{-1}。试计算:

(1) 若泵的效率为 70% 时,泵的轴功率为多少千瓦?

(2) 若 A 处的压强表读数为 2.5×10^5Pa 时,B 处的压强表读数为多少帕?

1-16 如图所示用离心泵把 20℃的水从贮槽送至水洗塔顶部,贮槽水位维持恒定,管路直径均为 $\varnothing 76$ mm $\times 2.5$ mm。在操作条件下,泵入口处真空表的读数为 2.47×10^4Pa。水流经泵前吸入管和泵后排出管的能量损失分别为 $\sum h_{f,1} = 2u^2$ 和 $\sum h_{f,2} = 10u^2$, u 为管内水的流速(m·s^{-1})。排水管与喷头连接处的压强为 9.50×10^4Pa(表压)。试求泵的有效功率。

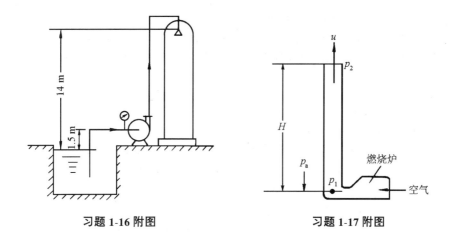

习题 1-16 附图　　　　　　　　习题 1-17 附图

1-17　某工业燃烧炉产生的烟气由烟囱排入大气,烟道的直径为 2 m,$\varepsilon/d = 0.0004$。烟气在烟囱内的平均温度为 200℃,其密度为 0.67 kg·m^{-3},粘度为 2.6×10^{-5} Pa·s,烟气流量为 22.2 m^3·s^{-1}。在烟囱高度范围内,外界大气的平均密度为 1.15 kg·m^{-3},烟囱内底部压强低于地面大气压强 196 Pa。求此烟囱的高度 H。

1-18　附图所示为一测量气体流量的装置。在操作条件下,气体的密度为 0.5 kg·m^{-3},粘度为 0.02 mPa·s,ab 管段内径为 10 mm,锐孔阻力的当量长度为 10 m,其他阻力忽略不计。假设气体密度不变,当水封管中水上升高度 $H = 42$ mm 时,求气体通过 ab 段的流速和流量。

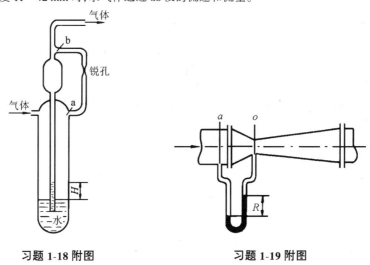

习题 1-18 附图　　　　　　　习题 1-19 附图

1-19　在用泵输水的管路上装一文丘里流量计。管路直径为 ∅108 mm×4 mm,流量计入口直径与管道相同,喉管内径 $d_0 = 50$ mm,流量计进口至喉部的阻力系数为 0.15。当流量计的测压计读数为 300 mmHg 时,求管路的输水量。

1-20　某测水的转子流量计,转子为不锈钢 [ρ(钢) = 7 920 kg·m^{-3}],测量范围为 0.250~2.50 m^3·h^{-1}。如将转子改为硬铅 [ρ(铅) = 10 670 kg·m^{-3}],保持形状大小不变,用来测水和乙醇 [ρ(乙醇) = 789 kg·m^{-3}],问转子流量计的测量范围各为多少?

1-21　在内径为 300 mm 的管道中,用测速管测量管内空气的流速。测量点处的温度为 20℃,真空度为 490 Pa,大气压强为 98.66 kPa。测速管插到管道的中心线处,测速管的测压装置为微压差计,指示液是油和水,其密度分别为 835 和 998 kg·m^{-3},测得的读数为 80 mm。试求空气在管中心处的流速。

1-22　当流体在圆管内分别作层流和湍流流动时,试问皮托管安放在什么位置可直接测管中的平均流速? 若圆管内径为 300 mm,皮托管安放位置离管壁的径向距离各为多少 mm?

1-23　用一油泵以每小时 16 m³ 的流量将常压贮槽的石油产品送往表压强为 177 kPa 的设备内,设备的油品入口高于贮槽液面 5.5 m。在操作条件下该油品的密度为 750 kg·m⁻³,饱和蒸气压为 80 kPa,吸入管路和排出管路的全部压头损失分别为 1 m 和 4 m。泵的气蚀余量为 2.6 m,试计算所需泵的扬程和泵的允许安装高度。若油泵位于贮槽液面以下 1 m 处,问泵能否正常操作?

1-24　采用图示管路系统测定离心泵的气蚀余量。离心泵的吸入管内径为 84 mm,压出管内径为 52 mm,在泵吸入口装有真空表,输出管路上装有孔板流量计,其孔径为 38 mm。实验结果如下:流量计的 U 型管压差计读数 $R = 750$ mmHg,吸入口真空度为 7.331×10^4 Pa,此时离心泵恰发生气蚀。设流量计孔流系数 C_0 为 0.75,水温 20 ℃, $p_V = 2238$ Pa,大气压强为 1.013×10^5 Pa。试求测定流量下,该离心泵的最小气蚀余量 $\Delta h_{\min}$。我国标准规定允许气蚀余量 $\Delta h_{允} = \Delta h_{\min} + 0.3$,求 $\Delta h_{允}$。

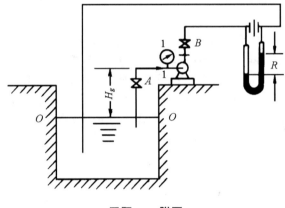

习题 1-24 附图

1-25　用内径为 300 mm 的钢管输送 20 ℃的水。为了测量管内的流量,在 2000 mm 长的一段主管上并联了一根总长为 10 m(包括支管的直管长和所有局部阻力的当量长度),直径为 $\varnothing 60$ mm × 3.5 mm 的钢管,其上装有转子流量计,见附图所示。由流量计上读数知支管中水的流量为 2.72 m³·h⁻¹。试求水在总管路中的流量。已知主管和支管的摩擦系数分别为 0.018 和 0.03。

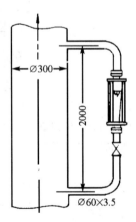

习题 1-25 附图

(图中单位为 mm)

第2章 热量传递

2.1 概 述

由热力学第二定律知,凡是有温度差存在时,热量将自发地从高温处向低温处传递,直至温度相等达到热平衡。热能传递要遵守能量守恒定律,即热量衡算方程。传热学则研究热量传递的速率和传热机理,分析影响传热速率的因素,导出定量关系式,即传热速率方程。只有热力学(热量衡算方程)和传热学(传热速率方程)相结合,才能解决传热问题,从而去强化传热或削弱传热。

几乎所有的化工生产过程均伴有传热操作。为的是加热或冷却物料,使之达到指定温度;回收利用热能;以及保温以减少热量或冷量的损失。

生产上最常遇到的是冷、热两种流体之间的热量传递,也称热量交换。有时需要加热剂去加热,冷却剂去冷却,也有在生产流程中科学地设计成同一生产过程的产品和原料的热交换。例如用精馏塔的高温塔底产品去加热要进塔的原料,达到既加热了原料又冷却了产品的双重目的,充分回收利用了化工过程的热能。科学地设计化工过程的传热,将对回收利用热能,节约能源,提高经济效益极为重要。

2.1.1 传热的基本方式

(一) 热传导

简称导热,物体内存在温度差,表明其分子、原子和电子的热运动强度不同,温度高处微观粒子平均热运动能量高,温度低处则其热运动能量低。通过微观粒子的热运动及相互碰撞传递能量的方式称为热传导,在热传导中没有物质的宏观运动,热传导在固体、流体和气体中均可进行。在层流流动的垂直方向上,热能的传递属热传导,因为在层流流动的垂直方向上,没有质点的运动,只有分子的热运动。

(二) 热对流

流体各部分之间存在宏观运动的热量传递过程称为热对流,热对流仅发生在流体中。流体对流分自然对流和强制对流。自然对流是由于流体内存在温度梯度,引起了密度梯度,从而形成重者下沉轻者上浮的自然对流。强制对流则是泵或压缩机做功,迫使流体在流道中做湍流流动。实际管路中的强制对流也同时存在自然对流。化工传热中,常遇到的是流体流过固体表面时,进行的对流传热和传导传热的串联传热过程,称为对流传热或给热。

(三) 热辐射

物体由于热的原因而发出辐射能的过程称为热辐射。物体将热能变为辐射能以电磁波的形式在空中传播,当遇到另一物体时又被该物体全部或部分吸收而变为热能。

实际上在热交换过程中,上述三种方式是同时存在的。在温度不太高的情况下,以辐射方式传递的热量较少。除了高温窑炉以外,常以热传导和热对流两种方式为主。

2.1.2 传热中冷、热流体的接触方式

(一) 直接接触式传热

冷热流体直接接触传热,如在真空蒸发操作中,将水蒸气流经混合冷凝器与冷却水直接接触而冷凝,冷水由液封管流走,只有不凝气由真空泵抽走,保证在恒定负压下的连续真空蒸发操作。

(二) 间壁式传热

多数情况下工艺上不允许冷、热流体直接接触。工业上应用最多的是间壁式传热过程,其典型设备为套管换热器和列管换热器,见图 2-1 和图 2-2。在换热器中冷、热流体分别流过间

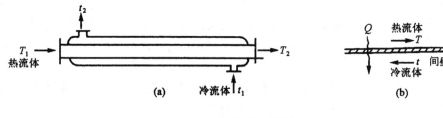

图 2-1 套管换热器中的换热

壁两侧,热量自热流体传给冷流体,这种传热过程包括 3 个步骤:(i) 热流体给热于管壁一侧,(ii) 热量自管壁一侧传导至另一侧,(iii) 热量自管壁另一侧给热于冷流体。冷、热流体之间的热量传递总过程通常称为传热(或换热)过程。流体与壁面之间的传热过程称为给热过程。间壁式传热过程将是我们讨论的重点。

(三) 蓄热式传热

蓄热式换热器是由热容量较大的蓄热室构成,室内充填耐火砖等填料,它的传热方式是,首先将热流体通入蓄热室将填充物加热,之后再通入冷流体,使冷流体被已升温的蓄热室加热,达到冷、热流体之间的传热目的。一般这种传热方式只适用于气体,且允许少量物质参混的情况。

2.1.3 载热体及其选择

为将冷流体加热或热流体冷却,必须用另一种流体供给或取走热量,此流体称为载热体。在工艺流程设计中,首先要把生产过程中的热流体作为热源,冷流体作为冷源加以充分利用。当不能满足要求时,才采用专门的载热体。

常用的加热剂有:

(1) 热水和饱和水蒸气。热水适用于 40～100 ℃,饱和水蒸气适用于 100～180 ℃,其温度与压强一一对应,通过控制压强控制温度,使用方便,且相变过程传热速率快。

(2) 烟道气。烟道气温度可达 700 ℃以上,可将物料加热到

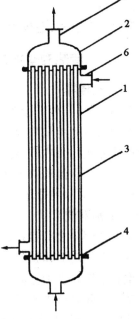

图 2-2 列管式热交换器
1—壳体, 2—器盖,
3—管束, 4—花板,
5,6—连接管

较高的温度。缺点是传热速率慢,温度不易控制。

(3) 高温载热体。如:矿物油适用于 $180 \sim 250$ ℃;联苯、二苯醚混合物适用于 $255 \sim 380$ ℃,熔盐(其质量分数依次为 KNO_3 53%, $NaNO_2$ 40%, $NaNO_3$ 7%)适用于 $140 \sim 530$ ℃。

工业上常用的冷却剂有水、空气和冷冻盐水。水和空气可将物料冷至环境温度。若要冷至环境温度以下,无机盐($NaCl$, $CaCl_2$)水溶液可将物料冷至零下十几度至几十度。若要求冷却温度更低,常压下液态氨蒸发可达 -33.4 ℃,液态乙烷蒸发可达 -88.6 ℃。但低沸点液体的制备耗能极大。

2.2 热 传 导

2.2.1 傅里叶定律

(一) 温度场和温度梯度

物系内各点温度分布的总和称为温度场。任意点的温度是空间位置和时间的函数,其数学表达式为:

$$T = f(x, y, z, t)$$

式中:T—温度,K;x, y, z—任一点的空间坐标;t—时间,s。

温度场中各点的温度随时间而变化为不稳态温度场,若各点的温度不随时间变化即为稳定温度场,后者的数学表达式为:

$$T = f(x, y, z) \qquad \frac{\partial T}{\partial t} = 0$$

若该物系内温度仅沿一个坐标方向变化,即为一维稳态温度场,即

$$T = f(x) \qquad \frac{\partial T}{\partial t} = 0 \qquad \frac{\partial T}{\partial y} = \frac{\partial T}{\partial z} = 0$$

温度场中温度相同的点组成等温面,空间任一点不可能同时有两个温度,故温度不同的等温面不可能相交。将两相邻等温面的温度差 ΔT 与其法线方向上的距离 Δn 之比的极限称为温度梯度,即

$$\frac{\partial T}{\partial n} = \lim_{\Delta n \to 0} \frac{\Delta T}{\Delta n}$$

温度梯度为向量,它的正方向是温度增加的方向。

对稳态一维温度场,温度梯度可表示为 $\dfrac{dT}{dx}$。

(二) 傅里叶定律和热通量

对于导热现象,傅里叶(Fourier)定律指出,通过等温面的导热速率与温度梯度及传热面积成正比,即

$$dQ \propto -dS \frac{\partial T}{\partial n}$$

或
$$dQ = -\lambda dS \frac{\partial T}{\partial n} \qquad (2-1)$$

式中:Q—导热速率,单位时间传导的热量,W;S—导热面积,垂直于热流方向的截面积,m^2;λ—导热系数,$W \cdot m^{-1} \cdot K^{-1}$。

式中的负号表示热流方向与温度梯度方向相反,即热量是朝着温度降低的方向传递的。

由式(2-1)得

$$\lambda = -\frac{\mathrm{d}Q}{\mathrm{d}S\partial T/\partial n} \tag{2-2}$$

上式为导热系数的定义式。由式(2-2)可见,导热系数在数值上等于单位温度梯度单位面积的导热速率。导热系数表征物质导热能力的大小,是分子微观运动的一种宏观表现,是物质的物理性质。

对于物性常数:导热系数 λ、等压热容 c_p 和密度 ρ 均为恒量的稳态一维导热问题,傅里叶定律可以写成:

$$q = \frac{Q}{S} = -\lambda\frac{\mathrm{d}T}{\mathrm{d}n} = -\frac{\lambda}{\rho c_p}\frac{\mathrm{d}(\rho c_p T)}{\mathrm{d}n} = -a\frac{\mathrm{d}(\rho c_p T)}{\mathrm{d}n} \tag{2-3}$$

$$a = \frac{\lambda}{\rho c_p} \tag{2-4}$$

式中:q—热流密度或热通量,为单位时间单位横截面积传递的热量,$\mathrm{W\cdot m^{-2}}$;$\rho c_p T$—热量浓度,其单位为

$$[\rho c_p T] = \left[\frac{\mathrm{kg}}{\mathrm{m}^3}\right]\left[\frac{\mathrm{J}}{\mathrm{kg\cdot K}}\right][\mathrm{K}] = \left[\frac{\mathrm{J}}{\mathrm{m}^3}\right]$$

$\mathrm{d}(\rho c_p T)/\mathrm{d}n$—热量浓度梯度,单位为 $\mathrm{J\cdot m^{-3}\cdot m^{-1}}$;$a$—导温系数或热量扩散系数,其单位为

$$[a] = \frac{[\lambda]}{[\rho][c_p]} = \left[\frac{\mathrm{J}}{\mathrm{m\cdot s\cdot K}}\right]\left[\frac{\mathrm{m}^3}{\mathrm{kg}}\right]\left[\frac{\mathrm{kg\cdot K}}{\mathrm{J}}\right] = \left[\frac{\mathrm{m}^2}{\mathrm{s}}\right]$$

由式(2-3)及各量的单位可以看出,傅里叶定律亦可理解为热流密度等于热量扩散系数与热量浓度梯度乘积的负值,即

(热流密度) = -(热量扩散系数)×(热量浓度梯度)

由式(2-3)可见,若导温系数为常数,则热流密度与热量浓度梯度呈线性关系,故傅里叶定律与牛顿粘性定律类似,均为分子传递的线性现象方程,热量浓度梯度为热量传递的推动力。

2.2.2 导热系数

(一) 固体的导热系数

金属是最好的导热体,金属的导热系数大多随纯度的增高而增大,合金的导热系数比纯金属低。非金属的导热系数与物质的组成、结构及温度有关。

对大多数固体,导热系数与温度的关系为:

$$\lambda = \lambda_0(1 + a't) \tag{2-5}$$

式中:λ—固体在温度 t(℃)时的导热系数,$\mathrm{W\cdot m^{-1}\cdot ℃^{-1}}$;$\lambda_0$—固体在 0 ℃ 时的导热系数,$\mathrm{W\cdot m^{-1}\cdot ℃^{-1}}$;$a'$—温度系数,对大多数金属材料为负值,对大多数非金属材料为正值,$℃^{-1}$。

(二) 液体的导热系数

非金属液体的导热系数以水为最大。图 2-3 给出了化工中常见的液体的导热系数与温度的关系,由图可见,除水和甘油外,绝大多数液体的导热系数随温度升高而略有减小,一般纯液体的导热系数比溶液的导热系数大。

(三) 气体的导热系数

气体的导热系数很小,对导热不利,但有利于保温。工业上所用的保温材料就是因为其空

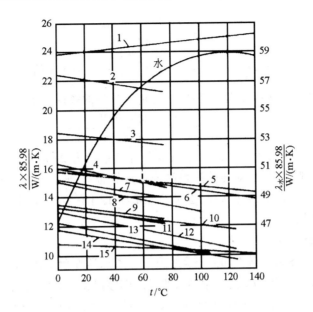

图 2-3 液体的导热系数

1—无水甘油, 2—蚁酸, 3—甲醇, 4—乙醇, 5—蓖麻油, 6—苯胺, 7—醋酸, 8—丙酮, 9—丁醇
10—硝基苯, 11—异丙苯, 12—苯, 13—甲苯, 14—二甲苯, 15—凡士林油, 16—水(用右边的坐标)

隙中有气体导热系数小。气体的导热系数随温度升高而增大,随压强变化极小,可忽略。

应指出,在热传导中,物质中不同位置的温度不同,导热系数也不同,在工程计算中常取导热系数的平均值。不难证明λ以变量和常量(均值)代入公式,计算结果传热速率相同,只是温度分布不同,前者为曲线,后者为直线。

各类物质导热系数$(W \cdot m^{-1} \cdot K^{-1})$的数量级大致为:金属$10 \sim 10^2$,建筑材料$10^{-1} \sim 0$,绝热材料$10^{-2} \sim 10^{-1}$,液体$10^{-1}$,气体$10^{-2} \sim 10^{-1}$。

2.2.3 平壁稳定热传导
(一) 单层平壁热传导

如图 2-4 若单层平壁材料均匀,导热系数不随温度变化(或取平均值),壁内温度仅沿壁面的垂直方向变化。其面积S比厚度b大得多,忽略边缘处的热损失,传热速率为常量,则

$$Q = -\lambda S \frac{dt}{dx} \quad (2-6)$$

当 $x=0$ 时, $t=t_1$; $x=b$ 时, $t=t_2$;且 $t_1>t_2$,积分上式,得

$$Q = \frac{\lambda}{b} S(t_1 - t_2) \quad (2-7)$$

或

$$Q = \frac{t_1 - t_2}{\frac{b}{\lambda S}} = \frac{\Delta t}{R} \quad (2-8)$$

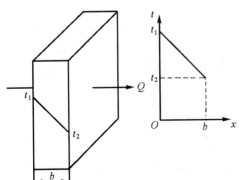

图 2-4 单层平壁的热传导

或

$$q = \frac{Q}{S} = \frac{t_1 - t_2}{b/\lambda} = \frac{\Delta t}{R'} \tag{2-9}$$

式中: $R = \dfrac{b}{\lambda S}$ —对应于 Q 的导热热阻,℃·W^{-1};$R' = \dfrac{b}{\lambda}$ —对应于 q 的导热热阻,m^2·℃·W^{-1}。

这里将热传导过程的基本方程(2-7)归纳为传递过程的普遍关系为:

$$过程传递速率 = \frac{过程的推动力}{过程的阻力}$$

即(2-8)和(2-9)式。它们表明导热速率 Q 或 q 与导热推动力 Δt 成正比,与导热热阻 R 或 R' 成反比。引入导热热阻的概念,对传热过程的分析计算很有利,如稳态传热过程,温差与热阻成正比,便可分析比较各段的传热状况,也可仿照电阻的计算方法计算热阻,因为传热速率方程与欧姆定律形式相同。

(二) 多层平壁热传导

以三层平壁为例,各层材料不同如图 2-5 所示。各层壁厚分别为 b_1、b_2 和 b_3,导热系数分别为 λ_1、λ_2 和 λ_3,假设层间接触良好,即相接触两表面温度相同,各层间表面温度为 t_1、t_2、t_3 和 t_4,且 $t_1 > t_2 > t_3 > t_4$。

在稳态导热时,没有热量积累,各层传热速率必相等,即

$$Q = \frac{t_1 - t_2}{\dfrac{b_1}{\lambda_1 S}} = \frac{t_2 - t_3}{\dfrac{b_2}{\lambda_2 S}} = \frac{t_3 - t_4}{\dfrac{b_3}{\lambda_3 S}} \tag{2-10}$$

则

$$Q = \frac{\sum \Delta t_i}{\sum \dfrac{b_i}{\lambda_i S}} = \frac{总推动力}{总热阻} \tag{2-11}$$

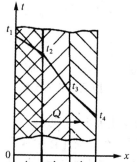

图 2-5　多层平壁的热传导

该过程为一串联传递过程,总热阻为各层热阻之和,总推动力为各层推动力之和,此即推动力和阻力的加和性。

由式(2-10)可以导出

$$(t_1 - t_2):(t_2 - t_3):(t_3 - t_4) = \frac{b_1}{\lambda_1 S}:\frac{b_2}{\lambda_2 S}:\frac{b_3}{\lambda_3 S} = R_1:R_2:R_3$$

该式说明,在多层平壁热传导中,哪层热阻大,则哪层温差大;反之,哪层温差大,则哪层热阻大。

【例 2-1】 燃烧炉的平壁由三种材料构成。最内层为耐火砖,$\lambda_1 = 1.4$ W·m^{-1}·℃$^{-1}$,厚 225 mm。中间层为保温砖,$\lambda_2 = 0.15$ W·m^{-1}·℃$^{-1}$,厚 250 mm。外层为普通砖,$\lambda_3 = 0.8$ W·m^{-1}·℃$^{-1}$,厚 225 mm。已测得内、外表面温度分别为 930 ℃和 40 ℃,求单位面积的热损失和各层间接触面的温度。

解 由式(2-11)求单位面积热损失为

$$q = \frac{\sum \Delta t}{\sum \dfrac{b}{\lambda}} = \frac{(930 - 40)℃}{\left(\dfrac{0.225}{1.4} + \dfrac{0.250}{0.15} + \dfrac{0.225}{0.8}\right)\dfrac{m}{W \cdot m^{-1} \cdot ℃^{-1}}}$$

$$= \frac{890℃}{(0.161 + 1.667 + 0.281)W^{-1} \cdot m^2 \cdot ℃}$$

$$= 422 \ W \cdot m^{-2}$$

由式(2-10)求得各层温差及各接触面的温度为

$$\Delta t_1 = q \frac{b_1}{\lambda_1} = 422 \, \text{W} \cdot \text{m}^{-2} \times 0.161 \, \text{W}^{-1} \cdot \text{m}^2 \cdot {}^\circ\text{C} = 67.9 \, {}^\circ\text{C}$$

$$t_2 = t_1 - \Delta t_1 = 930 \, {}^\circ\text{C} - 67.9 \, {}^\circ\text{C} = 862.1 \, {}^\circ\text{C}$$

$$\Delta t_2 = q \frac{b_2}{\lambda_2} = 422 \, \text{W} \cdot \text{m}^{-2} \times 1.667 \, \text{W}^{-1} \cdot \text{m}^2 \cdot {}^\circ\text{C} = 703.5 \, {}^\circ\text{C}$$

$$t_3 = t_2 - \Delta t_2 = 862.1 \, {}^\circ\text{C} - 703.5 \, {}^\circ\text{C} = 158.6 \, {}^\circ\text{C}$$

$$\Delta t_3 = t_3 - t_4 = 158.6 \, {}^\circ\text{C} - 40 \, {}^\circ\text{C} = 118.6 \, {}^\circ\text{C}$$

由计算可见,保温层热阻最大,温差也最大。

2.2.4 圆筒壁导热

化工中管道传热极普遍,管道传热多为圆筒壁传热,它与平壁传热的不同之处是传热面积随半径而变化。设圆筒的内外径为 r_1 和 r_2,长为 L,其内、外壁温为定值 t_1 和 t_2,且 $t_1 > t_2$,见图 2-6。

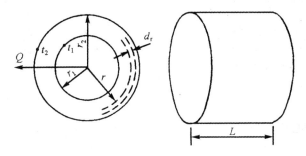

图 2-6 单层圆筒壁的热传导

分析左侧圆筒壁横截面图,在壁中半径为 r 处取微分量 $\mathrm{d}r$ 厚的薄壁,其中温差为 $\mathrm{d}t$,传热面积为 $2\pi rL$。根据傅里叶定律

$$Q = -\lambda S \frac{\mathrm{d}t}{\mathrm{d}r} = -\lambda 2\pi rL \frac{\mathrm{d}t}{\mathrm{d}r} \tag{2-12}$$

将上式分离变量积分整理,得

$$Q = \frac{2\pi L\lambda(t_1 - t_2)}{\ln \frac{r_2}{r_1}} \tag{2-13}$$

式(2-13)为单层圆筒壁导热速率方程,该式也可写成与平壁导热类似的形式

$$Q = \frac{\lambda S_m(t_1 - t_2)}{b} = \frac{\lambda S_m(t_1 - t_2)}{r_2 - r_1} \tag{2-14}$$

比较式(2-13)和(2-14),得平均面积 S_m

$$S_m = \frac{2\pi L(r_2 - r_1)}{\ln \frac{r_2}{r_1}} = 2\pi L r_m, \quad r_m = \frac{r_2 - r_1}{\ln \frac{r_2}{r_1}}$$

式中:r_m—r_1 和 r_2 的对数平均值,即对数平均半径;S_m—对数平均面积。

化工中经常遇到求两个量的对数平均值。表 2-1 给出了 A_1 和 A_2 的算术平均值和对数平均值的比较。由表可见当 $A_2/A_1 \leqslant 2$ 时，用算术平均值代替对数平均值误差 $\leqslant 4\%$，工业上是允许的。

表 2-1　A_1 与 A_2 的算术平均值与对数平均值的关系

A_2/A_1	3	2	1.5	1.3	1.1
A_m（算术）/A_m（对数）	1.10	1.04	1.013	1.005	≈ 1.0

对材料不同的多层圆筒壁导热，工业上也常见，如管壁内层结垢，外层包有保温材料即如此。现以三层为例如图 2-7 所示，层间接触良好，各层导热系数为 λ_1、λ_2 和 λ_3，厚度分别为 $b_1 = r_2 - r_1$，$b_2 = r_3 - r_2$，$b_3 = r_4 - r_3$。该导热过程为串联传递过程，它同样遵守推动力和热阻的加和原则。对应于式(2-14)的传热速率方程为：

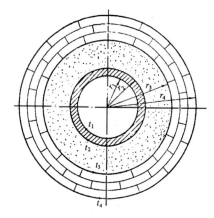

$$Q = \frac{\Delta t_1 + \Delta t_2 + \Delta t_3}{R_1 + R_2 + R_3}$$

$$= \frac{t_1 - t_4}{\dfrac{b_1}{\lambda_1 S_{m,1}} + \dfrac{b_2}{\lambda_2 S_{m,2}} + \dfrac{b_3}{\lambda_3 S_{m,3}}} \qquad (2\text{-}15)$$

式中：$S_{m,1} = 2\pi L \dfrac{r_2 - r_1}{\ln \dfrac{r_2}{r_1}}$，$\quad S_{m,2} = 2\pi L \dfrac{r_3 - r_2}{\ln \dfrac{r_3}{r_2}}$，

图 2-7　多层圆筒壁热传导

$$S_{m,3} = 2\pi L \dfrac{r_4 - r_3}{\ln \dfrac{r_4}{r_3}}。$$

对应于式(2-13)的传热速率方程为：

$$Q = \frac{2\pi L (t_1 - t_4)}{\dfrac{1}{\lambda_1}\ln\dfrac{r_2}{r_1} + \dfrac{1}{\lambda_2}\ln\dfrac{r_3}{r_2} + \dfrac{1}{\lambda_3}\ln\dfrac{r_4}{r_3}} \qquad (2\text{-}16)$$

对 n 层圆筒壁，则为：

$$Q = \frac{t_1 - t_{n+1}}{\displaystyle\sum_{i=1}^{n} \frac{b_i}{\lambda_i S_{m,i}}} \qquad (2\text{-}17)$$

或

$$Q = \frac{t_1 - t_{n+1}}{\displaystyle\sum_{i=1}^{n} \frac{1}{2\pi L \lambda_i}\ln\frac{r_{i+1}}{r_i}} \qquad (2\text{-}18)$$

应注意，对圆筒壁导热，通过各层的传热速率相同，但热流密度却不相等。

【例 2-2】　为安全并减少热损失，要在外径为 140 mm 的蒸气管外包扎石棉保温层。石棉的 $\lambda = 0.1 + 0.0002 t$ $(\mathrm{W \cdot m^{-1} \cdot {}^\circ C^{-1}})$，式中 t 为摄氏温度。蒸气管外壁温度 240 ℃，要求每米管长的热损失控制在 300 $\mathrm{W \cdot m^{-1}}$ 之下，且保温层外壁温度不高于 40 ℃。试求保温层的厚度及保温层中温度分布。

解　$\lambda = 0.1\,\mathrm{W \cdot m^{-1} \cdot {}^\circ C^{-1}} + 0.0002\,\mathrm{W \cdot m^{-1} \cdot {}^\circ C^{-2}} \times \dfrac{240\,{}^\circ C + 40\,{}^\circ C}{2} = 0.128\,\mathrm{W \cdot m^{-1} \cdot {}^\circ C^{-1}}$

(1) 保温层厚度 $b = r_2 - r_1$

由式(2-13),有
$$Q/L = \frac{t_1 - t_2}{\frac{1}{2\pi\lambda}\ln\frac{r_2}{r_1}}$$

$$\ln r_2 = \frac{2\pi\lambda(t_1 - t_2)}{Q/L} + \ln r_1 = \frac{2\pi \times 0.128\,\text{W}\cdot\text{m}^{-1}\cdot{}^\circ\text{C}^{-1}(240 - 40)\,{}^\circ\text{C}}{300\,\text{W}\cdot\text{m}^{-1}} + \ln 0.07$$

$$= -2.123$$

$$r_2 = 0.120\,\text{m}, \quad b = 0.120\,\text{m} - 0.07\,\text{m} = 0.05\,\text{m} = 50\,\text{mm}$$

(2) 保温层中温度分布

设保温层中半径为 r 处的温度为 t,即式(2-13)中 $r_2 \to r$, $t_2 \to t$, r、t 为变量,则

$$\ln r = \frac{2\pi \times 0.128\,\text{W}\cdot\text{m}^{-1}\cdot{}^\circ\text{C}^{-1}(240\,{}^\circ\text{C} - t)}{300\,\text{W}\cdot\text{m}^{-1}} + \ln 0.07$$

解得

$$t = -752\,{}^\circ\text{C} - 373\ln r\ {}^\circ\text{C}$$

该式推导中代入的是常数值 λ。其中温度分布 t-r 关系是曲线而非直线,有别于平壁传热。

还应指出,无论是多层平壁还是多层圆筒壁导热,层与层间的接触热阻实际上均有,它的大小与各层表面粗糙度、层间压紧程度和层间空隙中的气体均有关,通常由实验测定。

2.3　对　流　传　热

2.3.1　对流传热机理

化工中的对流传热主要指流体流过与流体存在温差的壁面时进行的对流传热,下面将讨论其传热规律。

(一) 不同流动状态下的温度分布

如图 2-8 所示,设温度为 T_0 的流体流过温度为 T_w 的壁面,且 $T_0 > T_w$,即流体流过平壁时被冷却。现任取一流动截面 MN 见图(a),分析传热方向 y 方向上的热流密度和该截面上的温度分布。

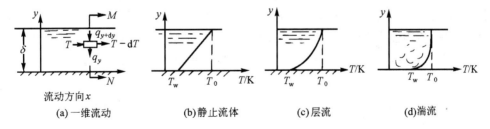

图 2-8　流体流过平壁时的温度分布

当流体静止时,其中的热量传递为热传导,设 T_0、T_w 和 λ 为恒定值,流体温度 T 在 y 方向上的分布呈直线关系。流体至壁面的热流密度为

$$q = -\lambda\left(\frac{\mathrm{d}T}{\mathrm{d}y}\right)_{y=0} = \lambda\frac{T_0 - T_w}{\delta} \tag{2-19}$$

当流体以层流状态流过平壁时,在 y 方向上的热量传递仍为热传导,但温度分布不同于

静止流体。具体分析如下,在流体中取一微元空间,并对其作热量衡算。由于流体被冷却,在 x 流动方向上流出微元体的流体温度必低于流入该微元体的流体温度,致使 y 方向的热流密度 q_y 必大于 $q_{y+\mathrm{d}y}$,即 y 方向上的热流密度随距离 y 的增大而减小,温度梯度也随之减小。因此在截面 MN 上的温度分布如图(c)所示。因为壁面上流体速度为零,层流传热为分子传递,故流体导热给壁面的热流密度仍由傅里叶定律确定,即

$$q = -\lambda \left(\frac{\mathrm{d}T}{\mathrm{d}y}\right)_{y=0} \tag{2-20}$$

由于热流密度随 y 变化,则温度梯度也随之变化,近壁处大,远壁处小,温度分布不再是直线分布。

当流体以湍流状态流过平壁时,由于湍流的涡流脉动促使流体在 y 方向上的质点混合,主体部分的温度趋于一致,只有在层流底层中才有较大的温度梯度,此时温度分布如图(d)所示,显然壁面附近的温度梯度更大,热流密度也更大。

综上所述,不论层流或湍流,流体对壁面的热流密度都因流动而增大,加快了传热,产生了不同的温度分布。

在壁面附近存在温度梯度的流体层被称为热边界层。在工程上把流体中温度为 T 到壁面的距离 δ_t 称为热边界层的厚度,即

$$(T - T_\mathrm{w}) = 0.99(T_0 - T_\mathrm{w})$$

(二) 流动边界层和热边界层的相似

具有粘性的流体流过固体壁面,在壁面附近产生了速度梯度,形成了流动边界层。流动形态为层流的形成层流边界层,其中的动量传递为借分子热运动的分子传递,它遵守牛顿粘性定律。流动形态为湍流的形成湍流边界层,其中湍流主体的质点作旋涡脉动,垂直方向上的动量传递是涡流传递,其中层流底层的动量传递是分子传递。两者之间是过渡状态。由于涡流传递的强度远大于分子传递,故在湍流主体的速度梯度很小,层流底层的速度梯度很大,过渡层中是两者的渐变。这便是流动边界层的动量传递的机理。

流体沿壁面流动,流体与壁面存在温度差时,同时还存在热量传递。对应于层流边界层是借分子热运动传热,分子热运动传递热能遵守傅里叶定律。对应于湍流边界层的湍流主体是涡流传热,靠质点的旋涡脉动,涡流传递强度大,温度趋于一致温度梯度小,其中层流底层的传热是分子传递,传递强度小温度梯度大。过渡层即为缓冲层。热能传递形成的热边界层的示意图见图2-9。图2-10则给出了热边界层中的温度分布和热边界层的发展。

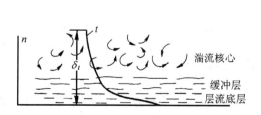

图 2-9　边界层内能量传递机理

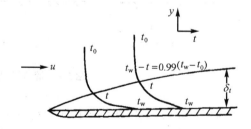

图 2-10　温度边界层

对比不同流动状态下的流动边界层的速度分布和热边界层的温度分布,可以看出它们的图形相似,这源于传递机理的相似。

2.3.2 对流传热速率

(一) 对流传热速率——牛顿公式

对流传热过程是一个复杂的传热过程,它不再服从傅里叶定律,因此对流传热的纯理论计算较困难。工程上均应用牛顿公式(亦称牛顿冷却定律)进行计算,即

$$dQ = \alpha \, \Delta T \, dS \qquad (2\text{-}21)$$

式中:dQ——通过传热面积 dS 的局部对流传热速率,W;dS——微元传热面积,m^2;T——任一截面上流体的平均温度,K;T_w——与流体接触的传热壁面 dS 的温度,K;ΔT——流体与固体壁面的温差,K;$\Delta T = T_w - T$ 或 $\Delta T = T - T_w$;α——比例系数,称传热系数或传热膜系数,为该处的局部对流传热系数,$W \cdot m^{-2} \cdot K^{-1}$。

牛顿公式采用了微分形式,是因为在换热器中温度和传热系数是沿流程变化的,在实际工程设计计算上常采用平均值,即

$$Q = \alpha S \Delta T \qquad (2\text{-}22)$$

式中:α——平均传热系数;S——总传热面积;ΔT——流体与壁面间温度差的平均值,K。

也可用对流传热的推动力和热阻表示,即

$$Q = \frac{\Delta T}{\dfrac{1}{\alpha S}} \qquad (2\text{-}23)$$

式中:$1/(\alpha S)$ 即对流传热热阻。

牛顿公式把复杂的对流传热问题,用一简单的关系式表达,实质上是将问题的复杂性集中到传热系数 α 上,因此研究各种因素对 α 的影响及 α 的求算,就成为研究对流传热的中心问题。

(二) 传热系数

1. α 的物理意义

由牛顿公式可写出传热系数 α 的定义式:

$$\alpha = \frac{Q}{S \Delta T} \qquad (2\text{-}24)$$

传热系数 α 是在单位温差下单位传热面积的对流传热速率,其单位为 $W \cdot m^{-2} \cdot K^{-1}$。传热系数 α 和导热系数 λ 不同,它不是物性,它受多种因素影响,如流动状况,壁面情况、流体物性及有无相变等。

再进一步分析,在对流传热的热边界层内,紧贴壁面一层的是静止流体及相邻的层流底层,其间传热为热传导,通过该层的传热速率用傅里叶定律表示:

$$Q = -\lambda S \frac{dT}{dy}\bigg|_{y=0} \qquad (2\text{-}25)$$

该热量必定以对流方式传至流体主体,即

$$Q = \alpha S \Delta T$$

比较以上二式,可得 α 与壁面流体温度梯度的关系为

$$\alpha = \frac{\lambda}{\Delta T} \frac{dT}{dy}\bigg|_{y=0} \qquad (2\text{-}26)$$

该式称为对流传热微分方程式。采用式(2-26)求算 α 时,关键在于求算壁面处流体的温度梯度,要求温度梯度则必求温度分布,而求温度分布要涉及对流传热中的能量衡算、质量衡算及

动量衡算的微分方程,由于各方程的非线性特点和众多边界条件的复杂性,只有在简单的层流问题中,才能有精确的数学分析解,其他情况还无法求解,工程设计上还主要采用经验公式。但该式作为分析对流传热的依据具有重要意义。它提示我们,热边界层愈薄,温度梯度愈大,传热系数也愈大。因此通过改善流动状况,使层流底层厚度减小,是强化对流传热的主要途径之一。

2. α 的数值范围

表 2-2 给出了 α 的数值范围,各种情况的 α 值差别很大。由表可见,气体的 α 最小,显然是由于气体密度小分子距离大,碰撞几率小所致。液体分子间距离小,碰撞几率大 α 较大。有相变时的 α 最大,这源于相变传热机理的特殊性,它有别于前述无相变的对流传热机理。

表 2-2 α 的数值范围

换热方式	空气自然对流	气体强制对流	水自然对流	水强制对流	有机蒸气冷凝	水沸腾	水蒸气膜状冷凝	水蒸气滴状冷凝
$\dfrac{\alpha}{\mathrm{W\cdot m^{-2}\cdot K^{-1}}}$	5~25	20~100	200~1000	1000~1500	500~2000	2500~25000	6000~20000	30000~100000

例如蒸气冷凝,饱和蒸气相温度均匀,当蒸气分子碰到冷壁时,即产生相变释放相变热,温差仅在壁面上极薄的膜内,故温度梯度极大,相变热量大且直接释放在壁面上,故 α 很大。由于相界面张力的不同,蒸气冷凝又分膜状冷凝和滴状冷凝。

(1) 膜状冷凝。冷凝液能润湿壁面,在壁上形成一层液膜,蒸气继续冷凝则在液膜上进行,液膜则成为传热热阻。

(2) 滴状冷凝。冷凝液不能润湿壁面,在壁上形成液滴落下,其热阻就小,故滴状冷凝比膜状冷凝 α 可高几倍。

沸腾相变的 α 与饱和液体和加热壁面的温差有关。图 2-11 给出了水的沸腾曲线,由图可见,当温差较小时($\Delta t \leqslant 5\ ^{\circ}\mathrm{C}$)液体在自然对流中表面气化,如图中 AB 段 α 较小。当温差增大时($\Delta t = 5\sim25\ ^{\circ}\mathrm{C}$),加热壁面局部产生气泡,气泡上升起搅拌扰动作用,有利传热,α 急剧增大,BC 段称为泡核沸腾。当温差再大时($\Delta t > 25\ ^{\circ}\mathrm{C}$),加热壁面气泡大量增加,气泡的产生速度大于脱离速度,壁面上形成一层蒸气膜,其导热系数

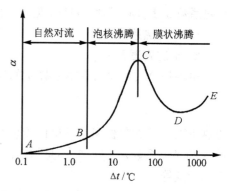

图 2-11   水的沸腾曲线

小,使 α 急剧下降。因此生产中总要设法控制在泡核沸腾下操作。

2.4   传热系数经验关联式

传热系数的确定,目前采用的方法有三种:(i) 边界层微分方程的数学解法;(ii) 以量纲分析法为基础的实验方法;(iii) 热量和动量传递的比拟法。

如前所述,数学解法除简单情况外,一般工程实际问题还无法求解。在工程设计上主要采用由后两种方法得到的传热系数经验式求算 α。

2.4.1 以量纲分析法为基础的实验方法

(一) 传热系数的影响因素

通过初步实验和分析可知影响对流传热的因素有:

(1) 流体的种类和物性,导热系数 λ、粘度 μ、密度 ρ 和比热容 c_p。这些物性又与温度有关。

(2) 流体的流动原因分强制对流和自然对流,前者以流速影响传热,后者受温差引起的浮升力的影响。设 ρ_1 和 ρ_2 分别为温度 t_1 和 t_2 时的密度,β 为流体的膨胀系数(即温度升高1℃流体体积膨胀的分数),于是单位体积流体的浮升力为

$$(\rho_1 - \rho_2)g = [\rho_2(1 + \beta\Delta t) - \rho_2]g = \rho_2 g\beta\Delta t \tag{2-27}$$

(3) 流体的流动状况,湍流时随 Re 数增大,层流底层的厚度减小,α 增大。而层流时 Re 数小,层流底层厚度大,α 小。

(4) 传热面的形状、布置和大小都影响流动状况,因此也影响 α,通常对一种类型的传热面,选用一个特征尺寸 L 表示其大小。

(二) 准数关联式的建立

对无相变时强制对流传热的一般函数关系为

$$\alpha = f(L, \rho, \mu, \lambda, c_p, u)$$

通过量纲分析可得准数关系式

$$Nu = F(Re, Pr) \tag{2-28}$$

对自然对流传热,用浮升力 $\rho g\beta\Delta t$ 代替流速 u,得

$$\alpha = f'(L, \rho, \mu, \lambda, c_p, \rho g\beta\Delta t)$$

通过量纲分析得准数关系式

$$Nu = \phi(Gr, Pr) \tag{2-29}$$

式中各准数的名称、符号和意义见表 2-3。

表 2-3 准数的符号和意义

准数名称	符 号	准数式	意 义
努塞尔特准数 (Nusselt)	Nu	$\dfrac{\alpha L}{\lambda}$	表示传热系数的准数
雷诺准数 (Reynolds)	Re	$\dfrac{Lu\rho}{\mu}$	确定流动状态的准数
普朗特准数 (Prandtl)	Pr	$\dfrac{c_p\mu}{\lambda}$	表示物性影响的准数
格拉斯霍夫准数 (Grashof)	Gr	$\dfrac{\beta g\Delta t L^3 \rho^2}{\mu^2}$	表示自然对流影响的准数

对于各种不同的情况下的对流传热的具体函数关系式需由实验测定。应用 α 关联式时要注意适用范围、定性温度和特性尺寸。

(三) 流体无相变时的 α 关联式

1. 流体在圆管内呈强制对流

请注意,在研究流体流动时,Re > 4000 为湍流,2000 < Re < 4000 为过渡流。但在对流传热计算中,大都规定 Re > 1×10^4 为湍流,2300 < Re < 10000 为过渡流。

(1) 对于低粘度(低于 2 倍常温水的粘度)流体,用下述关联式:

$$\text{Nu} = 0.023\,\text{Re}^{0.8}\text{Pr}^n \tag{2-30}$$

或

$$\alpha = 0.023\,\frac{\lambda}{d_i}\left(\frac{d_i u \rho}{\mu}\right)^{0.8}\left(\frac{\mu c_p}{\lambda}\right)^n \tag{2-31}$$

式中 n 与热流方向有关:当流体被加热时,$n = 0.4$;当流体被冷却时,$n = 0.3$。

① 应用范围:$\text{Re} > 10^4$,$0.7 < \text{Pr} < 120$,管长与管径比 $L/d_i > 60$。若 $L/d_i < 60$ 时,将用 (2-31)式算得的 α 乘以 $[1 + (d_i/L)^{0.7}]$ 进行校正。

② 定性温度:流体进、出口温度的算术平均值。

③ 特征尺寸:管内径 d_i(非圆管取当量直径)。

(2) 对于高粘度液体,可采用以下关联式:

$$\text{Nu} = 0.023\,\text{Re}^{0.8}\cdot\text{Pr}^{1/3}\left(\frac{\mu}{\mu_w}\right)^{0.14} \tag{2-32}$$

① 应用范围:除 $\text{Pr} = 0.7 \sim 16700$ 外,其他均与式(2-31)相同。

② 定性温度:除 μ_w 取壁温下的流体粘度外,其他取液体的进、出口温度的平均值。

③ 特征尺寸:管内径 d_i。

2. 流体在圆管内呈强制层流

当管径较小,流体与壁面温差较小,流体的 μ/ρ 值较大,自然对流可忽略时,可用下式计算 α:

$$\text{Nu} = 1.86\,\text{Re}^{1/3}\cdot\text{Pr}^{1/3}\left(\frac{d_i}{L}\right)^{1/3}\left(\frac{\mu}{\mu_w}\right)^{0.14} \tag{2-33}$$

① 应用范围:$\text{Re} < 2300$,$0.6 < \text{Pr} < 6700$,$\left(\text{Re}\cdot\text{Pr}\,\dfrac{d_i}{L}\right) > 100$。

② 特征尺寸和定性温度:同(2-32)式。

3. 流体在圆管内呈过渡流

对于 $\text{Re} = 2300 \sim 10\,000$ 时,传热系数可先用湍流时的经验式计算,将算得的 α 乘以校正系数 ϕ:

$$\phi = 1 - \frac{6 \times 10^5}{\text{Re}^{1.8}} \tag{2-34}$$

应该指出,通常在换热器设计中,为了提高总传热系数,流体多呈湍流流动。

4. 自然对流

$$\text{Nu} = c(\text{Gr}\cdot\text{Pr})^n \tag{2-35}$$

对大空间中的自然对流,如管道或传热设备表面与周围大气之间的对流传热就属于这种情况,通过实验测得式(2-35)中的 c 和 n 值列于表 2-4 中。

表 2-4　式(2-35)中的 c 和 n 值

加热表面形状	特征尺寸	$(\text{Gr}\cdot\text{Pr})$ 范围	c	n
水平圆管	外径	$10^4 \sim 10^9$	0.53	1/4
		$10^9 \sim 10^{12}$	0.13	1/3
垂直管或板	高度	$10^4 \sim 10^9$	0.59	1/4
		$10^9 \sim 10^{12}$	0.10	1/3

关于传热系数关联式还有很多,需用时可以参考相关资料。

【例 2-3】　有一列管换热器,由 60 根 $\varnothing$ 25 mm × 2 mm 的钢管组成。通过该换热器,用饱和蒸气加热苯。苯在管内流动由 20 ℃ 被加热至 80 ℃,苯的流量为 15 kg·s^{-1}。试求苯在管内的传热系数。若苯的流量增加 50%,进、出口温度不变,问后来的传热系数又为多少?

解 定性温度 $t = (20 + 80)/2 = 50$ ℃

从手册中查得苯的物性常数为:$\rho = 860$ kg·m^{-3},$c_p = 1.80$ kJ·kg^{-1}·℃$^{-1}$,$\mu = 0.45 \times 10^{-3}$ Pa·s,$\lambda = 0.14$ W·m^{-1}·℃$^{-1}$。

$$u = \frac{15 \text{ kg·s}^{-1}}{860 \text{ kg·m}^{-3} \times (\pi/4) \times (0.021 \text{ m})^2 \times 60} = 0.925 \text{ m·s}^{-1}$$

$$\text{Re} = \frac{u d_i \rho}{\mu} = \frac{0.925 \text{ m·s}^{-1} \times 0.021 \text{ m} \times 860 \text{ kg·m}^{-3}}{0.45 \times 10^{-3} \text{ Pa·s}} = 3.54 \times 10^4 (\text{湍流})$$

$$\text{Pr} = \frac{\mu c_p}{\lambda} = \frac{0.45 \times 10^{-3} \text{ Pa·s} \times 1.8 \times 10^3 \text{ J·kg}^{-1}·℃^{-1}}{0.14 \text{ W·m}^{-1}·℃^{-1}} = 5.79$$

管长不知,但换热器一般 $L/d_i > 60$,可应用式(2-31)计算,即

$$\alpha = 0.023 \frac{\lambda}{d_i} \left(\frac{d_i u \rho}{\mu} \right)^{0.8} \left(\frac{c_p \mu}{\lambda} \right)^{0.4}$$

$$= 0.023 \times \frac{0.14 \text{ W·m}^{-1}·℃^{-1}}{0.02 \text{ m}} \times (3.54 \times 10^4)^{0.8} \times (5.79)^{0.4}$$

$$= 1416 \text{ W·m}^{-2}·℃^{-1}$$

当苯的流量增加 50% 时,传热系数为 α',则

$$\alpha'/\alpha = (u'/u)^{0.8}$$

$$\alpha' = \alpha(u'/u)^{0.8} = 1416 \text{ W·m}^{-2}·℃^{-1} \times 1.5^{0.8} = 1958 \text{ W·m}^{-2}·℃^{-1}$$

【例 2-4】 在一室温为 20℃ 的大房间中,安有外径为 0.1 m 水平部分长 10 m 垂直部分高 1.0 m 的蒸气管道。若管道外壁温度为 120 ℃,试求管道因自然对流的散热量。

解 空气的定性温度为 $(120 + 20)℃/2 = 70$ ℃,查得物性常数:$\lambda = 0.0296$ W·m^{-1}·℃$^{-1}$,$\mu = 2.06 \times 10^{-5}$ Pa·s,$\rho = 1.029$ kg·m^{-3},$\text{Pr} = 0.694$。

(1) 水平管的散热量 Q_1

$$\text{Gr} = \frac{\beta g \Delta t L^3}{\gamma^2}$$

其中 $\quad L = d = 0.1$ m, $\quad \gamma = \frac{\mu}{\rho} = \frac{2.06 \times 10^{-5} \text{ Pa·s}}{1.029 \text{ kg·m}^{-3}} = 2.00 \times 10^{-5} \text{ m}^2·\text{s}^{-1}$

$$\beta = \frac{1}{T} = \frac{1}{(70 + 273) \text{K}} = 2.92 \times 10^{-3} \text{ K}^{-1}$$

$$\text{Gr} = \frac{2.92 \times 10^{-3} \text{ K}^{-1} \times 9.81 \text{ m·s}^{-2} \times (120 - 20) \text{K} \times (0.1 \text{ m})^3}{(2 \times 10^{-5} \text{ m}^2·\text{s}^{-1})^2} = 7.16 \times 10^6$$

$$\text{Gr·Pr} = 7.16 \times 10^6 \times 0.694 = 4.97 \times 10^6$$

查表 2-4,得 $\quad c = 0.53, \quad n = 1/4$

$$\alpha = c \frac{\lambda}{d} (\text{Gr·Pr})^n$$

$$= 0.53 \times \frac{0.0296 \text{ W·m}^{-1}·℃^{-1}}{0.1 \text{ m}} \times (4.97 \times 10^6)^{1/4}$$

$$= 7.41 \text{ W·m}^{-2}·℃^{-1}$$

$$Q_1 = \alpha \pi d L \Delta t = 7.41 \text{ W·m}^{-2}·℃^{-1} \times \pi \times 0.1 \text{ m} \times 10 \text{ m} \times (120 - 20)℃ = 2330 \text{ W}$$

（2）垂直管的散热量 Q_2

$$\mathrm{Gr} = \frac{\beta g \Delta t L^3}{\gamma^2} = \frac{2.92 \times 10^{-3}\,\mathrm{K}^{-1} \times 9.81\,\mathrm{m \cdot s^{-1}} \times (120-20)\mathrm{K} \times (1\,\mathrm{m})^3}{(2 \times 10^{-5}\,\mathrm{m^2 \cdot s^{-1}})^2} = 7.16 \times 10^9$$

$$\mathrm{Gr \cdot Pr} = 7.16 \times 10^9 \times 0.694 = 4.97 \times 10^9$$

查表 2-4，得 $\qquad c = 0.1,\quad n = 1/3$

$$\alpha = \frac{0.1 \times 0.0296\,\mathrm{W \cdot m^{-1} \cdot {}^\circ C^{-1}}}{1\,\mathrm{m}} \times (4.97 \times 10^9)^{1/3} = 5.05\,\mathrm{W \cdot m^{-2} \cdot {}^\circ C^{-1}}$$

$$Q_2 = 5.05\,\mathrm{W \cdot m^{-2} \cdot {}^\circ C^{-1}} \times \pi \times 0.1\,\mathrm{m} \times 1\,\mathrm{m} \times (120-20){}^\circ C = 160\,\mathrm{W}$$

蒸气管总散热量为

$$Q = Q_1 + Q_2 = (2330 + 160)\mathrm{W} = 2500\,\mathrm{W}$$

2.4.2 热量和动量传递的比拟法——类似律

热量传递和动量传递在传递机理、传递过程和传递的物理-数学模型均相似。两者比较，动量传递相对而言研究较深入。人们就利用它们之间的相似类比关系，导出动量传递的摩擦系数与热量传递的传热系数间的定量关系，去求算影响因素极复杂的传热系数。这又是一种工程设计上很需要，影响因素又极复杂，而且目前还无法从理论解析求算的参数的求取方法，化学工程学的特有方法——类似律。

（一）雷诺类似律

1874 年雷诺首先利用湍流情况下动量传递和热量传递之间的类似性，导出了摩擦系数与传热系数之间的关系式，即雷诺类似律（Reynolds analogy）

设想质量为 m 的流体微团借涡流混合运动连续不断地在时间 t 内由 1—1′ 面穿过面积为 S 的 a—a' 面到达 2—2′ 面，见图 2-12。在稳态下必然有同样大小质量的流体由 2—2′ 面穿过 a—a' 面到达 1—1′ 面，设上下两面处的时均速度和时均温度为 u_2、T_2 和 u_1、T_1，于是

向上运动的流体带上去的热量 $= m c_p T_1$

向下运动的流体带下去的热量 $= m c_p T_2$

则由于上下两面流体的混合引起的湍流热流密度为

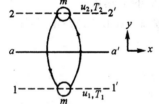

图 2-12　涡流动量交换和
涡流热量交换图

$$\left(\frac{Q}{S}\right)_y = \frac{m c_p (T_2 - T_1)}{St} \tag{2-36}$$

在进行上述交换时，流体微团必然携带各自的动量。若 $u_2 > u_1$，这种湍流混合的作用犹如在 a—a' 面上存在一个湍动剪应力（雷诺应力），此项剪应力的大小等于流体相互交换微团时所产生的动量变化，即

$$\tau = \frac{m}{St}(u_2 - u_1) \tag{2-37}$$

二式相比，可得湍流热流密度与湍流剪应力之间的关系式

$$\frac{Q/S}{\tau} = c_p \frac{T_2 - T_1}{u_2 - u_1} = c_p \frac{\Delta T}{\Delta u} \tag{2-38}$$

若 1—1′ 和 2—2′ 两面相距很近，可写成微分方程

$$\frac{Q/S}{\tau} = c_p \frac{\mathrm{d}T}{\mathrm{d}u} \tag{2-39}$$

当流体流过壁面时,在紧靠壁面处有一层层流底层,其中的热流密度和剪应力分别用傅里叶定律和牛顿粘性定律描述,即

$$Q/S = -\lambda \frac{dT}{dy}, \quad \tau = -\mu \frac{du}{dy}$$

式中 λ 为导热系数。

两式相比,得

$$\frac{Q/S}{\tau} = \frac{\lambda}{\mu}\frac{dT}{du} \tag{2-40}$$

比较(2-39)和(2-40)两式可见,当 $c_p = \frac{\lambda}{\mu}$ 或 $Pr = \frac{c_p\mu}{\lambda} = 1$ 时,就可用同样的表达式描述湍流区和层流底层的热量传递和动量传递过程。雷诺假设湍流区可一直延伸至固体壁面。对 $Pr=1$ 的流体(大多数气体的 $Pr\approx1$)可采用式(2-39)描述涡流传热和涡流剪应力之间的关系。若流体在管内流动,将式(2-39)在壁面处 $u=0$、$t=t_w$ 至湍流主体 $u=u_b$、$t=t_b$ 间积分,即

$$\frac{Q/S}{\tau c_p}\int_0^{u_b} du = \int_{T_w}^{T_b} dT$$

得

$$\frac{Q/S}{\tau c_p} = \frac{T_b - T_w}{u_b}$$

改写成

$$\frac{Q/S}{T_b - T_w}\frac{1}{c_p\rho u_b} = \frac{1}{8}\frac{8\tau}{\rho u_b^2}$$

流体在管内湍流时前面已定义

$$\frac{Q/S}{T_b - T_w} = \alpha \qquad \frac{8\tau}{\rho u_b^2} = \lambda_f \quad (\text{摩擦系数})$$

即

$$\frac{\alpha}{c_p\rho u_b} = \frac{\lambda_f}{8}$$

或

$$\frac{\alpha}{c_p\rho u_b} = St = \frac{Nu}{Re\cdot Pr} = \frac{\lambda_f}{8} \tag{2-41}$$

式中 St 称为斯坦顿数,是无量纲数群;α 为传热系数;λ_f 为摩擦系数(本章 λ_f 即前一章的摩擦系数 λ,加下标 f 以与本章的导热系数 λ 区别)。

式(2-41)称为雷诺类似律,它把管内的传热系数 α 与摩擦系数 λ_f 关联起来。实验证明,雷诺类似律与 $Pr=1$ 的流体的湍流对流传热数据能很好吻合。雷诺类似律只适用于 $Pr=1$ 的流体且仅有摩擦阻力的场合。注意,α、λ_f 和 St 为全管的平均值。流体的定性温度为进出口温度的算术平均值。

【例 2-5】 常压空气以 $20\,m\cdot s^{-1}$ 的流速通过内径为 $30\,mm$ 的管子,管壁温度维持 $100\,℃$,空气由 $20\,℃$ 被加热至 $40\,℃$,试求其传热系数。

解 定性温度为 $(40+20)℃/2 = 30\,℃$

常压下 $30\,℃$ 空气的物性:$\rho = 1.165\,kg\cdot m^{-3}$,$c_p = 1013\,J\cdot kg^{-1}\cdot K^{-1}$,$\mu = 1.86\times10^{-5}\,Pa\cdot s$,$Pr = 0.701$。

$$Re = \frac{du\rho}{\mu} = \frac{30\times10^{-3}\,m\times20\,m\cdot s^{-1}\times1.165\,kg\cdot m^{-3}}{1.86\times10^{-5}\,Pa\cdot s} = 3.758\times10^4 \quad (\text{湍流})$$

$$\lambda_f = \frac{0.3164}{Re^{0.25}} = \frac{0.3164}{(3.758 \times 10^4)^{0.25}} = 0.02273$$

代入式(2-41),得

$$\alpha = \frac{\lambda_f}{8} c_p \rho u_b = \frac{0.02273}{8} \times 1013 \, J \cdot kg^{-1} \cdot K^{-1} \times 1.165 \, kg \cdot m^{-3} \times 20 \, m \cdot s^{-1}$$
$$= 66.5 \, W \cdot m^{-2} \cdot K^{-1}$$

(二) 雷诺类似律的改进

雷诺类似律只适用于 $Pr = 1$ 的气体,因为只有 $Pr = 1$ 才可以用同样的表达式描述层流底层和湍流中心的传递过程,把湍流区一直延伸到壁面,用简化的单层模型描述整个边界层。把该类似律应用于 $Pr \neq 1$ 的一般流体的湍流传热计算时,误差很大。为了解决这一问题,一些学者做了研究,对它进行了修正。

1. 普朗特-泰勒类似律

1910~1928 年普朗特(Prandtl)和泰勒(Taylor)分别导出了雷诺类似律的修正式,普朗特-泰勒类似律,将雷诺类似律加以发展,使之应用范围扩大。

普朗特和泰勒考虑到边界层中层流底层的存在,提出了两层模型导出下式:

$$St = \frac{Nu}{Re \cdot Pr} = \frac{\lambda_f}{8} \cdot \frac{1}{1 + A(Pr - 1)} \tag{2-42}$$

与式(2-41)相比,该式多了右侧的修正项。式中 A 为层流底层外缘速度 u_i 与湍流主体速度 u_b 之比。对圆管中的湍流 $A = u_i/u_b = 5\sqrt{\lambda_f/8}$ 或 $A = 2.44/Re^{1/3}$。式(2-42)又可写成

$$St = \frac{\alpha}{\rho c_p u_b} = \frac{\lambda_f/8}{1 + 5\sqrt{\lambda_f/8}(Pr - 1)} \tag{2-43}$$

该式中有关量的定性温度取流体进、出口温度的平均值。它适用于 $Pr = 0.7 \sim 20$。不适用于 Pr 数太大或太小的流体。

公式(2-42)推导如下:设流体中的温度和速度在湍流中心区为 T_b 和 u_b,层流外缘为 T_i 和 u_i,壁面处为 T_w 和 $u_w = 0$,层流底层的厚度为 δ_b。

令 $\Delta T_i = T_i - T_w$, $\Delta T_b = T_b - T_w$, $A = u_i/u_b$ 或 $u_i = Au_b$,则

$$\frac{\Delta T_i}{\Delta T_b} = \frac{T_i - T_w}{T_b - T_w} = B$$

或

$$\Delta T_i = B\Delta T_b$$

在层流底层,动量传递和热量传递均属分子传递,且层流底层很薄,温度和速度分布近似为直线分布,故

$$q = -\lambda \frac{dT}{dy} = -\lambda \frac{T_i - T_w}{\delta_b} = -\lambda \frac{\Delta T_i}{\delta_b}$$

$$\tau = -\mu \frac{du}{dy} = -\mu \frac{u_i - 0}{\delta_b} = -\mu \frac{Au_b}{\delta_b}$$

在湍流中心与层流底层外缘间,设单位时间单位面积上交换的质量为 m,则交换的热流密度和剪应力分别为:

$$q' = mc_p(T_b - T_i) = mc_p(1 - B)\Delta T_b$$

$$\tau' = m(u_b - u_i) = m(1 - A)u_b$$

由壁面至湍流中心的对流传热(2-22),其热流密度和剪应力(1-63)分别为

$$q_{w,b} = \alpha(T_b - T_w) = \alpha \Delta T_b$$

$$\tau_{w,b} = \frac{\lambda_f}{8}\rho u_b^2$$

湍流时层流底层很薄,热量和动量传递机理相似,相应成比例:

$$\frac{q'}{\tau'} = \frac{q}{\tau} = \frac{q_{w,b}}{\tau_{w,b}}$$

即

$$\frac{c_p(1-B)\Delta T_b}{(1-A)u_b} = \frac{\lambda B \Delta T_b}{\mu A u_b} = \frac{\alpha \Delta T_b}{\frac{\lambda_f}{8}\rho u_b^2}$$

则

$$c_p \frac{1-B}{1-A} = \frac{\lambda B}{\mu A} = \frac{\alpha}{\frac{\lambda_f}{8}\rho u_b} \tag{2-44}$$

由(2-44)式的一、二项,解得

$$B = \frac{A\mathrm{Pr}}{1+A(\mathrm{Pr}-1)} \tag{2-45}$$

由(2-44)式一、三项,解得

$$\frac{\alpha}{\rho u_b c_p} = \frac{1-B}{1-A}\frac{\lambda_f}{8} \tag{2-46}$$

将(2-45)式代入(2-46)式,得

$$\frac{\alpha}{\rho u_b c_p} = \frac{\lambda_f}{8}\frac{1}{1+A(\mathrm{Pr}-1)}$$

或

$$\mathrm{St} = \frac{\lambda_f}{8}\frac{1}{1+A(\mathrm{Pr}-1)}$$

2. 柯尔本 j_H 因子类似律

1933 年契尔顿(Chilton)和柯尔本(Colburn)采用实验方法,关联了传热系数和摩擦系数之间的关系,得到了以实验为基础的类似律,称为 j_H 因子类似律。

对于管内湍流,柯尔本提出了如下的传热系数计算式:

$$\mathrm{Nu}_b = 0.023\,\mathrm{Re}_m^{0.8}\cdot\mathrm{Pr}_m^{1/3} \tag{2-47}$$

式中:下标 b 和 m 分别表示流体物性按流体的体积平均温度和流体与壁面的平均温度 $T_m = (T_b + T_w)/2$。公式适用范围:$\mathrm{Re}>10^4, 0.7<\mathrm{Pr}<160, L/d_i>60$。

对于管内湍流的摩擦系数 λ_f,柯尔本提出了如下的计算式:

$$\lambda_f = 0.184\,\mathrm{Re}_m^{-0.2} \tag{2-48}$$

将(2-47)式等号两边同除以 $\mathrm{Re}_m\cdot\mathrm{Pr}_m^{1/3}$ 与(2-48)式联立,得

$$\frac{\mathrm{Nu}_b}{\mathrm{Re}_m\cdot\mathrm{Pr}_m^{1/3}} = 0.023\,\mathrm{Re}_m^{-0.2} = \frac{\lambda_f}{8} \tag{2-49}$$

柯尔本定义上式左侧为传热 j 因子,以 j_H 表示,即

$$j_H = \frac{\mathrm{Nu}_b}{\mathrm{Re}_m\cdot\mathrm{Pr}_m^{1/3}} = \mathrm{St}\cdot\mathrm{Pr}_m^{2/3} \tag{2-50}$$

柯尔本发现,当标绘 j_H 对 Re 的关系时,可以得到与流体通过管道时的 λ_f-Re 曲线大致相同的曲线,即

$$j_H = 0.023\,Re^{-0.2} \tag{2-51}$$

结合式(2-50)、(2-49)、(2-43),则

$$j_H = \frac{Nu_b}{Re_m \cdot Pr_m^{1/3}} = St \cdot Pr_m^{2/3} = \frac{\alpha}{c_p \rho u_b} \cdot Pr_m^{2/3} = \frac{\lambda_f}{8} \tag{2-52}$$

式(2-52)称为柯尔本类似律。当 Pr=1,上式与雷诺类似律一致。

在后面学到传质时,我们将看到对于传质系数也可得出类似的传质 j 因子关系式,对于关联传热和传质数据,j 因子有很重要的价值。

【例 2-6】 水以 $4\,m\cdot s^{-1}$ 的流速流过内径为 25 mm、长为 6 m 的光滑圆管。水的进口温度为 300 K,管壁温度为 330 K 且维持不变,求传热系数和水的出口温度,并比较三种类似律的计算结果。

解 设水的出口温度为 320 K,定性温度为 $(300+320)K/2 = 310\,K$。

310 K 下水的物性:$\mu = 0.7 \times 10^{-3}\,Pa\cdot s$, $\rho = 993\,kg\cdot m^{-3}$,

$$c_p = 4174\,J\cdot kg^{-1}\cdot {}^\circ C^{-1}, \lambda = 0.620\,W\cdot m^{-1}\cdot K^{-1}$$

$$Pr = \frac{c_p \mu}{\lambda} = \frac{4174\,J\cdot kg^{-1}\cdot {}^\circ C^{-1} \times 0.7 \times 10^{-3}\,Pa\cdot s}{0.62\,W\cdot m^{-1}\cdot K^{-1}} = 4.71$$

$$Re = \frac{0.025\,m \times 4\,m\cdot s^{-1} \times 993\,kg\cdot m^{-3}}{0.7 \times 10^{-3}\,Pa\cdot s} = 1.419 \times 10^5 \quad (\text{湍流})$$

(1) 雷诺类似律

$$\lambda_f = 0.316 \times Re^{-0.25} = 0.3164 \times (1.419 \times 10^5)^{-0.25} = 0.0163$$

$$\alpha_1 = \frac{\lambda_f}{8} c_p \rho u_b = \frac{0.0163}{8} \times 4174\,J\cdot kg^{-1}\cdot K^{-1} \times 993\,kg\cdot m^{-3} \times 4\,m\cdot s^{-1}$$

$$= 3.38 \times 10^4\,W\cdot m^{-2}\cdot K^{-1}$$

(2) 普朗特-泰勒类似律

$$\alpha_2 = \frac{\rho c_p u_b \lambda_f/8}{1 + 5\sqrt{\lambda_f/8}(Pr-1)} = \frac{993\,kg\cdot m^{-3} \times 4174\,J\cdot kg^{-1}\cdot K^{-1} \times 4\,m\cdot s^{-1} \times 0.0163/8}{1 + 5\sqrt{0.0163/8}(4.71-1)}$$

$$= 1.84 \times 10^4\,W\cdot m^{-2}\cdot K^{-1}$$

(3) 柯尔本类似律

$$\alpha_3 = \frac{c_p \rho u_b \lambda_f/8}{Pr^{2/3}} = \frac{4174\,J\cdot kg^{-1}\cdot K^{-1} \times 993\,kg\cdot m^{-3} \times 4\,m\cdot s^{-1} \times 0.0163/8}{4.17^{2/3}}$$

$$= 1.202 \times 10^4\,W\cdot m^{-2}\cdot K^{-1}$$

下面利用传热系数 α 求流体出口温度,出口温度随流过距离而连续变化,取微分段管长,列传热速率方程和热量衡算方程:

$$dQ = \alpha \pi d \cdot dl (T_w - T)$$

$$dQ = \frac{\pi}{4} d^2 u_b \rho c_p dT$$

则

$$\alpha(T_w - T)dl = \frac{d}{4}\rho u_b c_p dT$$

分离变量后,积分

$$\int_{T_1}^{T_2} \frac{\mathrm{d}T}{T_\mathrm{w} - T} = \frac{4\alpha}{d\rho u_\mathrm{b} c_p} \int_0^L \mathrm{d}l$$

得
$$\ln(T_\mathrm{w} - T_2) = \ln(T_\mathrm{w} - T_1) - \frac{4L\alpha}{d\rho u_\mathrm{b} c_p}$$

$$\ln(330\,\mathrm{K} - T_2) = \ln(330\,\mathrm{K} - 300\,\mathrm{K}) - \frac{4 \times 6\,\mathrm{m} \times \alpha}{0.025\,\mathrm{m} \times 993\,\mathrm{kg \cdot m^{-3}} \times 4\,\mathrm{m \cdot s^{-1}} \times 4174\,\mathrm{J \cdot kg^{-1} \cdot K^{-1}}}$$

$$= 3.401 - 5.790 \times 10^{-5}\,\alpha\,\mathrm{W^{-1} \cdot m^2 \cdot K}$$

结果为
$$\alpha_1 = 3.38 \times 10^4\,\mathrm{W \cdot m^{-2} \cdot K^{-1}}, \quad T_{2,1} = 325.8\,\mathrm{K}$$

$$\alpha_2 = 1.86 \times 10^4\,\mathrm{W \cdot m^{-2} \cdot K^{-1}}, \quad T_{2,2} = 319.7\,\mathrm{K}$$

$$\alpha_3 = 1.202 \times 10^4\,\mathrm{W \cdot m^{-2} \cdot K^{-1}}, \quad T_{2,3} = 315.0\,\mathrm{K}$$

我们不妨再用由量纲分析法结合实验得到的准数关联式进行计算以试比较

$$\alpha = 0.023 \frac{\lambda}{d_\mathrm{i}} \mathrm{Re}^{0.8} \cdot \mathrm{Pr}^{0.4}$$

$$= 0.023 \frac{0.62\,\mathrm{W \cdot m^{-1} \cdot K^{-1}}}{0.025\,\mathrm{m}} \times (1.419 \times 10^5)^{0.8} \times 4.71^{0.4}$$

$$= 1.403 \times 10^4\,\mathrm{W \cdot m^{-2} \cdot K^{-1}}$$

$$T_2 = 316.7\,\mathrm{K}$$

由计算结果可见,雷诺类似律的误差较大,这源于其模型假设过于简化,只适用于 Pr = 1 的流体。由于研究的深入,改进后的类似律适用范围扩大了,计算结果更趋合理,而且与量纲分析法的准数关联式的计算结果相符合。这说明尽管问题很复杂,还无法求得严格的分析解。但随着人们由此及彼、由表及里地研究,认识逐渐深化,对事物本质的揭示更趋科学,因此人们从不同的角度用不同的方法得到相吻合的结果。这也印证了上述两种方法的科学性。

2.5　传热过程的计算

在换热器中冷、热流体通过间壁两侧的换热过程在化工中应用最广泛。该传热计算有两类,一类是设计计算,即根据生产任务要求的热负荷,确定换热器的面积。另一类是校核计算,即计算给定换热器的传热量、流体的流量和温度等。该传热过程既要遵守能量守恒原理——热量衡算方程,又要符合传热动力学规律——传热速率方程。

2.5.1　热量衡算

对间壁式换热器作热量衡算,假设换热器保温好,忽略热损失,则单位时间内热流体放出的热量等于冷流体吸收的热量。

设公式(2-53)~(2-58)中符号的意义为:Q—表示换热器的热负荷,即单位时间的传热量,$\mathrm{d}Q$ 为其微分量,W;H—流体的焓,$\mathrm{d}H$ 为其微分增量,$\mathrm{J \cdot kg^{-1}}$;q_m—流体的质量流量,$\mathrm{kg \cdot s^{-1}}$;q_m'—蒸气的冷凝速率,$\mathrm{kg \cdot s^{-1}}$;c_p—流体平均温度下的比定压热容,$\mathrm{J \cdot kg^{-1} \cdot K^{-1}}$;$r$—饱和蒸气的冷凝热,$\mathrm{J \cdot kg^{-1}}$;$T$ 和 t—分别代表热、冷流体的温度,K 或 ℃;T_s—冷凝液的饱和温度,K 或 ℃。下标 h 和 c 分别表示热流体和冷流体,下标 1 和 2 分别表示换热器的进、出口。

对于换热器的微元段,热量衡算式为:

$$\mathrm{d}Q = -q_{m,\mathrm{h}}\,\mathrm{d}H_\mathrm{h} = q_{m,\mathrm{c}}\,\mathrm{d}H_\mathrm{c} \tag{2-53}$$

对于整个换热器,热量衡算式为:

$$Q = q_{m,\text{h}}(H_{\text{h},1} - H_{\text{h},2}) = q_{m,\text{c}}(H_{\text{c},2} - H_{\text{c},1}) \quad\quad (2\text{-}54)$$

若换热器内流体无相变,比热取平均温度下的值。上述二式可分别表示为:

$$dQ = -q_{m,\text{h}}c_{p,\text{h}}dT = q_{m,\text{c}}c_{p,\text{c}}dt \quad\quad (2\text{-}55)$$

$$Q = q_{m,\text{h}}c_{p,\text{h}}(T_1 - T_2) = q_{m,\text{c}}c_{p,\text{c}}(t_2 - t_1) \quad\quad (2\text{-}56)$$

若换热器中的热流体是饱和蒸气冷凝,则其衡算式为

$$Q = q'_{m,\text{h}} r = q_{m,\text{c}}c_{p,\text{c}}(t_2 - t_1) \quad\quad (2\text{-}57)$$

若蒸气冷凝后又降温才流出换热器,则热量衡算式为:

$$Q = q'_{m,\text{h}}[r + c_{p,\text{h}}(T_\text{s} - T_2)] = q_{m,\text{c}}c_{p,\text{c}}(t_2 - t_1) \quad\quad (2\text{-}58)$$

2.5.2　总传热速率方程

换热器中冷、热流体间的传热过程,是热流体对管壁的对流传热、管壁中的传导传热和管壁对冷流体的对流传热的串联传热过程。若按前述传热方程描述,必须要知道管壁两侧表面的温度,实际壁温往往是未知的。为了计算方便避开壁温,直接用冷、热流体的温度计算,因此引出了间壁两侧流体的总传热速率方程。

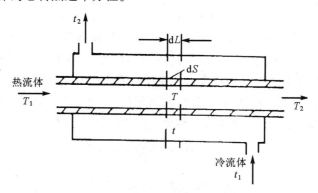

图 2-13　间壁两侧流体换热过程

参照图 2-13,通过间壁换热器任一微元面积 dS,两侧流体间进行热交换的总传热速率方程,可仿照对流传热方程写出,即

$$dQ = K(T - t)dS = K\Delta t dS \quad\quad (2\text{-}59)$$

式中:dQ—通过微元面积 dS 的传热速率,W;K—局部总传热系数,$W \cdot m^{-2} \cdot K^{-1}$;$\Delta t$—局部传热温差,K;$T$ 和 t—分别表示换热器的任一截面上热、冷流体的平均温度,K。

式(2-59)为总传热速率微分方程式,也是总传热系数的定义式,总传热系数在数值上等于单位温差下的总传热热流密度。它反映了传热过程的强度。

由于换热器中流体的温度和物性是沿程变化的,故传热温差 Δt 和 K 一般也是变化的,具有局部性。在工程计算中,当沿程的温度和物性变化不大时,通常取整个换热器的平均值。对整个换热器,总传热速率方程为

$$Q = KS\Delta t_\text{m} \quad\quad (2\text{-}60)$$

式中:K—换热器的平均总传热系数,$W \cdot m^{-2} \cdot K^{-1}$;$S$—换热器的传热面积,$m^2$;$\Delta t_\text{m}$—换热器

壁两侧流体的平均温差,K。

上式也可写成:

$$Q = \frac{\Delta t_{\mathrm{m}}}{1/KS}$$

式中 $1/KS$ 为总传热热阻。

还应注意,在热流方向上传热面积有变化时,总传热系数与所选面积是对应的。如圆管壁内表面积 S_{i}、外表面积 S_{o} 及平均面积 S_{m} 是不相等的,但式(2-60)的对应表达式为

$$Q = K_{\mathrm{i}}S_{\mathrm{i}}\Delta t_{\mathrm{m}} = K_{\mathrm{o}}S_{\mathrm{o}}\Delta t_{\mathrm{m}} = K_{\mathrm{m}}S_{\mathrm{m}}\Delta t_{\mathrm{m}} \qquad (2\text{-}61)$$

因此对应不同的面积 K 则不同,习惯上都以管子外表面积为基准,K 则不加下标。

2.5.3 总传热系数

总传热系数是表征传热设备性能的重要参数,也是对传热设备进行计算和评价的依据。影响 K 值的因素很多,主要取决于流体的物性、操作条件和设备的结构类型。

(一) 总传热系数的计算

在换热器的微分段 $\mathrm{d}l$ 中,两流体间传热的热流方向上,在稳态下串联传热路径上,传热速率各段相等,即

$$\mathrm{d}Q = \frac{T-t}{\frac{1}{K\mathrm{d}S_{\mathrm{o}}}} = \frac{\Delta t}{R}$$

$$= \frac{T-T_{\mathrm{w}}}{\frac{1}{\alpha_{\mathrm{i}}\mathrm{d}S_{\mathrm{i}}}} = \frac{\Delta t_1}{R_1}$$

$$= \frac{T_{\mathrm{w}}-t_{\mathrm{w}}}{\frac{b}{\lambda\mathrm{d}S_{\mathrm{m}}}} = \frac{\Delta t_2}{R_2}$$

$$= \frac{t_{\mathrm{w}}-t}{\frac{1}{\alpha_{\mathrm{o}}\mathrm{d}S_{\mathrm{o}}}} = \frac{\Delta t_3}{R_3}$$

应用串联热阻叠加原则,可得:

$$\mathrm{d}Q = \frac{\Delta t}{R} = \frac{\Delta t_1 + \Delta t_2 + \Delta t_3}{R_1 + R_2 + R_3}$$

$$\frac{1}{K\mathrm{d}S_{\mathrm{o}}} = \frac{1}{\alpha_{\mathrm{i}}\mathrm{d}S_{\mathrm{i}}} + \frac{b}{\lambda\mathrm{d}S_{\mathrm{m}}} + \frac{1}{\alpha_{\mathrm{o}}\mathrm{d}S_{\mathrm{o}}}$$

以外壁为基准,则

$$\frac{1}{K} = \frac{\mathrm{d}S_{\mathrm{o}}}{\alpha_{\mathrm{i}}\mathrm{d}S_{\mathrm{i}}} + \frac{b\mathrm{d}S_{\mathrm{o}}}{\lambda\mathrm{d}S_{\mathrm{m}}} + \frac{1}{\alpha_{\mathrm{o}}}$$

$$\mathrm{d}S = \pi d\mathrm{d}l, \ \mathrm{d}S_{\mathrm{o}}/\mathrm{d}S_{\mathrm{i}} = d_{\mathrm{o}}/d_{\mathrm{i}}, \ \mathrm{d}S_{\mathrm{o}}/\mathrm{d}S_{\mathrm{m}} = d_{\mathrm{o}}/d_{\mathrm{m}}$$

则得到总传热系数的计算式

$$\frac{1}{K} = \frac{d_{\mathrm{o}}}{\alpha_{\mathrm{i}}d_{\mathrm{i}}} + \frac{bd_{\mathrm{o}}}{\lambda d_{\mathrm{m}}} + \frac{1}{\alpha_{\mathrm{o}}} \qquad (2\text{-}62)$$

式中:α_{i}、α_{o}——分别为管内侧和管外侧的传热系数;λ、b——分别为管壁内导热系数和管壁厚。

当传热面为平壁或薄管壁时,$d_{\mathrm{i}} \approx d_{\mathrm{o}} \approx d_{\mathrm{m}}$,式(2-62)可简化为:

$$\frac{1}{K} = \frac{1}{\alpha_i} + \frac{b}{\lambda} + \frac{1}{\alpha_o} \tag{2-63}$$

（二）污垢热阻

换热器运行一段时间后，传热面上常有污垢积存，产生附加热阻，使总传热系数降低。在估算 K 值时一般不能忽略污垢热阻。由于污垢层的厚度及导热系数难以准确估计，因此通常选用相关资料给出的经验值。若管壁内外表面的污垢热阻用 $R_{s,i}$ 和 $R_{s,o}$ 表示，则(2-62)式变为

$$\frac{1}{K} = \frac{d_o}{\alpha_i d_i} + R_{s,i} \frac{d_o}{d_i} + \frac{b d_o}{\lambda d_m} + R_{s,o} + \frac{1}{\alpha_o} \tag{2-64}$$

由于污垢热阻较大且随换热器操作时间延长而增大，故应采取措施减小污垢的沉积，如适当加大流速，并定期洗垢。

（三）换热器中总传热系数的经验值

在进行换热器的传热计算时，需先估计总传热系数。表2-5列出了列管式换热器的 K 值的经验数。由表中数据可见，不同情况 K 值差别很大。

表 2-5　列管式换热器中的总传热系数 K

冷流体	热流体	总传热系数 K $W/(m^2 \cdot K)$
水	水	850～1 700
水	气体	17～280
水	有机溶剂	280～850
水	轻油	340～910
水	重油	60～280
有机溶剂	有机溶剂	115～340
水	水蒸气冷凝	1 420～4 250
气体	水蒸气冷凝	30～300
水	低沸点烃类冷凝	455～1 140
水沸腾	水蒸气冷凝	2 000～4 250
轻油沸腾	水蒸气冷凝	455～1 020

（四）关于提高 K 值的讨论

要提高总传热系数，就要设法减小热阻。在热流方向上，各分热阻并不相同，分热阻大的起控制作用。必须设法减小控制步的热阻才可能提高 K。例如当管壁及污垢热阻可忽略时，

$$\frac{1}{K} = \frac{1}{\alpha_i} + \frac{1}{\alpha_o}$$

若 $\alpha_i \gg \alpha_o$，则 $K = \alpha_o$。只有设法提高 α_o，才能有效地提高 K。

【例2-7】 一列管换热器由 $\varnothing 25\,mm \times 2.5\,mm$ 的钢管组成，钢管导热系数 $\lambda = 45\,W \cdot m^{-1} \cdot K^{-1}$。冷却水在管内流动 $\alpha_i = 4000\,W \cdot m^{-2} \cdot K^{-1}$，管外空气侧的 $\alpha_o = 50\,W \cdot m^{-2} \cdot K^{-1}$，试求：(1) 总传热系数；(2) 若将管外 α_o 提高一倍其他不变，K 值如何变化？ (3) 若将 α_i 提高一倍，其他条件不变，K 值又如何变化？

解　(1) $K_1 = \dfrac{1}{\dfrac{0.025\,m}{4000\,W \cdot m^{-2} \cdot K^{-1} \times 0.020\,m} + \dfrac{0.0025\,m \times 0.025\,m}{45\,W \cdot m^{-1} \cdot K^{-1} \times 0.0225\,m} + \dfrac{1}{50\,W \cdot m^{-2} \cdot K^{-1}}}$

$= \dfrac{1}{(0.0003125 + 0.0000617 + 0.02)\,W^{-1} \cdot m^2 \cdot K}$

$$= 49.2 \text{ W·m}^{-2}·\text{K}^{-1}$$

由计算知管壁热阻很小,可略去。

(2) $\alpha_o' = 2\alpha_o = 2 \times 50 \text{ W·m}^{-2}·\text{K}^{-1} = 100 \text{ W·m}^{-2}·\text{K}^{-1}$

$$K_2 = \frac{1}{0.0003125 \text{ W}^{-1}·\text{m}^2·\text{K} + 1/(100 \text{ W·m}^{-2}·\text{K}^{-1})} = 96.97 \text{ W·m}^{-2}·\text{K}^{-1}$$

$$(K_2 - K_1)/K_1 = (96.97 - 49.2)\text{W·m}^{-2}·\text{K}^{-1}/49.2 \text{ W·m}^{-2}·\text{K}^{-1} = 0.971$$

(3) $\alpha_i' = 2\alpha_i = 2 \times 4000 \text{ W·m}^{-2}·\text{K}^{-1} = 8000 \text{ W·m}^{-2}·\text{K}^{-1}$

$$K_3 = \frac{1}{\dfrac{0.025 \text{ m}}{8000 \text{ W·m}^{-2}·\text{K}^{-1} \times 0.020 \text{ m}} + 0.02 \text{ W}^{-1}·\text{m}^2·\text{K}} = 49.6 \text{ W·m}^{-2}·\text{K}^{-1}$$

$$(K_3 - K_1)/K_1 = (49.6 - 49.2)\text{W·m}^{-2}·\text{K}^{-1}/49.2 \text{ W·m}^{-2}·\text{K}^{-1} = 0.00813$$

计算表明,K 值接近热阻大的流体侧的 α 值,要想提高 K 值,必须分析各热阻的大小,减小控制步的热阻,则可明显提高 K 值,加大传热速率。

2.5.4 传热平均温度差

在换热器内间壁两侧流体在一定温差推动下传热,温差分恒定温差和变化温差。两侧流体均处于饱和温度下的相变过程为恒温传热,如蒸发器中热流体是沸点较高的饱和蒸气冷凝,冷流体是沸点较低的饱和液体沸腾蒸发,两流体温差不随位置变化,其温差是两流体沸点之差,$\Delta t = T_b - t_b$。若间壁两侧有一侧流体无相变或两侧流体均无相变,无相变流体在传热过程中温度将沿程连续变化,此即变温传热。

两流体平均温差与流体在换热器中的流向有关:若两流体平行而同向流动称为并流;若两者平行而反向流动称为逆流;若一流体沿一个方向流动,而另一流体反复折流,称为简单折流;此外,还有复杂折流等。在套管换热器中可以实现完全并流或逆流,在列管换热器中可以有多种流动型式。

(一) 逆流和并流的平均温差

图 2-14(a)所示的套管换热器的冷热流体呈逆流流动,流体温度连续变化。为推导传热平均温差,作简化假设:(i) 传热为定态操作过程,流体流量 $q_{m,h}$ 和 $q_{m,c}$ 为常量;(ii) 流体的比定压热容 $c_{p,h}$ 和 $c_{p,c}$ 及总传热系数 K 沿程为常量;(iii) 换热器热损失可忽略。

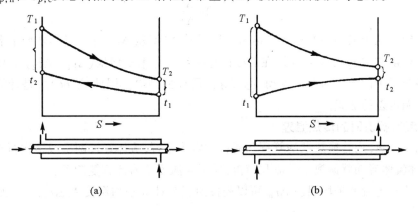

图 2-14 变温传热时温度差变化

(a) 逆流,(b) 并流

取换热器中微元段传热面积 dS 分析,在微元段中冷、热流体的平均温度为 t 和 T,传热推动力 $\Delta t = T - t$,其传热速率微分方程为:

$$dQ = K(T - t)dS = K\Delta t dS \tag{a}$$

其热量衡算微分方程为

$$dQ = -q_{m,h}c_{p,h}dT = q_{m,c}c_{p,c}dt \tag{b}$$

换热器传递热量 dQ,热流体温度下降 dT,冷流体温度上升 dt,

$$\frac{dQ}{-dT} = q_{m,h}c_{p,h} = 常量 \qquad \frac{dQ}{dt} = q_{m,c}c_{p,c} = 常量$$

由上式可见,变量 T 或 t 对 Q 均为直线关系,故可写成直线方程:

$$T = AQ + k \qquad t = A'Q + k'$$

式中 A、A'、k 和 k' 均为常量。二式相减,得

$$T - t = \Delta t = (A - A')Q + (k - k')$$

Δt 对 Q 仍为直线关系,将 T-Q、t-Q 和 Δt-Q 直线绘于图 2-15。由图可见,Δt-Q 直线的斜率为

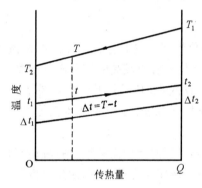

图 2-15　逆流时平均温度差的推导

$$\frac{d\Delta t}{dQ} = \frac{\Delta t_2 - \Delta t_1}{Q} \tag{c}$$

将(a)、(c)二式联立,得

$$\frac{d(\Delta t)}{K\Delta t dS} = \frac{\Delta t_2 - \Delta t_1}{Q} \tag{d}$$

将(d)式在整个换热器范围积分,得

$$\frac{1}{K}\int_{\Delta t_1}^{\Delta t_2}\frac{d(\Delta t)}{\Delta t} = \frac{\Delta t_2 - \Delta t_1}{Q}\int_0^S dS$$

$$\frac{1}{K}\ln\frac{\Delta t_2}{\Delta t_1} = \frac{\Delta t_2 - \Delta t_1}{Q}S$$

则

$$Q = KS\frac{\Delta t_2 - \Delta t_1}{\ln\frac{\Delta t_2}{\Delta t_1}} = KS\Delta t_m \tag{2-65}$$

式中

$$\Delta t_m = \frac{\Delta t_2 - \Delta t_1}{\ln\frac{\Delta t_2}{\Delta t_1}} \tag{2-66}$$

式(2-65)为整个换热器的总传热速率方程,平均温度差 Δt_m 等于换热器两端温度差的对数平均值。如前述,$\Delta t_2/\Delta t_1 \leqslant 2$ 时,在工程计算中可用算术平均值 $(\Delta t_1 + \Delta t_2)/2$ 代替对数平均值。若换热器中两流体为并流流动,也可导出同样的结果。因此(2-66)式是计算逆流和并流时的平均温度差的通式。

(二) 错流、折流时的传热温差

为了强化传热,列管换热器的管程和壳程常常为多程,流体经过两次或多次折流后再流出换热器,这样流体流动就偏离了并流和逆流,使平均温度差的计算复杂了。

对于错流和折流的平均温差 Δt_m 可以先按逆流来计算平均温度差 $\Delta t'_m$,然后乘以温度校正系数 φ,即

$$\Delta t_m = \varphi\Delta t'_m \tag{2-67}$$

温差校正系数 φ 是参数 P 和 R 的函数,即

$$\varphi = f(P, R)$$

$$P = \frac{冷流体的温升}{两流体的最初温差} = \frac{t_2 - t_1}{T_1 - t_1} \tag{2-68}$$

$$R = \frac{热流体的温降}{冷流体的温升} = \frac{T_1 - T_2}{t_2 - t_1} \tag{2-69}$$

各种流型的 P 和 R 值可查图得到,这里仅给出图 2-16 为例,可查取图中上方所示流型的 φ 值。

从式(2-67)可见,温差校正系数 φ 是表示某种流型在给定工况下接近逆流的程度。

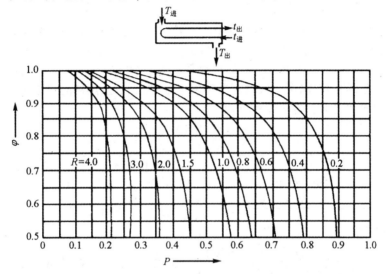

图 2-16 双程热交换器错流情况的校正系数

(三) 不同流动型式的比较

【例 2-8】 在一单壳单管程无折流挡板的列管换热器中,用蒸气冷凝水将溶液从 20 ℃加热到 35 ℃,蒸气冷凝水温度从 100 ℃降到 38 ℃流出换热器。试求逆流和并流的平均温度差,若在同样进口温度下,改为单壳程双管程列管换热器,其传热平均温差又为多少?

解

(1) 逆流:热流体 T 100 ℃→38 ℃ $\Delta t_{\mathrm{m}} = \dfrac{65\ ℃ - 18\ ℃}{\ln \dfrac{65\ ℃}{18\ ℃}} = 36.6\ ℃$

          冷流体 t −) 35 ℃←20 ℃

                       65 ℃   18 ℃

(2) 并流:热流体 T 100 ℃→38 ℃ $\Delta t_{\mathrm{m}} = \dfrac{80\ ℃ - 3\ ℃}{\ln \dfrac{80\ ℃}{3\ ℃}} = 23.4\ ℃$

          冷流体 t −) 20 ℃→35 ℃

                       80 ℃   3 ℃

(3) 折流: $P = \dfrac{35\ ℃ - 20\ ℃}{100\ ℃ - 20\ ℃} = 0.19$ $R = \dfrac{100\ ℃ - 38\ ℃}{35\ ℃ - 20\ ℃} = 4.1$

由 P、R 值查图 2-16,得 $\varphi = 0.85$

$$\Delta t_{\mathrm{m}} = \varphi \Delta t_{\mathrm{m}}' = 0.85 \times 36.6\ ℃ = 31.1\ ℃$$

由上例可见,在同样进出口温度下,逆流平均温度差最大,并流平均温度差最小,其他流型

平均温差介于两者之间。就提高传热推动力而言,逆流优于并流和其他流型。同样热负荷下,逆流操作推动力大,可减小传热面积。若热负荷一定,冷却剂或加热剂在逆流时温度变化大,流量可小些,从而可节约用量。

因此换热器应当尽量采用逆流操作,尽可能避免并流操作。但在某些特殊情况下,如流体被加热时不能高于某温度,或流体被冷却时不能低于某温度,则可用并流流动,因为并流时热流体出口温度总是高于冷流体的出口温度。

另外,为了提高传热系数,工程上常采用折流等复杂流动型式,但同时也减小了传热推动力。综合利弊,一般设计时最好使 $\varphi > 0.9$,不能低于 0.8。

2.5.5 换热器传热计算举例

【例 2-9】 在一单程列管式换热器中逆流操作,热空气在直径为 $\varnothing 25\,mm \times 2.5\,mm$ 的管内流动,其温度由 110 ℃降至 75 ℃。管内空气的传热系数为 40 $W \cdot m^{-2} \cdot ℃^{-1}$。壳程内冷水呈湍流流动,水温由 20 ℃升高至 80 ℃,水的传热系数为 1500 $W \cdot m^{-2} \cdot ℃^{-1}$。若冷水流量增加一倍,试计算水和空气的出口温度。假设管壁热阻、污垢热阻及换热器的热损失可忽略。

解 水流量增加之前总传热速率方程

$$Q = KS\Delta t_m$$

式中:$K = \dfrac{1}{\dfrac{1}{\alpha_o} + \dfrac{d_o}{\alpha_i d_i}} = \dfrac{1}{\dfrac{1}{1500\,W \cdot m^{-2} \cdot ℃^{-1}} + \dfrac{0.025\,m}{40\,W \cdot m^{-2} \cdot ℃^{-1} \times 0.02\,m}} = 31.3\,W \cdot m^{-2} \cdot ℃^{-1}$

$$\Delta t_m = \frac{\Delta t_2 - \Delta t_1}{\ln \dfrac{\Delta t_2}{\Delta t_1}} = \frac{(110\,℃ - 80\,℃) - (75\,℃ - 20\,℃)}{\ln \dfrac{110\,℃ - 80\,℃}{75\,℃ - 20\,℃}} = 41.2\,℃$$

$$S = \frac{Q}{K\Delta t_m} = \frac{q_{m,h}c_{p,h}(110\,℃ - 75\,℃)}{31.3\,W \cdot m^{-2} \cdot ℃^{-1} \times 41.2\,℃} = 0.0271\,q_{m,h}c_{p,h}\,W^{-1} \cdot m^2 \cdot ℃$$

热量衡算方程:

$$Q = q_{m,c}c_{p,c}(t_2 - t_1) = q_{m,h}c_{p,h}(T_1 - T_2)$$

$$\frac{q_{m,h}c_{p,h}}{q_{m,c}c_{p,c}} = \frac{t_2 - t_1}{T_1 - T_2} = \frac{80\,℃ - 20\,℃}{110\,℃ - 75\,℃} = 1.71$$

水流量增加一倍后,设水和空气出口温度分别为 t_2' 和 T_2',则热量衡算式为:

$$q_{m,h}c_{p,h}(T_1 - T_2') = 2\,q_{m,c}c_{p,c}(t_2' - t_1)$$

$$t_2' - t_1 = \frac{q_{m,h}c_{p,h}}{2\,q_{m,c}c_{p,c}}(T_1 - T_2') = \frac{1.71}{2}(T_1 - T_2') = 0.855(T_1 - T_2') \qquad (a)$$

总传热速率方程为

$$Q' = K'S\frac{(T_1 - t_2') - (T_2' - t_1)}{\ln \dfrac{T_1 - t_2'}{T_2' - t_1}} = K'S\frac{(T_1 - T_2') - (t_2' - t_1)}{\ln \dfrac{T_1 - t_2'}{T_2' - t_1}} = q_{m,h}c_{p,h}(T_1 - T_2')$$

由于湍流时 $\alpha_o \propto Re^{0.8}$,$\alpha_o \propto u^{0.8}$,$\dfrac{\alpha_o'}{\alpha_o} = \dfrac{(2u)^{0.8}}{u^{0.8}} = 2^{0.8}$,则

$$\alpha_o' = 2^{0.8}\alpha_o$$

且 $\quad K' = \dfrac{1}{\dfrac{1}{2^{0.8}\alpha_o} + \dfrac{d_o}{\alpha_i d_i}} = \dfrac{1}{\dfrac{1}{1.74 \times 1500\,W \cdot m^{-2} \cdot ℃^{-1}} + \dfrac{0.025\,m}{40\,W \cdot m^{-2} \cdot ℃^{-1} \times 0.02\,m}}$

$$= 31.6 \, \text{W} \cdot \text{m}^{-2} \cdot {}^{\circ}\text{C}^{-1}$$

$$q_{m,\text{h}} c_{p,\text{h}} (T_1 - T_2') = 31.6 \, \text{W} \cdot \text{m}^{-2} \cdot {}^{\circ}\text{C}^{-1} \times 0.0271 \, q_{m,\text{h}} c_{p,\text{h}} \, \text{W}^{-1} \cdot \text{m}^2 \cdot {}^{\circ}\text{C}$$

$$\times \frac{(T_1 - T_2') - 0.855(T_1 - T_2')}{\ln \dfrac{T_1 - t_2'}{T_2' - t_1}}$$

化简上式,得

$$\ln \frac{T_1 - t_2'}{T_2' - t_1} = 0.124, \quad \frac{T_1 - t_2'}{T_2' - t_1} = 1.13 \tag{b}$$

联立(a)、(b),解得 $\qquad T_2' = 67.5 \, {}^{\circ}\text{C}, \quad t_2' = 56.3 \, {}^{\circ}\text{C}$

【例 2-10】 在套管换热器内,空气在管内湍流由 20 ℃被加热到 80 ℃,管壳间流过饱和水蒸气被冷凝,蒸气的压力为 1.765×10^5 Pa,温度为 116.3 ℃。现要求空气流量增加 20%,其进出口温度不变。问应采取什么措施?(忽略管壁热阻和污垢热阻)

解 (1) 热量衡算

① 原流量下 $\quad Q = q_{m,\text{c}} c_{p,\text{c}} \Delta t \qquad (\Delta t \text{ 不变}, \, c_{p,\text{c}} \text{不变})$

② 新流量下 $\quad Q' = q_{m,\text{c}}' c_{p,\text{c}} \Delta t = 1.2 \, q_{m,\text{c}} c_{p,\text{c}} \Delta t = 1.2 Q$

(2) 传热速率

① 原流量下 $Q = KS\Delta t_\text{m}$,式中

$$K = \cfrac{1}{\cfrac{1}{\alpha_{\text{空气}}} + \cfrac{b}{\lambda} + \cfrac{1}{\alpha_{\text{蒸气}}}} \qquad \left(\alpha_{\text{空气}} \ll \alpha_{\text{蒸气}}, \, \frac{b}{\lambda} \approx 0 \right)$$

则

$$K = \alpha_{\text{空气}}$$

② 新流量下,强制湍流,管径不变,$\alpha \propto u^{0.8}$,则

$$u' = 1.2 \, u$$

$$\frac{\alpha_{\text{空气}}'}{\alpha_{\text{空气}}} = \frac{(1.2 \, u)^{0.8}}{u^{0.8}} = 1.2^{0.8} = 1.16$$

$$K' = \alpha_{\text{空气}}' = 1.16 \alpha_{\text{空气}} = 1.16 \, K$$

$$Q' = K' S \Delta t_\text{m}' \qquad (\text{换热器不变}, S \text{ 不变})$$

$$\frac{Q'}{Q} = \frac{1.2 \, Q}{Q} = \frac{1.16 \, KS\Delta t_\text{m}'}{KS\Delta t_\text{m}} \qquad \Delta t_\text{m}' = 1.034 \, \Delta t_\text{m}$$

① 原流量下 $\quad \Delta t_\text{m} = \dfrac{(116.3 \, {}^{\circ}\text{C} - 20 \, {}^{\circ}\text{C}) - (116.3 \, {}^{\circ}\text{C} - 80 \, {}^{\circ}\text{C})}{\ln \dfrac{116.3 \, {}^{\circ}\text{C} - 20 \, {}^{\circ}\text{C}}{116.3 \, {}^{\circ}\text{C} - 80 \, {}^{\circ}\text{C}}} = 61.5 \, {}^{\circ}\text{C}$

② 新流量下 $\qquad \Delta t_\text{m}' = 1.034 \times 61.5 \, {}^{\circ}\text{C} = 63.6 \, {}^{\circ}\text{C}$

$$\Delta t_\text{m}' = \frac{(T' - 20 \, {}^{\circ}\text{C}) - (T' - 80 \, {}^{\circ}\text{C})}{\ln \dfrac{T' - 20 \, {}^{\circ}\text{C}}{T' - 80 \, {}^{\circ}\text{C}}} = 63.6 \, {}^{\circ}\text{C}$$

解得 $\qquad T' = 118.2 \, {}^{\circ}\text{C}$

计算结果表明,只有提高饱和蒸气的温度至 T' 即提高饱和蒸气的压力至 p' 才能满足要求。查饱和水蒸气表得对应的温度和压力为 $T' = 118.2 \, {}^{\circ}\text{C}$ 和 $p' = 1.961 \times 10^5$ Pa。

通过计算也可进一步理解,在热交换过程中热量衡算和传热速率两规律的结合和制约的关系。

【例 2-11】　现要求每小时将500 kg 的乙醇饱和蒸气($T_b = 78.5\ ^\circ\mathrm{C}$)在换热器内冷凝并冷却至 30 ℃,已知其传热系数在冷凝和冷却时分别为 $\alpha_1 = 3500\ \mathrm{W \cdot m^{-2} \cdot K^{-1}}$, $\alpha_2 = 700\ \mathrm{W \cdot m^{-2} \cdot K^{-1}}$,相变热$r = 880\ \mathrm{kJ \cdot kg^{-1}}$,比热 $c_{p,h} = 2.8\ \mathrm{kJ \cdot kg^{-1} \cdot K^{-1}}$。逆流操作,冷却水的进出口温度分别为$t_1 = 15\ ^\circ\mathrm{C}$、$t_2 = 35\ ^\circ\mathrm{C}$。已知水的传热系数 $\alpha_3 = 1000\ \mathrm{W \cdot m^{-2} \cdot K^{-1}}$, $c_{p,c} = 4.2\ \mathrm{kJ \cdot kg^{-1} \cdot K^{-1}}$。忽略管壁和污垢热阻,求换热器的传热面积。

解　乙醇冷凝放热

$$Q_1 = q_{m,h} r = \frac{500\ \mathrm{kg}}{3600\ \mathrm{s}} \times 880 \times 10^3\ \mathrm{J \cdot kg^{-1}} = 1.22 \times 10^5\ \mathrm{W}$$

乙醇冷却放热

$$Q_2 = q_{m,h} c_{p,h} \Delta t = \frac{500\ \mathrm{kg}}{3600\ \mathrm{s}} \times 2.8 \times 10^3\ \mathrm{J \cdot kg^{-1} \cdot ^\circ C^{-1}} (78.5 - 30)^\circ\mathrm{C} = 1.89 \times 10^4\ \mathrm{W}$$

总放热　　　　　　　　$Q = Q_1 + Q_2 = 1.41 \times 10^5\ \mathrm{W}$

冷却水流量

$$q_{m,c} = \frac{Q}{c_{p,c}(t_2 - t_1)} = \frac{1.41 \times 10^5\ \mathrm{W}}{4200\ \mathrm{J \cdot kg^{-1} \cdot ^\circ C^{-1}}(35\ ^\circ\mathrm{C} - 15\ ^\circ\mathrm{C})} = 1.68\ \mathrm{kg \cdot s^{-1}}$$

用传热速率方程求传热面积,既有相变传热,也有无相变的变温传热,因此将传热面积分段求解,分为冷凝段和冷却段,求得两段分界处的水温,再求其他。

① 冷凝段

$$q_{m,h} r = q_{m,c} c_{p,c} \Delta t'$$

$$\Delta t' = \frac{1.22 \times 10^5\ \mathrm{W}}{1.68\ \mathrm{kg \cdot s^{-1}} \times 4200\ \mathrm{J \cdot kg^{-1} \cdot ^\circ C^{-1}}} = 17.3\ ^\circ\mathrm{C}$$

两段分界处水温：$t' = 35\ ^\circ\mathrm{C} - 17.3\ ^\circ\mathrm{C} = 17.7\ ^\circ\mathrm{C}$

$$\Delta t_{m,1} = \frac{(78.5\ ^\circ\mathrm{C} - 17.7\ ^\circ\mathrm{C}) - (78.5\ ^\circ\mathrm{C} - 35\ ^\circ\mathrm{C})}{\ln \dfrac{78.5\ ^\circ\mathrm{C} - 17.7\ ^\circ\mathrm{C}}{78.5\ ^\circ\mathrm{C} - 35\ ^\circ\mathrm{C}}} = 51.6\ ^\circ\mathrm{C}$$

$$K_1 = \frac{1}{\dfrac{1}{\alpha_1} + \dfrac{1}{\alpha_3}} = \frac{1}{\dfrac{1}{3500\ \mathrm{W \cdot m^{-2} \cdot K^{-1}}} + \dfrac{1}{1000\ \mathrm{W \cdot m^{-2} \cdot K^{-1}}}} = 778\ \mathrm{W \cdot m^{-2} \cdot K^{-1}}$$

$$S_1 = \frac{Q_1}{K_1 \Delta t_{m,1}} = \frac{1.22 \times 10^5\ \mathrm{W}}{778\ \mathrm{W \cdot m^{-2} \cdot ^\circ C^{-1}} \times 51.6\ ^\circ\mathrm{C}} = 3.04\ \mathrm{m^2}$$

② 冷却段

$$\Delta t_{m,2} = \frac{(78.5\ ^\circ\mathrm{C} - 17.7\ ^\circ\mathrm{C}) - (30\ ^\circ\mathrm{C} - 15\ ^\circ\mathrm{C})}{\ln \dfrac{78.5\ ^\circ\mathrm{C} - 17.7\ ^\circ\mathrm{C}}{30\ ^\circ\mathrm{C} - 15\ ^\circ\mathrm{C}}} = 32.8\ ^\circ\mathrm{C}$$

$$K_2 = \frac{1}{\dfrac{1}{\alpha_2} + \dfrac{1}{\alpha_3}} = \frac{1}{\dfrac{1}{700\ \mathrm{W \cdot m^{-2} \cdot K^{-1}}} + \dfrac{1}{1000\ \mathrm{W \cdot m^{-2} \cdot K^{-1}}}} = 412\ \mathrm{W \cdot m^{-2} \cdot K^{-1}}$$

$$S_2 = \frac{Q_2}{K_2 \Delta t_{m,2}} = \frac{1.89 \times 10^4\ \mathrm{W}}{412\ \mathrm{W \cdot m^{-2} \cdot ^\circ C^{-1}} \times 32.8\ ^\circ\mathrm{C}} = 1.40\ \mathrm{m^2}$$

换热器传热面积

$$S = S_1 + S_2 = 3.04 \text{ m}^2 + 1.40 \text{ m}^2 = 4.44 \text{ m}^2$$

2.6 换 热 器

2.6.1 间壁式换热器

（一）管式换热器

1. 蛇管换热器

常见的有沉浸式和喷淋式两种。

（1）沉浸式蛇管换热器

是指将金属弯管(多盘成蛇形管)沉浸于容器内的液体中,蛇管内外的两种流体进行热交换。常见的蛇管换热器和蛇形管如图 2-17 和图 2-18 所示,它结构简单价格低廉能承受高压,但管外流体湍动程度低,传热系数小,可安装搅拌器予以弥补。

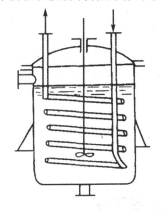

图 2-17　沉浸式蛇管热交换器

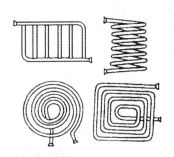

图 2-18　蛇管的形状

（2）喷淋式蛇管换热器

它是将蛇管固定在钢架上,热流体自下而上在管内流动,冷却水由上喷淋而下在蛇管外形成一层湍动程度较高的液膜,故管外的传热系数较大,该换热器常置于室外空气流通处,冷却水气化也加快传热,如图 2-19 所示。

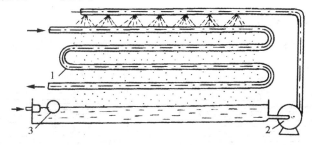

图 2-19　喷淋式换热器

1—弯管, 2—循环泵, 3—控制阀

2．套管换热器

它由直径不同的同心套管组成,并由 U 型弯头连接而成如图 2-20 所示。每一段套管称为一程,长 4~6 m,程数由传热要求而定。它构造简单能耐高压,可严格逆流有利于传热。缺点是接头较多易泄漏,单位体积传热面积小。

3．列管式换热器

列管式换热器是目前化工生产中应用最广泛的换热设备。它的主要优点是单位体积所具有的传热面积大,传热效果好,可用多种材料制造,适用性强,尤其在高温、高压和大型装置上多采用列管式换热器。它可以组成独立的换热器系统,也可装在大型

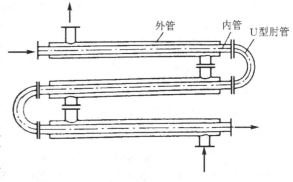

图 2-20　套管式热交换器

反应器内构成反应器的组成部分,如在大型的流化床反应器内用它控制反应温度。

列管式换热器是由外壳和其中固定于管板上的许多管束组成,两端接有封头。冷热流体分别由接管流入管束(亦称管程或管方)和壳内(亦称壳程或壳方)经热交换再由接管流出。为提高壳方传热系数,其内设有档板,结构如图 2-21 所示。流体在管内只单向流过一次称单程,若流体在一半管束内流过后,于封头内再折回另一半管束流过称为双程。同理,还有多程列管换热器。

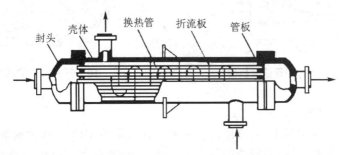

图 2-21　列管式(固定管板式)热交换器

由于流体温差较大,换热器的热胀冷缩必须考虑,列管换热器的结构也因此分为有补偿圈的固定管板式、U 型管式等许多型式,如图 2-22 和图 2-23 所示,它们都有系列标准可供选用。

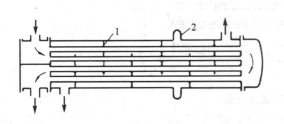

图 2-22　具有补偿圈的固定管板式换热器

1—挡板,2—补偿圈

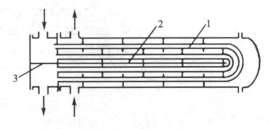

图 2-23　U 型管换热器

1—U 型管,2—壳程隔板,3—管程隔板

（二）板式换热器

1．夹套换热器

夹套换热器构造简单如图2-24所示，夹套安装在容器的外部，夹套与器壁之间流过载热体（加热介质）或载冷体（冷却介质）。夹套式换热器主要用于反应过程的加热或冷却，在用蒸气进行加热时，蒸气从上部接管进入夹套，冷凝水由下方接管流出。冷却水由夹套下部的接管流入，由上部接管流出。

这种换热器的传热系数较低，传热面又受容器限制，因此适用于传热量不太大的场合。为了提高其传热性能，可在容器内安装搅拌器。

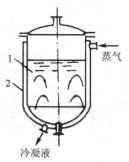

图 2-24　夹套式加热器
1—容器，2—夹套

2．螺旋板式换热器

螺旋板换热器是由两张间隔一定的平行薄金属板卷制而成，在其内部形成两个同心的螺旋形通道如图2-25所示。其中央设有隔板，将两螺旋形通道隔开，两板间焊有定距柱以固定通道间距。在螺旋板两侧焊有盖板。冷、热流体分别通过两条通道在换热器内逆流流动，在薄板间进行换热。

图 2-25　螺旋板式换热器

螺旋板式换热器优点突出：

（1）传热系数高。由于流体在螺旋通道中流动时受惯性离心力的作用和定距柱的干扰，流动极易达到湍流，层流底层薄，故传热系数高，如水对水的总传热系数可达 $2000\sim3000\ W\cdot m^{-2}\cdot K^{-1}$。而列管换热器一般为 $1000\sim2000\ W\cdot m^{-2}\cdot K^{-1}$。

（2）不易结垢和堵塞。由于流体做圆周运动，流体中的悬浮颗粒被抛向外缘且被流体冲刷，故不易结垢和堵塞。适于处理悬浮液和粘度较大的介质。

（3）能利用温度较低的热源。由于流道长且完全逆流，可在较小温差下操作，能充分回收利用温度较低的热源。

（4）结构紧凑。单位体积的传热面大，为列管式换热器的 3 倍，可节约金属材料和空间。螺旋板式换热器的缺点是操作压强和温度不宜过高，压强不超过 2 MPa，温度不超过 $300\sim400\ ℃$。由于整个设备焊成一体，一旦损坏，很难修理。

（三）翅片式换热器

在传热面上加装翅片，既可以增大传热面积又可增强对流体的扰动，从而使传热过程强化。常见的翅片型式如图2-26所示。

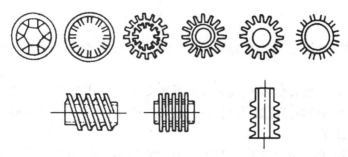

图 2-26　常见的几种翅片型式

当两种流体的传热系数相差较大时,在传热系数较小的一侧加翅片可以强化传热。例如用水蒸气加热空气,其主要热阻是空气的对流传热热阻。在空气侧加翅片可以强化传热效果。加翅片会增加设备费,一般当两流体的传热系数之比超过 3,采用翅片换热器经济上是合算的。

(四) 热管

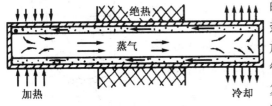

热管是一个封闭的金属管,管内有毛细吸液芯结构,抽除管内全部不凝性气体并充以定量的可气化的工作液体。工作液体在蒸发端吸收热量而沸腾气化,产生的蒸气流至冷凝端冷凝放热,冷凝液沿具有毛细结构的吸液芯在毛细管力的作用下回流至蒸发端再次蒸发,如此反复循环,热量则从蒸发端管外连续不断地传至冷凝端管外,其结构原理图见图2-27。

图2-27　热管

热管把传统的冷热流体在管内外壁面间的传热巧妙地转化为管两端外表面的传热,使冷热流体接触的壁面皆可采用加翅片的方法强化传热。而热管内部热量的传递是通过沸腾气化蒸气冷凝的相变过程,相变过程的传热系数皆很大,因而使传热过程大大强化。因此用热管制成的换热器,对冷、热两侧传热系数皆很小的气-气传热过程特别有效。热管最初应用于宇航和电子工业,近年来热管换热器广泛应用于回收锅炉排出的废热,以预热燃烧所需的空气,取得很好的经济效益。日常生活中用的太阳能热水器中就有热管。

由于热管内是纯组分液体的气化和冷凝的相变过程,蒸气流动阻力又较小,因此管内基本上是等温过程,所以能在很小的温差下传递很大的热流量。由热管的传热量和相应的管壁温差折算而得的表观导热系数,是最优良金属导热体的 $10^2 \sim 10^3$ 倍。因此它特别适用于低温差传热以及某些等温要求较高的场合。采用不同的工作液体(氨、水、汞等),热管可以在很宽的温度范围使用。

2.6.2　换热器传热过程的强化

(一) 强化传热的途径

强化传热即提高传热速率,是生产和研究中的重要问题。从传热速率方程 $Q = KS\Delta t_{\mathrm{m}}$ 可以看出,增大 K、S 和 Δt_{m} 均可提高传热速率 Q。在换热器的设计、改进和操作中,均从这三方面着手,强化传热。

1. 总传热系数 K

$$K = \cfrac{1}{\left(\cfrac{1}{\alpha_{\mathrm{i}}} + R_{\mathrm{s,i}} + \cfrac{b}{\lambda} + R_{\mathrm{s,o}} + \cfrac{1}{\alpha_{\mathrm{o}}} \right)}$$

前已述及,各项热阻对 K 值的影响程度不同,只有设法减小对 K 影响大的热阻才能有效提高 K 值。

管壁热阻 b/λ,一般管壁很薄,金属导热系数又大,故管壁热阻对 K 影响不大。如尽管铜比钢的导热系数大八倍多,通过计算可知更换管道材质对 K 的影响可忽略。由此可减少选择换热管材质的盲目性。

管内、外侧污垢热阻 $R_{\mathrm{s,i}}$ 和 $R_{\mathrm{s,o}}$,因污垢导热系数小,虽然垢层很薄,热阻也很大。1 mm

厚的水垢相当于40 mm厚钢板的热阻,故垢层热阻对K的影响不能忽视,要使用预处理的冷却水或缩短除垢周期。

若传热系数α_i和α_o相差不大,要提高K应同时提高两侧的传热系数。当α_i和α_o相差悬殊时,必须设法提高较小的传热系数。如有相变和无相变流体间换热时,要着重提高无相变一侧的传热系数。气体和液体间换热则应尽量提高气体一侧的传热系数。

2. 传热面积 S

从改革换热器结构入手,开发单位体积传热面积大的换热器。

3. 平均温度差 Δt_m

(1) 两流体采用逆流传热。

(2) 提高热流体的温度或降低冷流体的温度。生产中物料温度由工艺条件决定,加热剂或冷却剂的温度可以选择,但要考虑技术上的可能和经济上的合理。例如用水蒸气做加热剂,要提高温度就要提高压强,当温度超过200 °C,不仅设备耐压要求高,经济上也不合算。此时就应选用联苯混合物。

(二) 强化传热的措施

(1) 提高流速,增强流体湍动程度,可减小层流底层的厚度,增大传热系数。但同时流动阻力也随之加大,因为层流时$\alpha \propto u^{1/3}$,阻力$\Delta p_f \propto u$,即传热系数α增大一倍,阻力损失则增加7倍。湍流时$\alpha \propto u^{0.8}$,$\Delta p_f \propto u^2$,即传热系数增大1倍,阻力损失则增大4.6倍,这正是事物的两面性,应通过核算取最经济的流速。

(2) 采用外加脉动或超声波,使流体增加湍动程度。

(3) 在流体中加入固体颗粒增加传热。强化气体传热在工业上具有重要意义。由于固体颗粒的比热远大于气体,加入少量固体颗粒可增加气体的热容量,也可增加气流的湍动程度,强化传热,例如在烟道气中加入少量石墨粒子可将α提高8倍。

(三) 强化传热设备

(1) 设计制造高效紧凑的换热器

平板式换热器板间距4～6 mm,压制成波纹形的平板平行排列装配,冷、热流体分别流过平板两侧,其单位体积的换热面积为列管式换热器的6倍。

螺旋板式换热器的单位体积的传热面为列管式换热器的3倍,又有离心力的作用,层流底层薄且完全逆流,也是紧凑高效的换热器。

(2) 对于管式换热器,外加翅片结构,内置各种内插物,如麻花铁、螺旋圈等。翅片既可增加传热面,又可扰动流体流动,内插物可扰动流动破坏层流底层,均可大大强化传热。

通过以上内容的学习,应对工程学的特点有了认识。化工过程一方面遵循自然科学的普遍规律:能量守恒、动量守恒、质量守恒以及热力学、动力学定律。另外比起实验室的研究工作,工业生产遇到的实际问题要复杂得多,常难以得到理论关系式。鉴于此,学者提出诸如量纲分析结合实验的方法及类比法等解决了工程中的实际问题。工程学还突出经济观点,讲究经济效益注重速率,要高效经济地产出产品,提高竞争力。如本节学习的设备的革新、技术的改进,无不为这一总目标。

习　题

2-1　平壁炉由耐火砖(厚200 mm,$\lambda = 1.07 \text{ W} \cdot \text{m}^{-1} \cdot \text{°C}^{-1}$),绝热砖(厚120 mm,$\lambda = 0.15 \text{ W} \cdot \text{m}^{-1} \cdot \text{°C}^{-1}$)

和 6 mm 厚的钢板组成。炉内耐火砖壁面温度为 1200 ℃,钢板外壁温度 28 ℃。(1) 试计算炉壁的热流密度;(2) 实测炉壁热损失为 620 W·m^{-2},那么层间接触热阻占总热阻的比例多少?

2-2 平壁炉的炉壁由厚 120 mm 的耐火砖和厚 240 mm 的普通砖砌成。测得炉壁内、外温度分别为 800 ℃和 120 ℃。为减少热损失,又在炉壁外加一石棉保温层,其厚 60 mm,导热系数为 0.2 W·m^{-1}·℃$^{-1}$,之后测得三种材质界面温度依次为 800 ℃、680 ℃、410 ℃和 60 ℃。(1) 问加石棉层后热损失减少多少?(2) 求算耐火砖和普通砖的导热系数。

2-3 冷藏室的墙壁由两层厚 15 mm 的杉木板之间夹一层软木板构成,杉木板和软木板的导热系数分别为 0.107 W·m^{-1}·℃$^{-1}$和 0.040 W·m^{-1}·℃$^{-1}$。冷藏室内外壁温分别为 −12 ℃和 21 ℃,若要求墙壁传热量不大于 10 W·m^{-2},试计算墙壁中软木层的最小厚度及软木板的热阻占总热阻的分数。

2-4 外径为 100 mm 的蒸气管外包有一层厚 50 mm,$\lambda = 0.06$ W·m^{-1}·℃$^{-1}$ 的绝热材料,问再包多厚的石棉层($\lambda = 0.1$ W·m^{-1}·℃),才能使保温层内、外温度分别为 170 ℃和 30 ℃时热损失不大于 60 W·m^{-1}。

2-5 蒸气管外包扎两层厚度相同的绝热层,外层的平均直径为内层的 2 倍,导热系数外层为内层的 2 倍。若将两层材料互换位置,其他条件不变,问每米管长热损失改变多少?哪种材料放在内层好?

2-6 已知自然对流传热系数 α 与相关变量的一般函数关系式为 $\alpha = f(u, l, \mu, \lambda, \rho, c_p, \rho g \beta \Delta t)$。试用量纲分析法推导 α 的准数方程式。

2-7 管壳式换热器的列管长 3.0 m,内径 21 mm,管内有 −5 ℃的冷冻盐水以 0.3 m·s^{-1} 的速度流过。假设管壁平均温度为 65 ℃。试求盐水的出口温度。已知操作温度下的盐水物性常数为,$\rho = 1230$ kg·m^{-3},$c_p = 2.85$ kJ·kg^{-1}·℃$^{-1}$,$\lambda = 0.57$ W·m^{-1}·℃$^{-1}$,$\mu = 4 \times 10^{-3}$ Pa·s,$\mu_w = 3 \times 10^{-3}$ Pa·s。

2-8 40 ℃的常压空气以 10 m·s^{-1} 的流速流过内径为 25 mm 的圆管,壁温维持 100 ℃,管长 2 m。试分别用类似律法和量纲法关联式计算管内壁与空气间的平均传热系数和空气的出口温度。

(空气物性:60 ℃时 $\rho = 1.060$,$c_p = 1.017 \times 10^3$,$\mu = 2.01 \times 10^{-5}$,$\lambda = 2.896 \times 10^{-2}$,$p_r = 0.696$;

70 ℃时 $\rho = 1.029$,$c_p = 1.017 \times 10^3$,$\mu = 2.06 \times 10^{-5}$,$\lambda = 2.966 \times 10^{-2}$,$p_r = 0.694$)

2-9 水以 3 m·s^{-1} 的平均流速在内径为 25 mm 的光滑圆管中流过,其进口温度为 283 K,壁温恒定为 305 K。试分别应用雷诺、普朗特-泰勒和柯尔本类似律算传热系数及水流过 3 m 管长后的出口温度,并比较讨论计算结果(≈ 15 ℃,水的物性:$\rho = 999$,$c_p = 4.187 \times 10^3$,$\mu = 115.6 \times 10^{-5}$,$\lambda = 58.7 \times 10^{-2}$,$p_r = 8.265$)。

2-10 水以 2 m·s^{-1} 的平均流速流经直径为 25 mm 长为 2.5 m 的圆管。管壁温度恒定为 320 K,水的进、出口温度分别为 292 K 和 295 K。试求柯尔本因子 j_H。

(水的物性:30 ℃时 $\rho = 995.7$,$c_p = 4.174 \times 10^3$,$\mu = 80.07 \times 10^{-5}$,$\lambda = 61.76 \times 10^{-2}$;

40 ℃时 $\rho = 992.2$,$c_p = 4.174 \times 10^3$,$\mu = 65.60 \times 10^{-5}$,$\lambda = 63.38 \times 10^{-2}$)

2-11 在换热器中用水冷却油,并流操作,油的进、出口温度分别为 150 ℃和 100 ℃,水的进、出口温度分别为 20 ℃和 45 ℃。现生产任务要求油的出口温度降至 80 ℃。假设油和水的流量,进口温度及物性均不变,若原换热器长 1.5 m。忽略换热器的热损失,试求完成现任务所需管长 l'。

2-12 若石油精馏的原料预热器是套管换热器,重油与原油并流流动,重油进、出口温度分别为 243 ℃和 167 ℃,原油进、出口温度分别为 128 ℃和 157 ℃。现改为逆流操作,冷、热流体的初温和流量不变。由计算结果讨论其传热推动力和终温的变化情况。假设流体的物性和总传热系数不变,并忽略热损失。

2-13 在传热面积为 6 m^2 的逆流换热器中,流量为每小时 1900 kg 的正丁醇由 90 ℃被冷却至 50 ℃,$c_p = 2.98 \times 10^3$ J·kg^{-1}·℃$^{-1}$。冷却介质是 18 ℃的水。总传热系数为 230 W·m^{-2}·℃$^{-1}$。试求冷却水的出口温度 t_2 和每小时的消耗量 $q_{m,c}$。

2-14 在逆流换热器中,用 20 ℃的水将 1.5 kg·s^{-1} 的苯由 80 ℃冷却到 30 ℃。换热器列管直径为 $\varnothing 25$ mm × 2.5 mm。水走管内,水侧和苯侧的传热系数分别为 0.85 和 1.70 kW·m^{-2}·℃$^{-1}$,管壁的导热系数为 45 W·m^{-1}·℃$^{-1}$,忽略污垢热阻。若水的出口温度为 50 ℃,试求换热器的传热面积 S_0 及冷却水的消耗量

$q_{m,c}$。操作条件下水的 $c_p = 4.174 \times 10^3$，苯的 $c_p = 1.90 \times 10^3$。

2-15 20 ℃、2.026×10^5 Pa 的空气在套管换热器内管被加热到 85 ℃。内管直径 $\varnothing 57$ mm × 3.5 mm，长 3 m，当空气流量为每小时 55 m³ 时，求空气对管壁的传热系数（空气物性：0 ℃时 $\rho = 1.293$，50 ℃时 $c_p = 1.017 \times 10^3$，$\lambda = 2.826 \times 10^{-2}$，$\mu = 1.96 \times 10^{-5}$，$p_r = 0.698$）。

2-16 在列管换热器内，用水冷却甲烷气，120 ℃的常压甲烷气以 10 m·s^{-1} 的平均流速在壳程沿轴向流动。出口温度 30 ℃，水在管程流动，其传热系数为 0.85 kW·m^{-2}·℃$^{-1}$。换热器外壳内径为 190 mm。管束由 37 根 $\varnothing 19$ mm × 2 mm 的钢管组成，忽略管壁及污垢热阻。求总传热系数。已知 75 ℃下甲烷的 $\mu = 0.0115 \times 10^{-3}$ Pa·s，$\lambda = 0.0407$ W·m^{-1}·℃$^{-1}$，$c_p = 2.5 \times 10^3$ J·kg^{-1}·℃$^{-1}$。

2-17 一列管换热器的列管由直径 $\varnothing 25$ mm × 2.5 mm 的钢管组成，水在管程湍流流动，饱和蒸气在壳程冷凝。当水的流速为 1 m·s^{-1} 时，测得基于管外表面积的总传热系数 K_o 为 2115 W·m^{-2}·℃$^{-1}$。当其他条件不变而水的流速变为 1.5 m·s^{-1} 时，测得 K_o 为 2660 W·m^{-2}·℃$^{-1}$，试求水的流速为 1.5 m·s^{-1} 时水的传热系数（忽略污垢热阻）。

2-18 在间歇搅拌釜内装有外表面积为 1 m² 的沉浸式蛇管换热器，釜内装有 1000 kg 比定压热容为 3.8×10^3 J·kg^{-1}·℃$^{-1}$ 的反应物溶液，蛇管内通入 120 ℃的饱和蒸气加热溶液。若蛇管总传热系数为 600 W·m^{-2}·℃$^{-1}$，试计算将物料由 25 ℃加热至 90 ℃所需的时间。

2-19 工艺上要求将绝对压强为 11 206 kPa 温度为 95 ℃流量为 180 kg·h^{-1} 的过热氨气冷却并冷凝至饱和温度 30 ℃的液态氨。现采用 15 ℃的水为冷却剂在换热器中逆流操作。测得水的出口温度为 27 ℃。试计算水的用量及两流体间的平均温度差。已知 95 ℃氨蒸气的焓为 1647 kJ·kg^{-1}，30 ℃氨蒸气的焓为 1467 kJ·kg^{-1}，30 ℃液氨的焓为 323 kJ·kg^{-1}，忽略热损失，20 ℃的水 $c_p = 4183$ J·kg^{-1}·℃$^{-1}$。

2-20 室内装有两根等长的简易水平暖气管，管内通以饱和蒸气，暖气管通过自然对流向室内供暖。设大管直径为小管直径的 4 倍。小管的 $(Gr·Pr) > 10^9$，且两管间无相互影响，试求两管的供暖比值，并讨论顶层楼房另加粗直管暖气的作用。

2-21* 某反应釜内装有外表面积为 1.2 m² 的沉浸式蛇管换热器，釜内盛有比定压热容为 3.8×10^3 J·kg^{-1}·℃$^{-1}$ 的液相反应物 1000 kg，蛇管内通入 120 ℃的饱和蒸气冷凝以加热反应物。换热器总传热系数为 600 W·m^{-2}·℃$^{-1}$，釜的外表面积为 9.5 m²，容器外壁对空气的传热系数为 8 W·m^{-2}·℃$^{-1}$，环境温度为 20 ℃。试比较在忽略和考虑热损失两种情况下，将物料由 20 ℃加热到 95 ℃所需的时间。

2-22 32 ℃流率为 19.5 kg·s^{-1} 的冷却水（取 $c_p = 4.174 \times 10^3$）在列管换热器的管方流动，从蒸馏塔顶出口流率为 0.84 kg·s^{-1} 的正戊烷饱和蒸气在壳方冷凝为饱和温度 51.7 ℃的液体离开冷凝器。冷凝器列管长 3 m，直径 $\varnothing 25$ mm × 2.5 mm，已知在 51.7 ℃下正戊烷的冷凝相变热 $r = 3.56 \times 10^5$ J·kg^{-1}，操作中其 $\alpha_o = 910$ W·m^{-2}·℃$^{-1}$，忽略管壁和污垢热阻，试求列管数。

2-23 在套管换热器内以压强为 294 kPa 的饱和蒸气冷凝将内管中 1.40 kg·s^{-1} 流量的氯苯从 35 ℃加热到 75 ℃，现因故氯苯流率减小至 0.4 kg·s^{-1}，仍要求进、出口温度不变，若仍用原换热器操作，应采取什么措施，以计算结果回答。已知换热器内管为 $\varnothing 38$ mm × 2 mm 铜管。氯苯在两种情况下均为湍流，设其物性常数不变，蒸气冷凝传热系数比氯苯传热系数大得多，忽略污垢热阻（饱和蒸气 $T = 110$ ℃，$p = 143.3$ kPa；$T = 120$ ℃，$p = 198.6$ kPa；$T = 133$ ℃，$p = 294.0$ kPa）。

注：以上习题中下列物理量凡省略单位的，其单位分别应为：ρ—kg·m^{-3}，c_p—J·kg^{-1}·℃$^{-1}$，μ—Pa·s，λ—W·m^{-1}·℃$^{-1}$。

第 3 章　传质分离过程

化工生产过程中的原料、中间产物、粗产品几乎都是多组分混合物,这些物料都需要通过一定的处理过程进行分离和纯化。

分离过程可分为均相物系的分离和非均相物系的分离两类。

均相物系的分离,必须使某种组分形成新相或迁移到另一相。根据涉及的相态主要可分为气-液相的如吸收和蒸馏,液-液相的如萃取,气-固相的如吸附,固-液相的如结晶等等。蒸馏过程又可分为简单蒸馏和精馏等。

非均相物系的分离主要包括沉降、过滤和固体的干燥等单元操作。

随着生产的发展,对分离技术的要求越来越高,出现了一些新型特殊分离方法,如膜分离、超临界萃取等,分离技术的开发和应用有了长足的发展。

物质以扩散的方式迁移叫做物质传递过程或称传质过程。所有均相物系分离过程和一些非均相物系分离(如干燥)都涉及到相间传质,因此又称为传质分离过程。除此之外,反应器中的混合和非均相反应过程中都存在传质问题,因此传质过程也是化学反应工程学的基础。

3.1　传质过程的机理及传质设备

3.1.1　传质过程的机理

(一) 单相中物质的扩散

物质在单相中的扩散有分子扩散和对流扩散两种方式,分别类似于传热过程中的热传导和对流传热。

1. 分子扩散

整体处于静止状态的流体中的扩散,层流流体中垂直于流动方向上的扩散或固体中的扩散均属分子扩散。分子扩散是它们的惟一的扩散方式。

分子扩散的速率常用单位时间内通过主体内某一截面的物质量来表示。物体内部只要存在浓度差,就有扩散,浓度差是扩散的推动力。分子扩散速率正比于传质面积和浓度在扩散方向上的梯度,这就是费克(Fick)定律,其数学表达式为:

$$\frac{N_分}{A} = - D \frac{dc}{dn} \tag{3-1}$$

式中: $N_分$—分子扩散速率,$mol \cdot s^{-1}$ 或 $kmol \cdot s^{-1}$;A—传质面积,m^2;c—扩散组分的浓度,$mol \cdot m^{-3}$ 或 $kmol \cdot m^{-3}$;n—扩散方向上的坐标, m;$N_分/A$—扩散通量;D—比例系数,称为扩散系数,$m^2 \cdot s^{-1}$。

我们看到费克定律与牛顿粘性定律和热传导的傅里叶定律相类似,三者可以表达为动量、热量和物质的传递通量正比于各自的浓度梯度[动量浓度梯度 $d(\rho u)/dn$、热量浓度梯度 $d(\rho c_p t)/dn$ 和物质的浓度梯度 dc/dn]。存在这种类似性是由于动量、热量和物质都是依靠分子热运动进行传递的。

分子扩散系数是物质的特性常数,表示物质在介质中的扩散能力。它不仅与扩散组分的性质有关,而且与组分所在的介质有关,此外,还与温度和压力有关。扩散系数大都由实验确定,常用的扩散系数可以在有关手册中查到。表 3-1、3-2 列举了某些物质的扩散系数。如果没有实验数据,物质的分子扩散系数值可以由经验或半经验公式进行估算。

表 3-1 某些物质在空气中的扩散系数($p = 0.1$ MPa)

物 质	扩散系数 D $\overline{1 \times 10^{-5} \text{m}^2 \cdot \text{s}^{-1}}$		物 质	扩散系数 D $\overline{1 \times 10^{-5} \text{m}^2 \cdot \text{s}^{-1}}$	
	0 °C	25 °C		0 °C	25 °C
氢	6.11		水	2.20	2.56
氧	1.78	2.06	甲 醇	1.32	1.59
氨	1.70	2.80	乙 醚	1.02	1.19
二氧化碳	1.38	1.64	乙 醇	0.78	0.93

表 3-2 某些物质在水中的扩散系数($T = 293$ K)

物 质	扩散系数 D $\overline{1 \times 10^{-9} \text{m}^2 \cdot \text{s}^{-1}}$	物 质	扩散系数 D $\overline{1 \times 10^{-9} \text{m}^2 \cdot \text{s}^{-1}}$
氢	5.13	氯化氢	2.64
氧	1.80	甲 醇	1.28
氨	1.76	乙 醇	1.00
二氧化碳	1.77	醋 酸	0.88

扩散组分 A 在气体 B 中的扩散系数($\text{m}^2 \cdot \text{s}^{-1}$)常采用下面的半经验公式估算:

$$D = \frac{4.36 \times 10^{-5} T^{3/2}}{p(v_A^{1/3} + v_B^{1/3})} \sqrt{\frac{1}{M_A} + \frac{1}{M_B}} \tag{3-2}$$

式中:T—温度,K;p—气体总压强,kPa;M_A,M_B—气体 A、B 的分子量;v_A,v_B—气体 A、B 在正常沸点下的液态摩尔体积,$\text{cm}^3 \cdot \text{mol}^{-1}$。

对于较复杂的分子,液态摩尔体积可看成是各组成元素的摩尔原子体积之和,摩尔原子体积一般可从有关手册中查得,表 3-3 列举了某些元素的摩尔原子体积和简单气体的液态摩尔体积。

如果已经知道在热力学温度 T_0 和压力 p_0 下的扩散系数 D_0,则可按下式计算出它在热力学温度 T 和压力 p 时的扩散系数 D 的数值:

$$D = D_0 \frac{p_0}{p} \left(\frac{T}{T_0} \right)^{3/2} \tag{3-3}$$

物质在液体中的扩散系数,可按下式进行计算(此式不适用于电解质溶液和浓溶液):

$$D_{液} = \frac{7.7 \times 10^{-15} T}{\mu(v^{1/3} - v_0^{1/3})} \tag{3-4}$$

式中:μ—液体的粘度,$\text{Pa} \cdot \text{s}$;v—在常沸点下的液态摩尔体积,$\text{cm}^3 \cdot \text{mol}^{-1}$;$v_0$—常数,用于水、甲醇、苯三者稀溶液时,分别为 8.0、1.49、22.88 $\text{cm}^3 \cdot \text{mol}^{-1}$。

表 3-3　某些元素的原子体积和简单气体的摩尔体积

某些元素	原子体积/(cm³/mol)	某些元素	原子体积/(cm³/mol)
Br	27.0	N(在仲胺中)	12
C	14.8	O(双键及醛类)	7.4
Cl	24.6	O(在甲酯中)	9.1
H	3.74	O(在醚中)	9.9
I	37.0	O(在高级酯类)	11.0
N	15.6	O(与 N、S、P 结合)	8.3
N(在伯胺中)	10.5	O(在酸类中)	12.8
简单气体	摩尔体积/(cm³/mol)	简单气体	摩尔体积/(cm³/mol)
H_2	14.3	NO	23.6
O_2	25.6	N_2O	36.4
N_2	31.2	NH_3	25.8
空气	29.9	H_2O	18.9
CO	30.7	H_2S	32.9
CO_2	34.0	Cl_2	48.4
SO_2	44.8	Br_2	53.2

2．对流扩散

对流扩散是依靠流体微团携带物质运动进行的扩散。层流流体流动方向上和湍流流体内部都存在对流扩散。流体中的组分向固体壁或相界面扩散及其相反过程统称为对流传质，它是分子扩散和对流扩散的综合效果。

（1）对流传质机理

如图 3-1 所示，流体流经界面时，在界面附近形成一个层流底层，与对流给热过程类似，若

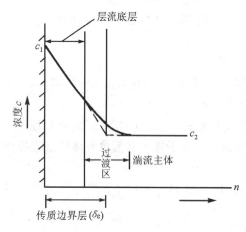

图 3-1　对流传质边界层

有物质从界面扩散出来，通过层流底层进行分子扩散，所以层流底层浓度梯度很大；然后物质经过过渡区到湍流主体，物质在湍流主体被湍流中的旋涡强烈混合均匀，可以认为浓度不存在梯度；在过渡区虽然已经存在对流扩散，但浓度变化缓慢。物质在湍流主体中旋涡作用下的对流扩散称为涡流扩散，有浓度梯度的区域称为传质边界层或称流体膜。对流体膜可以进行合理简化：假设全部扩散阻力集中在一层虚拟厚度的膜内，即膜两侧的浓度差就是界面上的浓度与液体主体浓度之差；而虚拟膜内只有分子扩散，也就是说流体主体与界面之间的对流传质等效于虚拟膜内的分子扩散，因此常把流体的对流传质称为膜传质。

根据上述机理和合理简化，由 Fick 定律积分可以得到定态对流传质速率方程：

$$N = \frac{D}{\delta_e} A(c_1 - c_2) \tag{3-5a}$$

令 $k = D/\delta_e$，有

$$N = kA(c_1 - c_2) \tag{3-5b}$$

式中：N—对流传质速率,mol·s^{-1}或 kmol·s^{-1}；δ_e—虚拟膜厚度或扩散距离,m；$c_1 - c_2$—主体与界面浓度差,mol·m^{-3}或 kmol·m^{-3}；k—称为膜传质系数或称传质分系数,m·s^{-1}。

【例 3-1】 从费克定律中扩散速率的意义可看出,上述式(3-5a)中的传质速率是以流体主体为参照的,但在实际应用中的传质速率应是以空间某一定界面(如设备、填料表面)为参照的。以此观点讨论下列过程的气膜传质速率。

① 苯-甲苯精馏时,已知冷凝 1 mol 甲苯刚好气化 1 mol 苯,因此,气相中两组分就以相反方向相等的速率进行传质；

② 用水吸收空气中的 CO_2 时,CO_2 在两相中都有净的传质速率,而气相中的空气并不向相界面转移,液相中水的气化一般也忽略不计。

解 以设备为参照,以 N_A、N_B 分别代表两组分的传质速率,则有

$$N_A = N_{分A} + \frac{c_A}{c_总}(N_A + N_B) \tag{3-6a}$$

$$N_B = N_{分B} + \frac{c_B}{c_总}(N_A + N_B) \tag{3-6b}$$

两式中第二项代表主体向界面"漂移" $N_A + N_B$ 时,A、B 组分分别漂移的份额,亦即传质速率 N_A、N_B 在原有基础上叠加了这些份额。

两式相加,有

$$N_{分A} = - N_{分B} \tag{3-7}$$

亦即 $N_{分A}$ 和 $N_{分B}$ 的大小都是 $N_分$。

① 这种情况称为等分子反向传质。若 A、B 表示苯和甲苯,则据已知,得

$$N_A = - N_B$$

代入式(3-6a)、(3-6b)中,得

$$- N_A = - N_{分A} = N_{分B} = N_B = N_分$$

即 N_A、N_B 在以后使用中可以只取其大小,均用 N 表示,且可以由式(3-5b)直接表示：

$$N = kA(c_1 - c_2)$$

应注意,k 与 c 应是对于同一组分的值,且 $c_1 - c_2$ 总取正值。

② 这种情况称为通过停滞组分的单向传质,空气为停滞组分,若以 A、B 表示 CO_2 和空气,则 $N_B = 0$。

代入式(3-6a)、(3-6b),得

$$N_A = N_{分A} + \frac{c_A}{c_总}N_A$$

$$0 = N_B = N_{分B} + \frac{c_B}{c_总}N_A$$

$$N_A = \frac{c_总}{c_总 - c_A}N_分 = \frac{c_总}{c_B}N_分 \tag{3-8}$$

从上式中看出,空气 B 并不是没有扩散,而且其浓度也存在梯度,只是因为流体主体的漂移,抵消了 $N_{分B}$ 部分,使传质速率 $N_B = 0$；而 N_A 却比 $N_{分A}$ 放大了 $c_总/c_B$ 倍。

将 Fick 定律代入式(3-8),并注意到膜内同温同压,$c_总 =$ 常数,在气相总体浓度 $c_{A,1}$ 与相界面浓度 $c_{A,2}$ 之间定积分,得

$$N_A = \frac{Dc_\text{总}}{\delta_e} A \ln \frac{c_\text{总} - c_{A,2}}{c_\text{总} - c_{A,1}}$$

$$= \frac{Dc_\text{总}}{\delta_e} A \frac{c_{A,1} - c_{A,2}}{\dfrac{(c_\text{总} - c_{A,1}) - (c_\text{总} - c_{A,2})}{\ln \dfrac{c_\text{总} - c_{A,1}}{c_\text{总} - c_{A,2}}}}$$

$$= \frac{Dc_\text{总}}{\delta_e} A \frac{c_{A,1} - c_{A,2}}{\dfrac{c_{B,1} - c_{B,2}}{\ln(c_{B,1}/c_{B,2})}}$$

令 $c_{B,m} = \dfrac{c_{B,1} - c_{B,2}}{\ln(c_{B,1}/c_{B,2})}$，并略去脚标 A，有

$$N = \frac{D}{\delta_e} \left(\frac{c_\text{总}}{c_{B,m}} \right) A(c_1 - c_2) \tag{3-9a}$$

气相中常用组分的分压差作为推动力，常压下可按 $c = p/RT$ 代入式(3-9a)，得

$$N = \frac{D}{\delta_e RT} \left(\frac{p_\text{总}}{p_{B,m}} \right) A(p_1 - p_2) \tag{3-9b}$$

令 $k_G = \dfrac{D}{\delta_e RT} \left(\dfrac{p_\text{总}}{p_{B,m}} \right)$，即 $k_G = \dfrac{k}{RT} \left(\dfrac{p_\text{总}}{p_{B,m}} \right)$，则

$$N = k_G A(p_1 - p_2) \tag{3-9c}$$

式中：$\left(\dfrac{p_\text{总}}{p_{B,m}} \right)$—漂流因子；$k_G$—气膜传质系数；$p_{B,m}$—停滞组分分压 $p_{B,1}$、$p_{B,2}$ 的对数平均值。

（2）对流传质系数的准数关联式

对流传质系数一般应通过试验获得。但是对于许多过程，人们经过大量实验，得出一些准数关联式，可以用于对流传质系数的估算。

由于传质与传热过程遵守类似的基本规律，对流传质与对流给热的机理也相类似，因此可以用类似的方法分析。定义舍伍德(Sherwood)(准)数为

$$Sh = \frac{kL}{D}$$

式中：Sh—舍伍德(准)数，它包含了传质系数；L—定性长度，是设备或界面的某特性尺度。

经过量纲分析，有如下关系：

$$Sh = A Re^m \cdot Sc^n \tag{3-10a}$$

$$Sc = \frac{\mu}{\rho D}$$

式中：Re—雷诺数；Sc—称为施密特(Schmidt)(准)数；A, m, n—由实验确定的常数。

式(3-10a)表明，对流传质系数与设备的特性尺寸、流动形态和流体的物性有关。

（3）柯尔本的 j 因子类似律

当气体流过管壁液膜时，传质系数的实验结果为：

$$Sh = 0.023 Re^{0.83} \cdot Sc^{0.33} \tag{3-10b}$$

式中：定性长度取管径 d，$Re > 2100$，$Sc = 0.6 \sim 3000$。

式(3-10b)表明对流传质过程、流体流动阻力和对流给热过程及其准数关联式具有一定的类似性。Colburn 在归纳了若干层流和湍流的实验结果后提出：

$$j_D = j_H = f \tag{3-11}$$

式(3-11)称为柯尔本类似律。其中：

$$j_D = \frac{Sh}{Re \cdot Sc^{1/3}}$$

$$j_H = \frac{Nu}{Re \cdot Pr^{1/3}}$$

$$f = \frac{\lambda_f}{8}$$

式中：j_D，j_H 分别称为传质、传热 j 因子；λ_f 为管内流动流体的摩擦系数。

由于传质过程受界面状况(固定界面如催化剂表面，自由界面如填料上高速流动的液膜和气泡表面等)的影响，各种类型的对流传质过程都有各自的准数关联式，应特别注意公式的使用条件。在缺少实验数据时，式(3-11)可用以估计传质系数，即使 f 难以估计时，j_D 与 j_H 近似相等的规律仍然成立。

（二）相间传质

流-固相间传质可以看做是单相传质-相变-单相传质的过程，而气-液相间传质比较复杂，人们在理论和实践的基础上提出了一些机理。

1. 气-液相传质机理

（1）双膜理论

这是1923年提出并一直盛行的一种传质机理模型。它主要有三个方面的论点：

① 物质经过扩散，到达气-液相界面上；达到气-液相界面的物质溶于溶剂；溶解的物质，从气-液相界面扩散到液相中。

② 假设不管是气相或是液相，是层流还是湍流，在气-液相界面附近总有层流膜层存在。按单相膜传质的机理。假设在气相和液相主体中浓度是均匀的，但是界面两边有效膜层内存在浓度差，传质阻力集中在此，此膜层的厚度与气相、液相的流动情况有关。

③ 假设气-液相界面上每一点的气相和液相是互相平衡的，如图3-2所示，p_i 和 c_i 成平衡关系。

图3-2即为双膜理论示意图。这个理论假设在界面两侧分别存在着有效膜，在那里，物质传递全部借助分子扩散来进行，浓度梯度在两个层中的分布是线性的，而在有效膜层以外浓度梯度消失，即假设折线 pGp_i 和 c_iFc 代表实际浓度变化 pBp_i 和 c_iEc。这一理论把复杂

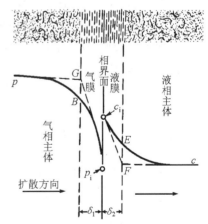

图 3-2　双膜理论示意图

的问题大为简化，因此这一基本概念直到现在仍然是传质设备设计的主要依据，对生产实际具有指导意义。但是对于具有自由界面的两相流体系统，尤其是在湍动相当厉害的情况下，双膜理论与实验结果之间将有很大的偏差。

继双膜理论之后又陆续提出了一些理论。界面动力状态理论认为，对于具有自由相界面的气-液系统，在界面上的湍流不会减弱，因而界面上没有稳定的流体膜存在；而且在湍流程度很高时在界面上产生旋涡，传质主要靠旋涡进行。此时传质系数主要决定于流体力学条件，而

与流体性质的关系极小。在填料塔内做实验得到物质的传递速率与界面动力状态 f 有很大关系, f 包含了两相流体的流速、密度及粘度的关系, 而旋涡的产生速率和强度等也都与两相流体的流速、密度及粘度有关。不足的是, 这个模型所提供的定量关系, 不是针对传质过程的基本行为, 而是针对填料塔中的传质, 而且使用的所谓界面动力状态因素, 在反映界面动力状态方面也是间接的。而溶质渗透-表面更新理论以及后来的大小涡旋模型在说明自由界面的非稳态扩散和流体力学的影响方面取得了很大发展。

(2) 溶质渗透-表面更新理论

溶质渗透理论是 1935 年由希格比(Higbie)提出的。该理论认为, 在气-液传质中, 不存在固定的停滞膜, 湍流中的涡旋从液相主体运动到界面, 暴露一段固定的时间 t, 直到被新的涡旋取代后回到液相内部与主体混合; 在暴露的短暂时间里, 溶质开始渐渐渗透(扩散)到液相中, 这种扩散是非稳态的; 如图 3-3 所示, 涡旋原来的浓度是液相主体的浓度 c_0, 但接触气相的一侧立即与气相平衡并保持这个浓度 c_i。显然"新鲜"的液膜起始传质速率高, 随着时间加长, 液膜浓度不断增高, 传质速率逐渐降低。所以每个涡旋停留的时间越短越好。按非稳态扩散推导可以求出液相传质系数为 $k = 2\sqrt{D/\pi t}$, 表明与扩散系数的平方根成正比。

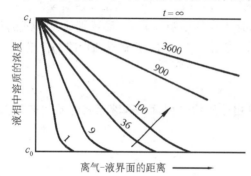

图 3-3　溶质在液相中的浓度分布

还可以推知, 增强湍动能缩短暴露时间, 有助于增加传质速率。1951 年 Danckwerts 对上述理论进行了修正, 提出了"表面更新"模型。按照这个模型, 湍流并不局限于流体主体中, 认为涡旋可以不断地把新鲜液体从内部带到界面, 在气相方面也同样发生这样过程。与溶质渗透模型不同, 表面更新理论认为液面上的每个基元对气体暴露了的时间是不等的, 但表面不论"年龄"大小, 基元被新鲜涡旋所置换的概率 S 都是一样的。经推导, 传质系数为 $k = \sqrt{DS}$。溶质渗透-表面更新理论没有给出一些重要参数如 t 和 S 的求算, 这些参数又难于测定, 因此实际应用受到了很大的限制。但对于认识相间传质过程, 寻求强化过程的途径具有重要意义。

1986 年, Luk 和 Lee[①]在前人一些研究结果的基础上提出: 对于大小涡旋, 单个涡旋的暴露时间 t 可以用涡旋尺度 l 和涡旋速度 u_e 两个参数表示, 即 $t = l/u_e$。根据湍流统计理论和湍流能谱分析的方法, 可以进一步推出

$$k = \frac{3}{\sqrt{\pi}}\left(\frac{\rho D}{\mu}\right)^{1/2}\left(\frac{\varepsilon\mu}{\rho}\right)^{1/4}$$

其中 ε 是单位时间、单位质量的流体耗散的能量, 称为能量耗散, 是流体动力过程已知的; 其他均为物性常数。尽管如此, 传质理论方面的研究在 20 世纪末仍进展缓慢, 这主要是由于精确测定湍流体系中的流场、温度场、浓度场动态分布的测量技术还不完善, 许多模型参数无法测定; 有关湍流理论, 特别是气-液两相流和气泡、液滴行为的研究还不很成熟。随着 20 世纪 90 年代多普勒激光测速、激光全息干涉浓度场测定技术的普遍运用, 相信传质理论的研究将会出现实质性进展。

---

① Luk S, Lee Y H. AIChE. J., Vol. 32, p.1546(1986)

2. 气-液相传质速率方程

根据双膜理论的物理模型,溶质依次通过气膜和液膜的传质通量为:

$$\frac{N}{A} = k_G(p - p_i) = k_L(c_i - c) \tag{3-12}$$

式中: p_i, c_i—分别为界面处气相分压和液相浓度; k_G, k_L—分别称为气膜、液膜传质系数。

上式可用通式表示:

$$传质通量 = 传质系数 \times 推动力 = \frac{推动力}{阻力}$$

为了方便使用,传质推动力可以用气-液相总推动力表示,则有:

$$\frac{N}{A} = K_G(p - p^*) = K_L(c^* - c) \tag{3-13}$$

式中: K_G, K_L 分别称为气相总传质系数和液相总传质系数; p^*—能与液相(主体)浓度 c 平衡的气相分压,即 p^* 与 c 平衡; c^*—能与气相(主体)分压 p 平衡的液相浓度,即 c^* 与 p 遵守平衡关系:

$$\frac{c}{p^*} = \frac{c^*}{p} = \frac{c_i}{p_i} = H \tag{3-14}$$

式中: H—溶质的溶解度常数。

利用式(3-14),将式(3-12)改写成:

$$\frac{N}{A} = k_G(p - p_i) = k_L(Hp_i - Hp^*) = k_L H(p_i - p^*)$$

显然,总推动力为气相推动力 $p - p_i$ 和液相推动力 $p_i - p^*$ 之和,气膜和液膜折合成以压力为推力的阻力分别为 $1/k_G$ 和 $1/Hk_L$。以串联电路类比溶质依次通过气膜和液膜的传质过程,则传质总阻力为:

$$\frac{1}{K_G} = \frac{1}{k_G} + \frac{1}{Hk_L} \tag{3-15}$$

同理,可得:

$$\frac{1}{K_L} = \frac{H}{k_G} + \frac{1}{k_L} \tag{3-16}$$

因此有:

$$K_G = HK_L \tag{3-17}$$

总传质速率方程式(3-13)可写成:

$$N = K_G A(p - p^*) = K_L A(c^* - c)$$

在实际应用中, N 的单位常用 $kmol \cdot h^{-1}$,若浓度单位用 $kmol \cdot m^{-3}$(相当于 $mol \cdot L^{-1}$),则 K_L 的单位是 $m \cdot h^{-1}$;若压力的单位用 kPa 时, K_G 的单位是 $kmol \cdot m^{-2} \cdot h^{-1} \cdot kPa^{-1}$。总传质系数也可由实验测定。

3.1.2 气-液相传质设备

传质设备的功能是增大传质接触面,强化湍流强度以提高传质系数,以最大的传质推动力改善传质效果。它不仅广泛应用于分离过程,还可用于非均相反应系统。气-液相传质设备一般称为塔设备,按气-液接触的方式分为连续接触式设备和分级接触式设备。前者包括填料塔、湍球塔等。填料塔是典型的代表,液相由塔顶沿填料流下形成液膜,气相则穿过填料间隙向上流动,气-液相组成的变化是连续的。多级接触式设备主要是板式塔(见图3-7),液相自上而下逐级流至各层塔盘,并形成液层,而气相则以鼓泡的方式穿过液层,气-液相组成均以梯级方式逐板变化。传质设备的共同要求是生产能力大、分离效率高、操作弹性大、流体阻力小,另外结构简单、造价低及运行的可靠性也是必须考虑的。

(一) 填充塔

1. 填料塔

填料塔的结构如图3-4所示,在圆筒形塔体内分层或全部装满填料,特制的填料给上面的

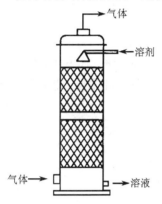

图 3-4 填料塔结构示意图

液膜提供了充足的相界面。填料塔的优点是结构简单、流体阻力小。适合于处理量较小的,特别是液相量相对较小的过程如吸收,以及减压精馏。但塔径大时塔内气-液不易分布均匀,一般填料层高每1.5~3 m 需加一个分层装置。填料塔的传质主要在填料表面上进行,所以对填料的选择是个关键问题。工业上常用的填料一般采用化学稳定性好的材料,如陶瓷、木材、钢、不锈钢等来制作。对填料的要求是:具有较大的比表面积(即单位体积堆积填料所具有的表面积,用 a 表示);对液体有很好的润湿性,以增加传质效率;填料的自由空间大(自由空间有时又称"空隙率",它是指单位体积堆积填料所具有的空隙,用 ε 表示),以使气体通过填料的阻

力小;密度小;机械强度高;价格便宜。但不是每种填料都能满足上述各项要求,实际选择时要根据具体情况而定。

目前使用的填料,除焦炭、石英等呈不规则形状外,还有人工制成一定形状的,如图3-5所示。其中使用较早的是环形填料,称为拉西环,它是外径与高相等的空心圆柱体。这种填料制作简单,成本低,但液体分布性能较差。对拉西环进行某些改进后又出现了另一些填料,其中之一叫做鲍尔环。它的环上带有窗口,内带挡筋,以增加相接触面积,且阻力较小,它的压降仅

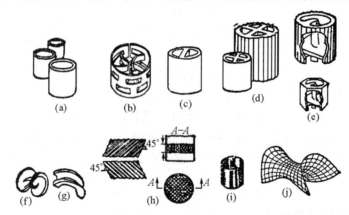

图 3-5 几种填料示意图

(a) 拉西环, (b) 鲍尔环, (c) θ环, (d) 十字环, (e) 单螺旋环, (f) 弧鞍形,
(g) 矩鞍形, (h) 波纹填料, (i) θ网环, (j) 鞍形网

为拉西环的一半。还有 θ 环、十字环和螺旋环,这些填料是在拉西环中增加了一层隔板或螺纹面,以增加相接触面积,但阻力相应增大,在制造上增加了麻烦,因此成本也较高。除上述几种外,经常使用的还有波纹型填料和鞍形填料。弧鞍形填料由于其两面结构对称,填充时易产生局部叠合或架空而影响效率,强度也较差。而矩鞍形的结构,则可使任意两鞍都不致相互叠合,因而就不会损失大部分面积,在塔内也不易形成大量的局部不均匀,强度也比弧鞍形的高,塔内阻力也较小。波纹网填料流体阻力小,比表面积很大,分离效率高,但价格贵,易堵塞,特别适用于精密精馏、真空精馏、热敏物系等场合。根据近年来的研究,推荐鲍尔环及矩鞍形填料为性能较好的通用型填料。以上这些填料大部分是陶瓷的,有时也用碳钢、塑料等材料制作。表 3-4 列出了几种填料的特性。

表 3-4 几种填料的特性(近似值)

填料种类	填料尺寸/mm³ (外径×高×壁厚)	比表面积/(m²/m³)	空隙率/(m³/m³)	堆积填料的密度/(kg/m³)
环形填料 (陶质,不规则堆积)	6×6×1	795	0.72	
	15×15×2	330	0.70	690
	25×25×3	200	0.74	530
	35×35×4	140	0.78	505
	50×50×5	90	0.785	530
环形填料 (钢质,不规则堆积)	8×8×0.3	620	0.7	950
	10×10×0.5	500	0.88	960
	15×15×0.5	350	0.92	660
	25×25×0.8	220	0.92	640
	50×50×1.8	110	0.95	430
陶质环形 (规则堆积)	50×50×5	110	0.735	650
	80×80×8	80	0.72	670
	100×100×10	60	0.72	670
金属拉西环填料 (乱堆)	6.4×6.4×0.3	789	0.73	2100
	8×8×0.3	630	0.91	750
	10×10×0.5	500	0.88	960
	15×15×0.5	350	0.92	660
	25×25×0.8	220	0.92	640
	35×35×1	150	0.93	570
	50×50×1	110	0.95	430
金属鲍尔环 (乱堆)	16×16×0.4	364	0.94	467
	25×25×0.6	209	0.94	480
	38×38×0.8	130	0.95	379
	50×50×0.9	103	0.95	355
矩鞍形填料 (瓷质)	公称尺寸(d)×厚(δ) mm²			
	13×1.8	630	0.78	548
	20×2.5	338	0.77	563
	25×3.3	250	0.775	548
	38×5	197	0.81	483
	50×7	120	0.79	532

2. 湍球塔

填料塔中装入的填料是不动的。湍球塔是一种新型填充塔。其结构如图 3-6 所示,在塔内栅板间放置一定数量的用聚乙烯或聚丙烯等材料制作的空心球。这种球形填料在上升气流的作用下悬浮,并做剧烈的翻腾、旋转及相互碰撞的运动,气体被分散,气-液分布均匀并使气-液两相密切接触,使接触表面经常不断地更新,从而加速传热和传质过程的进行。这是效率较高的一种设备。它的制造、安装、维修都较方便;可以用大小、密度不同的球来增大操作范围;在实际生产中操作也比较稳定;可适用于有沉淀或较脏的吸收体系(由于小球剧烈冲击,不易堵塞)。但它也存在一些缺点,如小球易裂(一般使用寿命 0.5～1 a),不耐高温,床层高度较大,所以目前湍球塔多用于吸收,尚未用于精馏。

(二)板式塔

板塔式是在塔内装有一层层的塔板(或称塔盘),如图 3-7,气体以鼓泡、喷射方式通过液相时,形成气泡、液滴、泡沫等乳浊状态,为传质提供了很大的相界面,且表面不断更新,因此具有很高的传质效率。气-液的传质、传热过程是在各个塔板上进行的。塔板型式很多,常用的有泡罩塔,筛板塔,浮阀塔和浮舌塔。

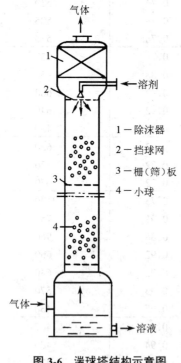

图 3-6 湍球塔结构示意图

1—除沫器
2—挡球网
3—栅(筛)板
4—小球

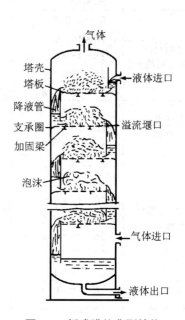

图 3-7 板式塔的典型结构

1. 筛板塔

筛板塔是最早出现的塔设备之一,但由于操作性能较差,长期未能获得推广应用,直到1950 年代,逐渐改进了设计方法和结构,才使它在工业上用作为一种传质设备。

筛板塔的结构如图 3-8 所示。这种塔的塔板钻有许多均匀分布的小孔,形似筛孔,所以称为筛板。液体的溢流及塔板上液面的调节借助于溢流管。液体经溢流装置逐级下降,与通过筛孔吹入液层的气体呈错流接触。每块塔板上的液层从下往上分为鼓泡层、泡沫层、雾沫层三个区域。随着气速的提高,泡沫层和雾沫层变厚,鼓泡层则变薄并趋于消失,随之雾滴被气流带到上层塔板的量也增大。这种雾滴被气流带到上一块板的现象,叫做雾沫夹带。当气速提高到一定值时,雾沫夹带十分严重,相当于液相将从下面塔板倒流到上面塔板,这就是通常所说的"液泛"。因此为了防止液泛,操作时气流速度不能过高。但是为防止液体泄漏(液体从筛孔大量落到下块塔板),气流速度也不能过小。此外,筛板必须精确地装得很平,否则气体多将在液面较浅之处通过,而不能与板上全部液体接触。

筛板塔的优点是构造简单,制作方便,成本低(造价约为泡罩塔的 60%)、压降小、处理量大(可比泡罩塔提高 10%~15%),以及清洗和修理也比较容易。其缺点是必须维持恒定的操作条件,要求一定的气速,所以操作范围较小,而且筛孔容易堵塞,因此筛板塔主要用于清洁物料的传质操作。

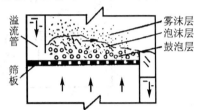

图 3-8 筛板塔结构示意图

2. 泡罩塔

在泡罩塔中气体是以鼓泡的方式通过塔板上的液层进行物质交换和热交换的。图 3-9 为泡罩塔的示意图。泡罩形式有很多,有钟罩形的,圆形的,长方形的,多角形的等等。泡罩塔是工业上大规模使用的塔型,塔板上气-液接触有充分的保证。但泡罩加工复杂,钢材耗用量大。另外,对于大直径的塔,塔板的液面高度不同,这种液面落差,会使塔板操作不均匀,即液层薄的地方气流多,液层厚的地方气流少,从而直接影响泡罩塔的分离效率。为了减少或消除液面落差,在泡罩塔的基础上发展了一些新型塔板,如 S 型塔板,又称单向泡罩式塔板,就是其中的一种。这种塔板的结构如图 3-9 所示,塔板上装有横的 S 型泡罩;它不是穿过泡罩间隙,而是横跨泡罩顶部;泡罩只有一面开口,设有锯齿,可使气流方向与液流方向相同,有利于液流向降液方向流动,从而减小液面落差,在大液流下塔板操作仍较稳定。而且生产能力比传统的泡罩塔高。

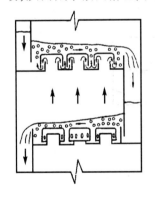
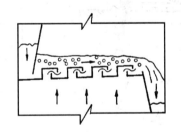
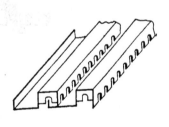

S 型塔板结构示意图

图 3-9 泡罩塔示意图

3. 浮阀塔

浮阀塔是 20 世纪 50 年代发展起来的一种气-液传质设备,它具有分离效率高、允许变动的操作范围广(为泡罩塔的近 2 倍,为筛板塔的 3 倍)、节约金属等优点,现已成为大规模普遍使用的传质设备。

浮阀塔的构造如图 3-10 所示,塔板上开有气体通道,通道上盖有一块可以浮动的阀片,阀片有多种形式。其中 F-1 型浮阀(如图 3-10)是使用较多的一种。它是一个盖在阀孔上的直径为 50 mm 的圆形阀片,周边有向下倾斜的边缘。阀片上有 3 个向下的突部,使得浮阀在闭合时能与塔板保持 2.5 mm 的缝隙,以防止由于锈蚀或腐蚀物与塔板粘结而不能开启。阀片上还有三只阀脚,以限制浮阀的开启度,并使阀片不脱离阀孔。浮阀塔在正常操作时,由下层塔板来的气体将浮阀顶开,气流就在液层中鼓泡而进行传质。这种塔板的操作特点是随着上升蒸气量的大小不同,浮阀上下移动,阀片的开启也不同,从而调节阀孔气流速率,使其保持不变,因此在较大的负荷变化范围内仍有良好的鼓泡状态,从而保持较高的传质效率。

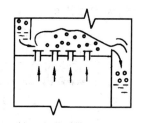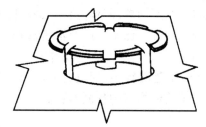

图 3-10　浮阀塔

浮阀塔除有上述优点外,还有生产能力大,塔板压力降小,能处理较脏、粘的物料等特点,而且构造较泡罩塔简单、效率比泡罩塔高。

4. 浮舌塔

浮舌塔是一种新型塔,如图 3-11 所示。它是在塔板上用浮动舌片代替浮阀。属于喷射型塔。正常操作时,气流主要以喷射方式斜穿液层,气-液相处于一种近乎乳化的泡沫状态,因此传质效率非常高。与浮阀塔板相比较,这种塔板的压强降较低,允许变动的操作范围较浮阀还高。

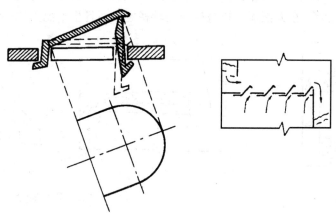

图 3-11　浮动舌形塔板结构示意图

以上塔型中,筛板塔、浮阀塔和泡罩塔是目前主要使用的塔型,因为它们的性能良好,设计方法成熟,但新建工厂多采用浮阀塔。表 3-5 列举了几种常用塔板的性能比较。

综上所述,板式塔生产能力大,分离效率高,操作弹性大,可以处理不清洁的物系。适用于大规模生产,是特别适于精馏操作的传质设备。当然与填料塔相比造价较高,流体阻力相对较大。

表 3-5　几种常用塔板的一般性能比较

塔板类型	塔板的相对生产能力(以气体负荷计算)	效率/(%) 当负荷为最大负荷的30%时	效率/(%) 负荷的可允许变化范围内	负荷弹力 最大负荷与最小负荷之比	流体阻力 mm 负荷为最大值的85%	可能的板间距 mm	结构	相对造价比较
泡罩塔板	1	80	60~80	5	80	400~800	复杂	1
S型塔板	1.1~1.2	80~90	65~90	8	80	400~800	——	1/2~2/3
浮阀塔板	1.2~1.3	80	70~90	9	50	300~600	简单	2/3
筛　板	1.2~1.4	80	70~90	3	40	400~800	最简单	1/2

(三) 喷射式传质装置

各种类型的塔设备,都是按照气-液逆流方式设计的,其优点是推动力大,作用比较完全,但气速不能过大,否则,阻力增加,而且会造成液泛。喷射吸收器(见图 3-12)则常采用气-液并流操作,流速不受限制,通常喉管处的流速可达 $40 \sim 130\ \mathrm{m\cdot s^{-1}}$。这样不仅可提高生产能力,而且高速气流也易将液滴打碎乳化,造成很大的接触面和强烈的湍动,从而大大提高传质效果。

但是应该指出,喷射吸收器因为采用并流操作,故传质的最终浓度受到限制。在这种情况下,虽然可以采用几个喷射吸收器,逐段逆流,但增加了设备和操作的复杂程度,此外,此种装置消耗能量甚大,也是其缺点。

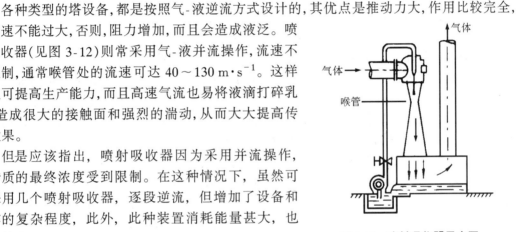

图 3-12　喷射吸收器示意图

3.2　液体的精馏

蒸馏是分离液体混合物的典型单元操作,在化工生产中得到广泛的应用,例如石油的蒸馏可得到汽油、煤油和柴油等,液态空气的蒸馏可得到纯态的液氧和液氮等。

蒸馏分离的依据是混合物中各组分的挥发性不同,当它们的气-液两相趋于平衡时,各组分在两相中的相对含量不同,其中易挥发组分在气相中的相对含量较液相中高,而难挥发组分在液相中的相对含量较气相中的高。利用混合物中各组分间挥发性差异这种性质,通过加入热量或取出热量的方法,使混合物形成气-液两相系统,并让它们相互接触进行热量、质量传递,致使易挥发组分在气相中增浓,从而实现混合物的分离,这种方法统称为蒸馏。

通常,将挥发度大的即沸点低的组分称为易挥发组分,挥发度小的即沸点高的组分称为难挥发组分。

蒸馏操作按操作流程可分为间歇蒸馏与连续蒸馏。间歇蒸馏一般多用于小批量生产或某些有特殊要求的场合。工业生产中多处理大批量物料,通常采用连续蒸馏。按蒸馏操作方式又可分简单蒸馏、平衡蒸馏、精馏和特殊精馏等。简单蒸馏和平衡蒸馏适用于易分离物系或对分离要求不高的场合;精馏适用于难分离物系或对分离要求较高的场合;特殊精馏用于普通精馏难以分离或无法分离的物系。在生产中,蒸馏操作可以在常压、加压或减压下进行。

在工业生产中,应用最广泛的蒸馏操作是常压下的连续精馏。所处理的物料大多数为多组分混合物,由于多组分混合物与双组分混合物的精馏原理基本相同,计算方法也无本质区别。本节主要讨论常压下双组分的连续精馏。

3.2.1 双组分溶液的气-液平衡

蒸馏过程是物质在气-液两相间,由一相转移到另一相的质量传递过程。气-液两相达到平衡状态是传质过程的极限。溶液的气-液平衡关系是蒸馏过程的热力学基础,是它的基本依据。因此应先讨论蒸馏过程所涉及的气-液平衡问题。本节主要讨论理想物系的气-液平衡关系。

(一) 相律和相组成

气-液相平衡关系,是指溶液与其上方的蒸气达到平衡时,系统的总压、温度及各组分在气-液两相中组成间的关系。

根据相律,平衡体系的自由度为

$$F = C - \Phi + 2 \tag{3-18}$$

对于双组分物系,独立组分数 $C = 2$,相数 $\Phi = 2$,故该平衡物系的自由度 $F = 2$。

可见,该体系虽有温度 t、压强 p、一组分(通常为易挥发组分)在气、液相中的组成 y 及 x (另一组分的组成不独立)四个变量,但其中只有两个独立变量。这样双组分的气-液平衡可以用一定温度时的压强-组成(p-x-y)或一定压强下的沸点-组成(t-x-y)函数关系或相图表示。由于蒸馏可视为恒压下操作,因此后者更常用。

(二) 理想溶液气-液相平衡关系的基本算式

实验表明,理想溶液的气-液平衡关系遵循拉乌尔(Raoult)定律。根据拉乌尔定律,当气-液呈平衡时,溶液上方组分的蒸气压与溶液中该组分的摩尔分数成正比,即:

$$p_A = p_A^* x_A \qquad p_B = p_B^* x_B \tag{3-19}$$

式中:p_A^*,p_B^*—分别表示纯组分 A 和 B 的饱和蒸气压;p_A,p_B—分别表示溶液上方组分 A 和 B 的平衡分压;x_A,x_B—分别表示平衡时溶液中组分 A 和 B 的摩尔分数。

根据道尔顿(Dalton)分压定律,蒸气相的总压应等于各组分的分压之和,则

$$p = p_A + p_B$$

$$y_A = \frac{p_A}{p} \qquad y_B = \frac{p_B}{p} \tag{3-20}$$

式中:p—气相总压;y_A,y_B—分别表示平衡时气相中组分 A 和 B 的摩尔分数。

所以

$$y_A = \frac{p_A^* x_A}{p_A + p_B} \qquad y_B = \frac{p_B^* x_B}{p_A + p_B} \tag{3-21}$$

由上述关系可以计算理想溶液的气-液相平衡数据。严格而言,理想溶液实际上是不存在的。仅对于那些由性质极相近、分子结构相似的组分所组成的溶液,例如苯-甲苯、甲醇-乙醇、烃类同系物等可视为理想溶液。它们的气-液相平衡数据都可以用拉乌尔定律和道尔顿定律来计算。对于非理想溶液,其气-液平衡关系可用修正的拉乌尔定律表示。因此上述关系式是讨论气-液相平衡关系的基础。

(三) 气-液平衡相图

相图表达的气-液平衡关系清晰直观,双组分溶液的气-液相平衡关系,可以用温度一定时的压力-组成图(即 p-x-y 图)表示,或是外压一定时的沸点-组成图(即 t-x-y 图)表示。在化工计算中,由于最常涉及的是一定外压下相平衡时气相和液相的组成,因此经常把 t-x-y 图中的 x

和 y 绘在一直角坐标系中而成气-液平衡相图,即 y-x 图。例如苯和甲苯的二组分溶液,它们的气-液相平衡关系常用如图 3-13 所示的相图表示。

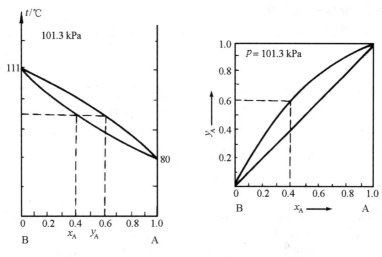

图 3-13 苯(A)-甲苯(B)气-液相平衡时的相图

(1) t-x-y 图。若用实验方法测定气-液相平衡关系(常在恒压下操作),则容易得到 t-x-y 相图。这种相图的优点是,在查找气-液相组成时,可同时得知溶液的沸点。这种相图的缺点是查找气-液相的平衡组成不太方便,要在两条曲线上分别查找。

(2) y-x 图。t-x-y 相图中任意一个沸点所对应的 x、y 值,在 y-x 图上成为一个点的坐标,所以查找气相和液相的平衡组成时,使用 y-x 图方便,直观。蒸馏过程计算中,多采用一定外压下的 y-x 图。图中的曲线代表液相组成和与之平衡的气相组成间的关系,称为平衡曲线。图中对角线为 $y = x$ 的直线,此线为蒸馏图解计算时的参考线。对大多数溶液,气、液相呈平衡时,y 总是大于 x,故平衡曲线位于对角线的上方。平衡曲线偏离对角线愈远,表示该溶液愈易分离。从 y-x 图还可以看出,理想溶液的 y-x 关系既然可以用一条曲线表示出来,也就可以用一个简单的函数关系表示出来,这就为化工计算带来很大方便,但在 y-x 相图上没有标出相平衡时溶液的沸点。

对于非理想溶液,若非理想程度不严重,则其 y-x 图的形状与理想溶液相仿;若非理想程度严重,则可能出现恒沸点和恒沸组成。非理想溶液分为与理想溶液发生正偏差的溶液和负偏差的溶液。例如,乙醇-水物系是具有正偏差的非理想溶液;硝酸-水物系是具有负偏差的非理想溶液。它们的 y-x 图分别如图 3-14 和图 3-15 所示。由图可见,平衡曲线与对角线分别交

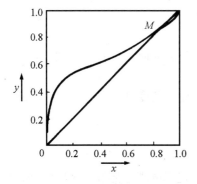

图 3-14 乙醇-水溶液的 y-x 图

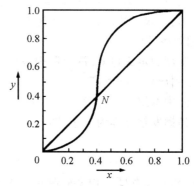

图 3-15 硝酸-水溶液的 y-x 图

于点 M 和点 N,交点处的组成称为恒沸组成,表示气、液两相组成相等。因此,普通的精馏方法不能用于分离恒沸溶液。

(四) 相对挥发度与气-液平衡关系

气-液相平衡关系除了前述表达方式外,还可借助于相对挥发度的概念,导出相平衡关系的数学表达式。

1. 挥发度

挥发度表示物质(组分)挥发的难易程度。纯液体的挥发度可以用一定温度下该液体的饱和蒸气压表示。在同一温度下,蒸气压愈大,表示挥发性愈大。对混合液,因组分间的相互影响,使其中各组分的蒸气压要比纯组分的蒸气压低,故混合液中组分的挥发度可用该组分在气相中的平衡分压与其在液相中的组成(摩尔分数)之比表示,即

$$v_A = \frac{p_A}{x_A} \qquad v_B = \frac{p_B}{x_B} \tag{3-22}$$

式中:v_A, v_B—组分 A、B 的挥发度,Pa;x_A, x_B—平衡时溶液中组分 A、B 的摩尔分数;p_A, p_B—溶液上方组分 A、B 的平衡分压,Pa。

根据热力学原理,气、液两相平衡时,各组分在两相中的化学势相等,即

$$(\mu_i)_T^g = (\mu_i)_T^l \tag{3-23}$$

假若 i 组分所在的液相是理想溶液,其平衡气相是理想气体,则

$$(\mu_i)_T^g = (\mu_i^\ominus)_T^g + RT\ln\frac{p_i}{p^\ominus}$$

$$(\mu_i)_T^l = (\mu_i^\ominus)_T^l + RT\ln x_i$$

式中:$(\mu_i^\ominus)_T^g$—组分 i 在气相中的标准化学势,kJ·kmol^{-1};$(\mu_i^\ominus)_T^l$—组分 i 在液相中的标准化学势,kJ·kmol^{-1};p_i—组分 i 在气相中的分压,Pa;x_i—组分 i 在液相中的摩尔分数;$p^\ominus$—标准大气压,Pa;R—8.314,kJ·kmol^{-1}·K^{-1};T—热力学温度,K。

由(3-23)式可知,

$$(\mu_i^\ominus)_T^g + RT\ln\frac{p_i}{p^\ominus} = (\mu_i^\ominus)_T^l + RT\ln x_i$$

$$\ln\frac{p_i}{p^\ominus x_i} = -\frac{(\mu_i^\ominus)_T^g - (\mu_i^\ominus)_T^l}{RT}$$

$$v_i = \frac{p_i}{x_i} = p^\ominus \exp\left[-\frac{(\mu_i^\ominus)_T^g - (\mu_i^\ominus)_T^l}{RT}\right] \tag{3-24}$$

由上式可以看出,挥发度 v_i 是 i 组分在气相的标准化学势与在液相的标准化学势差值的一个度量,它反映了 i 组分由液相挥发到气相的难易程度。

2. 相对挥发度

由挥发度的定义可知,混合液中各组分的挥发度是随温度而改变的,因此在蒸馏计算中并不方便,故引出相对挥发度。

混合液中两组分的挥发度之比称为该两组分的相对挥发度,以 α 表示。对两组分物系,习惯上将易挥发组分作为分子,即

$$\alpha = \frac{v_A}{v_B} = \frac{p_A/x_A}{p_B/x_B} \tag{3-25a}$$

通常,相对挥发度 α 由实验测定。对于遵守拉乌尔定律的理想溶液,α 也可表示为两个组

分的饱和蒸气压之比,即

$$\alpha = \frac{v_A}{v_B} = \frac{p_A/x_A}{p_B/x_B} = \frac{p_A^*}{p_B^*} \tag{3-25b}$$

对于双组分溶液,若与之平衡的气相可视为理想气体,则由式(3-20)和(3-25a)可知

$$\alpha = \frac{v_A}{v_B} = \frac{p_A/x_A}{p_B/x_B} = \frac{y_A/x_A}{y_B/x_B} \tag{3-25c}$$

又 $$x_B = 1 - x_A \qquad y_B = 1 - y_A$$

$$\alpha = \frac{y_A/x_A}{(1-y_A)/(1-x_A)}$$

经整理后,可写为

$$y_A = \frac{\alpha x_A}{1 + (\alpha - 1)x_A} \tag{3-26}$$

式(3-26)称为气-液平衡方程。若已知两组分的相对挥发度,则可利用平衡方程求得平衡时气、液相组成的关系。在 y-x 相图上该方程即为图中曲线的数学表达式,如图 3-13 所示。分析式(3-26)可知,α 的大小可用来判断物系是否能用蒸馏方法加以分离及分离的难易程度。若 $\alpha > 1$,表示组分 A 较 B 容易挥发,α 愈大,挥发度差别愈大,分离愈容易。若 $\alpha = 1$,则 $y = x$,即气-液组成相等,则不能用一般的蒸馏方法分离该混合液。

由式(3-26)也可以看出,溶液气-液相平衡数据的计算,实际上就是对组分间相对挥发度的计算和估算。

由 A、B 两个组分组成的理想溶液,在 A、B 纯组分的沸点范围内,两组分的相对挥发度一般变化不大。表 3-6 列出的是苯-甲苯二组分溶液在两个纯组分的沸点范围内苯(A)对甲苯(B)的相对挥发度的变化。由表中所列数据可以看出,当温度变化时,由于 p_A^* 和 p_B^* 均随温度沿相同方向变化,因而两者的比值 α 值随温度变化不大,所以对于像苯-甲苯这种接近理想溶液的物系,α 值一般可视为常数,或可取为操作温度范围内的平均值。

表 3-6　苯-甲苯的相对挥发度($p = 1.013 \times 10^5$ Pa)

$t/^{\circ}C$	p_A^*/MPa	p_B^*/MPa	相对挥发度 α
80.1	0.1013		
84.0	0.1136	0.0444	2.56
88.0	0.1276	0.0506	2.52
92.0	0.1437	0.0576	2.49
96.0	0.1605	0.0656	2.45
100.0	0.1792	0.0745	2.41
104.0	0.1993	0.0833	2.39
108.0	0.2211	0.0939	2.35
110.6		0.1013	

【例 3-2】　对二甲苯和间二甲苯所组成的溶液,可以认为是理想溶液。已知对二甲苯(A)和间二甲苯(B)在 101.3 kPa 下的沸点分别为 138.35℃、139.10℃,其饱和蒸气压与温度的关系为:

$$\lg p_A^* = 6.116 - \frac{1454}{t + 215.4}$$

$$\lg p_B^* = 6.132 - \frac{1460}{t + 214.9}$$

式中:p_A^*,p_B^*—饱和蒸气压,kPa;t—温度,℃。

试推算该二组分溶液在 1.013×10^5 Pa 时的气-液相平衡关系。

解 对二甲苯和间二甲苯沸点的平均值为:

$$t_b = \frac{138.35 + 139.10}{2} = 138.73\,°C$$

求出 $t = 138.73\,°C$时的 p_A^* 和 p_B^*:

$$\lg p_A^* = 6.116 - \frac{1454}{138.73 + 215.4}$$
$$p_A^* = 1.024 \times 10^5\ \text{Pa}$$
$$\lg p_B^* = 6.132 - \frac{1460}{138.73 + 214.9}$$
$$p_B^* = 1.008 \times 10^5\ \text{Pa}$$

求出 138.73 °C时组分间的相对挥发度:

$$\alpha = \frac{p_A^*}{p_B^*} = \frac{1.024 \times 10^5\ \text{Pa}}{1.008 \times 10^5\ \text{Pa}} = 1.016$$

对二甲苯和间二甲苯的气-液相平衡关系为:

$$y_A = \frac{1.016 x_A}{1 + (1.016 - 1) x_A}$$

由此可以看出,只要求出某理想二组分溶液的相对挥发度即可获得该溶液的气-液相平衡数据或关系。

(五) 理想二组分溶液相平衡数据的估算

由相对挥发度的定义可以看出,相对挥发度 α 数值的大小是与两个纯组分的饱和蒸气压有关的,因此,在溶液的气-液相平衡关系中,最原始、最基本的数据乃是纯组分的饱和蒸气压数据。理想溶液气-液相平衡数据的估算,归根结底,首先是纯组分的饱和蒸气压的估算问题。以下我们先介绍纯组分饱和蒸气压的估算,然后再介绍相对挥发度的估算,即理想二组分的溶液相平衡数据的估算。

1. 由正常沸点估算任意温度时纯组分的饱和蒸气压

根据特鲁顿(Trouton)规则可知,摩尔气化焓变 $\Delta H_V (\text{J} \cdot \text{mol}^{-1})$ 与标准大气压下液体的沸点(常称为正常沸点)有如下的关系:

$$\Delta H_V = 88 T_b$$

所以知道了纯组分的正常沸点,就可由特鲁顿规则估算出摩尔气化焓变 ΔH_V。此时,计算饱和蒸气压的克劳修斯-克拉贝龙(Clausius-Clapeyron)公式就成为:

$$\lg p_1^* - \lg p_2^* = -\frac{88 T_b}{2.303 R}\left(\frac{1}{T_1} - \frac{1}{T_2}\right)$$

$$\lg (1.013 \times 10^5) - \lg p_2^* = -\frac{88 T_b}{2.303 R}\left(\frac{1}{T_b} - \frac{1}{T_2}\right) \tag{3-27}$$

这样,只要知道纯组分的正常沸点,就可以估算该组分在任意温度时的饱和蒸气压。不难看出,式中省略了 88 的单位:$\text{J} \cdot \text{K}^{-1} \cdot \text{mol}^{-1}$。

【例 3-3】 已知丙烯的正常沸点是 $-47.7\,°C$,20 °C时丙烯的饱和蒸气压是多少?

解
$$T_1 = T_b = 273.2\,\text{K} - 47.7\,\text{K} = 225.5\,\text{K}$$
$$p_1^* = 1.013 \times 10^5\,\text{Pa}$$
$$T_2 = 273.2\,\text{K} + 20\,\text{K} = 293.2\,\text{K}$$

$$\lg\frac{1.013\times10^5\,\text{Pa}}{\text{Pa}}-\lg\frac{p_2^*}{\text{Pa}}=-\frac{88\,\text{J}\cdot\text{K}^{-1}\cdot\text{mol}^{-1}\times225.5\,\text{K}}{2.303\times8.314\,\text{J}\cdot\text{K}^{-1}\cdot\text{mol}^{-1}}\left(\frac{1}{225.5\,\text{K}}-\frac{1}{293.2\,\text{K}}\right)$$

$$p_2^*=1.168\times10^6\,\text{Pa}$$

严格地说,对不同的物质,特鲁顿规则中的常数并不都等于88。对烷、烯、卤代烷、硫化物,一般可取88;对其他化合物,则稍有出入。可以参阅一般的化工手册,也可以用上式近似估算。

2. 相对挥发度的估算

假若已知组分 A 的正常沸点是$(T_b)_A$,组分 B 的正常沸点是$(T_b)_B$,则根据式(3-27),对组分 A 和 B 有如下的关系式:

$$\lg\frac{1.013\times10^5\,\text{Pa}}{\text{Pa}}-\lg\frac{p_A^*}{\text{Pa}}=-\frac{88(T_b)_A}{2.303R}\left[\frac{1}{(T_b)_A}-\frac{1}{T}\right]=-\frac{88}{2.303R}\left[1-\frac{(T_b)_A}{T}\right]$$

$$\lg\frac{1.013\times10^5\,\text{Pa}}{\text{Pa}}-\lg\frac{p_B^*}{\text{Pa}}=-\frac{88(T_b)_B}{2.303R}\left[\frac{1}{(T_b)_B}-\frac{1}{T}\right]=-\frac{88}{2.303R}\left[1-\frac{(T_b)_B}{T}\right]$$

由以上两式,可以得出:

$$\lg\frac{p_A^*}{\text{Pa}}-\lg\frac{p_B^*}{\text{Pa}}=-\frac{88}{2.303R}\left[\frac{(T_b)_A}{T}-\frac{(T_b)_B}{T}\right]$$

$$\lg\frac{p_A^*}{p_B^*}=-\frac{88}{2.303R}\left[\frac{(T_b)_A-(T_b)_B}{T}\right]$$

又

$$\alpha=\frac{p_A^*}{p_B^*}$$

$$\lg\alpha=-\frac{88}{2.303R}\left[\frac{(T_b)_A-(T_b)_B}{T}\right]$$

对于理想溶液,由于可取两个组分正常沸点的平均值时的相对挥发度作为溶液全部浓度范围内的平均相对挥发度,T 可取

$$T=\frac{(T_b)_A+(T_b)_B}{2}$$

则上式变为

$$\lg\alpha=-\frac{88\times2}{2.303R}\left[\frac{(T_b)_A-(T_b)_B}{(T_b)_A+(T_b)_B}\right]=-9.178\left[\frac{(T_b)_A-(T_b)_B}{(T_b)_A+(T_b)_B}\right]\tag{3-28}$$

由式(3-28)可以看出,根据两个纯组分的正常沸点$(T_b)_A$ 和$(T_b)_B$ 就可估算出双组分理想溶液的平均相对挥发度 α。

【例 3-4】 已知对二甲苯(A)的正常沸点是138.35℃,间二甲苯(B)是 139.10℃,求该二组分所组成的溶液在 101.3 kPa 下的气-液相平衡关系。

解

对二甲苯　　　　　　$(T_b)_A=(273.15+138.35)\text{K}=411.50\,\text{K}$

间二甲苯　　　　　　$(T_b)_B=(273.15+139.10)\text{K}=412.25\,\text{K}$

代入式(3-28),则得

$$\lg\alpha=-9.178\left[\frac{411.50-412.25}{411.50+412.25}\right]$$

$$\alpha=1.02$$

所以该二组分溶液的相平衡关系为

$$y_A=\frac{1.02x_A}{1+(1.02-1)x_A}$$

(六) 非理想二组分溶液气-液相平衡数据的估算

上述理想溶液中各组分的挥发度不受其他组分存在的影响,其平衡气相的分压能用拉乌尔定律计算。但是,非理想溶液由于各组分间分子间作用力的不同,其组分在平衡气相中的分压并不符合拉乌尔定律,比如甲醇-水二组分溶液为非理想溶液,故其平衡气相的分压不能直接由拉乌尔定律计算。

为处理非理想溶液,路易斯引入了活度概念。对非理想溶液,拉乌尔定律修正为:

$$p_A = p_A^* \gamma_A x_A \tag{3-29a}$$

$$p_B = p_B^* \gamma_B x_B \tag{3-29b}$$

式中 γ_A、γ_B 称为组分 A、B 的活度系数。

可见,只要知道了组分 A、B 在溶液中的活度系数,就可按式(3-29a)、(3-29b)来计算非理想溶液的气-液相平衡数据。所以,非理想溶液相平衡数据的计算可以归结为组分在溶液中的活度系数的计算。

计算活度系数的公式很多,这里介绍一个马古利斯(Margules)公式:

$$\lg \gamma_A = x_B^2 [A + 2x_A(B - A)] \tag{3-30a}$$

$$\lg \gamma_B = x_A^2 [B + 2x_B(A - B)] \tag{3-30b}$$

式中 A、B 为常数,叫做"端值常数",其值随溶液的不同而不同。如果知道溶液某一个组成(x_A,x_B)时的活度系数 γ_A、γ_B,将 x_A、γ_A、x_B、γ_B 代入马古利斯公式就可以求出该溶液的端值常数。知道端值常数后,就可以由式(3-30a)、(3-30b)计算该溶液在任何液相组成时的活度系数。

根据相对挥发度的定义,非理想溶液的相对挥发度 α' 应为:

$$\alpha' = \frac{v_A}{v_B} = \frac{p_A/x_A}{p_B/x_B} = \frac{p_A^* \gamma_A x_A/x_A}{p_B^* \gamma_B x_B/x_B} = \frac{p_A^*}{p_B^*} \frac{\gamma_A}{\gamma_B} \tag{3-31}$$

因此,由纯组分的饱和蒸气压和活度系数可以按式(3-31)计算非理想溶液的相对挥发度,而后也就可以计算该溶液的气-液相平衡数据。

3.2.2 精馏原理和流程装置

(一) 精馏原理

精馏过程原理可用气-液平衡相图说明:如图 3-16 所示,若将组成为 x_f、温度低于泡点的

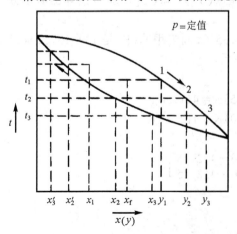

图 3-16 多次部分气化和部分冷凝

某混合液加热到泡点以上,使其部分气化,并将气相和液相分开,则所得气相组成为 y_1,液相组成为 x_1,且 $y_1 > x_f > x_1$,此时气-液相量可用杠杆规则确定。若将组成为 y_1 的气相混合物部分冷凝,则可得到组成为 y_2 的气相和组成为 x_2 的液相。又若,将组成为 y_2 的气相混合物部分冷凝,则可得到组成为 y_3 的气相和组成为 x_3 的液相,且 $y_3 > y_2 > y_1$。可见,气体混合物经多次部分冷凝后,在气相中可获得高纯度的易挥发组分。同时,若将组成为 x_1 的液相经加热器加热,使其部分气化,则可得到组成为 x_2' 的液相和组成为 y_2'(图中未标出)的气相;再将组成为 x_2' 的液相进行部分气化,可得

到组成为 x'_3 的液相和组成为 y'_3 的气相(图中未标出),且 $x'_3 < x'_2 < x'_1$。可见,液体混合物经过多次部分气化,在液相中可获得高纯度的难挥发组分。

以上多次部分气化与多次部分冷凝的原理图,实际上是行不通的。这是因为:(i)最终产品数量极少;(ii) 一系列的中间产品(多次部分气化产品 V_1, V_2,…,多次部分冷凝产品 L_1, L_2,…)无法处理;(iii) 需要一系列的中间再沸器或中间冷凝器及相应的加热剂和冷却剂,很不经济。

精馏是多次部分气化与多次部分冷凝的联合操作。既然液体混合物经过多次部分气化可得到高纯度难挥发组分,气体混合物经过多次部分冷凝可得到高纯度易挥发组分,人们可以设想,如果首先将原料变为气-液两相,然后再使气-液两相分别经多次部分冷凝和多次部分气化,则可同时得到高纯度的两组分。工业生产中的精馏过程正是这样实现的。

为了便于操作,节省用地面积和提高效率,上述精馏过程的多次部分气化和部分冷凝是在一个设备内进行的,这一设备通常称为精馏塔。精馏塔内装有一些塔板或填充一定高度的填料,塔板上的液层或填料湿表面都是气、液两相进行热量交换和质量交换的场所(即气相进行部分冷凝,液相进行部分气化)。图 3-17 所示的为精馏塔的一段,其中有若干块塔板(图示为筛孔塔板)将塔分成若干层。现分析任意第 n 块板上的操作情况。该塔板上开有许多小孔,由下一块塔板(即 $n+1$ 板)上升的蒸气通过 n 板上的小孔上升,而上一块板(即 $n-1$ 板)上的液体通过溢流管下降到第 n 块板上,在该板上横向流动而进入下一块板。在第 n 块板上气、液两相密切接触,进行热量和质量的交换。

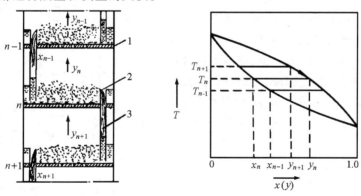

图 3-17　精馏塔板操作示意图
1—筛板塔, 2—溢流堰, 3—降液管

假设进入第 n 块板的气相组成和温度分别为 y_{n+1} 和 T_{n+1},液相组成和温度分别为 x_{n-1} 和 T_{n-1},且 $T_{n+1} > T_{n-1}$,x_{n-1} 大于与 y_{n+1} 呈平衡的液相组成 x_{n+1}。因此,当组成为 y_{n+1} 的气相与组成为 x_{n-1} 的液相在第 n 板上接触时,由于存在着温度差和浓度差的两相,气相必然发生部分冷凝,使其中部分难挥发组分进入液相中;同时液相发生部分气化,使其中部分易挥发组分进入气相中。总的结果是使离开第 n 板的气相中易挥发组分的组成较进入该板时增高,即 $y_n > y_{n+1}$;而离开该板的液相中易挥发组分的组成较进入该板时降低,即 $x_n < x_{n-1}$。气相温度降低,液相温度增高,而液相部分气化所需热量恰好由气相部分冷凝放出热量供给,因此不需要设置中间再沸器和冷凝器。若气-液两相在塔板上充分接触,则离开该板的气-液两相互呈平衡,即两相温度相等,气-液相组成呈平衡关系。

由此可见,气-液相通过一块塔板,同时发生一次部分气化和部分冷凝过程。当它们经过多块塔板后,即同时进行了多次部分气化和部分冷凝的过程,最后在塔顶气相中获得较纯的易挥发组分,在塔底液相中可获得较纯的难挥发组分,使混合液达到所要求的分离程度。

为实现上述分离操作,除了需要包括若干块塔板的塔身外,还必须从塔底引入上升的蒸气流和从塔顶引入下降的液流(回流)。上升气流和液体回流是造成气-液两相得以实现精馏定态操作的必要条件。因此,通常在精馏塔塔底装有再沸器(精馏釜),使到达塔底的液流仅一部分作为塔底产品,其余部分被气化,产生的气流沿塔板上升,并与下降的液流在塔板上接触进行热量和质量传递,使气相中易挥发组分含量逐板增高,直至塔顶达到分离要求。同时在塔顶装有冷凝器,上升气流经冷凝后,部分冷凝液作为塔顶产品,余下部分返回塔内,称为回流。回流液在下降过程中逐板与上升气流接触进行传热和传质,使液相中难挥发组分含量逐板提高,直至塔底达到分离要求。一般,原料液从塔中适当位置加入塔内,并与塔内气、液流混合。

(二) 精馏装置及流程

一个典型的连续精馏装置如图 3-18 所示。包括精馏塔,塔顶冷凝器,塔底再沸器,加料板等,有时还配有原料液加热器、回流液泵等附属设备。再沸器的作用是提供一定流量的上升蒸气流,精馏塔的作用是提供气-液接触进行传热传质的场所。

原料液经预热到指定温度后,加入精馏塔内某一块塔板上,该塔板称为加料板。加料板将塔分成两部分:上部进行着蒸气中易挥发组分的增浓,称为精馏段;下部(包括加料板)进行着液体中难挥发组分的提浓,称为提馏段。操作时,连续地从再沸器取出部分液体作为塔底产品(见釜残液),部分液体气化,产生上升蒸气,依次通过各层塔板。塔顶蒸气进入冷凝器中后被全部冷凝,并将部分冷凝液送回塔顶作为回流液,其余部分经冷却器后被送出作为塔顶产品(馏出液)。

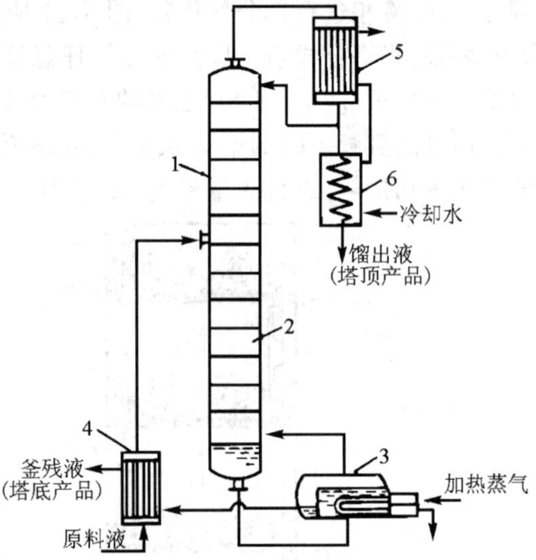

图 3-18 连续精馏装置及流程
1—精馏段, 2—提馏段, 3—蒸馏釜,
4—原料液预热器, 5—冷凝器,
6—冷却器

3.2.3 精馏过程的物料衡算与操作线方程

物料衡算是指在一个定态操作的塔内,进入塔内的物料量应等于离开该塔的物料量。对于某一组分也是如此,进入塔内的某组分量,应当和离开塔的该组分量相等,这就是精馏塔内某一组分的物料衡算。对于塔内任一区域也是如此,进入该区域的物料量应当等于离开该区域的物料量。

(一) 全塔物料衡算

通过对精馏塔的全塔物料衡算,可以求出精馏产品的流量、组成以及进料流量、组成之间的关系。

对图 3-19 所示的连续精馏装置作物料衡算,并以单位时间为基准,则

总物料
$$q_{n,\mathrm{F}} = q_{n,\mathrm{D}} + q_{n,\mathrm{W}} \tag{3-32}$$

易挥发组分
$$q_{n,\mathrm{F}} x_{\mathrm{f}} = q_{n,\mathrm{D}} x_{\mathrm{d}} + q_{n,\mathrm{W}} x_{\mathrm{w}} \tag{3-33}$$

式中：$q_{n,\text{F}}$—原料液流量，$\text{kmol} \cdot \text{h}^{-1}$；$q_{n,\text{D}}$—塔顶产品（馏出液）流量，$\text{kmol} \cdot \text{h}^{-1}$；$q_{n,\text{W}}$—塔底产品（釜残液）流量，$\text{kmol} \cdot \text{h}^{-1}$；$x_{\text{f}}$—原料液中易挥发组分的摩尔分数；$x_{\text{d}}$，$x_{\text{w}}$—馏出液及釜残液中易挥发组分的摩尔分数。

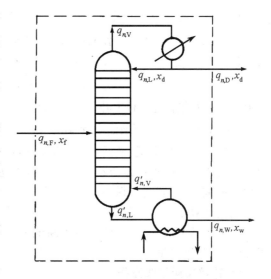

图 3-19 精馏塔物料衡算

通常 $q_{n,\text{F}}$ 和 x_{f} 为已知，只要再给定两个参数，由式(3-32)和式(3-33)联立，即可求出其他参数，比如给定易挥发组分在馏出液和釜残液中的组成 x_{d} 和 x_{w}，联立式(3-32)和式(3-33)就可计算塔顶和塔底产品的产量。

应指出，在精馏计算中，分离要求可以用不同形式表示，比如：

(1) 规定易挥发组分在馏出液和釜残液的组成 x_{d} 和 x_{w}。

(2) 规定馏出液组成 x_{d} 和馏出液中易挥发组分的回收率 η_{d}。后者为馏出液中易挥发组分的量与其在原料液中的量之比，即

$$\eta_{\text{d}} = q_{n,\text{D}} x_{\text{d}} / q_{n,\text{F}} x_{\text{f}} \tag{3-34}$$

(3) 规定馏出液组成 x_{d} 和塔顶采出率 $q_{n,\text{D}} / q_{n,\text{F}}$ 等。

显然，对全塔做质量衡算，也可得到类同的关系式，但式中各物料的流量及组成应分别以质量流量($\text{kg} \cdot \text{h}^{-1}$)和质量分数表示。

【例 3-5】 有一个精制苯酚的精馏塔，进料量是 $800\,\text{kg} \cdot \text{h}^{-1}$，进料是 0.9886(质量分数，下同)的粗苯酚。要求塔顶采出的苯酚含量为 0.9999，塔釜含苯酚不大于 0.8000，试求塔顶、塔釜的采出量。

解 已知 $q_{n,\text{F}} = 800\,\text{kg} \cdot \text{h}^{-1}$，$x_{\text{f}} = 0.9886$，$x_{\text{d}} = 0.9999$，$x_{\text{w}} = 0.8000$

根据总物料衡算，得

$$800\,\text{kg} \cdot \text{h}^{-1} = q_{n,\text{D}} + q_{n,\text{W}}$$

对苯酚的物料衡算，得

$$800\,\text{kg} \cdot \text{h}^{-1} \times 0.9886 = q_{n,\text{D}} \times 0.9999 + q_{n,\text{W}} \times 0.8000$$

$$q_{n,\text{D}} = \frac{800\,\text{kg} \cdot \text{h}^{-1} \times (0.9886 - 0.8000)}{0.9999 - 0.8000} = 755\,\text{kg} \cdot \text{h}^{-1}$$

$$q_{n,\text{W}} = 800\,\text{kg} \cdot \text{h}^{-1} - 755\,\text{kg} \cdot \text{h}^{-1} = 45\,\text{kg} \cdot \text{h}^{-1}$$

(二) 操作线方程

假若把精馏塔内某一横截面以上或以下作为物料衡算的区域，并对该区域内的组分进行物料衡算，就可得到经过该截面的上升蒸气和回流液浓度与各操作条件之间的关系，这种关系的数学表达式就是精馏塔的操作线方程。

1. 恒摩尔流假定

在推导精馏塔操作线方程以前，为了简化精馏计算，通常引入塔内恒摩尔流的假定。恒摩尔流是指在精馏塔内，无中间加料或出料的情况下，每层塔板的上升蒸气摩尔流相等(恒摩尔气流)，下降液体的摩尔流量相等(恒摩尔液流)，即

（1）精馏段　　　$q_{n,V,1} = q_{n,V,2} = q_{n,V,3} = \cdots = q_{n,V} = $ 常数

　　　　　　　　　$q_{n,L,1} = q_{n,L,2} = q_{n,L,3} = \cdots = q_{n,L} = $ 常数

（2）提馏段　　　$q'_{n,V,1} = q'_{n,V,2} = q'_{n,V,3} = \cdots = q'_{n,V} = $ 常数

　　　　　　　　　$q'_{n,L,1} = q'_{n,L,2} = q'_{n,L,3} = \cdots = q'_{n,L} = $ 常数

其中：$q_{n,V}$—精馏段任一板上升蒸气流量,$kmol \cdot h^{-1}$；$q'_{n,V}$—提馏段任一板上升蒸气流量,$kmol \cdot h^{-1}$；$q_{n,L}$—精馏段任一板下降液体流量,$kmol \cdot h^{-1}$；$q'_{n,L}$—提馏段任一板下降液体流量,$kmol \cdot h^{-1}$。

在精馏塔塔板上气-液两相接触时,假若有 $1\ kmol \cdot h^{-1}$ 蒸气冷凝,同时相应有 $1\ kmol \cdot h^{-1}$ 的液体气化,这样,恒摩尔流动的假设才能成立。一般对于物系中各组分化学性质类似,摩尔气化热相差不大,同时塔保温良好,热损失可忽略不计的情况下,可视为恒摩尔流动。以后介绍的精馏计算是以恒摩尔流为前提的。

在连续精馏塔中,由于原料液不断地进入塔内,因此精馏段与提馏段两者的操作关系是不相同的,应分别讨论。

2．精馏段操作线方程

精馏段的示意图见图 3-20,把精馏段内任一横截面(例如第 n 块与第 $n+1$ 块塔板间)以

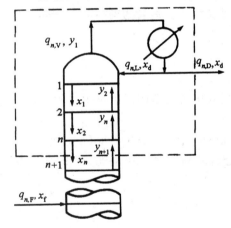

图 3-20　精馏段示意图

上所有的塔板及塔顶冷凝器作为物料衡算的区域,即图 3-20 中所示虚线范围,精馏段的操作线方程可通过精馏段的物料衡算求得,以单位时间为基准,即

　　总物料　　　$q_{n,V} = q_{n,L} + q_{n,D}$

　　易挥发组分　　　$q_{n,V}\,y_{n+1} = q_{n,L}x_n + q_{n,D}x_d$

式中：x_n—精馏段中第 n 块板下降液体的组成,摩尔分数；y_{n+1}—精馏段中第 $n+1$ 块板上升蒸气的组成,摩尔分数。

由以上两式,得

$$y_{n+1} = \frac{q_{n,L}}{q_{n,L}+q_{n,D}}x_n + \frac{q_{n,D}}{q_{n,L}+q_{n,D}}x_d$$

再令 $q_{n,L}/q_{n,D} = R$,可得：

$$y_{n+1} = \frac{R}{R+1}x_n + \frac{1}{R+1}x_d \tag{3-35}$$

式中 R 称为回流比,它是精馏操作的重要参数之一,其值一般由设计者选定。R 值的确定和影响将在后面讨论。

式(3-35)称为精馏段操作线方程。该方程的物理意义是表达在一定的操作条件下,精馏段内自任意第 n 块板下降液相组成 x_n 与其相邻的下一块(即 $n+1$)塔板上升蒸气组成 y_{n+1} 之间的关系。由式(3-35)可看出通过精馏段任意横截面的上升蒸气与回流液组成之间呈直线关系,决定该直线方程的是精馏塔的操作条件 R, x_d。

3．提馏段操作线方程

提馏段的示意图见图 3-21,把提馏段内任一横截面(例如第 m 块塔板与第 $m+1$ 块塔板间)到塔釜作为物料衡算的区域,即图 3-21 中所示虚线范围,则提馏段的操作线方程可通过提馏段的物料衡算求得,以单位时间为基准,即

　　总物料　　　　　　　$q'_{n,V} = q'_{n,L} - q_{n,W}$

　　易挥发组分　　　　　$q'_{n,V}\,y_{m+1} = q'_{n,L}x_m - q_{n,W}x_W$

式中：x_m—提馏段中第 m 块板下降液体的组成，摩尔分数；y_{m+1}—提馏段中第 $m+1$ 块板上升蒸气的组成，摩尔分数。

由以上两式，得

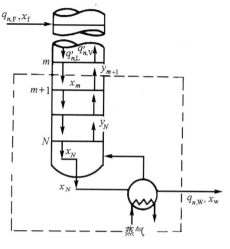

$$y_{m+1} = \frac{q'_{n,L}}{q'_{n,L} - q_{n,W}} x_m - \frac{q_{n,W}}{q'_{n,L} - q_{n,W}} x_w \quad (3\text{-}36)$$

式(3-36)称为提馏段操作线方程。该方程的物理意义是表达在一定的操作条件下，提馏段内自任意第 m 块板下降液相组成 x_m 与其相邻的下一块（即 $m+1$）塔板上升蒸气组成 y_{m+1} 之间的关系。由式(3-36)可看出，通过提馏段任意横截面的上升蒸气与回流液组成之间也呈直线关系，决定该直线方程的是精馏塔的操作条件 $q'_{n,L}$、$q_{n,W}$ 及 x_w。

图 3-21 提馏段示意图

应注意，提馏段内的回流液量 $q'_{n,L}$ 不一定等于精馏段内的回流液量 $q_{n,L}$；同样，提馏段内的上升蒸气量 $q'_{n,V}$ 也不一定等于精馏段内的上升蒸气量 $q_{n,V}$，它们之间的关系因进料量及进料热状态的变化而不同。

4. 加料处的操作线方程

在精馏塔中，由于连续不断地进料，而且料液预热的情况又各不相同，故需要单独讨论。

（1）料液的预热情况

为了充分利用热量，降低能量消耗，料液在进入精馏塔以前，一般都要经过预热，最常用的方法是用从塔顶出来的物料蒸气预热，以减少塔釜的加热负荷和塔顶冷凝器的冷却水用量。在生产中，加入精馏塔中的原料可能有以下五种热状态：

① 冷液进料：料液温度低于泡点的冷液体；

② 饱和液体进料：料液温度为泡点的饱和液体，又称泡点进料；

③ 气-液混合物进料：原料温度介于泡点和露点之间的气-液混合物；

④ 饱和蒸气进料：原料温度为露点的饱和蒸气，又称露点进料；

⑤ 过热蒸气进料：原料温度高于露点的过热蒸气。

为了定量地描述料液的上述五种预热情况，我们引入进料热状态参数 q 来表征：

$$q = \frac{\text{气化 1 mol 料液所需热量}}{\text{料液摩尔气化焓变 } \Delta H_V} \quad (3\text{-}37a)$$

因为气化 1 mol 料液所需热量与料液的预热情况有关，而 ΔH_V 为一热化学数据，所以可用 q 来描述料液的预热情况。q 与料液预热情况的关系见表 3.7。

表 3-7　料液的预热情况与 q 的关系

料液预热情况	气化 1 mol 料液所需热量	q
冷液体	$> \Delta H_V$	>1
饱和液体	$= \Delta H_V$	$=1$
气-液混合物	$< \Delta H_V$	$0 < q < 1$
饱和蒸气	$=0$	$=0$
过热蒸气	<0	<0

（2）加入料液情况对上升蒸气量和回流液量的影响

各种加料情况对精馏操作的影响如图 3-22 所示。

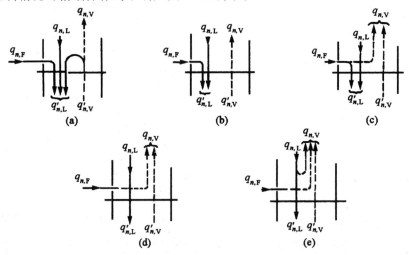

图 3-22　各种加料情况对精馏操作的影响

(a) 冷液体进料，(b) 饱和液体进料，(c) 气-液混合物进料，

(d) 饱和蒸气进料，(e) 过热蒸气进料

① 冷液进料。提馏段内下降液体流量包括三部分：精馏段内下降液体的流量 $q_{n,L}$；原料液流量 $q_{n,F}$；由于将原料液加热到进料板上液体的泡点温度，必然会有一部分自提馏段上升的蒸气被冷凝，即这部分冷凝液量也成为 $q'_{n,L}$ 的一部分，则精馏段内上升蒸气流量 $q_{n,V}$ 比提馏段内上升蒸气流量 $q'_{n,V}$ 要小，其差值即为冷凝的蒸气量。由此可见

$$q'_{n,L} > q_{n,L} + q_{n,F} \qquad q'_{n,V} > q_{n,V}$$

② 饱和液体进料。由于原料液的温度与进料板上液体的温度相等，因此原料液全部进入提馏段，而两段的上升蒸气流量相等，即

$$q'_{n,L} = q_{n,L} + q_{n,F} \qquad q'_{n,V} = q_{n,V}$$

③ 气-液混合物进料。进料中液相部分成为 $q'_{n,L}$ 的一部分，而其中蒸气部分成为 $q_{n,V}$ 的一部分，即

$$q_{n,L} < q'_{n,L} < q_{n,L} + q_{n,F} \qquad q'_{n,V} < q_{n,V}$$

④ 饱和蒸气进料。进料成为 $q_{n,V}$ 的一部分，而两段的液体流量则相等，即

$$q_{n,L} = q'_{n,L} \qquad q_{n,V} = q'_{n,V} + q_{n,F}$$

⑤ 过热蒸气进料。精馏段上升蒸气流量包括三部分：提馏段上升蒸气流量 $q'_{n,V}$；原料液流量 $q_{n,F}$；由于原料温度降至进料板上温度必然会放出一部分热量，使来自精馏段的下降液体被气化，气化的蒸气量也成为 $q_{n,V}$ 的一部分，而提馏段下降的液体流量 $q'_{n,L}$ 也就比精馏段下降的液体流量 $q_{n,L}$ 要小，差值即为被气化的部分液体量。由此可知

$$q'_{n,L} < q_{n,L} \qquad q_{n,V} > q'_{n,V} + q_{n,F}$$

可见料液预热情况不同，精馏操作过程中精馏段与提馏段内气-液流量有很大的不同。

（3）加料板处的物料衡算、热量衡算及加料处的操作线方程

在加料板上下分别对其作物料衡算和热量衡算，如图 3-23 所示虚线范围，以单位时间为

基准,则有:

物料衡算 $\qquad q_{n,\mathrm{F}} + q'_{n,\mathrm{V}} + q_{n,\mathrm{L}} = q_{n,\mathrm{V}} + q'_{n,\mathrm{L}}$

热量衡算 $\qquad q_{n,\mathrm{F}}H_{\mathrm{F}} + q'_{n,\mathrm{V}}H'_{\mathrm{V}} + q_{n,\mathrm{L}}H_{\mathrm{L}} = q_{n,\mathrm{V}}H_{\mathrm{V}} + q'_{n,\mathrm{L}}H'_{\mathrm{L}}$

式中：H_{F}—原料液的摩尔焓,kJ·kmol^{-1}；H_{V}、H'_{V}—进料板上、下饱和蒸气的摩尔焓,kJ·kmol^{-1}；H_{L}、H'_{L}—进料板上、下饱和液体的摩尔焓,kJ·kmol^{-1}。

由于与进料板相邻的上、下板温差及气-液组成相差很小,故 $H_{\mathrm{V}} = H'_{\mathrm{V}}$, $H_{\mathrm{L}} = H'_{\mathrm{L}}$,联解以上方程,得

$$\frac{q'_{n,\mathrm{L}} - q_{n,\mathrm{L}}}{q_{n,\mathrm{F}}} = \frac{H_{\mathrm{V}} - H_{\mathrm{F}}}{H_{\mathrm{V}} - H_{\mathrm{L}}}$$

又根据进料热状态参数 q 的定义,知

$$q = \frac{H_{\mathrm{V}} - H_{\mathrm{F}}}{H_{\mathrm{V}} - H_{\mathrm{L}}} \qquad (3\text{-}37\mathrm{b})$$

$$q = \frac{q'_{n,\mathrm{L}} - q_{n,\mathrm{L}}}{q_{n,\mathrm{F}}}$$

$$q'_{n,\mathrm{L}} = q_{n,\mathrm{L}} + qq_{n,\mathrm{F}} \qquad (3\text{-}38\mathrm{a})$$

将(3-38a)代入上述物料衡算方程,得

$$q_{n,\mathrm{V}} = q'_{n,\mathrm{V}} + (1-q)q_{n,\mathrm{F}} \qquad (3\text{-}38\mathrm{b})$$

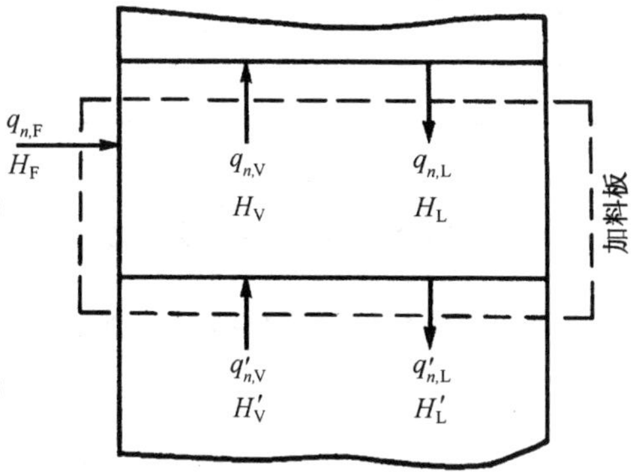

式(3-38a)和(3-38b)表示在精馏塔内精馏段和提馏段的气-液相流量与进料量及进料热状态参数之间的基本关系。

图 3-23 加料板处的物料衡算和热量衡算

在图 3-23 所示范围内对易挥发组分作物料衡算,由于通过该区域的气-液组成的改变也无限小,即 $y = y'$, $x = x'$,则有

$$q_{n,\mathrm{F}}x_{\mathrm{f}} + q'_{n,\mathrm{V}}y + q_{n,\mathrm{L}}x = q_{n,\mathrm{V}}y + q'_{n,\mathrm{L}}x$$

将式(3-38a)和(3-38b)代入上式,得

$$y = \frac{q}{q-1}x - \frac{1}{q-1}x_{\mathrm{f}} \qquad (3\text{-}39)$$

可见在加料处,塔内衡算截面的上升蒸气组成和回流液组成之间的关系也呈直线关系,因为该直线只决定于 q、x_{f},所以式(3-39)称为加料处的操作线方程或 q 线方程。

加料处的塔内横截面既是精馏段的开始,也是提馏段的终止,所以通过加料处物料衡算截面的上升蒸气和回流液的组成应分别符合精馏段、提馏段及加料处的操作线方程。

(三) 操作线方程在 y-x 相图上的表示

由前面分析已经得知,精馏段、提馏段及加料处的操作线方程均为直线方程。精馏段操作线是斜率为 $R/(R+1)$,截距为 $x_{\mathrm{d}}/(R+1)$ 的直线；提馏段操作线是一条直线,其斜率为 $q'_{n,\mathrm{L}}/(q'_{n,\mathrm{L}} - q_{n,\mathrm{w}})$,截距为 $-q_{n,\mathrm{w}}x_{\mathrm{w}}/(q'_{n,\mathrm{L}} - q_{n,\mathrm{w}})$；加料处的 q 线是斜率为 $q/(q-1)$、截距为 $-x_{\mathrm{f}}/(q-1)$ 的直线。下面介绍一种操作线的简便作法。

1. 精馏段操作线

由 $x_n = x_{\mathrm{d}}$ 时,代入式(3-35),得 $y_{n+1} = x_{\mathrm{d}}$。可见,精馏段操作线为通过点 $a(x_{\mathrm{d}}, x_{\mathrm{d}})$、在 y 轴上截距为 $x_{\mathrm{d}}/(R+1)$ 的直线,如图 3-24 所示。

2. q 线

将 $x = x_{\mathrm{f}}$ 代入式(3-39),可得 $y = x_{\mathrm{f}}$。可见,q 线为通过对角线上点 $e(x_{\mathrm{f}}, x_{\mathrm{f}})$、斜率为

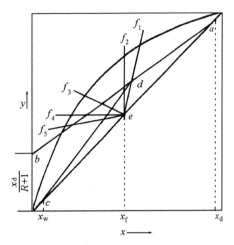

图 3-24 操作线方程在 y-x 相图上的表示

$q/(q-1)$ 的直线。由于料液的预热情况不同, q 线的斜率 $q/(q-1)$ 也不相同, 这样料液在不同的预热情况下相应有不同的 q 线, 见表 3.8 及图 3-24。

3. 提馏段操作线

由式(3-36)知, 当 $x_m = x_w$ 时, $y_{m+1} = x_w$, 所以提馏段操作线为过点 c (x_w, x_w), 斜率为 $q'_{n,L}/(q'_{n,L}-q_{n,w})$、截距为 $-q_{n,w}x_w/(q'_{n,L}-q_{n,w})$ 的直线。由于提馏段操作线的截距数值很小, 且这种作图方法不能直接反映出进料热状态的影响。因此通常是先找出提馏段操作线与精馏段操作线的交点 d, 再连接 cd 即可得到提馏段操作线。因为在加料处的 x、y 既要符合 q 线方程, 又要符合精馏段和提馏段的操作线方程, 所以这三条直线交于一点。

这样可先画出精馏段操作线及 q 线, 它们的交点即为 d 点, 连接 cd 就是提馏段操作线, 如图 3-24 所示。

表 3-8   料液的预热情况对 q 线的影响

料液预热情况	q	$q/(q-1)$	q 线在 y-x 图上的位置
冷液体	>1	+	$ef_1(\nearrow)$
饱和液体	=1	∞	$ef_2(\uparrow)$
气-液混合物	$0<q<1$	−	$ef_3(\nwarrow)$
饱和蒸气	=0	0	$ef_4(\leftarrow)$
过热蒸气	<0	+	$ef_5(\swarrow)$

【例 3-6】   在连续精馏塔中分离两组分理想溶液, 原料液流量为 $100\,kmol \cdot h^{-1}$, 组成为 0.3(易挥发组分摩尔分数), 其精馏段和提馏段操作线方程分别为

$$y = 0.714x + 0.257 \qquad\qquad (a)$$

$$y = 1.686x - 0.0343 \qquad\qquad (b)$$

试求: (1) 塔顶馏出液流量和精馏段下降液量, $kmol \cdot h^{-1}$;

(2) 进料热状态参数 q, 说明进料热状况。

解   先通过两操作线方程求得 x_d、x_w 和 R, 再由全塔物料衡算和回流比定义求得 $q_{n,D}$ 和 $q_{n,L}$。由两操作线方程和 q 线方程联立求得进料热状态参数。

(1) 塔顶馏出液流量和精馏段下降液量

回流比 R 可由精馏段操作线斜率求得, 则

$$\frac{R}{R+1} = 0.714$$

解得 $R = 2.5$

x_d 由精馏段操作线方程和对角线方程联解求得, 则

$$x_d = \frac{0.257}{1 - 0.714} = 0.90$$

x_w 由提馏段操作线方程和对角线方程联解求得, 则

$$x_w = \frac{0.0343}{1.686 - 1} = 0.05$$

馏出液流量由全塔物料衡算求得,则

$$q_{n,D} + q_{n,w} = 100\,\text{kmol}\cdot\text{h}^{-1}$$

$$0.90q_{n,D} + 0.05q_{n,w} = 100\,\text{kmol}\cdot\text{h}^{-1} \times 0.3$$

解得

$$q_{n,D} = 29.4\,\text{kmol}\cdot\text{h}^{-1}$$

$$q_{n,w} = 71.6\,\text{kmol}\cdot\text{h}^{-1}$$

精馏段下降液量为

$$q_{n,L} = Rq_{n,D} = 2.5 \times 29.4\,\text{kmol}\cdot\text{h}^{-1} = 73.5\,\text{kmol}\cdot\text{h}^{-1}$$

(2) 进料热状态

q 线方程为

$$y = \frac{q}{q-1}x - \frac{x_f}{q-1} \quad (\text{其中}\ x_f = 0.3)$$

联解(a)和(b)式,得两操作线交点坐标

$$x = 0.3, \quad y = 0.471$$

该点也在 q 线上,代入 q 线方程,即可求出 q

$$q = 1$$

所以为泡点进料。

(四) 回流比对操作线的影响及选择

在一定的进料状态下,x_f、x_d、x_w 又由生产任务所决定,此时操作线的位置主要受回流比的影响。

1. 回流比与传质过程推动力的关系

如前所述,在精馏塔内任一塔板上相遇的气-液两相不成平衡,当它们在塔板上相互接触时发生了质量传递,即易挥发组分以扩散方式进入蒸气流,同时难挥发组分以相反的方向进入液体流,离开塔板时气-液两相达到平衡。精馏操作中传质过程的推动力为经过塔内任一截面上相遇的实际气-液两相偏离相平衡的程度。以气相为例,传质推动力为与经过塔内任一截面回流液成平衡的气相浓度 (y^*) 和经过同一截面上升蒸气浓度 (y) 的差值 ($y^* - y$)。这个差值用相平衡曲线和操作线表示简单明了,如图 3-25 所示。进入任一截面 a 处的上升蒸气中轻组分浓度 y 和离开该截面的回流液中轻组分浓度 x 就是操作线上 a 点的坐标;与 x 成相平衡的气相浓度 y^* 就是同一个 x 在平衡线上 b 点的纵坐标;a、b 两点的纵坐标之差,就是用气相浓度表示的传质推动力 $y^* - y$。

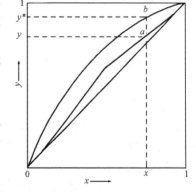

图 3-25 传质推动力在 y-x 图上的表示

现在从传质的角度来分析一下回流比的作用。加大回流比,就是把轻组分含量较高的冷凝液更多地回流到塔板上,增加了塔板上液相中轻组分浓度,从而提高了与液相成相平衡的气相中轻组分浓度 y^*,也就是增加了进行传质过程的推动力 $y^* - y$ (或 $x - x^*$),使塔板上气、液相浓度可以变化的更快。这一点,在 y-x 图上由操作线的变化可以

看得更清楚。

图 3-26 绘出了 R、R' 两个回流比时的精馏段操作线。由式(3-35)可知,增大回流比 R,将使操作线斜率增大,截距减小。从图 3-26 可看出,回流比从 R 提高到 R' 时操作线 ab 就变成 ab'。对于进入某一截面的上升蒸气浓度 y,原来最大限度提浓到 y^*,R 增大到 R' 以后,最大限度可以提浓到 $y^{*'}$;即 R 时的推动力是 $y^* - y$,R' 时的推动力是 $y^{*'} - y$。由图可以看出,$(y^{*'} - y) > (y^* - y)$。可见,增大回流比将使传质过程的推动力增加。

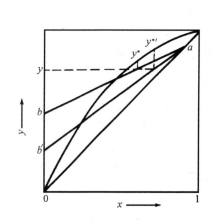

图 3-26　回流比对传质推动力的影响

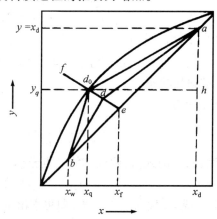

图 3-27　回流比与操作线的关系

2. 最大回流比

回流比有两个极限值,上限为全回流(即回流比为无穷大),下限为最小回流比,实际回流比为介于两极限值之间的某一适宜值。

将精馏塔塔顶上升蒸气冷凝液全部回流入塔,这种回流方式称为全回流。在全回流操作下,塔顶产品量 $q_{n,\mathrm{D}}$ 为零,通常进料量 $q_{n,\mathrm{F}}$ 和塔底产品量 $q_{n,\mathrm{w}}$ 也均为零,即既不向塔内进料,也不从塔内取出产品。此时生产能力为零,因此全回流对正常生产无实际意义。但在精馏操作的开工阶段或在实验研究中,多采用全回流操作,这样便于过程的稳定控制和精馏设备性能的评比。

在全回流时,回流比为:

$$R_{\max} = \frac{q_{n,\mathrm{L}}}{q_{n,\mathrm{D}}} = \infty \tag{3-40}$$

该回流比称为最大回流比。此时精馏段操作线斜率为 $R/R + 1 = 1$,截距 $x_\mathrm{d}/(R + 1) = 0$,操作线方程简化为

$$y_{n+1} = x_n \tag{3-41}$$

在 y-x 图上,精馏段与提馏段操作线均与对角线重合,全塔无精馏段和提馏段之区分,此时操作线距平衡线最远,表示塔内气-液两相间传质推动力最大。

3. 最小回流比

对于一定的分离任务,若减小回流比,精馏段的斜率变小,两操作线的交点沿 q 线向平衡线趋近,表示气-液两相间的传质推动力减小。当回流比减小到某一数值时,两操作线的交点 d 落在平衡曲线上,如图 3-27 中的 d_0 点,该点表示在加料板上完全无分离能力,这也是一种不可能达到的极限情况,相应回流比即为最小回流比,以 $R_{\min}$ 表示。

根据图 3-27,在最小回流比时,精馏段操作线的斜率为

$$\frac{R_{\min}}{R_{\min}+1}=\frac{ah}{d_0 h}=\frac{x_{\mathrm{d}}-y_q}{x_{\mathrm{d}}-x_q}$$

$$R_{\min}=\frac{x_{\mathrm{d}}-y_q}{y_q-x_q} \tag{3-42a}$$

式中$(x_{\mathrm{d}},x_{\mathrm{d}})$、$(x_q,y_q)$点是精馏段操作线分别与对角线和平衡线的交点,$(x_q,y_q)$点也是$q$线与平衡线的交点。

当采用饱和液体加料时,如图3-28所示:

$$x_q=x_{\mathrm{f}}$$

$$y_q=y_{\mathrm{f}}^{*}=\frac{\alpha x_{\mathrm{f}}}{1+(\alpha-1)x_{\mathrm{f}}}$$

$$R_{\min}=\frac{x_{\mathrm{d}}-y_{\mathrm{f}}^{*}}{y_{\mathrm{f}}^{*}-x_{\mathrm{f}}} \tag{3-42b}$$

最小回流比只是一种极限情况,实际操作的回流比大于最小回流比。

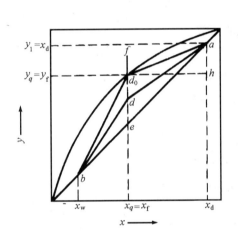

图3-28 饱和液体加料时回流比的求法

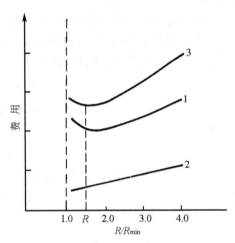

图3-29 适宜回流比的确定
1—设备费用,2—操作费用,3—总费用

4. 适宜回流比

由以上分析可以看出,全回流时回流比等于无穷大,传质推动力最大,但此时塔顶采出量为零,在生产上没有意义,一般在生产不正常时,为使操作稳定才用全回流;而当操作线与平衡线相交时,回流比最小,此时在加料板上完全无分离能力,传质推动力最小,因此实际回流比要大于最小回流比,否则就达不到给定的分离要求。在实际生产中适宜回流比应通过经济核算确定。操作费用和投资费用之和为最低时的回流比,称为适宜回流比。

精馏过程的操作费用,主要包括再沸器加热介质消耗量、冷凝器冷却介质消耗量及动力消耗等费用,而这些量取决于塔内上升蒸气量,即

$$q_{n,\mathrm{V}}=(R+1)q_{n,\mathrm{D}}$$

和

$$q'_{n,\mathrm{V}}=q_{n,\mathrm{V}}+(q-1)q_{n,\mathrm{F}}$$

可见,当$q_{n,\mathrm{F}}$、q和$q_{n,\mathrm{D}}$一定时,$q_{n,\mathrm{V}}$和$q'_{n,\mathrm{V}}$均随R而变。当回流比R增加时,加热及冷却介质用量随之增加,故精馏操作费用增加。操作费和回流比的大致关系如图3-29中的曲线

2所示。

精馏过程的设备主要包括精馏塔、再沸器和冷凝器。选定设备的类型和材料后,其费用主要取决于设备的大小。当回流比 R 减小时,推动力减小,则达到同样分离要求所需精馏塔增高,设备费用随之增大,当回流比 R 增大时,虽然精馏塔的塔高可降低,但同时因 R 的增大,即 $q_{n,v}$ 和 $q'_{n,v}$ 的增加,而使精馏塔的塔径,塔顶冷凝器及塔底再沸器均相应增大,所以设备费用随回流比 R 变化的曲线呈两头高,中间低的形式。设备费用与回流比 R 的关系如图 3-29 中的曲线 1 所示。总费用为设备费和操作费之和,它与回流比 R 的关系如图 3-29 中曲线 3 所示。曲线 3 最低点对应的回流比即为适宜回流比。

适宜回流比一般取为:

$$R = (1.1 \sim 2) R_{\min} \tag{3-43}$$

【例3-7】 一平均相对挥发度为2.5的理想溶液,其中易挥发组分的组成为 0.70(摩尔分数,下同),于泡点送入精馏塔中,要求馏出液中易挥发组分组成不少于 0.95,残液中易挥发组分组成不大于 0.025。试求:

(1) 每获得 2 mol 馏出液时的原料液用量;

(2) 若回流比 R 为 1.0,它相当于最小回流比的倍数。

解 (1) 在全塔范围内物料衡算

$$q_{n,F} = q_{n,D} + q_{n,W}$$

$$q_{n,F} x_f = q_{n,D} x_d + q_{n,W} x_w$$

代入数值,得

$$q_{n,F} = 2 + q_{n,W}$$

$$0.7 q_{n,F} = 0.95 \times 2 + 0.025 q_{n,W}$$

解得

$$q_{n,F} = 2.74 \, \text{mol}$$

(2) 根据气-液相平衡方程

$$y = \frac{2.5x}{1 + 1.5x}$$

当 $x_f = 0.7$ 时,与之平衡的气相组成为:

$$y_f^* = \frac{2.5 \times 0.7}{1 + 1.5 \times 0.7} = 0.854$$

故有

$$R_{\min} = \frac{x_d - y_f^*}{y_f^* - x_f} = \frac{0.95 - 0.854}{0.854 - 0.7} = 0.623$$

$$\frac{R}{R_{\min}} = \frac{1.0}{0.623} = 1.7$$

3.2.4 理论塔板和理论塔板数

(一) 理论塔板的概念

所谓理论板,是指在其上气-液两相都充分混合,且传热及传质过程阻力均为零的理想化塔板。因此不论进入理论板的气-液两相组成如何,离开该板时气-液两相达到平衡状态,即两相温度相等,组成互成平衡。

实际上,由于板上气-液两相接触面积和接触时间是有限的,因此在任何形式的塔板上,气

-液两相难以达到平衡状态,理论板是不存在的。理论板仅用做衡量实际板分离效率的依据和标准。

在精馏操作中,经过一个理论板达到平衡的气-液两相,再分别和上一板的液相及下一板的气相接触,会形成新的平衡。对于给定的分离要求,这种由不平衡到平衡的过程,往往要经过若干次,最终才能达到所要求的塔顶、塔底组成。这种由不平衡到平衡的次数,就是为达到该分离要求所需的理论塔板数。

对双组分的连续精馏,通常采用逐板计算法、图解法和芬斯克公式-吉利兰图等方法求理论塔板数。在计算理论塔板数时,一般需已知原料液组成、进料热状态、操作回流比及所要求的分离程度。并利用以下基本关系:

(1) 气-液相平衡关系;

(2) 塔内相邻两板气、液相组成间的关系,即操作线方程。

(二) 逐板计算法求理论塔板数

逐板计算法通常是从塔顶(或塔底)开始,交替使用气-液相平衡方程和操作线方程去计算每一块塔板上的气-液相组成,直到满足分离要求为止。如图 3-30 所示,计算步骤如下:

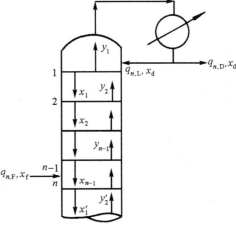

(1) 若塔顶采用全凝器,从塔顶第一块理论板上升的蒸气进入冷凝器后全部被冷凝,故塔顶馏出液组成及回流组成均与第一块理论板上升蒸气的组成相同,即

$$y_1 = x_d$$

由于离开每层理论板气-液相组成互成平衡,故可由 y_1 利用气-液相平衡方程求得 x_1,即

$$y_1 = \frac{\alpha x_1}{1 + (\alpha - 1)x_1}$$

所以

$$x_1 = \frac{y_1}{\alpha - (\alpha - 1)y_1}$$

图 3-30 逐板计算法图示

(2) 由第一块理论塔板下降的回流液组成 x_1,按照精馏段操作线方程求出第二块理论板上升的蒸气组成 y_2,即

$$y_2 = \frac{R}{R+1}x_1 + \frac{x_d}{R+1}$$

同理,第二块理论塔板下降的液相组成 x_2 与 y_2 互成平衡,可利用气-液相平衡方程由 y_2 求得。

(3) 按照精馏段操作线方程再由 x_2 求得 y_3,如此重复计算,直至计算到 $x_n \leq x_f$(仅指饱和液体进料的情况)时,表示第 n 块理论板是进料板(即提馏段第 1 块理论板),因此精馏段所需理论板数为$(n-1)$。对其他进料热状态,应计算到 $x_n \leq x_q$,x_q 为两操作线交点处的液相组成。在计算过程中,每利用一次平衡关系式,表示需要一块理论板。

(4) 此后,使用提馏段操作线方程和气-液相平衡方程,继续采用与上述相同的方法进行逐板计算,直至计算到 $x_m \leq x_w$ 为止。因再沸器相当于一块理论板,故提馏段所需的理论板数为$(m-1)$。精馏塔所需的总理论塔板数为$(n+m-2)$。

逐板计算法计算结果准确,虽然计算过程繁琐,但近年来由于计算技术的进展,这已不是主要问题,如采用电子计算机进行逐板计算,则十分方便。因此该法是计算理论塔板数的一种行之有效的方法。

【例 3-8】 在常压连续精馏塔分离某苯-甲苯溶液中,苯占 0.500(摩尔分数,下同),要求塔顶馏出液含苯 0.900,塔釜残液含苯不大于 0.100。回流比选用 3.00,泡点进料,塔顶采用全凝器,塔釜采用间接蒸气加热,试用逐板计算法求所需的理论塔板数。已知苯-甲苯的平均相对挥发度为 2.47。

解 (1) 苯-甲苯的气-液相平衡方程为:

$$x = \frac{y}{2.47 - (2.47 - 1)y} \tag{a}$$

(2) 已知 $x_d = 0.900$, $R = 3.00$,所以精馏段操作线方程为:

$$y_{n+1} = \frac{3.00}{3.00 + 1}x_n + \frac{1}{3.00 + 1} \times 0.900 = 0.750x_n + 0.225 \tag{b}$$

根据全塔的物料衡算,求提馏段的操作线方程

$$q_{n,\text{F}} = q_{n,\text{D}} + q_{n,\text{w}}$$

$$0.500q_{n,\text{F}} = 0.900q_{n,\text{D}} + 0.100q_{n,\text{w}}$$

联解上述方程,得

$$q_{n,\text{D}} = 0.500q_{n,\text{F}}$$

$$q_{n,\text{w}} = 0.500q_{n,\text{F}}$$

所以

$$q'_{n,\text{L}} = q_{n,\text{L}} + q_{n,\text{F}} = q_{n,\text{D}}R + q_{n,\text{F}} = 3 \times 0.500q_{n,\text{F}} + q_{n,\text{F}} = 2.500q_{n,\text{F}}$$

提馏段操作线方程为:

$$\begin{aligned}
y_{m+1} &= \frac{q'_{n,\text{L}}}{q'_{n,\text{L}} - q_{n,\text{w}}}x_m - \frac{q_{n,\text{w}}}{q'_{n,\text{L}} - q_{n,\text{w}}}x_\text{w} \\
&= \frac{2.500q_{n,\text{F}}}{2.500q_{n,\text{F}} - 0.500q_{n,\text{F}}}x_m - \frac{0.500q_{n,\text{F}}}{2.500q_{n,\text{F}} - 0.500q_{n,\text{F}}} \times 0.100 \\
&= 1.25x_m - 0.025
\end{aligned} \tag{c}$$

(3) 根据气-液相平衡方程式和操作线方程逐板计算

因塔顶采用全凝器,故

$$y_1 = x_d = 0.900$$

x_1 由平衡方程式(a)求得,即

$$x_1 = \frac{0.900}{2.47 - (2.47 - 1)0.900} = 0.785$$

y_2 由精馏段操作线方程式(b)求得,即

$$y_2 = 0.750 \times 0.785 + 0.225 = 0.814$$

按上述方法逐板计算,当求得 $x_n \leqslant x_f$ 时该板为进料板。然后改用提馏段操作线方程式(c)和平衡方程(a)进行计算,直至 $x_m \leqslant 0.100$ 为止。计算结果列于表 3.9。

计算结果表明,该分离过程所需理论塔板数为 6(不包括塔釜再沸器),第三块塔板为加料板。

表 3-9 例 3-8 逐板计算的结果

序 号	x	y	备 注
1	0.785	$0.900 = x_d$	塔顶
2	0.639	0.814	
3	$0.491 < x_f$	0.704	加料板
4	0.367	0.589	
5	0.237	0.434	
6	0.131	0.271	
7	$0.0613 < x_w$	0.139	塔釜

(三) 图解法求理论塔板数

图解法求理论塔板数是用平衡线和操作线代替平衡方程和操作线方程将逐板计算法的计算过程在 y-x 图上图解进行。参见图 3-31,图解法求理论板数的步骤如下:

(1) 在 y-x 图上作平衡曲线和对角线。

(2) 依照前面介绍的方法作精馏段操作线 ab, q 线 ef,提馏段操作线 cd。

(3) 由塔顶即图中点 $a(x_d, x_d)$ 开始作水平线与平衡线交于点 $1(x_1, y_1)$,该点表示离开第 1 块理论板的液、气组成分别为 x_1、y_1。过点 1 作垂直线与精馏段操作线交于点 $1'(x_1, y_2)$,由交点 $1'$ 可求出第二块塔板上升的蒸气组成 y_2。再过该点作水平线与平衡线交于点 $2(x_2, y_2)$,从而求出第二块塔板回流的液相组成 x_2。这样,在平衡线与精馏段操作线之间作水平线和垂直线形成一系列的梯级,当梯级跨过两操作线交点 d 时,则改在平衡线和提馏段操作

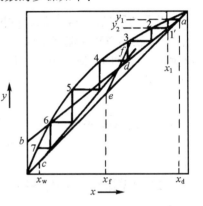

图 3-31 图解法求理论塔板数

线之间绘梯级,直到梯级的垂线达到或越过点 $c(x_w, x_w)$ 为止。图中平衡线上每一个梯级的顶点表示一块理论板。其中过 d 点的梯级为进料板,最后一次梯级为再沸器。

在图 3-31 中,图解结果为:梯级总数为 7,第 4 级跨过两操作线交点 d,即第 4 级为进料板,故精馏段理论板数为 3。因再沸器相当于一块理论板,故提馏段理论板数为 3。该分离过程需 6 块理论板(不包括再沸器)。

图解法较为简单,且直观形象,目前在双组分连续精馏计算中仍广为采用。但结果准确性较差,尤其是对于相对挥发度较小而所需理论塔板数较多的物系更是如此。

(四) 用芬斯克公式和吉利兰图计算理论塔板数

用芬斯克(Fenske)公式和吉利兰(Gilliland)图计算理论塔板数的方法,仅适用于理想溶液的精馏。由于大部分石油烃可看作理想溶液,这种方法在石油化工中被广泛采用。

这种方法是在对理想溶液进行逐板计算的基础上发展起来的。对理想溶液在全回流时进行逐板计算的结果,可以得到一个很简单的计算公式,即芬斯克公式。因为全回流时传质推动力最大,所以由芬斯克公式计算出的是最小理论塔板数。

在实际回流比时的理论塔板数,可由芬斯克公式的计算结果,借助一个由实验数据归纳出的经验曲线(吉利兰图)直接查找出来。所以,用芬斯克公式结合吉利兰图可以求出理想溶液在任意回流比时的理论塔板数。

1. 芬斯克公式

双组分理想溶液精馏时,在任何一块理论板上的蒸气相和液相之间的平衡关系可用式(3-25c)表达,即

$$\alpha_n = \frac{(y_A/x_A)_n}{(y_B/x_B)_n}$$

所以

$$\left(\frac{y_A}{y_B}\right)_n = \alpha_n \left(\frac{x_A}{x_B}\right)_n \tag{3-44a}$$

在全回流时,操作线方程如式(3-41)所示,即

$$y_{n+1} = x_n$$

　① 对于组分 A $\qquad (y_A)_{n+1} = (x_A)_n$

　② 对于组分 B $\qquad (y_B)_{n+1} = (x_B)_n$

所以

$$\left(\frac{y_A}{y_B}\right)_{n+1} = \left(\frac{x_A}{x_B}\right)_n \tag{3-44b}$$

以下利用式(3-44a)及(3-44b)对理想溶液在全回流时进行逐板计算:

(1) 已知塔顶回流液组成为$(x_A/x_B)_d$,当塔顶蒸气全部冷凝时,第一块理论板上升的蒸气组成等于塔顶回流液的组成,即

$$\left(\frac{y_A}{y_B}\right)_1 = \left(\frac{x_A}{x_B}\right)_d$$

根据气-液平衡关系式,得第一块理论塔板回流液的组成为:

$$\left(\frac{x_A}{x_B}\right)_1 = \frac{1}{\alpha_1}\left(\frac{y_A}{y_B}\right)_1 = \frac{1}{\alpha_1}\left(\frac{x_A}{x_B}\right)_d$$

(2) 根据操作线方程,得第二块塔板上升的蒸气组成为:

$$\left(\frac{y_A}{y_B}\right)_2 = \left(\frac{x_A}{x_B}\right)_1 = \frac{1}{\alpha_1}\left(\frac{x_A}{x_B}\right)_d$$

根据气-液平衡关系式,得第二块理论塔板回流液的组成为:

$$\left(\frac{x_A}{x_B}\right)_2 = \frac{1}{\alpha_2}\left(\frac{y_A}{y_B}\right)_2 = \frac{1}{\alpha_1\alpha_2}\left(\frac{x_A}{x_B}\right)_d$$

(3) 若将塔釜再沸器视为第 $n_0 + 1$ 块塔板,即 $x_{n_0+1} = x_w$。重复上述计算过程,直至再沸器为止,可得塔底组成与塔顶组成之间的关系为:

$$\left(\frac{x_A}{x_B}\right)_w = \frac{1}{\alpha_1\alpha_2\cdots\alpha_{n_0+1}}\left(\frac{x_A}{x_B}\right)_d$$

若以平均相对挥发度 α 代替各块塔板上的相对挥发度,则

$$\alpha_1\alpha_2\cdots\alpha_{n_0+1} = \alpha^{n_0+1}$$

则上式可改写为:

$$\left(\frac{x_A}{x_B}\right)_w = \frac{1}{\alpha^{n_0+1}}\left(\frac{x_A}{x_B}\right)_d$$

将上式两边取对数并加以整理,得全回流条件下的理论塔板数计算式:

$$n_0 = \frac{\lg\dfrac{(x_A/x_B)_d}{(x_A/x_B)_w}}{\lg\alpha} - 1 \tag{3-45}$$

式(3-45)通常称为芬斯克公式。式中$(x_A/x_B)_d/(x_A/x_B)_w$与塔顶及塔底中物料的组成有关,平均相对挥发度可近似取塔顶和塔底相对挥发度的几何平均值。为简化计算,也可取它们的算术均值。

2. 吉利兰图

吉利兰总结了大量的直链烃和芳香烃的精馏数据,将最小回流比R_{min}、最小理论塔板数n_0、实际回流比R及实际回流比时的理论塔板数n关联,得到如图3-32所示的一条经验曲线,称为吉利兰图。

吉利兰图为双对数坐标图,横坐标表示为$\dfrac{(R-R_{min})}{(R+1)}$,纵坐标表示为$\dfrac{(n-n_0)}{(n+2)}$,其中$n$及$n_0$为不包括塔釜再沸器的理论塔板数及最小理论塔板数。

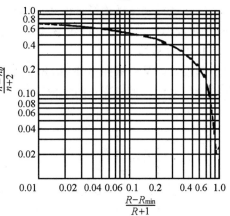

图 3-32 吉利兰图

3. 用芬斯克公式和吉利兰图计算理论塔板数的步骤

(1) 应用式(3-42a)及(3-43)算出最小回流比R_{min},并确定实际回流比R;

(2) 应用式(3-45)计算全回流时的理论塔板数n_0;

(3) 计算横坐标$\dfrac{(R-R_{min})}{(R+1)}$,在吉利兰图上找出相应的纵坐标值$\dfrac{(n-n_0)}{(n+2)}$,算出理论塔板数$n$。

【例3-9】 已知:$x_d=0.900$,$x_w=0.100$,$x_f=0.500$,$R=3.00$,$\alpha=2.47$。用芬斯克公式和吉利兰图求例3-8精馏过程所需理论塔板数。

解 (1) 由芬斯克公式求全回流时的理论塔板数n_0

$$n_0=\frac{\lg\dfrac{0.900/(1-0.900)}{0.100/(1-0.100)}}{\lg 2.47}-1=3.86$$

(2) 求最小回流比R_{min}

$$y_f^*=\frac{2.47\times 0.500}{1+(2.47-1)\times 0.500}=0.710$$

$$R_{min}=\frac{x_d-y_f^*}{y_f^*-x_f}=\frac{0.900-0.710}{0.710-0.500}=0.91$$

$$\frac{R-R_{min}}{R+1}=\frac{3.00-0.91}{3.00+1}=0.52$$

(3) 查吉利兰图,当$(R-R_{min})/(R+1)=0.52$时,$(n-n_0)/(n+2)=0.25$。将$n_0=3.86$代入上式,得

$$n=5.8$$

由计算结果可知,为达到题设分离要求,需5.8块理论塔板(不包括塔釜再沸器)。计算结果与例3-8相近。

3.2.5 板效率和实际塔板数

(一) 塔板效率

当气-液两相在实际板上接触进行传热、传质时,由于板上接触面积和接触时间有限,蒸气和液体两相一般不能达到平衡状态,因此实际塔板数总应多于理论塔板数。

实际塔板偏离理论塔板的程度用塔板效率表示。板效率有多种表示方法,常用的有点效率、单板效率和总板(全塔)效率,以下介绍后两种效率。

1. 单板效率

单板效率又称默弗里(Murphree)板效率,它用气相(或液相)经过一实际板时组成变化与经过一理论板时组成变化的比值来表示,如图 3-33 所示。

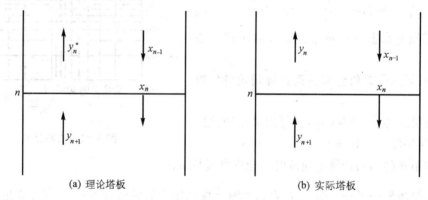

(a) 理论塔板   (b) 实际塔板

图 3-33 理论塔板(a)和实际塔板(b)上组成的变化

对第 n 块塔板,单板效率可用气相组成表示为:

$$E_{MG} = \frac{y_n - y_{n+1}}{y_n^* - y_{n+1}} \tag{3-46}$$

式中:E_{MG}—以气相组成表示的默弗里单板效率;y_n—离开第 n 块实际塔板的气相组成;y_{n+1}—进入第 n 块实际塔板的气相组成;y_n^*—与离开第 n 块实际塔板的液相组成 x_n 成相平衡的气相组成。

单板效率反映任何一块实际塔板的分离能力接近理论塔板的程度,是衡量实际塔板性能的重要指标。单板效率一般由实验测定。

2. 全塔板效率

全塔板效率(E_T)又称总板效率,是指在一定分离任务下所需理论板数(N_T)和实际板数(N)的比值,即:

$$E_T = \frac{N_T}{N} \times 100\% \tag{3-47}$$

全塔板效率反映全塔各块塔板的平均效率,其值恒低于 100%。由于影响塔板效率的因素很多,众多因素之间又相互制约,因此目前还不能用纯理论公式计算全塔板效率,一般用经验或半经验公式估算或由实验直接测定。

影响塔板效率的因素可归纳为以下几个方面:流体的物理性质(如密度、粘度、表面张力和扩散系数等),流体的流动情况及塔板尺寸和结构。为了提高塔板效率,应尽可能增大气-液两相的接触面积和接触时间,以提高传质速率,同时应尽量减少和避免塔板之间的雾沫夹带。上升蒸气中夹带有含轻组分较低的液相(雾滴),势必降低塔板间的浓度差,从而导致塔板效率的下降。

(二) 实际塔板数

若已知理论塔板数及全塔板效率,则可由式(3-47)变换求得所需的实际塔板数,

$$N = \frac{N_T}{E_T} \tag{3-48}$$

【例 3-10】 在连续操作的板式精馏塔中分离苯-甲苯混合溶液,塔顶冷凝器为全凝器。为了考察塔板效率,得到部分数据如下:塔顶组成为 0.969(摩尔分数),第一块塔板上回流的液体组成为 0.946(摩尔分数),苯-甲苯的相对挥发度为 2.57,回流比为 3.51,试求第一块塔板的单板效率。

解 根据式(3-46),第一块塔板上的单板效率为

$$E_{MG} = \frac{y_1 - y_2}{y_1^* - y_2}$$

因塔顶冷凝器为全凝器,所以

$$y_1 = x_d = 0.969$$

又 $x_1 = 0.946$, $\alpha = 2.57$。根据气-液相平衡方程,得

$$y_1^* = \frac{2.57 \times 0.946}{1 + (2.57 - 1) \times 0.946} = 0.978$$

且已知 $R = 3.51$, $x_d = 0.969$, $x_1 = 0.946$。根据精馏段的操作线方程,得

$$y_2 = \frac{R}{R+1}x_1 + \frac{x_d}{R+1} = \frac{3.51}{3.51+1} \times 0.946 + \frac{0.969}{3.51+1} = 0.951$$

所以

$$E_{MG} = \frac{y_1 - y_2}{y_1^* - y_2} = \frac{0.969 - 0.951}{0.978 - 0.951} = 0.667 = 66.7\%$$

3.2.6 塔高、塔径和塔板压力降的计算

精馏过程所用的设备,除了塔釜、塔顶冷凝器以外,最主要的就是能保证进行多次部分气化-部分冷凝过程的塔身。为了使上升蒸气和回流液体进行充分的接触,塔身内或填装一定高度填料(填料塔)或安装一定数量的塔板(板式塔)。在填料塔中,气-液接触在湿润的填料表面上或填料的空隙里进行;在板式塔中,塔板上有由上一块塔板溢流下来的液体,塔板的溢流堰保证塔板上有一定高度的液体,上升蒸气通过塔板上的开孔均匀分散成许多小气泡穿过液层,气-液接触在气泡的界面上进行。

有关填料塔的基本计算,可参看吸收操作中所作的介绍,本节着重介绍板式塔的有关计算。

根据精馏的分离要求(x_f、x_d、x_w)、料液的预热情况(q)及物料的气-液相平衡关系求出所需的回流比、理论塔板数及实际塔板数以后,就可以进行精馏塔本身的计算。板式精馏塔的基本计算是确定塔高、塔径,及塔板压力降,现分别介绍如下。

(一) 塔高的计算

板式塔塔高 H 是由实际塔板数 N 和板间距 h 来确定的,即

$$H = N \times h \tag{3-49}$$

关于精馏过程所需的实际塔板数 N,已在前面几节详细讨论过,因此计算板式塔高度的关键在于确定板间距的大小。板间距,即相邻两块实际塔板之间的距离,取决于两个因素:一

个是上升蒸气雾沫夹带的程度,另一个是溢流管中液面的高度。

　　上升蒸气在离开塔板上的液面时,总是要夹带一些液滴的,这种现象就是雾沫夹带。被夹带的液滴进入上一块塔板后,将降低上一块塔板上液相中轻组分的浓度,即降低塔板的效率,所以在板与板之间要保持一定的距离,使被夹带的液体在这个空间里可以沉降一些下来,以保证进入上一块塔板的蒸气中被夹带液量小于 10%。

　　另外,为了保证上升蒸气全部从塔板通过而不从溢流管中短路,在溢流管中通常要保持一定的液面高度 h_L(起液封作用,见图 3-34)。h_L 的大小与上升蒸气经过塔板的压力降($p_1 -$

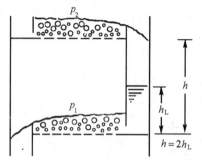

图 3-34　板间距和溢流管液面高度之间的关系

p_2)有关,板间距 h 一般取为 h_L 的 2 倍。若板间距过小,则上一块塔板的液体就不能及时流走而积存在塔板上,这种状态叫做淹塔。选用板间距时要考虑防止在规定的操作条件下发生淹塔现象。

　　可见设计精馏塔时,要选用合适的板间距,使雾沫夹带小于 10% 且在操作条件下不发生淹塔现象。若根据雾沫夹带小于 10% 的要求选择了板间距,还发生淹塔,则还要根据淹塔情况加大板间距。

　　板间距的数值,大多是经验数值。对于雾沫夹带少的塔板,一般取 $300\sim600\,\mathrm{mm}$,对于雾沫夹带多的塔板,一般取 $400\sim800\,\mathrm{mm}$。

　　(二) 塔径的计算

　　精馏塔的直径由上升蒸气的体积流量和蒸气的空塔线速度来确定。空塔线速度是指蒸气通过塔的整个截面时的线速度,它与塔径关系是:

$$q_V = \frac{\pi}{4}d^2 u$$

所以
$$d = \sqrt{\frac{4q_V}{\pi u}} \qquad\qquad (3\text{-}50)$$

式中: d—精馏塔内径,m;u—空塔线速度,$\mathrm{m\cdot s^{-1}}$;q_V—塔内上升蒸气的体积流量,$\mathrm{m^3\cdot s^{-1}}$。

　　从式(3-50)可以看出,只要选定了空塔线速度,根据上升蒸气的体积流量就可以算出塔径来。

　　空塔线速度越大,塔的处理能力就越大。但是,空塔线速度不能任意加大,它受到两方面的限制:一方面,空塔速度过大,塔板上气-液接触的时间少,塔板效率要降低;另一方面,空塔速度越大,雾沫夹带的现象就越严重,当空塔速度大到一定程度时,气体把塔板上所有的液体都带起来,即发生所谓液泛现象。精馏塔若发生液泛,就会使所有的液体和蒸气一起从塔顶吹出来,塔的操作全部受到破坏。在开始液泛时的空塔速度叫做液泛速度,正常操作时的空塔速度一定要小于液泛速度,而且还要保证雾沫夹带小于 10%。通常取空塔速度为液泛速度的 $60\%\sim80\%$ 即可。

　　液泛速度的大小随塔板形式,处理量和物料性质的不同而不同,是由实验确定的。目前已有计算各种塔板液泛速度的半经验公式。

　　(三) 塔板的压力降

　　上升蒸气通过每块塔板的压力降($p_1 - p_2$)直接决定着板间距的大小,所以塔板的压力降也是设计精馏塔时的重要指标。特别是对于高沸点、易聚合、易分解的物料,为了在较低温度下进行精馏,常常需采用减压操作。若塔板的压力降过大,必然使得塔釜的真空度大为降低,于是就要采用较高的温度才能使釜液沸腾,这是我们所不希望的。原则上总是希望塔板的压力降小一些。另外,在精馏操作中,压力降的变动也能反映精馏塔的操作情况,因为压力降直接与气体的线速度和塔板上液层高度有关。气化量增加和塔板上液层高度增加,都会使压力降增加。所以无论是在设计还是在操作时,对塔板的压力降都是应予注意的。

气体经过全塔的总压力降,等于通过每一块塔板的压力降之和,每一块塔板的压力降决定于气体通过干板(即板上没有液体)和通过液层的阻力所造成的压力降之和,即:

$$p_1 - p_2 = (h_d + h_L)\rho g \tag{3-51}$$

式中:$p_1 - p_2$ 为塔板的压力降,Pa;h_d——上升蒸气经过干板的压头损失,m;h_L——上升蒸气经过液层的压头损失,m;ρ——上升蒸气的密度,kg·m^{-3}。其中

$$h_d = \xi \frac{u_0^2}{2g} \quad , \quad h_L = \frac{1}{2} h_w$$

式中:u_0——上升蒸气在开孔处的线速度,等于空塔速度除以开孔率;ξ——与塔板开孔率、塔板型式及物料性质有关的阻力系数;h_w——塔板上液层高度(此高度决定于溢流堰的高度)。

由以上分析看出,塔板的压力降既与塔板上的开孔率、溢流堰高度等设备结构有关,也与操作情况有关。

3.2.7 间歇精馏

间歇精馏又称分批精馏,其流程如图 3-35 所示。操作开始时,原料液一次装入蒸馏釜 1 中,被加热气化,产生的蒸气进入塔 2,塔顶蒸气引入冷凝器 3 以后,一部分作为馏出液产品,另一部分回流入塔。精馏过程一般进行到釜残液组成或馏出液的平均组成达到规定值为止,然后一次排出釜残液,重新加料进行下一批操作。

与连续精馏相比,间歇精馏具有以下特点:

(1) 间歇精馏塔只有精馏段而无提馏段;

(2) 间歇精馏操作为非定态操作。各块塔板上的液体和蒸气的组成及温度等参数不仅随位置变化,而且随时间变化。

(3) 间歇精馏装置简单,操作灵活。

间歇精馏有两种基本的操作方式:

(1) 回流比恒定的操作,即回流比保持恒定,馏出液组成逐渐下降;

(2) 馏出液组成恒定的操作,即馏出液组成保持恒定,而相应的回流比不断增大。

在实际生产中,常将上述两种方式联合进行,在操作初期,采用逐步加大回流比,保持馏出液组成近似恒定的操作;在操作后期,保持回流比恒定,将所得馏出液组成较低的产品作为次级产品,或将它加入下一批料液中再次精馏。

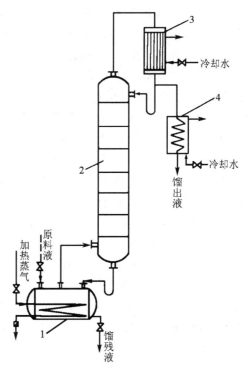

图 3-35 间歇精馏装置及操作流程
1—蒸馏釜,2—塔身,3—冷凝器,4—冷却器

间歇精馏通常用于多品种、小批量物料的分离,或将多组分混合液初步分离成几个馏分的场合。

(一) 回流比恒定的间歇精馏

在间歇精馏过程中,由于釜中溶液的组成随操作进行而不断下降,所以在恒定回流比下,馏出液组成也下降。

回流比恒定时间歇精馏计算的主要内容为已知原料液量 n_f 和组成 x_f,釜残液的最终组成 $x_{w,e}$ 和馏出液的平均组成 $x_{d,m}$,确定实际回流比和理论塔板数等。

1. 确定理论塔板数

(1) 计算最小回流比和确定实际回流比

在回流比恒定下进行间歇精馏时,馏出液组成与釜液组成具有对应关系。操作开始时釜液的组成为 x_f,假定最初馏出液组成为 $x_{d,1}$(此值高于馏出液的平均组成),则最小回流比为

$$R_{min} = \frac{x_{d,1} - y_f^*}{y_f^* - x_f}$$

实际回流比可取为最小回馏比的某一倍数,即

$$R = (1.1 \sim 2)R_{min}$$

(2) 求理论塔板数

由 $x_{d,1}$、x_f、R,按前述逐板计算法或图解法确定理论塔板数。

2. 一定的理论塔板数,确定操作瞬间的 $x_{d,i}$ 和 $x_{w,i}$ 的关系

由于 R 恒定,因此各操作瞬间的操作线斜率 $R/(R+1)$ 都相同,各操作线彼此平行。若已知某瞬间的馏出液组成 $x_{d,i}$,则通过点 $(x_{d,i}, x_{d,i})$ 作一系列斜率为 $R/(R+1)$ 的平行线,这些直线分别为对应于某 $x_{d,i}$ 的瞬间操作线。然后在平衡线和操作线之间画梯级,使其等于规定的理论塔板数,则最后一个梯级所达到的液相组成,即为与 $x_{d,n}$ 相对应的 $x_{w,n}$ 值(见图 3-36)。

3. 对一定的理论塔板数,确定操作瞬间的 $x_{d,i}$(或 $x_{w,i}$)与 n_w、n_d 间的关系

回流比恒定时,间歇精馏的组成($x_{d,i}$ 或 $x_{w,i}$)是随时间 t 变化的,所以 $x_{d,i}$(或 $x_{w,i}$)与 n_w、n_d 间的关系应通过微分衡算得到。

对于间歇精馏过程的任一时刻 t,经历一微分时间 dt 后,塔内易挥发组分减少的量应等于塔顶馏出液中易挥发组分的量,则由此列出微分物料衡算式,即

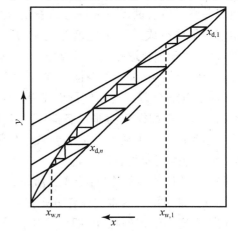

图 3-36　回流比恒定间歇精馏时 $x_{d,i}$ 和 $x_{w,i}$ 的关系

总物料 $\qquad\qquad dn_w = dn_d$

易挥发组分 $\qquad n_w x_w - [(n_w - dn_w)(x_w - dx_w)] = x_d dn_d$

式中: n_w—任一时刻 t 釜中剩余的釜液,mol; $x_{d,i}$、$x_{w,i}$—分别为任一时刻 t 塔顶馏出液的组成和釜内混合液的组成,摩尔分数; dn_d、dn_w—分别为经历微分时间 dt 后,塔顶的馏出液量和

釜内蒸出的混合液量,mol。

将上述易挥发组分的物料衡算式展开,将总物料衡算式带入,并略去 $dn_w dx_{w,i}$ 二阶无穷小量后,可得

$$\frac{dn_w}{n_w} = \frac{dx_{w,i}}{x_{d,i} - x_{w,i}}$$

按以下边界条件积分上式,得

$$t = 0, n_w = n_f, x_{w,i} = x_f$$

$$t = t, n_w = n_{w,e}, x_{w,i} = x_{w,e}$$

$$\ln \frac{n_f}{n_{w,e}} = \int_{x_{w,e}}^{x_f} \frac{dx_{w,i}}{x_{d,i} - x_{w,i}} \tag{3-52}$$

式(3-52)中,$x_{d,i}$、$x_{w,i}$ 均为变量,它们之间的关系可用前述图解法求得,积分值可用图解积分法求得,从而可求出任一 $x_{w,e}$ 下的 $n_{w,e}$ 值。

若已知 $n_{w,e}$ 和 $x_{w,e}$,则可由一批操作的物料衡算求得 n_d 和 $x_{d,m}$,即

$$n_f = n_d + n_{w,e} \tag{3-53a}$$

$$n_f x_f = n_d x_{d,m} + n_{w,e} x_{w,e} \tag{3-53b}$$

(二) 馏出液组成恒定的间歇精馏

对于恒组成馏出液的间歇精馏,一般已知原料液量 n_f 和组成 x_f,釜残液的最终组成 $x_{w,e}$ 和馏出液的组成 x_d,确定实际回流比和理论塔板数等。在操作过程中,塔釜组成不断下降,使分离变得困难,在最终瞬时状态下,釜中液体的组成下降到最低,因此回流比和理论塔板数按精馏终了时的条件确定。

当 $x_d, x_{w,e}$ 一定时,间歇精馏所需理论塔板数按如下步骤计算:

(1) 按规定的 $x_d, x_{w,e}$ 计算最终状态下的最小回流比,即

$$R_{min} = \frac{x_d - y_{w,e}^*}{y_{w,e}^* - x_{w,e}}$$

并由此确定最终状态下的实际回流比 R_e;

(2) 由 $x_d, x_{w,e}, R_e$ 确定理论塔板数 n_t;

(3) 按与式(3-53a)、(3-53b)类似的物料衡算式确定塔顶馏出液量 n_d 和釜残液量 $n_{w,e}$。

3.2.8 其他精馏简介

(一) 多组分精馏

多组分精馏时,在塔顶和塔釜采出液中往往有几种组分。如从苯-甲苯-二甲苯的混合溶液用精馏的方法得到较纯的苯,其塔顶、塔釜采出液的组成要求如下:

	$q_{n,F}$	$q_{n,D}$	$q_{n,W}$
x_b	0.600	0.995	0.005
$x_{m,b}$	0.300	0.005	0.744
$x_{d,b}$	0.100		0.251

其中 x_b、$x_{m,b}$、$x_{d,b}$ 分别表示混合液中苯、甲苯、二甲苯的组成;$q_{n,F}$、$q_{n,D}$、$q_{n,W}$ 分别表示加料流量、塔顶及塔釜采出流量。

为达到上述分离要求,实际上只要控制塔顶的 $x_{m,b} < 0.005$,塔釜的 $x_b < 0.005$ 就可以了。因为二甲苯的沸点比甲苯高,控制塔顶甲苯的含量小于 0.005,就可以保证二甲苯的蒸气基本上不能到达塔顶;同理,控制塔釜苯的含量很低,就可保证苯基本上不从塔釜排出。这样,虽然是一个多组分精馏过程,实际上控制精馏产品质量的只是两个组分,即塔顶馏出液中的重组分和塔釜中的轻组分。这两个组分在塔顶或塔釜中的浓度若控制得很小,则多组分精馏时沸点最低的组分基本在塔顶,沸点最高的组分则在塔釜。能够保证多组分精馏质量的组分叫做关键组分。

在塔顶馏出液中,挥发性最小的组分即沸点最高的组分叫做重关键组分。这里要注意,重关键组分并不一定就是加料液中沸点最高的组分。如苯-甲苯-二甲苯这个例子中,塔顶馏分中沸点最高组分是甲苯,所以甲苯是重关键组分(而不是二甲苯);同样,在釜液里挥发性最大的组分即沸点最低的组分叫做轻关键组分。例如上述苯-甲苯-二甲苯精馏的釜液中,苯的沸点最低,所以苯是轻关键组分。若一个组分在塔顶、塔釜都是关键组分,则取相邻的一个组分作另一个关键组分。

在讨论多组分精馏中,引入关键组分这个概念后,可以把一个多组分精馏看成是两个关键组分的二组分精馏;但其相平衡关系和操作线都比真正的二组分精馏复杂。

(二) 共沸精馏

大部分非理想溶液,由于分子间作用力的不同,往往有共沸现象。对于具有共沸点的非理想溶液,因为在共沸时气-液相组成完全一样,相对挥发度等于1,因此在液相浓度达到共沸组成以后,就不能再根据该溶液的气-液相平衡关系,用一般的精馏方法将其分离。若加入第三组分可以和原溶液中某一组分形成沸点更低的共沸物,使组分间相对挥发度增大,则在精馏过程中该组分就和第三组分以共沸物的形式由塔顶蒸出。加入的第三组分叫做夹带剂,这种特殊精馏方法称为共沸精馏或恒沸精馏。

例如乙醇-水溶液,它们的气-液相平衡关系如图 3-14。当乙醇含量为 89.43%(摩尔分数)时,具有最低共沸点 351.2 K 形成共沸物,所以用普通精馏只能得到乙醇含量接近共沸组成的工业乙醇,而从工业乙醇中制取无水乙醇必须采用共沸精馏的方法。常用的方法及流程如图 3-37 所示。当在原料液中加入适量的夹带剂苯以后,可得到苯、乙醇、水的三元最低共沸液,常压下共沸点为 337.6 K,共沸组成为含苯 0.554、乙醇 0.230、水 0.226(均为摩尔分数)。由图 3-37 可见,原料液与苯进入共沸精馏塔 1 中,塔底得到无水乙醇产品,塔顶蒸出苯-乙醇-水三元共沸物,在冷凝器 4 中冷凝后,部分液相回流入塔,其余液相进入分层器 5 中,上层为富苯层,返回塔 1 作为补充回流液,下层为富水层(含少量苯)。富水层进入苯回收塔 2 的顶部,以回收其中的苯。塔 2 顶部引出的蒸气也进入冷凝器 4 中,塔底的稀乙醇则进入乙醇回收塔 3 中。塔 3 中的塔顶产品为乙醇-水共沸

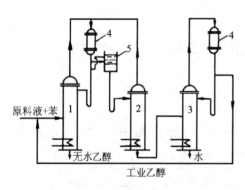

图 3-37　工业乙醇共沸精馏流程图
1—共沸精馏塔, 2—苯回收塔, 3—乙醇回收塔, 4—冷凝器, 5—分层器

液,送回塔 1 作为原料,塔底产品几乎为纯水。在操作过程中,苯循环使用,但有部分损失,要及时补充。

在共沸精馏中,需选择合适的夹带剂。对夹带剂的要求是:(i) 夹带剂能与被分离组分形成新的共沸液,其共沸点要比纯组分的沸点低,一般两者沸点差不小于 10℃;(ii) 新共沸液所含夹带剂的量愈少愈好,从而减少夹带剂用量及气化、回收时所需能量;(iii) 新共沸液应为非均相混合物,以便于用分层法分离夹带剂;(iv) 使用安全、性能稳定、价格便宜等。

(三) 萃取精馏

在相对挥发度接近于 1 的溶液中加入第三组分后,若第三组分与原溶液中某一组分有较强的作用力,则可以提高原溶液组分间的相对挥发度,从而使原溶液得到分离的方法称为萃取精馏。加入的第三组分称为萃取剂。

例如苯与环己烷的沸点分别为 353.1 K、353.8 K,相对挥发度接近于 1,加入萃取剂糠醛后,溶液的相对挥发度发生了显著的变化,如表 3-10 所示。

表 3-10 糠醛对苯-环己烷相对挥发度的影响

溶液中糠醛的摩尔分数	0	0.2	0.4	0.5	0.6	0.7
相对挥发度	0.98	1.38	1.86	2.07	2.36	2.70

由表 3-10 可以看出,相对挥发度随萃取剂加入量的增加而提高。

图 3-38 为分离苯-环己烷溶液的萃取精馏流程示意图。原料液从萃取精馏塔 1 的中部进入,萃取剂糠醛由塔 1 顶部加入,以便在每一块塔板上都与苯相接合。塔顶蒸出的为环己烷蒸气,为避免糠醛蒸气从顶部带出,在塔的顶部设萃取剂回收段 2,用回流液回收。塔釜排出的苯-糠醛混合液进入苯回收塔 3 中,由于苯与糠醛的沸点相差很大,故两者容易分离。塔 3 底部排出的糠醛可循环使用。

在萃取精馏中,对萃取剂的主要要求有:(i) 选择性好,加入少量萃取剂使原组分间的相对挥发度有较大的变化;(ii) 沸点高,与被分离组分的沸点差较大,使萃取剂易于回收;(iii) 与原溶液互溶性好,不产生分层现象;(iv) 性能稳定,使用安全,价格便宜等。

(四) 反应精馏

反应精馏是精馏技术中的一个特殊领域,在操作过程中,化学反应与分离操作同时进行,故能显著提高总体转化率,降低能耗。此法可用在酯化、醚化、酯交换、水解等化工生产中。

反应精馏对以下两种情况特别适用:

(1) 可逆平衡反应

一般情况下,反应受平衡影响,转化率只能维持在平衡转化的水平,但是,若生成物中有低沸点的物质存在,则精馏过程可使其连续地从系统中排出,结果可提高平衡转化率,大大提高反应的效率,比如,以醋酸和乙醇为原料,在酸催化剂作用下生成醋酸乙酯的可逆反应。在反应精馏塔内乙醇、水、醋酸乙酯三个组分,可形成二元共沸物。水-酯、水-醇共沸

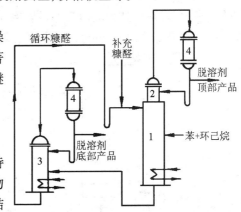

图 3-38 苯-环己烷萃取精馏流程图
1—萃取精馏塔,2—萃取剂回收塔,
3—苯回收塔,4—冷凝器

物沸点较低,醇和酯不断地从塔顶排出,从而使上述可逆反应的转化率提高。若控制反应原料比例,可使某组分转化完全。

（2）异构体混合物分离

通常因它们沸点接近，靠精馏方法不易分离提纯，若异构体中某组分能发生化学反应并能生成沸点不同的物质，这样可在反应过程中得以分离。此外，由于化学反应与产物分离操作同时进行，有利于能耗的降低。

3.3　吸　　收

吸收是利用适当液体溶解气体混合物中的有关组分（有时还伴有化学反应），以分离气体混合物的一种操作。其中具有吸收能力的液体称为吸收剂；被吸收的气体组分称为吸收质，也称吸收组分；不被吸收剂吸收的组分称为惰性组分。吸收有物理吸收和化学吸收两类。物理吸收时，吸收组分仅溶解在吸收剂中，并不与吸收剂发生显著的化学反应。例如用水吸收氨。物理吸收所能达到的最大程度取决于在吸收条件下气体在液体中的平衡溶解度，吸收的速率则主要取决于组分从气相转移到液相的传质速率。如果在吸收过程中组分与吸收剂还发生化学反应，这种吸收就叫做化学吸收。例如用 NaOH 水溶液去除合成氨原料气中的硫化氢。在化学吸收过程中，吸收的速率除与扩散速率有关外，有时还与化学反应的速率有关，而吸收的极限同时取决于气-液相的平衡关系和其中化学反应的平衡关系。因此，化学吸收的机理较物理吸收复杂，并且因反应系统的情况不同而有差异。本节重点介绍的是物理吸收。

吸收在化工中应用非常广泛，例如用水吸收氯化氢生产盐酸，用水除去合成氨原料气中的 CO_2，用洗油回收焦炉气中的芳烃，用水除去工厂废气中的 SO_2 等，用丙酮吸收乙烯和乙炔混合物中的乙炔等。

吸收通常采用的是逆流操作，可以在填充塔中连续逆流接触，也有在板式塔中进行分级逆流吸收的。这样的传质设备称为吸收塔。如图 3-39a，在吸收塔塔顶喷淋液体吸收剂 S，混合气体由塔底进入，它与液体逆流接触而上，液体吸收剂选择性地吸收易溶的气体 A 后从塔底排出；难溶的气体 B 则从塔顶引出。这样就实现了分离混合物中组分 A 与 B 的目的。当吸收放热量很大，或需要加大液体喷淋量以保证填料表面润湿时，也可加大吸收剂的量，然后将吸收后的吸收液部分出料，部分经冷却后在塔内循环使用（图3-39b）。

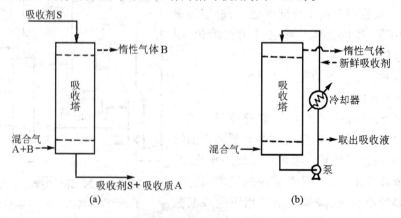

图 3-39　吸收操作流程图

经过吸收过程以后，吸收剂中溶入了被吸收组分，如果吸收剂需反复使用，或根据工艺需要，要求从吸收剂中分离出有用的吸收组分，则需采用多种方法，例如用解吸（吸收的相反过程，使溶解的气体组分释出)装置或采用其他分离方法,这样,在吸收之后还需要加上后处理的工序。

在本节中将要介绍的吸收过程的分析处理方法,实际是以吸收过程为代表介绍的连续接触式设备(如填料塔)的一般分析方法。这种方法不仅适用于吸收,也适用于在填料塔中进行的精馏过程。该方法是通过相平衡关系和过程的物料衡算的比较了解传质推动力的大小;利用传质速率方程和物料衡算计算过程的总速率,从而确定连续接触式设备的主要尺寸。

3.3.1 吸收的气-液平衡

在一定的温度和压力下,当吸收剂吸收混合气体中的吸收质形成溶液时,最终会达到平衡。平衡时液相中吸收质的浓度就是吸收质在液体中的溶解度,气相中的分压就是吸收质的饱和分压。混合气体中各组分在吸收剂中具有不同的溶解度,是能够利用吸收操作分离气体混合物的依据。气-液平衡时,吸收质在气-液两相浓度的关系称为吸收的气-液平衡关系。通过平衡关系可以判断相间传质的方向(吸收或解吸)和过程进行的限度;可以了解实际浓度与平衡的距离,确定传质推动力。

在分析吸收过程时,常常用到平衡关系式,平衡关系复杂时,也可以利用气-液平衡曲线。

(一) 气-液平衡关系式

对于大多数气体的稀溶液,在总压不很高(500 kPa 以下)的情况下,气-液平衡关系遵守亨利(Henry)定律,其表达式为:

$$p^* = Ex \tag{3-54}$$

式中:p^*—气相中溶质的平衡分压,kPa;x—液相中溶质的摩尔分数;E—亨利常数,kPa。

亨利常数 E 值越大,表示气体越不容易溶解;反之,则气体容易被吸收。对于一定的系统,E 值随温度的增高而加大,即溶解度随温度的增高而降低。亨利常数可从有关手册中查到。表 3-11 列出了一些气体水溶液的亨利常数。

表 3-11 一些气体水溶液的亨利常数 E

气 体	温度/℃								
	0	10	20	30	40	50	60	80	100
	$E/10^6$ kPa								
H_2	5.87	6.44	6.92	7.38	7.61	7.75	7.73	7.55	7.55
N_2	5.36	6.77	8.15	9.36	10.54	11.45	12.16	12.77	12.77
空气	4.37	5.56	6.73	7.81	8.82	9.56	10.23	10.84	10.84
CO	3.57	4.48	5.43	6.28	7.05	7.71	8.32	8.56	8.57
O_2	2.58	3.31	4.06	4.81	5.42	5.96	6.37	6.96	7.10
CH_4	2.27	3.01	3.81	4.55	5.27	5.85	6.34	6.91	7.10
NO	1.71	2.21	2.68	3.14	3.57	3.95	4.24	4.54	4.60
C_2H_6	1.28	1.92	2.67	3.47	4.29	5.07	5.72	6.70	7.01
C_2H_4	0.56	0.78	1.03	1.29	—				
	$E/10^4$ kPa								
N_2O	—	14.29	20.06	26.24	—	—	—	—	—
CO_2	7.38	10.54	14.39	18.85	23.61	28.68	34.55	—	—
C_2H_2	7.30	9.73	12.26	14.79	—				
H_2S	2.72	3.72	4.89	6.17	7.55	8.96	10.44	13.68	15.00
Br_2	0.22	0.37	0.60	0.92	1.35	1.94	2.54	4.09	—
SO_2	0.176	0.245	0.355	0.485	0.661	0.871	1.11	1.70	—

在实际应用中，上述平衡关系还有其他表达式：

(1) 液相浓度用物质量浓度表示时，其平衡关系为：

$$p^* = \frac{c}{H} \tag{3-55}$$

式中：c—吸收质的(物质量)浓度，$kmol \cdot m^{-3}$；p^*—气相中吸收质的平衡分压，kPa；H—溶解度常数，$kmol \cdot m^{-3} \cdot kPa^{-1}$。

溶解度常数与亨利常数的关系为：

$$H = \frac{c_总}{E}$$

稀溶液时，$c_总$经常可以用纯溶剂的浓度代替，即由溶剂的密度和摩尔质量求得。

(2) 气-液相浓度均用摩尔分数表示时，有

$$y^* = \frac{p^*}{p_总} = \frac{E}{p_总}x$$

或写成

$$y^* = mx \tag{3-56}$$

$$m = \frac{E}{p_总} \tag{3-57}$$

式中：y^*—与 x 呈平衡时吸收质在气相中的摩尔分数；m—相平衡常数，无量纲。

相平衡常数 m 随温度升高而增大；m 越大，表明吸收质的溶解度越小。式(3-57)表明，较高的总压和较低的温度，能获得较大的液相浓度，对吸收操作是有利的。

(3) 在吸收过程中经常用摩尔比表示浓度。对于液相摩尔比 X，其定义为吸收质与吸收剂的摩尔比。只有两组分时，有

$$X = \frac{x}{1-x}$$

同理，对于气相，吸收质与惰性气体的摩尔比：

$$Y = \frac{y}{1-y}$$

由式(3-56)，可以得到气-液平衡关系式：

$$Y^* = \frac{mX}{1+(1-m)X} \tag{3-58}$$

对于稀溶液，上式可以简化为：

$$Y^* = mX \tag{3-59}$$

(二) 气-液平衡曲线

在处理吸收问题时，特别是当平衡关系不遵守亨利定律时，有时还会用到气-液平衡曲线图(或数据表)表示气-液平衡关系。文献中常常给出溶解度曲线，由于浓度表示方式和单位各异，使用时要折算成所需要的气-液平衡关系图表。

表 3-12 列出了氨在水中的溶解度的数据，图 3-40 是氨在水中的溶解度折算后绘出的 Y_A-X_A 平衡曲线。

表 3-12　氨在水中的溶解度数据($p = 1.013 \times 10^5$ Pa)

液相中氨的含量 kg(NH₃)/1000 kg(H₂O)		500	400	300	250	200	150	100	50	30	20
气相中氨的平衡分压, p_A/kPa	20 °C	91.5	62.7	39.7	30.3	22.1	15.2	9.28	4.23	2.43	1.60
	30 °C		95.9	60.5	46.9	34.7	23.9	14.7	6.80	3.95	2.57

从表3-12和图 3-40 中可以看到,易溶气体氨在水中的溶解平衡关系在高浓度区已不再是线性关系了。

【例 3-11】　在101.3 kPa和 10°C 条件下用水吸收含有 0.8%(摩尔分数)环氧乙烷的气体。已知该条件下环氧乙烷的亨利系数为 550 kPa,求溶解度常数 H 和用摩尔比表示的平衡关系式。

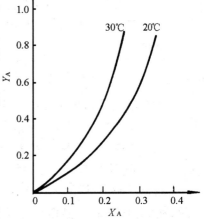

图 3-40　氨溶解于水的气-液平衡曲线

解　先假设吸收后的水溶液是稀溶液,则 $c_总$ 可用纯溶剂的摩尔浓度代替。取纯水的密度 $\rho_0 = 1000$ kg·m^{-3},摩尔质量 $M_0 = 18$ kg·kmol^{-1},则有:

$$c_总 = \frac{\rho_0}{M_0} = \frac{1000}{18} = 55.6 \text{ kmol·m}^{-3}$$

$$H = \frac{c_总}{E} = \frac{\rho_0}{M_0}\frac{1}{E}$$

$$= \frac{1000}{18 \times 550} \text{ kmol·m}^{-3}·\text{kPa}^{-1}$$

$$= 0.101 \text{ kmol·m}^{-3}·\text{kPa}^{-1}$$

则水中环氧乙烷的极限浓度为:

$$c = Hp$$

$$= 0.101 \times 101.3 \times 0.8\% \text{ kmol·m}^{-3}$$

$$= 0.0818 \text{ kmol·m}^{-3}$$

与总浓度比较,显然符合稀溶液假定。

再求 m,由:

$$m = \frac{E}{p_总} = \frac{550}{101.3} = 5.43$$

$$Y^* = \frac{5.43X}{1 - 4.43X}$$

对于该稀溶液,可简化为:

$$Y^* = 5.43X$$

3.3.2　吸收过程的物料衡算

在吸收过程中,吸收质在气相的浓度逐渐降低,必然引起在液相浓度的提高,气-液相实际浓度存在依赖关系。显然这种依赖关系可以由物料衡算获得,由该实际浓度与平衡浓度之差便

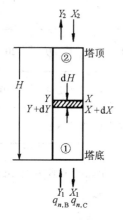

图 3-41　逆流吸收的物料衡算示意图

得到传质推动力。

如图 3-41 所示,设上升混合气体中惰性气体的摩尔流量为 $q_{n,B}$, kmol·h^{-1};与其逆流的溶液中,吸收剂的摩尔流量为 $q_{n,C}$。若自某一截面由上向下,高度变化了 dH,相应的气-液相浓度由 X, Y 变到 $X + dX$, $Y + dY$。单位时间内在 dH 区域内对吸收质进行物料衡算,吸收质自气相向液相传质,液相浓度增加了 dX,由于气相反方向流动,气相浓度的减少恰好是 dY。稳态条件下,衡算的结果为

$$dN_A = q_{n,B}dY = q_{n,C}dX \qquad (3-60)$$

在连续稳定操作条件下,惰性气体和溶剂的流量 $q_{n,B}$ 和 $q_{n,C}$ 是不变的,由此看来用摩尔比表示浓度比较方便。上式从塔顶至塔内任一截面积分,得

$$q_{n,B}(Y - Y_2) = q_{n,C}(X - X_2)$$

即

$$Y = \frac{q_{n,C}}{q_{n,B}}(X - X_2) + Y_2 \qquad (3-61)$$

若就全塔或任意两横截面间进行物料衡算,有

$$q_{n,B}(Y_1 - Y_2) = q_{n,C}(X_1 - X_2) \qquad (3-62)$$

式(3-61)在 Y-X 图中表示是一通过塔底组成 (X_1, Y_1) 和塔顶组成 (X_2, Y_2) 两点的直线,其斜率为 $q_{n,C}/q_{n,B}$,如图3-42所示。这条直线称为操作线,式(3-61)称为操作线方程。操作线方程和操作线,表示了塔内任意截面上的气-液相组成的关系。

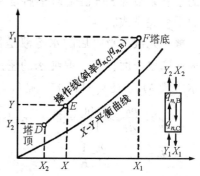

图 3-42　逆流吸收的操作线和平衡线的图示

3.3.3　填料塔中吸收的计算

填料塔中吸收过程的计算主要包括确定吸收剂的用量;以及在生产要求的处理量下计算填料层的高度和塔径。有关塔径的计算与精馏过程的类似。

(一) 吸收剂的用量

吸收过程需要处理的惰性气体的量 $q_{n,B}$,气相处理前后的组成 Y_1、Y_2,以及吸收剂的最初组成 X_2,都为过程本身或生产要求所决定。从本节中式(3-62)看到,如果吸收剂的用量 $q_{n,C}$ 确定了,或者 $q_{n,C}/q_{n,B}$ 确定,各股物料的量及组成就都确定了。$q_{n,C}/q_{n,B}$ 称为液气比,也就是吸收操作线的斜率,是吸收过程的主要操作条件。

我们知道,操作线与平衡线在垂直方向上的距离表示塔内某一截面的气相摩尔比 Y 和能与液相摩尔比 X 平衡的气相摩尔比 Y^* 的差 $Y - Y^*$,也就是以气相摩尔比表示的传质推动力。由图 3-43 的 Y-X 图可以看到,若吸收剂的用量减少,操作线斜率变小,传质推动力随之减小。当操作线与平衡线相接(如图 3-43a)或相切(如图 3-43b)时,推动力为零。此时的吸收剂用量就是最小吸收剂用量 $(q_{n,C})_{min}$,而相应的吸收液浓度则最大,也就是吸收过程能够进行的限度。

根据以上分析可知,$q_{n,C}$ 过小,则所需的传质面或者说设备必然过大,设备费用增大;相反,增加吸收剂用量,操作线远离平衡线,推动力增大,设备费用降低,但过大的吸收剂用量,势

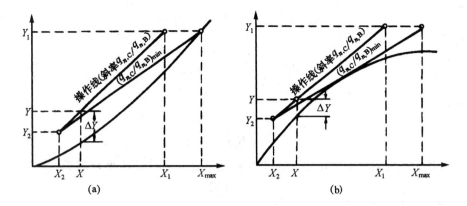

图 3-43 吸收剂比用量的计算

必造成原料费用或回收、输送吸收剂的操作费用增大。根据生产实践经验,最适宜的吸收剂用量一般取

$$(q_{n,C})_{适宜} = (1.1 \sim 2) \cdot (q_{n,C})_{min} \tag{3-63}$$

由 $q_{n,C}/q_{n,B}$ 的几何意义,容易得到

$$(q_{n,C})_{min} = q_{n,B}\frac{Y_1 - Y_2}{X_{max} - X_2} \tag{3-64}$$

式中: X_{max}——吸收液的极限浓度,对于操作线与平衡线相交的情形, $X_{max} = X_1^*$,即与 Y_1 呈平衡;对于操作线与平衡相切的情形,可由 Y_1 的值在切线上直接读出。

另外需要指出的是,在决定吸收剂的用量时,还必须考虑到能保证填料塔的充分润湿。一般情况下,液体的喷淋密度(每小时每平方米填料塔截面上喷淋的量)至少应为 $5\,m^3$(吸收剂)· $m^{-2} \cdot h^{-1}$。

(二) 填料层高度的确定

1. 填料层高度的基本计算式

填料层高度是吸收设备最主要的指标。所需的填料层高度是由所需的传质面积决定的。填料塔的不同截面处的传质推动力不同,传质速率也不同,必须使用微分方程,在图 3-41 中,微分区域 dH 内有传质面 dA ,其传质速率为 dN_A ,则有

$$dN_A = K_Y(Y - Y^*)dA \tag{3-65a}$$

或

$$dN_A = K_X(X^* - X)dA \tag{3-65b}$$

式中: K_Y, K_X——分别为以摩尔比之差 $Y - Y^*$ 和 $X^* - X$ 为推动力的吸收总传质系数,$kmol \cdot m^{-2} \cdot h^{-1}$。由此可知

$$K_Y = \frac{K_G p_{总}}{(1 + Y)(1 + Y^*)} \tag{3-66}$$

气相或液相吸收质浓度低时,有

$$K_Y = p_{总} K_G \tag{3-67a}$$

同理,有

$$K_X = c_{总} K_L \tag{3-67b}$$

式(3-65a)和物料衡算式(3-60)结合,得

$$q_{n,B}\mathrm{d}Y = K_Y(Y - Y^*)\mathrm{d}A \tag{3-68}$$

分离变量,得

$$\frac{q_{n,B}}{K_Y}\frac{\mathrm{d}Y}{Y - Y^*} = \mathrm{d}A$$

从塔顶至塔底积分,得

$$A = \int_{Y_2}^{Y_1} \frac{q_{n,B}}{K_Y}\frac{\mathrm{d}Y}{Y - Y^*}$$

将 A 与填料的有效比表面 a,$\mathrm{m}^2 \cdot \mathrm{m}^{-3}$(堆积填料),及填料层高度 H 联系,则有

$$A = aH\Omega$$

式中: Ω——填料塔的横截面积。

从而得到吸收塔填料层高度的基本计算式:

$$H = \int_{Y_2}^{Y_1} \frac{q_{n,B}}{K_Y a\Omega}\frac{\mathrm{d}Y}{Y - Y^*} \tag{3-69a}$$

同理,有:

$$H = \int_{X_2}^{X_1} \frac{q_{n,C}}{K_X a\Omega}\frac{\mathrm{d}X}{X^* - X} \tag{3-69b}$$

由于有效比表面 a 不易测定,因此常把 $K_Y a$ 当做一个物理量来测定,称为气相体积吸收系数; $K_X a$ 称为液相体积吸收系数。

2. 低浓度吸收的传质单元数

气相或液相吸收质浓度低时, K_X、K_Y 可以提到积分号外面:

$$H = \frac{q_{n,B}}{K_Y a\Omega} \int_{Y_2}^{Y_1} \frac{\mathrm{d}Y}{Y - Y^*} \tag{3-70a}$$

或

$$H = \frac{q_{n,C}}{K_X a\Omega} \int_{X_2}^{X_1} \frac{\mathrm{d}X}{X^* - X} \tag{3-70b}$$

令

$$\frac{q_{n,B}}{K_Y a\Omega} = H_{OG} \qquad \int_{Y_2}^{Y_1} \frac{\mathrm{d}Y}{Y - Y^*} = N_{OG}$$

$$\frac{q_{n,C}}{K_X a\Omega} = H_{OL} \qquad \int_{X_2}^{X_1} \frac{\mathrm{d}X}{X^* - X} = N_{OL}$$

得

$$H = H_{OG}N_{OG} = H_{OL}N_{OL} \tag{3-71}$$

令 $\Delta Y = Y - Y^*$,根据积分中值定理,一定存在一个 ΔY_m[称为(等效)平均推动力],能使式(3-70a)变为:

$$H = \frac{q_{n,B}}{K_Y a\Omega}\frac{Y_1 - Y_2}{\Delta Y_m}$$

将气相浓度变化 $Y_1 - Y_2$ 达到一个 ΔY_m,称为一个"气相传质单元",则 $H_{OG} = \frac{q_{n,B}}{K_Y a\Omega}$ 就是一个"单元"的填料层高度,称为气相传质单元高度;相应地,纯数 N_{OG} 则称为气相传质单元数。同理, H_{OL} 和 N_{OL} 分别称为液相传质单元高度和传质单元数。气相或液相低浓度时的这种处理方法称为传质单元数法。

3. 对数平均浓度差法

对于平衡关系近似为线性关系的吸收过程,则其推动力与 X 或 Y 之间也是线性关系。此

时与传热过程平均温度差证明方法类似,可以得到:

$$\Delta Y_{\mathrm{m}} = \frac{\Delta Y_1 - \Delta Y_2}{\ln\dfrac{\Delta Y_1}{\Delta Y_2}} \quad 或 \quad \Delta X_{\mathrm{m}} = \frac{\Delta X_1 - \Delta X_2}{\ln\dfrac{\Delta X_1}{\Delta X_2}} \tag{3-72}$$

而

$$N_{\mathrm{OG}} = \int_{Y_2}^{Y_1} \frac{\mathrm{d}Y}{Y - Y^*} = \frac{Y_1 - Y_2}{\Delta Y_{\mathrm{m}}} \tag{3-73a}$$

或

$$N_{\mathrm{OL}} = \int_{X_2}^{X_1} \frac{\mathrm{d}X}{X^* - X} = \frac{X_1 - X_2}{\Delta X_{\mathrm{m}}} \tag{3-73b}$$

当

$$\frac{1}{2} \leqslant \frac{\Delta Y_1}{\Delta Y_2} \leqslant 2 \quad 或 \quad \frac{1}{2} \leqslant \frac{\Delta X_1}{\Delta X_2} \leqslant 2 \ 时$$

$$\Delta Y_{\mathrm{m}} = \frac{\Delta Y_1 + \Delta Y_2}{2} \quad 或 \quad \Delta X_{\mathrm{m}} = \frac{\Delta X_1 + \Delta X_2}{2} \tag{3-74}$$

【例 3-12】 用清水做吸收剂,在常压、273 K 下吸收混合气体中的甲醇。混合气体处理量为 $3600 \ \mathrm{m^3 \cdot h^{-1}}$,其中每立方米含甲醇 25 g(其他均可认为是惰性组分),要求甲醇的吸收率达 90%,水的用量取最小液气比时的 130%。已知该条件下甲醇在水中的溶解平衡关系呈线性: $Y = 1.15X$。求吸收用水量为多少 t/h(吨/小时),吸收所需的液相传质单元数为多少。

解 (1)换算已知条件

取甲醇摩尔质量为 $32 \ \mathrm{g \cdot mol^{-1}}$,摩尔体积 $22.4 \times 10^{-3} \ \mathrm{m^3 \cdot mol^{-1}}$,甲醇的摩尔分数或体积分数为:

$$y_1 = \frac{25 \times 22.4 \times 10^{-3}}{32} = 0.0175$$

$$Y_1 = \frac{0.0175}{1 - 0.0175} = 0.0178$$

$$Y_2 = 0.0178(1 - 0.9) = 0.00178$$

(2)求吸收用水量

① 溶液极限浓度:

$$X_1^* = \frac{Y_1}{1.15} = \frac{0.0178}{1.15} = 0.0155$$

② 最小液-气比:

$$\frac{(q_{n,\mathrm{C}})_{\min}}{q_{n,\mathrm{B}}} = \frac{Y_1 - Y_2}{X_1^* - X_2}$$

用纯水吸收,$X_2 = 0$,得

$$\frac{(q_{n,\mathrm{C}})_{\min}}{q_{n,\mathrm{B}}} = \frac{0.0178 - 0.00178}{0.0155} = 1.03$$

实际上取

$$\frac{q_{n,\mathrm{C}}}{q_{n,\mathrm{B}}} = 130\% \times 1.03 = 1.34$$

由

$$q_{n,\mathrm{B}}(Y_1 - Y_2) = q_{n,\mathrm{C}}(X_1 - X_2)$$

$$X_1 = \frac{Y_1 - Y_2}{q_{n,\mathrm{C}}/q_{n,\mathrm{B}}} = \frac{0.0178 - 0.00178}{1.34} = 0.0119$$

$$q_{n,\mathrm{C}}(X_1 - X_2) = 吸收的甲醇量$$

$$q_{n,\mathrm{C}} = \frac{3600 \ \mathrm{m^3 \cdot h^{-1}} \times 25 \ \mathrm{g \cdot m^{-3}} \times 0.9}{1000 \ \mathrm{g \cdot kg^{-1}} \times 32 \ \mathrm{kg \cdot kmol^{-1}} \times (0.0119 - 0)} = 213 \ \mathrm{kmol \cdot h^{-1}}$$

用水量 $= 213\,\mathrm{kmol} \cdot \mathrm{h}^{-1} \times 18\,\mathrm{kg} \cdot \mathrm{kmol}^{-1} = 3.83 \times 10^3\,\mathrm{kg} \cdot \mathrm{h}^{-1} = 3.8\,\mathrm{t} \cdot \mathrm{h}^{-1}$

(3) 计算液相传质单元数

用对数平均浓度差法：

$$X_2^* = \frac{Y_2}{1.15} = \frac{0.00178}{1.15} = 0.00155$$

$$\Delta X_m = \frac{(X_1^* - X_1) - (X_2^* - X_2)}{\ln \dfrac{X_1^* - X_1}{X_2^* - X_2}}$$

$$= \frac{0.0155 - 0.0119 - 0.00155}{\ln \dfrac{0.0155 - 0.0119}{0.00155}}$$

$$= 2.4 \times 10^{-3}$$

$$N_{OL} = \frac{X_1 - X_2}{\Delta X_m} = \frac{0.0119 - 0}{2.4 \times 10^{-3}} = 5.0$$

4. 数值积分方法

当平衡关系以图表给出，或函数不易积分时，常使用数值积分(或图解积分)的方法。其步骤为：

(1) 逐点计算(或从 Y-X 图上读出)X、Y、Y^* 和 $\dfrac{1}{Y - Y^*}$；

(2) 将上述数据列表(或以 $\dfrac{1}{Y - Y^*}$ 对 Y 做图，如图 3-44)；

(3) 在积分区间内，$\dfrac{1}{Y - Y^*}$-Y 曲线下，计算每个数据间隔内的梯形的面积求和(从图上读取曲线下的面积)，也可以用数值积分公式求取(参考"数值方法"方面的数学书)。

【例 3-13】　用洗油在27 ℃、106.7 kPa 吸收焦炉气中的芳烃。焦炉气中芳烃摩尔分数为0.02。试计算回收 95% 芳烃时的气相传质单元数。

已知操作条件下的平衡关系为：

$$Y^* = \frac{0.125X}{1 + 0.875X}$$

操作线方程为：

$$Y = 0.170X + 1.65 \times 10^{-4}$$

解　由于平衡关系不是线性，可用数值积分法。

$$Y_1 = \frac{0.02}{1 - 0.02} = 0.0204$$

$$Y_2 = 0.0204 \times (1 - 0.95) = 0.00102$$

$$X_1 = \frac{0.0204 - 1.65 \times 10^{-4}}{0.170} = 0.119$$

$$X_2 = \frac{0.00102 - 1.65 \times 10^{-4}}{0.170} = 0.00503$$

由所取 X 数据，用平衡关系、操作线方程计算 Y、Y^* 和 $\dfrac{1}{Y - Y^*}$，列于表 3-13 中。

表 3-13 例 3-13 附表

X	Y	Y^*	$f = \dfrac{1}{Y - Y^*}$
$X_2 = 0.00503$	$Y_2 = 0.00102$	0.00062	2500
0.0125	0.00229	0.00154	1333
0.02	0.00356	0.00245	901
0.04	0.00696	0.00483	470
0.06	0.01036	0.00712	309
0.08	0.01376	0.00935	227
0.10	0.01716	0.01150	177
$X_1 = 0.119$	$Y_1 = 0.0204$	0.01347	144

由于曲线较弯曲(见图 3-44),可用辛普森(Simpson)公式(参见有关数学书):等步长 h 相邻两小区间的面积为:

$$S = \frac{h}{3}(f_i + 4f_{i+1} + f_{i+2})$$

最后一个单个区间较平缓,按梯形计算,则有:

$$N_{OG} = \int_{Y_2}^{Y_1} \frac{\mathrm{d}Y}{Y - Y^*}$$

$$= \frac{0.00127}{3}(f_0 + 4f_1 + f_2) + \frac{0.00340}{3}(f_2 + 4f_3 +$$

$$2f_4 + 4f_5 + f_6) + 0.00324 \times \frac{f_6 + f_7}{2}$$

$$= 9.30$$

由图 3-44 读出的面积为 8.8,显然图解积分精度稍差(该过程的精确解为 $N_{OG} = 9.26$)。

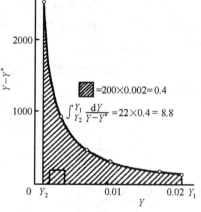

图 3-44 例 3-13 附图

(三) 吸收传质系数

各类文献和手册给出的适用于实际生产的准数关联式出入很大,而且都有一定的适用范围。较为通用的有:

当采用瓷制或钢制环形填料吸收时,有

Re<300 时
$$k_G = 0.035 \frac{DP_总}{RTdp_{B,m}} Re^{0.75} Sc^{0.5}$$

Re>300 时
$$k_G = 0.015 \frac{DP_总}{RTdp_{B,m}} Re^{0.9} Sc^{0.5}$$

$$Re = \frac{d_e u \rho}{\mu}$$

式中:D—吸收质在气相中的扩散系数;R—摩尔气体常数,$8.314\ J \cdot mol^{-1} \cdot K^{-1}$ 或 $kPa \cdot m^3 \cdot kmol^{-1} \cdot K^{-1}$;$d$—填料外径;$d_e$—填料的当量直径,$d_e = 4\varepsilon/a$,$\varepsilon$ 为填料的空隙率;u—实际气速,且 $u = u_0/\varepsilon$,u_0 为空塔气速。$p_{B,m}$—气相中惰性气体在界面和本体中浓度的对数平均值。

因此有:

$$Re = \frac{4\varepsilon}{a} \frac{u_0}{\varepsilon} \frac{\rho}{\mu} = \frac{4u_0 \rho}{a\mu}$$

对于 $k_G \ll Hk_L$,称为气膜控制,有 $K_G \approx k_G$。

填料塔中吸收的液膜传质系数有：

$$k_L = 0.00595 \frac{c_{\text{总}}}{c_{S,m}} \frac{D'}{d} \text{Re}^{0.67} \text{Sc}^{0.33} \text{Ga}^{0.33}$$

$$\text{Ga} = \frac{g d^3 \rho^2}{\mu^2}$$

式中：$c_{S,m}$—与气相类似，为液相中吸收剂在界面和本体中浓度的对数平均值；$c_{\text{总}}$—溶液各组分总浓度；D'—吸收质在液相中的扩散系数；Ga—伽利略（Galileo）准数，表示液体受重力沿填料表面的流动状况；g—重力加速度。

对于 $Hk_L \ll k_G$，称为液膜控制，此时有 $K_L \approx k_L$。

3.3.4　吸收过程的理论塔板数

吸收过程也可以在板式塔中进行。吸收塔的理论塔板数（或理论级数）一般可以用"梯级图解法"求得。与精馏过程类似，从操作线一端在平衡线与操作线之间画阶梯至另一端，数出梯级数即是理论级数。

对于操作线和平衡线均为线性关系时，通过逐板计算的方法，可以得到计算多级逆流吸收理论级数 N 的解析式。

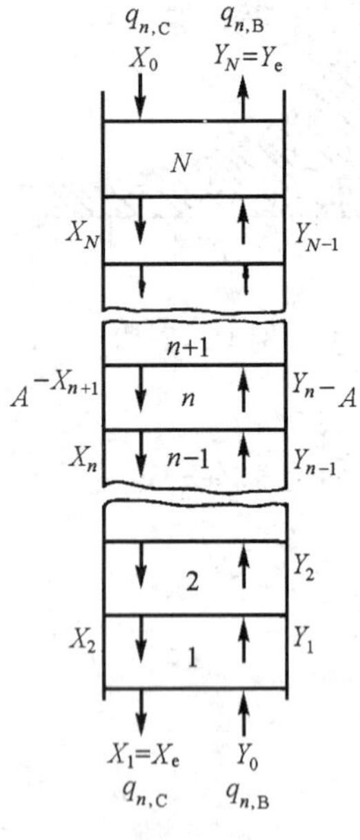

图 3-45　多级逆流理论级模型

从图 3-45 我们注意到与任一理论级 n 有关的物流有 4 个：流入的气、液相，其组成为 Y_{n-1}、X_{n+1}；流出的气、液相，其组成为 Y_n、X_n。后两股物流在该级塔板上经过充分接触，已达到平衡，即

$$Y_n = m X_n$$

相邻两级塔极板的物流首尾相接，连接处，即塔板截面上的气-液相物流的组成 X_{n+1} 与 Y_n 之间应遵守操作线方程：

$$Y_n = \frac{q_{n,C}}{q_{n,B}}(X_{n+1} - X_0) + Y_e \tag{3-75}$$

式中：Y_e、X_0—塔顶气、液相组成。

由对数平均浓度差法受到提示，观察相邻两截面处的推动力的比值：

$$\frac{Y_{n-1} - m X_n}{Y_n - m X_{n+1}} = \frac{Y_{n-1} - Y_n}{m X_n - m X_{n+1}} \tag{3-76}$$

在第 n 级上、下两截间进行物料衡算，有

$$q_{n,B}(Y_{n-1} - Y_n) = q_{n,C}(X_n - X_{n+1})$$

代入式（3-76），得

$$\frac{Y_{n-1} - m X_n}{Y_n - m X_{n+1}} = \frac{q_{n,C}}{m q_{n,B}}$$

令 $q_{n,C}/m q_{n,B} = A$，即操作线斜率与平衡线斜率的比值，称为吸收因数。则塔底与塔顶处推动力的比值为

$$\frac{Y_0 - m X_1}{Y_N - m X_0} = \underbrace{\frac{Y_0 - m X_1}{Y_1 - m X_2} \cdot \frac{Y_1 - m X_2}{Y_2 - m X_3} \cdots \frac{Y_{N-1} - m X_N}{Y_N - m X_0}}_{N 块塔板} = A^N$$

上式两边取对数，得

$$N\ln A = \ln \frac{Y_0 - mX_1}{Y_N - mX_0}$$

注意到 Y_0、X_0 为混合气和吸收剂的原始组成，Y_N 取尾气组成 Y_e，X_1 为吸收液终了组成 X_e（参见图 3-45），得

$$N = \frac{1}{\ln A} \ln \frac{Y_0 - mX_e}{Y_e - mX_0} \tag{3-77}$$

上式还经常用"相对吸收率"（实际吸收程度与极限程度的比值）φ 来表示，即

$$\varphi = \frac{Y_0 - Y_e}{Y_0 - mX_0}$$

$$N = \frac{\ln \dfrac{1 - \varphi/A}{1 - \varphi}}{\ln A} \tag{3-78}$$

3.3.5　化学吸收简介

化学吸收在工业生产中是常见的,例如用硫酸吸收三氧化硫,用氨水吸收二氧化碳,用铜氨液吸收一氧化碳,等等,都是伴有化学反应的吸收过程。

在化学吸收过程中,吸收质先从气相主体扩散到气-液界面(在气相无化学反应),其扩散的机理与物理吸收是一样的,因此气相传质系数不受影响。吸收质(例如 A)达到界面以后,与吸收剂中能与吸收质起反应的组分(例如 R)进行化学反应,吸收剂中组分 R 在界面的浓度降低,因而又从液相主体向界面扩散,与 A 相遇。A 与 R 在哪一位置上进行反应,取决于反应速率和扩散速率的大小。反应进行愈快,则 A 抵达气-液界面后不必再扩散很远便会消耗干净;反之,反应进行很慢,则 A 也可能扩散到液相主体中时仍有大部分未能参加反应。因此影响化学吸收速率的因素不仅包括与物理吸收相同的因素,如物料的性质与流体流动状况等,而且还包括与化学反应速率有关的因素,即化学反应速度常数、反应物浓度等。在考虑上述因素之后,能找到一个关系来表示化学吸收液相传质系数 k_L',它为物理吸收液相传质系数的若干倍,而化学吸收传质速率方程式便可以写成:

$$N_A = k_L' S(c_{Ai} - c_A) = \beta k_L S(c_{Ai} - c_A)$$

式中：β—化学反应使物理吸收通量(或物理吸收速率)增大的倍数,称为增强因数或反应因数;c_{Ai}—气-液相界面上吸收质 A 的浓度;c_A—液相主体中吸收质 A 的浓度;S—传质面积。

从上述可知,进行有关化学吸收的计算,关键问题在于求 β 之值。

化学吸收与物理吸收相比较,它具有下述特点:(i)吸收质因与溶剂中反应组分起化学反应而消耗,使得与此液相成平衡的吸收质的分压降低,若反应是不可逆的,在溶剂中的反应组分耗尽之前,吸收质的平衡分压甚至可以降到零,从而提高了吸收的推动力。(ii)如果反应进行得很快,以至在气-液界面附近吸收质已完全反应,则吸收质在液膜内扩散需要克服的阻力便大大降低,对不可逆的飞速反应(反应速率极大),当溶剂中的反应组分浓度足够大时,阻力甚至可以减到零,这时吸收变为气膜控制。例如用水吸收 SO_2 的过程速率原是气膜与液膜共同控制的,若改用 NaOH 溶液来吸收,便变成几乎完全是气膜控制(此时液膜传质系数相对极大)。以上两点均使总吸收速率提高,也使吸收通量增大,即使化学反应速度极慢,对液膜传质系数也有增大的作用。因此一般来说,β 的数值总是大于 1 的。从理论上说,某些情况下 β 与

各影响因素的关系可以根据传质机理和化学反应原理导出。但这样来求比较可靠的 k_L' 值尚有困难。目前 k_L' 值大多还是直接通过实验或采用前人由实验得到的准数关联式来求取。当然它们是针对某一反应系统而测定的,故只能用于该系统。对化学吸收所需要考虑的变量也比物理吸收为多,如溶剂中反应组分的浓度、系统温度和压力的变化对化学反应速率常数的影响,等等。

至于化学吸收设备等的计算,一般来说,可以按照物理吸收的原则和方法进行,这里就不再讨论了。

3.4 膜 分 离

利用固体膜对流体混合物中各组分的选择性渗透分离各组分的方法称为膜分离。膜分离技术目前已普遍用于化工、食品、医药、轻工、冶金工业以及环境工程。膜分离过程有以下特点:

(1) 多数膜分离过程中组分不发生相变化,所以能耗较低;

(2) 膜分离过程在常温下进行,对食品及生物药品的加工特别适合;

(3) 膜分离过程不仅可除去病毒、细菌等微粒,而且也可除去溶液中大分子和无机盐,还可分离共沸物或沸点相近的组分;

(4) 由于以压差及电位差为推动力,因此装置简单,操作方便。

主要的几种膜分离过程的特征比较列于表3-14中。

表 3-14 几种主要的膜分离过程

过程	示意图	膜及膜内孔径	推动力	传递机理	透过物	截留物
微孔过滤	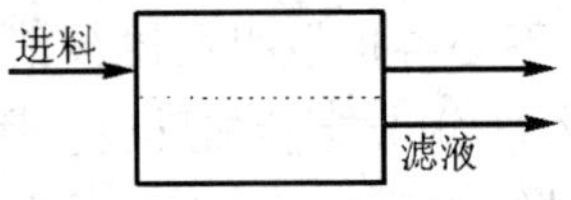 进料 → 滤液	多孔膜 (0.2~10 μm)	压差 ≈0.1 MPa	颗粒尺度的筛分	水、溶剂 溶解物	悬浮物 颗粒
超滤	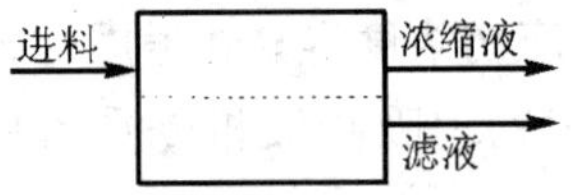 进料 → 浓缩液 滤液	非对称性膜 (1~20 nm)	压差 0.1~1 MPa	微粒及大分子尺度形状的筛分	水、溶剂 小分子 溶解物	胶体大分子、细菌等
反渗透	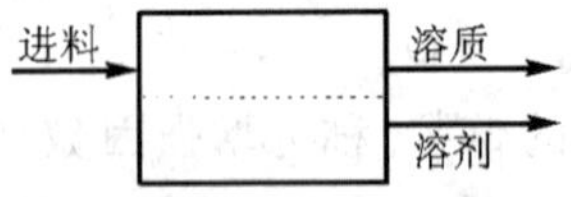 进料 → 溶质 溶剂	非对称性膜或复合膜 (0.1~1 nm)	压差 1~10 MPa	溶剂和溶质的选择性扩散	水、溶剂	溶质、盐 (悬浮物、大分子、离子)
电渗析	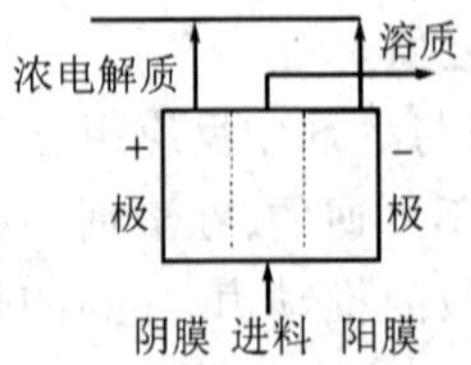 浓电解质 溶质 +极 -极 阴膜 进料 阳膜	离子交换膜 (1~10 nm)	电位差	电解质离子在电场下的选择传递	电解质离子	非电解质溶剂
混的合分气离体	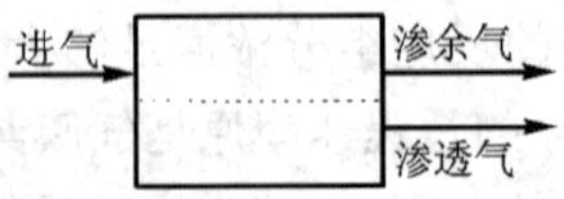 进气 → 渗余气 渗透气	均质膜(孔径<50 nm)、多孔膜非对称性膜	压差 1~10 MPa 浓度差	气体的选择性扩散渗透	易渗透的气体	难渗透性的气体

3.4.1　超滤(UF)过程的原理

膜分离过程的传质机理比较复杂,目前人们提出了多种不同的机理解释不同的膜分离过程。这里仅介绍超滤过程的基本原理、传质速率和分离特性。

超滤是以压差为推动力、用固体多孔膜截留混合物中的微粒和大分子溶质而使溶剂透过膜孔的分离操作。图 3-46 表示超滤的操作原理。超滤的分离机理主要是多孔膜表面的筛分作用;大分子溶质在膜表面及孔内的吸附和滞留虽然也起截留作用,但易造成膜污染。在操作中必须采用适当的流速、压力、温度等条件,并定期清洗以减少膜污染。常用超滤膜为非对称膜,表面活性层的微孔孔径为 $1\sim20$ nm,截留分子量为 $500\sim10^6$。

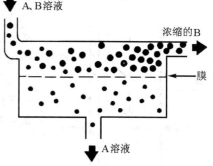

图 3-46　超滤操作原理示意图

当含有高分子溶质(B)和低分子溶质(A,如无机盐)的混合溶液(F)流过膜表面时,溶剂和低分子溶质透过膜,成为透滤液(P)被收集,大于膜孔的高分子溶质则被截留而作为浓缩液(R)回收。

(一) 渗透速率

根据人们提出的传质机理可以推出:当膜两侧溶液的渗透压之差为 $\Delta\Pi$ 时,渗透的推动力为 $(\Delta p-\Delta\Pi)$。故可将溶剂(水)的透过速率(其值表示单位时间、单位膜表面的水透过量)J_V,$\mathrm{m^3\cdot m^{-2}\cdot h^{-1}}$ 表示为:

$$J_V = A(\Delta p - \Delta\Pi) \tag{3-79}$$

式中:A—纯溶剂(水)的透过系数,是表征膜性能的重要参数。

与此同时,少量溶质也将由于膜两侧溶液有浓度差而扩散透过薄膜。溶质的透过速率 J_S 与膜两侧溶液的浓度差有关,通常写成如下形成:

$$J_S = B(c_3 - c_2)$$

式中:B—溶质的透过系数。

透过系数 A、B 主要取决于膜的结构,同时也受温度、压力等操作条件的影响。

(二) 截留率

通常用截留率 R 表征膜的分离特性,其定义为:

$$R = \frac{c_1 - c_2}{c_1} \tag{3-80a}$$

或

$$R = 1 - \frac{c_P}{c_F} \tag{3-80b}$$

式中:c_F(或 c_1)—原料液某溶质的浓度;c_P(或 c_2)—透滤液中某溶质的浓度;c_P/c_F—透过率。

当分离溶液中的大分子物质时,截留物的分子量在一定程度上反映膜孔的大小。但是通常多孔膜的孔径大小不一,被截留物的分子量将分布在某一范围内。所以,一般取截留率为 90% 的物质的分子量称为膜的截留分子量(MWCO)。

截留率大、截留分子量小的膜往往透过通量低。因此,在选择膜时需在两者之间作出权衡。

3.4.2　膜分离过程的流程和操作

(一) 浓差极化现象

在膜分离过程中,大部分溶质在膜表面截留,从而在膜的一侧形成溶质的高浓度区。当过

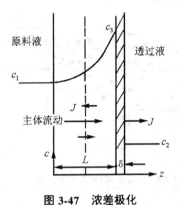

原料液

c_1

J

主体流动 →

c

L　δ

z

图 3-47　浓差极化

程达到定态时,料液侧膜表面溶液的浓度 c_3 显著高于主体溶液浓度 c_1,参见图 3-47。这一现象称为浓差极化。近膜处溶质的浓度边界层中,溶质将反向扩散进入料液主体。

为建立浓度边界层中溶质 c 的分布规律,取浓度边界层内平面 I 与膜的低浓度侧表面 II 之间的容积为控制体做物料衡算得:

$$Jc - D\frac{dc}{dz} - Jc_2 = 0$$

将上式从 $z = 0$、$c = c_1$ 到 $z = L$(浓度边界层厚度)、$c = c_3$ 积分,可得边界层内的浓度分布为:

$$\ln\frac{c_3 - c_2}{c_1 - c_2} = \frac{JL}{D} \tag{3-81a}$$

式中:J—膜的透过速率;c_1—料液主体中溶质的浓度;c_2,c_3—分别为膜面上两侧溶液中的溶质的浓度;D—溶质的扩散系数。

透过物中的溶质含量 c_2 很低,故有:

$$\frac{c_3}{c_1} = \exp\left(\frac{J}{k}\right) \tag{3-81b}$$

式中:k—浓度边界层内溶质的对流传质系数,$k = D/L$;c_3/c_1—浓差极化比。

显然,对一定的透过速率 J,传质系数 k 越小,浓差极化比越大。

在超滤过程中,浓差极化现象尤为严重。当膜表面大分子物质浓度达到凝胶化浓度 c_g 时,膜表面形成一不流动的凝胶层,参见图 3-48。

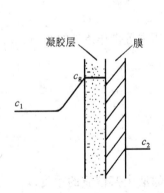

凝胶层　　膜

c_g

c_1

c_2

图 3-48　形成凝胶层时的浓差极化

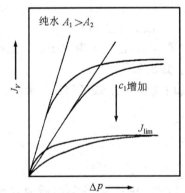

纯水 $A_1 > A_2$

J_v

c_1增加

J_{lim}

Δp

图 3-49　超滤的透过速率与压差的关系

凝胶层的存在大大增加膜的阻力。同一操作压差下的透过速率显著降低。图3-49表示操作差 Δp 与超滤通量 J 之间的关系。对纯水的超滤,J_v 与 Δp 成正比,图中两条直线的斜率分

别是两种不同膜的透过系数 A_1 与 A_2。但对高分子溶液超滤时,由于膜污染和浓差极化等原因,透过速率随压差的增加为一曲线。当压差足够大时,由于凝胶层的形成,透过速率到达某一极限值,称为极限通量 J_{lim}。当过程到达定态时,超滤的极限通量可由式(3-81a)求出,即

$$J_{lim} = k\ln\frac{c_g}{c_1} \tag{3-82}$$

显然,极限通量 J_{lim} 与膜本身的阻力无关,但与料液浓度 c_1 有关。料液浓度 c_1 越大,凝胶层较厚,对应的极限通量小,由此可知,超滤中料液浓度 c_1 对操作特性有很大影响。对一定浓度的料液,操作压强过高并不能有效地提高透过速率。实际可使用的最大压差应根据溶液浓度和膜的性质由实验决定。

(二) 膜分离过程的典型流程

为了防止浓差极化和膜污染堵塞,在膜分离过程中,除定时进行"反冲"操作外,一般应使料液以较高的料液流速在膜表面横向流动,称为错流操作。

典型流程有:

1. 单级间歇操作

图 3-50 是单级间歇操作的流程图,膜组件中保持较高的料液流速,但膜的渗透量较小,所以料液必须在膜组件中循环多次才能使料液浓缩到要求的程度,这是工业超滤装置最基本的特征。图示流程的操作过程如下,料液加入料液槽经多次循环,浓度达到要求值时,停止循环,将浓缩液放出。然后加入新料液进行下一批操作。间歇操作适用于小规模间歇生产产品的处理。

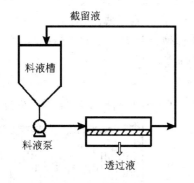

图 3-50 间歇流程

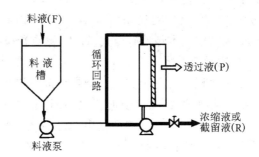

图 3-51 连续流程

2. 单级连续操作

图 3-51 是单级连续操作的流程图。与间歇操作比较,它的特点是膜分离过程始终于接近浓缩液的浓度的条件下进行。因此渗透通量与截留率均较低,为了克服这个缺点,可采用多级连续操作。

3. 多级连续操作

图 3-52 是多级连续操作的流程图。各级中循环液的浓度依次升高,最后一级引出浓缩液,因此前面几级中料液可以在较低的浓度下操作。

连续多级操作适用于大规模生产。

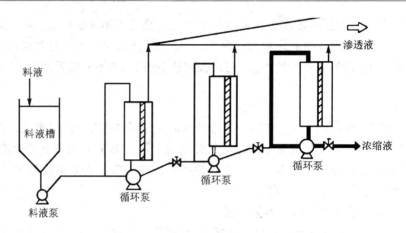

图 3-52　多级流程

3.4.3　膜分离器

在膜分离过程中,分离用膜是以组件的形式使用。膜组件又称为膜(分离)器。它是膜分离过程的核心设备。膜分离的效果主要取决于膜本身的性能,膜材料及膜的制备是膜分离技术发展的制约因素。

分离用固体膜按材质分为无机膜及聚合物膜两大类,而以聚合物膜使用最多。无机膜由陶瓷、玻璃、金属等材料制成,孔径为 1 nm～60 μm。无机膜的耐热性、化学稳定性好,孔径较均匀。聚合物膜通常用醋酸纤维素、芳香族聚酰胺、聚砜、聚四氟乙烯、聚丙烯等材料制成,膜的结构有均质致密膜或多孔膜,非对称膜及复合膜等多种。膜一般很薄,如对微孔过滤所用的多孔膜而言,约为 50～250 μm。因此,一般衬以膜的支撑体使之具有一定的机械强度。

膜分离器的基本组件有板式、管式、螺旋卷和中空纤维式四类。

1. 板式膜分离器

其结构原理参见图 3-53。分离器内放有许多多孔支撑板,板两侧覆以固体膜。待分离液进入容器后沿膜表面逐层横向流过,穿过膜的透过液在多孔板中流动并在板端部流出。浓缩液流经许多平板膜表面后流出容器。

平板式膜分离器的原料流动截面大,不易堵塞,压降较小,单位设备内的膜面积可达 160～500 m²·m⁻³,膜易于更换。缺点是安装、密封要求高。

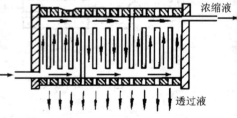

图 3-53　板式膜分离器

2. 管式膜分离器

用多孔材料制成管状支撑体,管径一般为 1.27 cm。若管内通原料液,则膜覆盖于支撑管的内表面,构成内压型。反之,若管外通原料液,则在多孔支撑管外侧覆膜,透过液由管内流出。为提高面积,可将多根管式组件组合成类似于列管式换热器那样的管束式膜分离器。

管式膜分离器的组件结构简单,安装、操作方便,但单位设备体积的膜面积较小,约为 30～50 m²·m⁻³。

3. 螺旋卷式膜分离器

其结构原理与螺旋板换热器类似,见图 3-54。在多孔支撑板的两面覆以平板膜,然后铺一层隔网材料,一并卷成柱状放入压力容器内。原料液由侧边沿隔网流动,穿过膜的透过液则

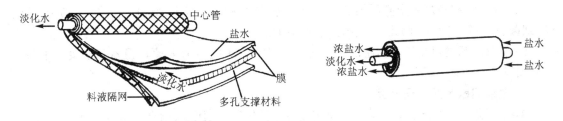

图 3-54　螺旋卷式反渗透膜组件示意图

在多孔支撑板中流动,并在中心管汇集流出。

螺旋卷式膜分离器结构紧凑,膜面积可达 $650\sim1600\ m^2\cdot m^{-3}$,缺点是制造成本高,膜清洗困难。

4. 中空纤维膜分离器

将膜材料直接制成极细的中空纤维,如图 3-55 所示,外径约 $40\sim250\ \mu m$,外径与内径之比约为 $2\sim4$。由于中空纤维极细,可以耐压而无需支撑材料。将数量为几十万根的一束中空纤维一端封死,另一端固定在管板上,构成外压式膜分离器,参见图 3-55。原料液在中空纤维外空间流动,穿过纤维膜的透过液在纤维中空腔内流出。

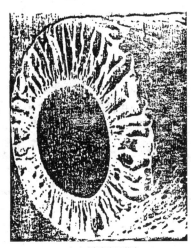

中空纤维断面图

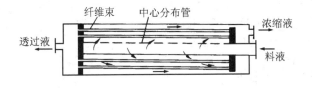

图 3-55　中空纤维膜器示意图

中空纤维膜组件结构紧凑,膜面积可达 $(1.6\sim3)\times10^4\ m^2\cdot m^{-3}$;缺点是透过液侧的流动阻力大,清洗困难,更换组件困难。

3.4.4　超滤的应用和主要计算

1. 超滤的工业应用

超滤主要适用于热敏物、生物活性物质等含大分子物质的溶液的分离和浓缩。

(1) 超滤在食品工业中用于果汁、牛奶的浓缩和其他乳制品加工。超滤截留牛奶中几乎全部的脂肪及 90% 以上的蛋白质,从而可使浓缩牛奶中的脂肪和蛋白质含量提高 3 倍左右,且操作费和设备投资都比双效蒸发明显降低。

（2）在纯水制备过程中使用超滤可以除去水中的大分子有机物（分子量大于 6000）及微粒、细菌、热源等有害物，因此可用于注射液的净化。

（3）此外，超滤可用于生物制品的浓缩精制，从血液中除去尿毒素以及从工业废水中除去蛋白质及高分子物质等。

2. 单级间歇超滤过程分析

单级间歇超滤适合于小规模生产和实验室分离纯化，在医疗、制药行业广泛采用，是现代生物工程技术的主要方法之一。

超滤过程的透过液和浓缩液的浓度是该过程的重要工艺指标。它与膜的截留率和过程的浓缩程度有关。

在间歇过程中，如图 3-56 所示，浓缩液的体积 V 和溶质浓度 c 均是随时间变化的。若使浓缩液体积改变 $\mathrm{d}V$，则有 $-\mathrm{d}V$ 的液体透过膜，其中溶质浓度为 c_P，对该溶质进行物料衡算有：

$$\mathrm{d}(Vc) + (-\mathrm{d}V)c_P = 0$$

即

$$V\mathrm{d}c + (c - c_P)\mathrm{d}V = 0 \tag{3-83}$$

因为任何时刻 c_P 与 c 满足：

$$R = \frac{c - c_P}{c}$$

或

$$c - c_P = Rc$$

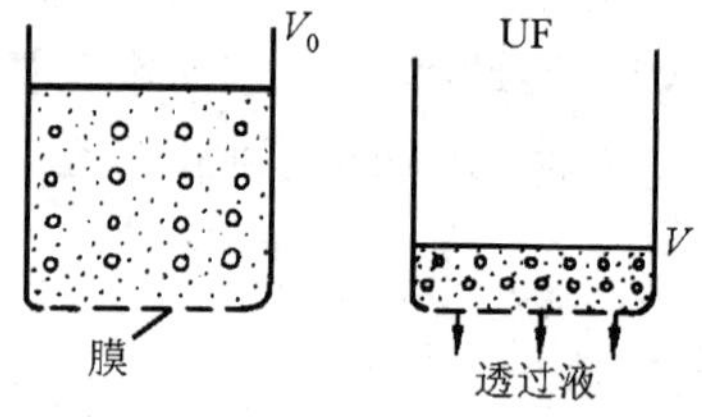

图 3-56

代入(3-83)式，得

$$V\mathrm{d}c + Rc\mathrm{d}V = 0$$

分离变量，并设料液初始体积为 V_0。溶质初始浓度为 c_0，在初始状态和终了状态之间定积分，有

$$\int_V^{V_0} \frac{\mathrm{d}V}{V} = -\int_c^{c_0} \frac{\mathrm{d}c}{Rc} = \int_{c_0}^{c} \frac{\mathrm{d}c}{Rc}$$

其解为：

$$\ln \frac{V_0}{V} = \frac{1}{R}\ln \frac{c}{c_0}$$

或

$$\frac{c}{c_0} = \left(\frac{V_0}{V}\right)^R \tag{3-84}$$

通过(3-84)式即可计算任一溶质在最终浓缩液中的浓度（包括目标产物和杂质的浓度）。

对于合并透过液（即累积的所有透过液），其浓度 $\overline{c}_P$ 可由全过程的物料衡算求得：

$$V_0c_0 = Vc + (V_0 - V)\overline{c}_P$$

浓缩液中溶质的收率为：

$$\varphi = \frac{Vc}{V_0c_0} = \left(\frac{V_0}{V}\right)^{R-1} \tag{3-85}$$

3. 超滤膜面积的计算

【例 3-14】　用内径 1.25 cm、长 3 m 的超滤管浓缩分子量为 70 000 的葡聚糖水溶液。料液处理量为 0.3 $\mathrm{m^3 \cdot h^{-1}}$，含葡聚糖质量浓度为 5 $\mathrm{kg \cdot m^{-3}}$，出口浓缩液的质量浓度为 50 $\mathrm{kg \cdot m^{-3}}$。膜对葡聚糖全部截留，纯水的透过系数 $A = 1.8 \times 10^{-4}$ $\mathrm{m^3 \cdot m^{-2} \cdot kPa^{-1} \cdot h^{-1}}$。操作的平均压差为 200 kPa，温度为 25 ℃，试求所需的膜面积及超滤管数。

解 设透过液流量为 q_V，对整个超滤器作葡聚糖的物料衡算：

$$0.3 \times 5 = (0.3 - q_V) \times 50$$

解出

$$q_V = 0.27\,\mathrm{m^3 \cdot h^{-1}}$$

所需膜面积为：

$$A_{\mathrm{m}} = \frac{q_V}{J_V} = \frac{q_V}{A\Delta p} = \frac{0.27}{1.8 \times 10^{-4} \times 200}\mathrm{m^2} = 7.5\ \mathrm{m^2}$$

管数

$$n = \frac{A_{\mathrm{m}}}{\pi dL} = \frac{7.5}{3.14 \times 0.0125 \times 3} = 64(根)$$

3.4.5 电渗析(ED)过程简介

(一) 原理

电渗析是以电位差为推动力、利用离子交换膜的选择透过特性使溶液中的离子作定向移动以达到脱除或富集电解质的膜分离操作。

离子交换膜有两种类型：基本上只允许阳离子透过的阳膜和只允许阴离子透过的阴膜。它们交替排列组成若干平行通道，参见图 3-57。通道宽度约 $1\sim2\,\mathrm{mm}$，其中放有隔网以免阳膜和阴膜接触。在外加直流电场的作用下，料液流过通道时 $\mathrm{Na^+}$ 之类的阳离子向阴极移动，穿过阳膜，进入浓缩室；而浓缩室中的 $\mathrm{Na^+}$ 则受阻于阴膜而被截留。同理，$\mathrm{Cl^-}$ 之类的阴离子将穿过阴膜向阳极方向移动，进入浓缩室；而浓缩室中的 $\mathrm{Cl^-}$ 则受阻于阳膜而被截留。于是，浓缩液与淡化液得以分别收集。

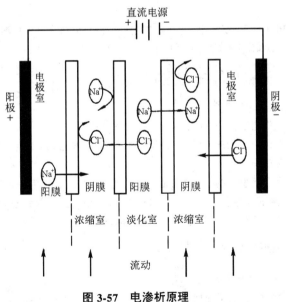

图 3-57 电渗析原理

离子交换膜用高分子材料为基体，在其分子链上接了一些可电离的活性基团。阳膜的活性基团常为磺酸基，在水溶液中电离后的固定性基团带负电；阴膜中的活性基团常为季胺，电离后的固定性基团带正电，即

阳膜	阴膜
$\mathrm{R-SO_3^- -H^+}$	$\mathrm{R-CH_2N^+(CH_3)_3-OH^-}$

产生的反离子(H^+、OH^-)进入水溶液。阳膜中带负电的固定基团吸引溶液中的阳离子(如 Na^+)并允许它透过,而排斥溶液中带负电荷的离子。类似地,阴膜中带正电的固定基团则吸引阴离子(如 Cl^-)而截留带正电的离子。由此形成离子交换膜的选择性。

(二)电渗析的应用

在反渗透和超滤过程中,透过膜的物质是小分子溶剂;而在电渗析中,透过膜的是可电离的电解质(盐)。所以,从溶液中除去各种盐是电渗析的重要应用方面。

电渗析的耗电量与除去的盐量成正比。当电渗析用于盐水淡化以制取饮用水或工业用水时,盐的浓度过高则耗电量过大,浓度低则因淡化室中水的电阻太大,过程也不经济。最经济的盐的质量浓度为($10^2 \sim 10^3$)$mg \cdot L^{-1}$。因此,对苦咸水的淡化较为适宜。

电渗析在废水处理中的典型应用是从电镀废水中回收铜、镍、铬等重金属离子,而净化的水则可返回工艺系统重新使用。化工生产中使用电渗析将离子性物质与非离子性物质分离。例如在甲醛与丙醛反应生成季戊四醇过程中,同时制成副产物甲酸。因此可用电渗析分离甲酸,精制季戊四醇。

在临床治疗中电渗析作为人工肾使用。将人血经动脉引出,通过电渗析器除去血中盐类和尿素,净化后的血由静脉返回人体。

习　　题

3-1　用精馏的方法制取对苯二甲酸二甲酯(DMT)时,为了防止 DMT 在高温时分解,要求精馏塔塔顶的温度小于 448 K。已知 DMT 的正常沸点是 561 K,此时该塔塔顶应在真空度为多少 kPa 下操作(塔顶组成可近似认为是纯 DMT)?

3-2　正戊烷($T_b = 36.1℃$)和正己烷($T_b = 68.7℃$)的溶液可以认为是理想溶液,已知两个纯组分的饱和蒸气压(汞压差计示数,mm)和温度(℃)的关系如下:

正戊烷　　$\lg p_1^* = 6.852 - \dfrac{1065}{t + 232.0}$

正己烷　　$\lg p_2^* = 6.878 - \dfrac{1172}{t + 224.4}$

试计算该二组分溶液的气-液相平衡关系(用 $y\text{-}x$ 函数关系表示)。

3-3　已知正戊烷和正己烷的正常沸点,若不用相对挥发度的概念,该二组分溶液在 $p = 101.3\,kPa$ 时 $y\text{-}x$ 关系如何计算,请写出计算过程。

3-4　乙醇和甲乙酮是非理想溶液。已知乙醇的正常沸点是 78.3℃,甲乙酮的正常沸点是 79.6℃,在常压时该二组分溶液有一个最低共沸点 74℃,共沸组分是乙醇和甲乙酮各占 0.50(摩尔分数)。已知乙醇和甲乙酮的饱和蒸气压(汞压差计示数,mm)与温度(℃)的关系为:

乙醇　　　$\lg p_1^* = 8.045 - \dfrac{1554}{t + 222.7}$

甲乙酮　　$\lg p_2^* = 6.974 - \dfrac{1210}{t + 216}$

试作出该非理想二组分溶液的气-液平衡相图。

3-5　在一连续常压甲醇精馏精馏塔中,进料液为含甲醇 0.84(摩尔分数,下同)的水溶液,处理量为 235 $kmol \cdot h^{-1}$,要求塔顶馏分含甲醇 0.98,塔釜采出的水中甲醇含量小于 0.002。试求该精馏塔塔顶及塔釜每小时的采出量。

3-6　用一连续精馏装置,在常压下分离含苯 0.31(质量分数,以下同)的苯-甲苯溶液,要求塔顶产品中含苯不低于 0.98,塔底产品中含甲苯不低于 0.988,每小时处理量为 8716 kg,操作回流比为 2.5。试计算:

(1)塔顶及塔底产品的摩尔流量;

（2）精馏段上升的蒸气量及回流液量。

3-7　含苯0.45（摩尔分数）的苯-甲苯混合溶液,在101.3 kPa下的泡点温度为94°C,求该混合液在45°C时的 q 及 q 线方程。此混合液的平均千摩尔热容为 167.5 kJ · kmol^{-1} · °C^{-1},平均千摩尔气化焓变为30397.6 kJ · kmol^{-1}。

3-8　只用精馏塔塔顶上升的蒸气预热加料时,能否出现加料的 $q \leqslant 1$ 的情况? 为什么?

3-9　在一连续常压精馏塔中精馏某一混合液,塔顶产品中易挥发组分的含量为0.96（摩尔分数,下同）,塔底产品中易挥发组分的含量为0.03,已知此塔的 q 线方程为 $y = 6x - 1.5$,采用回流比为最小回流比的1.5倍,此混合液体系在本题条件下的相对挥发度为2。试求:

（1）精馏段的操作线方程;

（2）若每小时得到塔底产品量 100 kmol,求进料量和塔顶产品量;

（3）提馏段的操作线方程。

3-10　在精馏操作中,气-液相平衡所讨论的 y-x 关系和操作线方程所讨论的 y-x 关系有何不同?

3-11　有一个轻组分含量为0.40（摩尔分数,下同）、平均相对挥发度为 1.50 的理想二组分溶液,精馏后要求塔顶组成为0.95。若是冷液进料,$q = 1.20$,试求此精馏过程的最小回流比。

3-12　某厂精馏塔的原料为丙烯-丙烷混合物,其中含丙烯 0.835（摩尔分数,下同）,塔的操作压强为 2 MPa（表压）,泡点进料。要使塔顶产品含 0.986 的丙烯,塔釜产品含 0.951 的丙烷,丙烯-丙烷的平均相对挥发度可取 1.16,混合液可视为理想溶液。试求:

（1）最小回流比;

（2）最小理论塔板数。

3-13　在某一连续精馏塔中,已知进料中轻组分含量为 0.50（摩尔分数,下同）,塔顶产品轻组分的含量为 0.90,塔釜产品轻组分的含量不大于 0.10。试分别绘出 $R = 3.0$,$q = 0.8$、1.0、1.2 时全塔的操作线。

3-14　有一相对挥发度为2.00的理想二组分溶液在连续精馏塔中进行精馏,已知塔内上升蒸气量为 90.0 kmol · h^{-1},塔顶采出量为 30.0 kmol · h^{-1},塔顶采出液中轻组分含量为 0.950（摩尔分数）。若塔顶使用全凝冷凝器,则从塔顶数起第二块理论塔板上回流液相的组成是多少?

3-15　用连续精馏法分离对二甲苯和间二甲苯二组分溶液,加料液中对二甲苯的含量为 0.30（摩尔分数,下同）。要求塔顶馏分中对二甲苯含量大于0.90,塔釜中对二甲苯含量小于0.20,使用的回流比为最小回流比的 1.8 倍,沸点液相进料,此精馏塔的理论塔板数是多少? 若全塔效率为80%,该塔的实际塔板数又是多少? 已知对二甲苯和间二甲苯的正常沸点分别为138.35°C、139.10°C。

3-16　欲设计一连续精馏塔用以分离含苯与甲苯各 40% 的料液,要求馏出液中含苯95%,釜液中含苯不高于 5%（以上均为 mol%）。泡点进料,选用的回流比为最小回流比的 1.2 倍,物系的相对挥发度为 2.41。试用逐板法和图解法求所需的理论板数及加料板的位置。

3-17　某一操作中的精馏塔,若 $q_{n,F}$、x_f、q 及 $q_{n,L}$ 不变,但塔釜再沸器加热蒸气压力降低,试分析 $q_{n,D}$、$q_{n,W}$、x_d、x_w 的变化趋势?

3-18　含苯 44% 的苯-甲苯混合液,用一连续精馏塔分离。塔顶馏出液中含苯97%（以上均为摩尔百分数）。原料为气液混合物,其中蒸气量占 1/3（物质的量之比）,苯-甲苯的平均相对挥发度为 2.5。试求:（1）原料液中气相和液相组成;（2）最小回流比。

3-19　在连续精馏塔中处理平均相对挥发度为3.0的二元理想混合物,取回流比为 2.5,塔顶产物组成为 0.97（摩尔分数,下同）。测得塔中某相邻两层塔板下降液相的组成分别为 0.50、0.40,试求其中下一层塔板的气相板效率。

3-20　在常压连续精馏塔中,分离苯-甲苯混合液,原料液流量为 100 kmol · h^{-1},组成为 0.44（苯的摩尔分数,下同）。泡点进料,塔顶馏出液组成为 0.98,釜液组成为 0.024,回流比为 3.5,全塔操作平均温度为 90°C,空塔气速为 0.8 m · s^{-1},试求此塔的塔径。

3-21　在什么情况下采用萃取精馏或共沸精馏? 萃取精馏与共沸精馏又有何不同?

3-22 从手册中查得 101.3 kPa、25℃ 时,若 100 g 水中含氨 1 g,则溶液上方的氨平衡分压为 0.987 kPa。已知此浓度范围内溶液服从亨利定律,试求溶解度常数 H (kmol·m^{-3}·kPa^{-1})及相平衡常数 m。

3-23 某吸收塔用溶剂 B 吸收混合气体中的化合物 A。在塔的某一点,气相中 A 的分压为 21 kPa,液相中 A 的浓度为 1.00×10^{-3} kmol·m^{-3},气-液间的传质通量为 0.144 kmol·m^{-2}·h^{-1},气膜传质系数 k_G 为 0.0144 kmol·h^{-1}·m^{-2}·kPa^{-1}。实验证实系统服从亨利定律,当 $p_A = 8$ kPa 时,液相的平衡浓度为 1.00×10^{-3} kmol·m^{-3}。求算:

(1) $p_A - p_{Ai}$, k_L, $c_{Ai} - c_A$, K_G, $p_A - p_A^*$, K_L, $c_A^* - c_A$。

(2) 气膜阻力占总阻力的百分率为多少?

3-24 已知在某填料塔中 k_G 为 0.0030 kmol·h^{-1}·m^{-2}·kPa^{-1}, k_L 为 0.45 m·h^{-1},平衡关系 $Y = 320X$,吸收剂为纯水,总压为 106.4 kPa,温度为 293 K。试计算 K_G、K_L、K_Y、K_X。

3-25 在逆流操作的吸收塔中,于 101.3 kPa、25℃ 下用清水吸收混合气体中的 H$_2$S,将其体积分数 φ 由 2% 降至 0.1%。该系统符合亨利定律,亨利系数 $E = 5.52 \times 10^4$ kPa。若取吸收剂用量为理论最小用量的 1.2 倍,试计算操作液气比 $q_{n,C}/q_{n,B}$ 及出口液相组成 X_1。

若操作压强改为 1013 kPa,而其他已知条件不变,再求 $q_{n,C}/q_{n,B}$ 及 X_1。

3-26 有一填料吸收塔,直径为 0.8 m,填料层高 6 m,所用填料为 50 mm 的拉西环,每小时处理 2000 m^3 含丙酮(体积分数)5% 的空气,在 298 K、101.3 kPa 条件下,用水作为溶剂。塔顶的出口废气要求含丙酮为 0.263%,塔底流出的溶液的浓度 6.12%(质量)。根据上述数据,计算气相的体积总传质系数 K_Ya;操作条件下的平衡关系 $Y = 2.0X$,每小时能回收丙酮多少千摩尔?

3-27 混合气含 10% CO$_2$,其余为空气,于 303 K 及 2×10^3 kPa 下用纯水吸收,使 CO$_2$ 的浓度降到 0.5%,溶液出口浓度 $x_1 = 0.06$%(以上均为摩尔分数),混合气体处理量为 2240 m^3·h^{-1}(标准状态的体积),亨利系数 E 为 2×10^5 kPa,液相体积传质总系数 $K_Xa = 2780$ kmol·h^{-1}·m^{-3}。

(1) 每小时用水为多少吨?

(2) 填料层高度为多少米?(塔径定为 1.5 m)

3-28 在常压及 293 K 下,采用纯水吸收含 SO$_2$ 9%、O$_2$ 9%、N$_2$ 82%(均为摩尔分数)的混合气体中的 SO$_2$,处理气体量为 3600 m^3·h^{-1}。要求 SO$_2$ 的回收为 95%,吸收用的液气比为最小液气比的 120%。求:

(1) 吸收后所得溶液中 SO$_2$ 的摩尔分数;

(2) 吸收用水量(t/h);

(3) 以气相推动力表示的传质单元数 N_{OG}。

已知常压、293 K 下,SO$_2$ 在水中(1000 g)的溶解度 s 为:

s(SO$_2$)/g	0.2	0.5	1	1.5	2	3	5	7	10	15
p_g(SO$_2$)/kPa	0.067	0.160	0.427	0.733	1.13	1.88	3.47	5.20	7.87	12.26

3-29 有一低浓度气体混合物用填料吸收塔分离,气、液两相在塔中呈逆流流动。试分析在其他操作条件不变时,改变下列操作条件之一,出口气、液组成(Y_2, X_1)的变化:(1) 进口液体中溶质浓度增大;(2) 操作温度降低;(3) 入口液量增加。

3-30 在一板式塔中用清水吸收混于空气中的丙酮蒸气。混合气流量为 30 kmol·h^{-1},其中含丙酮 1%(体积分数)。要求吸收率达到 90%,用水量为 90 kmol·h^{-1}。该塔在 101.3 kPa、27℃ 下等温操作,丙酮在气、液两相中的平衡关系为 $Y = 2.53X$。试求所需的理论板数。

3-31 含大分子杂蛋白 10 μg·mL^{-1} 的核酸溶液,经浓缩方式超滤,压缩为原体积的 1/100,使杂蛋白浓缩在截留液中,滤过液是较纯的核酸溶液。求截留液中杂蛋白的浓度,并计算合并滤过液中杂蛋白的浓度(杂蛋白截留率 $R = 0.95$)。

第4章　化学反应工程的基本原理

4.1　概　　述

4.1.1　化学反应工程概述

(一) 化学反应工程研究的内容

化学工业与其他工业的主要区别是:在原料加工过程中发生了化学反应。化学反应工程是一门研究在生产装置中进行化学反应的工程学科,它把反应的化学特性和装置的传递特性有机地结合起来,形成了化学工程学的一个重要分支。它以工业反应过程为主要研究对象,以反应技术的开发、反应过程的优化和反应器设计为主要研究内容。

化学反应工程是研究如何在工业规模上实现有经济价值的化学反应。任何一个化学反应过程要实现工业化生产,必须做到技术上的可行性和经济上的合理性。技术上的可行性包括一个反应过程有合适的催化剂,反应能以一定的速率和选择率进行;对生成的产物可以通过一定的手段进行分离提纯;有适宜的反应温度、压力等条件;反应过程产生的废料有合适的处理技术,以免对环境产生污染等。当生产过程的技术问题解决之后,过程在经济上的合理性就成为工程技术人员追求的主要目标。

工业反应过程的经济指标大都是指生产某一产品过程中所需的成本或产品的利润。成本或利润的高低与生产费用密切相关。生产费用包括一次性的投资费用(主要是设备和机器费用)及经常性的原料和操作费用。操作费用主要包括人工费、动力消耗、能量消耗、设备维修和公用工程等方面的开支。决定工业反应过程经济性的技术指标主要有反应速率、反应选择率及生产过程中的能量消耗。因化工生产的复杂性,能耗往往要以整个流程、车间、甚至整个工厂作为一个系统进行全面考察,这已超出本教材的讨论范围。本章主要以反应速率和反应选择性作为衡量化学反应生产过程经济性的两个基本技术指标。

工业反应过程的经济性虽然是该过程得以立足实现工业化生产的关键,但并不是惟一的标准。一个合适的工业反应过程的选择还需要考虑到许多政策性的因素,它的社会效益、对环境的污染程度、生产过程的劳动条件及安全性等。某个过程以一种方法生产可以比另一种方法在经济上更为有利,但在生产的安全程度上也许危险性更大,在实际生产中就可能采用后者生产。也就是说,工业反应过程的评价还存在一个多目标优化问题。这就要求我们对生产规模的反应过程,应在各个优化目标之间进行统筹兼顾和合理安排。但就本书范围内,研究工业反应过程的优化与控制,通常在技术可行的基础上,以工业反应过程的经济指标作为优化计算的目标。即在分析化学反应过程特征的基础上,从给定的生产能力等条件出发,进行有关工程的基础研究,以便制定出最合理的技术方案和最佳操作条件,进行反应器的最优设计,从而达到优质、高产、低消耗的目的。

(二) 工业反应器

1. 反应器的传递特性

工业反应器中存在着物料的混合与流动、传质与传热等一系列带有共性的工程技术问题。

这些传递特性将伴随着化学反应过程而同时发生,影响着反应器内反应物、产物的浓度分布及温度分布,进而影响到反应器内某一组分的反应速率。化学反应是化学过程,传递过程是物理过程;化学反应过程实质上是微观的,传递过程则是宏观的。所以对化学反应而言,传递过程往往被称为宏观动力学因素。因此在化学反应工程里所研究的动力学包括两个层次的动力学:

(1) 本征动力学,又称微观动力学。它是指没有传递等工程因素影响时,化学反应固有的速率。该速率除反应本身的特性外,只与各反应组分的浓度、温度、催化剂及溶剂性质有关。

(2) 宏观动力学,它是将本征动力学与反应器的传递等工程因素综合考虑的总反应速率。

2．反应器的类型

同一反应在不同类型结构的反应器中进行,其化学反应的效果是不相同的。如在带搅拌器的釜式反应器中进行的反应,由于良好的搅拌提供了良好的传质条件;列管式反应器的单位体积物料的传热面积比夹套反应器要大得多;还有像氯化、硝化、还原等单元反应中的许多产品的生产,在使用相同体积的反应器时,由于结构和操作条件的不同能使生产能力提高数十倍甚至上百倍。所以,我们在设计和选用反应器时,不仅需要了解化学反应的特点,还必须熟悉各种反应器结构特点及传递特性。工业上反应器的类型繁多,分类方法也有多种。表4-1列出按几何形式分类的反应器类型及其特点(参见图4-1~4-9)。

表 4-1　按几何形式分类的反应器

型　式	图　号	结 构 特 点	适用场合及应用举例
立 式 搅拌反应器	4-1a	标准型,带椭圆底或折边球形底	适用于在液体介质内进行的各种反应
	4-1b	带锥形底	适用于结晶型产物或需静止分层的产物
	4-1c	半球形底	压热反应,如氨化、水解等加压下的反应
卧 式 反应器	4-2a	卧式圆筒内设搅拌	带固体沉淀物的反应,如 β-氯蒽醌的氨化
	4-2b	圆筒形,内设钢球或磁球,筒体旋转	需要不断粉碎结块固体的场合,用于固相缩合反应等
管 式 反应器	4-3a	水平管式	气相或均液相反应,如裂解、氨化及水解等反应
	4-3b	垂直排管	气液相反应,带悬浮固体的液固或气液固反应,如液相催化加氢
	4-3c	环形管内设搅拌器	非均液相反应,如芳烃的硝化反应
	4-3d	水平管带螺杆搅拌器	粘稠物料与半固态物料的反应,如固相缩合
塔 式 反应器	4-4a	圆柱形塔体内设档板及鼓泡器	气液相反应,气液固三相反应,如芳烃液相氧化及烃化反应、硝基化合物加氢还原
	4-4b	塔内部有填充物	气体的化学吸收,苯的沸腾氯化制氯苯
	4-4c	塔体内部有塔板结构	气液相逆流操作的反应,要求伴随蒸馏的化学反应,如酯化反应、异丙苯氧化反应
	4-4d	塔体内部有搅拌装置或脉冲振动装置	气液、液液、液固等非均相反应及要求伴随萃取的化学反应,如烃类液相氧化、硝化废酸的萃取
固定床 反应器	4-5a	单筒体内装催化剂	气固、液固、气液固相催化反应,如硝基化合物气相加氢还原及气相加氢还原
	4-5b	列管式,管内装催化剂	反应热较大的快速气固相催化反应,如芳烃的气相催化氧化
流化床 反应器	4-6	圆筒体,催化剂靠气速或液速呈流化状态	放热量较大的气固相或气液固相催化反应,如芳烃的氧化、硝基化合物的催化加氢还原

型　式	图　号	结　构　特　点	适用场合及应用举例
移动床反应器	4-7	与固定床反应器相似,但催化剂自反应器顶部连续加入,整个床层逐渐向下移动,由底部排出	气固相反应,如二甲苯异构、矿石焙烧
喷射型反应器	4-8	类似喷射器结构	气液、液液相快速反应,如某些中和及酯化反应、气体的化学吸收
泵式反应器	4-9	类似水环泵式透平泵结构	液相、气液相等快速反应,如烷基苯的磺化反应、酸性硝基化合物中和

有时为了突出某一方面的特点,反应器还有其他分类方法。

如着重于表现传质特征时,可按物料的相态分为均相和非均相反应器两大类。其中均相反应器又可分为气相反应器、均相液相反应器等,这类反应器的设计,一般来说传质不是主要矛盾。非均相反应器从相态考虑相应地分为气液相、液液非均相、气固相及气液固相等反应器。在这类反应器中的反应过程,反应速率除考虑温度、浓度因素外,还与相间传质速率有关。

又如,按传热形式来分,反应器可分成间壁传热式、直接传热式、蒸发传热式、外循环传热式和绝热式反应器几种。间壁传热式即反应物料与载热体通过反应器的壁、蛇管等间壁进行传热,这是使用最为广泛的一种反应器,其特点是反应物与载热体不直接接触,温度控制较严格;直接传热式反应器适合于允许载热体和反应物直接接触的场合,其特点是升降温快,如硝基物的铁粉还原是向反应器中直接通入蒸气,某些低温下的反应还可向反应器中投入冰;蒸发式传热靠挥发性反应物或产品或溶剂的蒸发移走热量,在沸腾下反应时传热量大,反应稳定易控制,如苯的环上氯化、甲苯等的侧链氯化等许多情况下都使用蒸发传热式反应器;外循环传热式反应器适合于反应器内部不能设置传热结构和反应器壁难以进行传热时使用,为了强化

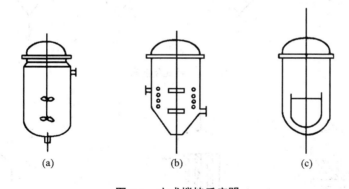

(a)　　　　　　　(b)　　　　　　　(c)

图 4-1　立式搅拌反应器

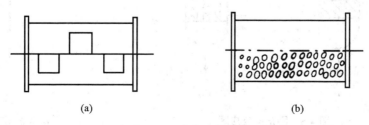

(a)　　　　　　　(b)

图 4-2　卧式反应器

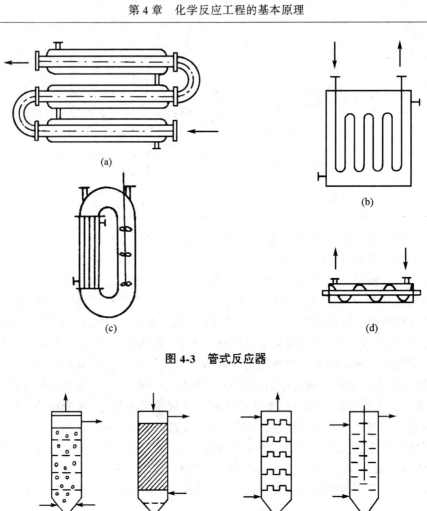

图 4-3　管式反应器

图 4-4　塔式反应器

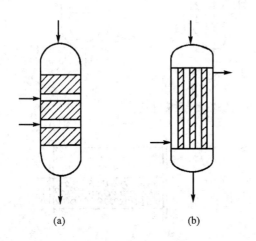

图 4-5　固定床反应器

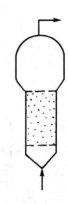

图 4-6　流化床反应器

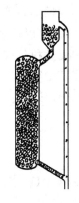
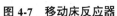
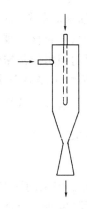
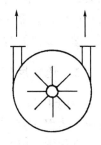

图 4-7 移动床反应器　　　图 4-8 喷射型反应器　　　图 4-9 泵式反应器

传热,在反应器外部设置足够传热面积的换热器使反应物料不断循环换热;绝热式反应器从反应结构来说要简单得多,它不需要设置传热结构,靠进料的热量及反应热维持反应温度,但要允许在一定的范围内不影响反应,所以一般适用于反应热效应不大的反应,如乙烯水合制乙醇的固定床绝热反应器。

(三) 化学反应工程学的研究方法

将小型实验研究成果推广到工业规模的生产中使用时,涉及到化学反应器的放大问题。因为实验室反应过程与工业化生产过程之间在物料数量上存在的巨大差距,以及传质、传热与设备材质的差异,能源与动力、技术与经济等条件的制约和其他诸多方面的影响,都将产生许许多多的区别。例如,由于单位体积物料所提供的传热面积不同,某些反应在实验室里需通过加热维持反应,而在工业生产中则需冷却才能保持正常的操作;又如,为了保证足够的传热效果,实验室反应器中搅拌器的转速可达每分钟千转以上,而在工业反应器中则难以满足,需通过搅拌器的形式、反应器的结构等多方面考虑来满足传质要求。如果不能充分认识到这些问题,将使工业生产和实验室操作在反应器效率、产品质量、反应选择性和收率等许多方面发生很大的差异,这些差异就是人们通常所指的放大效应。

可见,在工业反应器中进行的化学反应,既不是实验室化学试验的再现,也不是化学反应的简单放大。所以实验室研究成果的产业化,以往通常先要在实验室规模的装置上试验,然后再在稍大的装置上试验,并逐步放大,最后在工业装置上进行工艺过程的试验。这种方法安全可靠,但却非常费事、费时且成本高。随着现代科学技术的发展,用数学模型法对化学反应工程有关内容进行的研究也在迅速发展。数学模型法就是将复杂的对象进行合理的简化,用数学表达式来表示反应器的空间、时间与反应参数间的关系,即用数学语言来表达化学反应过程中各个变量之间的关系。建立数学模型的一般程序包括:模型的建立、模型参数的估计和模型的鉴别。具体做法是根据对实际化工过程的理解、概括,提出一个合理的简化模型来模拟复杂的实际过程;然后以简化了的模型确定各参数和变量之间的数学关系式——数学模型;最后通过计算机进行模拟实验,并经过实际装置的检验和修正,建立有效、可靠的数学模型以应用于放大计算。

需要指出的是,数学模型方法对实际研究对象的简化,不是数学方程式中某些项的增减,而是研究对象本身的某种简化。例如对返混程度较小的实际反应器,可以采用轴向均匀流动与轴向扩散过程叠合的轴向扩散模型来描述。另外,简化模型应当与实际过程具有等效性,才可用几个关键变量来代替复杂的反应过程;可将微观现象同宏观现象相联系;可以用来预测反应的结果;还可以用于检测出可能是重要的但可能是未知的或被忽视了的变量和参数,以便帮助弄清反应机理。最后还应注意数学模型法不能完全代替实验研究,只能减少实验的次数,从而大幅度缩短放大的时间,并能在较宽广的范围内找出最佳的工艺条件和操作条件。

4.1.2   化学反应工程中的基本概念

(一) 关于体积

反应器体积 $V_R(m^3)$ 指反应设备中的全部空间所占有的体积;反应体积 $V(m^3)$ 指反应器中实际进行化学反应的区域所占有的体积,也叫反应器的有效体积,它不一定与反应器的体积相同。例如:在间歇操作的釜式反应器内进行液相反应,反应器的有效体积 V 小于反应器的体积 V_R(见图 4-10a);若在间歇操作的釜式反应器内进行气相反应,则反应器的有效体积 V 等于反应器的体积 V_R。若在连续流动管式反应器内进行气-固相催化反应,管式反应器内充填一定体积的固体颗粒催化剂,化学反应只在催化剂床层内进行,则反应体积 V 等于催化剂堆积的床层体积 V_C(见图 4-10b);若在连续流动管式反应器内进行气相或液相反应,物料将充满整个反应器空间,并沿一定的方向流动,在一般情况下,反应器体积也就是反应体积(见图 4-10c),即 $V = V_R$。

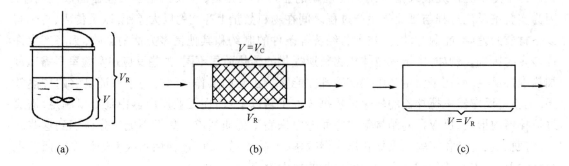

(a)   (b)   (c)

图 4-10   反应体积与反应器体积的示例

(二) 关于时间

在一定体积的间歇操作反应器内,达到规定转化率,可以用物料在该反应器内持续进行反应的时间来衡量设备的生产强度。但是对于连续流动的反应器,在物料连续流动的同时,反应也在连续不断地进行,反应设备的生产强度难以用反应时间来衡量。所以,在化学反应工程中,需要用以下几种时间概念。

1. 反应时间 t_r

在间歇反应器中,反应物料从开始反应至达到要求的转化率所持续的时间,称为反应时间。

2. 停留时间 t 和平均停留时间 $\bar{t}$

在连续流动反应器中,物料质点从反应器入口到出口所经历的时间称为停留时间。由于反应器的结构和物料在反应器中的流动状况不同,物料流中的各质点在反应器内的停留时间是不确定的,有可能所有质点停留时间完全相同,也可能完全不相同。物料流中各质点在反应器中的停留时间的平均值,称为平均停留时间。

3. 空间时间 τ

在连续流动反应器中,反应体积 V 与指定状态下的流体入口体积流率 $q_{V,0}$ 之比,称为空间时间,简称空时。其数学表达式为

$$\tau = \frac{V}{q_{V,0}} \tag{4-1}$$

其量纲为

$$\tau = \left[\frac{m^3}{m^3 \cdot s^{-1}} \right] = [s]$$

式中流体入口体积流率 $q_{V,0}$ 可以采用标准状态下的体积流率,也可以采用反应器入口的温度和压力条件下的体积流率。

空间时间的物理意义:在指定状态下,反应器处理与反应体积相等量的物料所需的时间。例如,某一反应器在一定状态下的空时为 2 s,表示处理与反应器反应体积同等的物料所需要的时间为 2 s。显然,空时越小,反应设备的生产强度越大。所以,空时是表示连续流动反应器生产强度的物理量。

4. 空间速度 S_V

在连续流动反应器中,指定状态下的流体入口体积流率 $q_{V,0}$ 与反应器的反应体积 V 之比,称为空间速度,简称空速,即

$$S_V = \frac{q_{V,0}}{V} \tag{4-2}$$

其量纲为

$$S_V = \left[\frac{m^3 \cdot s^{-1}}{m^3} \right] = [s^{-1}]$$

可见,空速为空时的倒数。空间速度的物理意义为:连续流动反应器中,在指定状态下,单位时间、单位反应体积内所能处理的物料量。例如,空间速度为 $2 s^{-1}$,表示反应器在指定状态下,每秒钟内每立方米反应体积能处理 $2 m^3$ 的物料。显然,空速越大,表示反应设备的生产强度越大。

空间时间和空间速度是人为规定的表观量,是不以反应过程性质和操作条件而异的时间指标。空间时间和空间速度的定义式和指定状态是人为规定的,对于非均相反应,可以用催化剂的质量代替定义式中的反应体积。

在间歇操作的反应器内,物料质点的停留时间等于反应时间;而在连续流动的反应器中,物料质点的停留时间不等于反应时间,它是一个随反应器结构、性能和操作条件而变化的随机变量。实践证明,在不同性能的连续流动反应器中,对于相同操作的同一反应,虽然物料具有相同的平均停留时间,也不一定能达到相同的转化率。

对于连续流动反应器,如果物料进入反应器后不再返回进料管,出料管中的物料也不再返回反应器,物料中各质点的平均停留时间可用下式计算。

$$\overline{t} = \int_0^{V_0} \frac{dV_0}{q_V} \tag{4-3}$$

式中:V_0——物料流过反应器的流通体积,即在反应器的反应体积内,流体所能通过的体积,

m^3；q_V—物料在反应器内的体积流率，$m^3 \cdot s^{-1}$。

若物料在反应器内为无密度变化的恒容过程，q_V 不变，则

$$\bar{t} = \frac{V_0}{q_V} \tag{4-4}$$

如果是均相反应的恒容过程，且物料入口状态与反应器内状态一致，有 $q_V = q_{V,0}$，此时空时与平均停留时间相同。

(三) 混合与返混

"混合"是一种总称，按其性质分类，可以有多种不同情况。如根据物料在反应器内的停留时间分类，可以把混合分为：

同龄混合——相同停留时间的物料之间的混合，也就是一般意义上所说的混合。由于所有物料在反应器内的停留时间相同，所以这些物料在反应器内过程进行的程度状态相同。例如在间歇反应器内，各物料如果是一次投入，在反应进行的任何时刻，所有物料具有相同的停留时间，此时搅拌引起的混合就是同龄混合。

非同龄混合——返混。指不同时刻进入反应器的物料之间的混合，即不同停留时间物料之间的混合。如在连续流动的搅拌釜式反应器中，搅拌的结果使先期进入反应器的物料与刚进入的物料相混合，反应器内存在返混。由于返混程度不同，导致物料在设备中存在停时间分布，从而影响化学反应的结果。

根据返混的程度，连续流动反应器内物料流动状况可分为下列三种类型：

(1) 完全不返混

当物料流入反应器后，各质点以相同的速度沿着同一方向流动，好似活塞在缸体内向前推进。这种理想流动模型称为活塞流模型。凡是能用活塞流模型描述其流动状况的反应器，称为活塞流反应器。在这类反应器中，所有质点的停留时间都相等。

(2) 完全返混

连续流动反应器内不同停留时间的物料之间达到最大程度的混合，称为完全返混。例如在全混流反应器中，流体由于受到搅拌器的强烈搅拌作用，刚进入反应器的物料立即与反应器内停留时间不同的物料混合均匀。所以流体各质点在反应器内停留时间参差不齐，且达到最大程度的返混。这种流动模型称为全混流模型。

活塞流模型和全混流模型是连续流动反应器中的两种理想流动模型。实际反应器的流动状态介于这两种极端情况之间，属于下一种情况。

(3) 部分返混

连续流动反应器中，不同停留时间的物料质点间存在不同程度的混合，形成不同的停留时间分布，称为部分返混。

如果根据物料之间混合发生的尺度不同，混合又可分为微观混合和宏观混合。

宏观混合是指物料在微团(许多分子的集合体)尺度上的混合，它主要是由于对流和湍流所引起的。微观混合是指物料在分子尺度上的混合，它主要依靠分子扩散来实现。宏观混合与微观混合的主要区别在于反应设备中前者物料以分子微团状态存在，后者以分子状态形式存在。

在连续流动反应器中，物料的停留时间分布、混合状况与程度是影响反应器的重要工程因素。

4.2　化学反应体系的量

在化学反应过程中,反应体系中各组分量的变化必然服从一定的化学计量关系。它不仅是进行反应器物料衡算的基础,而且对确定反应器的进料配比、产物组成以及工艺流程安排,都将具有重要的意义。

4.2.1　化学计量方程式

表示化学反应过程中反应物与产物之间定量关系的方程式,称化学计量方程式,它表示化学反应过程中各组分消耗或生成量之间的比例关系。在一般情况下,设在某一反应体系中,有 A、B…等若干物质反应生成 R、S…等物质,根据质量守恒原理,化学反应计量方程式的通式为:

$$\nu_A'A + \nu_B'B + \cdots = \nu_R R + \nu_S S + \cdots \tag{4-5}$$

式中：A、B、R、S…为反应体系中物料的化学式；ν_A'、ν_B'…为反应物的化学计量系数；ν_R、ν_S…为生成物的化学计量系数。

化学计量方程式也可写成如下形式：

$$\nu_A A + \nu_B B + \nu_R R + \nu_S S + \cdots = 0 \tag{4-6}$$

比较式(4-5)与式(4-6)可知,化学计量系数之间存在如下关系：

$$\nu_A' = -\nu_A \qquad\qquad \nu_B' = -\nu_B$$

即用式(4-6)作为化学计量方程式时,对反应物计量系数应取负值,对反应产物计量系数取正值。化学计量方程式是进行化学工程计算的基础。

4.2.2　化学反应进行的程度

对于反应

$$\nu_A'A + \nu_B'B = \nu_R R + \nu_S S$$

由于各组分的计量系数 ν_i 不同,若以 $n_{i,0}$ 表示起始时 i 组分的量(mol),n_i 表示反应进行至某一时刻 i 组分的量(mol),从反应开始到某一时刻,各组分的变化量 Δn_i($\Delta n_i = n_i - n_{i,0}$)不相同,即 $\Delta n_A \neq \Delta n_B \neq \Delta n_R \neq \Delta n_S$。但是

$$\frac{\Delta n_A}{\nu_A} = \frac{\Delta n_B}{\nu_B} = \frac{\Delta n_R}{\nu_R} = \frac{\Delta n_S}{\nu_S} = \frac{\Delta n_i}{\nu_i} \tag{4-7}$$

令

$$\xi = \frac{\Delta n_i}{\nu_i} \tag{4-8}$$

式中：ξ 称为反应进度。欲表示反应进行到某一程度时,无论过程用哪一种物料的反应进度表示,其值总是相同,且总为正值。

反应进行的程度还可以用关键组分的转化率表示。关键组分通常指：

(1) 理论上该反应为不可逆反应,在足够长的时间后,该组分应反应完；

(2) 实际生产中反应物料不是按化学计量投料,往往对某一组分投料过量,而对另一组分投料限量,该限量组分称为关键组分,习惯上用 A 表示。关键组分的转化率定义为：

$$x_A = \frac{n_{A,0} - n_A}{n_{A,0}} \tag{4-9}$$

4.2.3　化学反应速率

(一) 化学反应速率

化学反应速率是单位量的反应体系中反应进度随时间的变化率,用字母 r 表示:

$$r = \frac{1}{反应体系的量} \frac{d\xi}{dt} \tag{4-10}$$

对于均相反应过程,单位量通常以反应体系的单位体积为基准,表示为:

$$r = \frac{1}{V} \frac{d\xi}{dt} \tag{4-11}$$

式中: V—反应系统的反应体积,m^3;t—反应时间,s;r—化学反应速率,$mol \cdot m^{-3} \cdot s^{-1}$。

对于某一反应过程,无论选择其中哪一种组分为关键组分,化学反应速率值都应是相同的。但是目前在化工计算中尚未采用此科学定义的化学反应速率,而是采用反应物的消耗速率或产物的生成速率来表示化学反应过程的速率。

(二) 消耗速率与生成速率

(1) 消耗速率($-r_i$)

反应系统中,某一反应组分(i)在单位时间、单位反应体积内,因反应所消耗的物质的量,即

$$(-r_i) = -\frac{1}{V} \frac{dn_i}{dt} \tag{4-12}$$

(2) 生成速率(r_j)

对于反应产物来说,生成速率可表示为:反应系统中,某一反应产物(j)在单位时间、单位反应体积内,因反应所生成的物质的量,即

$$r_j = \frac{1}{V} \frac{dn_j}{dt} \tag{4-13}$$

根据式(4-7)可知,同一化学反应中,各反应物消耗速率与各生成物生成速率之间存在下列关系:

$$\frac{(-r_A)}{\nu_A'} = \frac{(-r_B)}{\nu_B'} = \frac{r_R}{\nu_R} = \frac{r_S}{\nu_S} = r \tag{4-14}$$

所以反应速率与消耗(或生成)速率之间有如下关系:

$$r = \frac{(-r_i)}{\nu_i'} \tag{4-15}$$

$$r = \frac{r_j}{\nu_j} \tag{4-16}$$

由式(4-12)和式(4-13)所表示的反应物消耗速率及产物生成速率的数值与所选择的物质有关,而式(4-11)所表示的化学反应速率与所选择的物质无关。在物料衡算中,由于使用反应物消耗速率或产物生成速率更为直观、方便,因此在文献和许多教材(包括本教材)中,化学反应速率均指反应物的消耗速率或产物的生成速率。

若反应过程中物料体积变化较小,V 可视为恒定值,则该反应过程称为恒容过程,此时 $n_A/V = c_A$,式(4-12)可写成:

$$(-r_A) = -\frac{dc_A}{dt} \qquad (4\text{-}17)$$

对于非均相反应,反应速率方程式中单位量可根据需要,采取不同的基准。如气-固相催化反应过程:

① 若以固体催化剂表面积 S_C 为基准,反应物消耗速率为

$$(-r_i) = -\frac{dn_i}{S_C dt} \qquad [\text{mol} \cdot \text{m}^{-2} \cdot \text{s}^{-1}] \qquad (4\text{-}18)$$

② 若以催化剂的质量 m_C 为基准,则为

$$(-r_i) = -\frac{dn_i}{m_C dt} \qquad [\text{mol} \cdot \text{g}^{-1} \cdot \text{s}^{-1}] \qquad (4\text{-}19)$$

③ 若以催化剂的堆积体积 V_C 为基准,则为

$$(-r_i) = -\frac{dn_i}{V_C dt} \qquad [\text{mol} \cdot \text{m}^{-3} \cdot \text{s}^{-1}] \qquad (4\text{-}20)$$

化学反应过程进行的快慢可以以化学反应速率的大小来衡量。对于简单反应,根据化学计量方程式中的计量关系,利用转化率这个参数,就可以确定反应物转化量与产物生成量之间的关系。但是对于复合反应,反应物与产物之间的定量关系,受到多个动力学参数的影响,仅仅通过转化率已无法确定有关产物的量,所以引入下面两个参数表示。

4.2.4 收率与选择性

收率又称为产率,指主产物的实际得量与按投入关键组分量计算的理论产量之比值,用分率或百分率表示。以 Y 表示收率,则

$$Y = \frac{主产物实际得量}{主产物理论产量} \qquad (4\text{-}21)$$

或表示为

$$Y = \frac{生成主产物所消耗的关键组分(A)量}{投入反应器的关键组分(A)量} \qquad (4\text{-}22)$$

选择性是表示在一个复合反应中,主产物占所有主、副产物的分率或百分率。以 S_P 表示,则

$$S_P = \frac{生成主产物所消耗的关键组分(A)量}{发生反应消耗关键组分(A)量} \qquad (4\text{-}23)$$

由式(4-23)可知,如果因反应而消耗反应物 A 的量全部转化为主产物,则 $S_P = 1$。S_P 值越大,表示主反应所占的比重越大,副产物生成的量越小。所以选择性是通过比较生成目的产物消耗关键组分量与关键组分总消耗量来衡量反应有效性的一个参数,收率是通过比较生成目的产物所消耗关键组分量与关键组分总投入量来衡量反应有效性的参数。两个参数之间的关系为:

$$Y = S_P x_A \qquad (4\text{-}24)$$

【例 4-1】 在苯的混酸硝化生产硝基苯的车间,投入含量为 98% 的苯 350 kg,经硝化反应后得酸性硝基物 546 kg,其中硝基苯含量为 98%,二硝基苯含量为 0.1%,废酸带走损失硝基苯 0.5 kg。忽略其他副反应等损失,求硝化反应中苯的转化率、收率和选择性。

解 过程化学反应方程式为

苯、硝基苯、二硝基苯的相对分子质量分别为 78、123 和 168。

$$m(投入苯) = 350\,kg \times 98\% = 343\,kg$$

$$m(反应后混合物中含硝基苯) = 546\,kg \times 98\% = 535.08\,kg$$

$$m(生成硝基苯需苯) = \frac{535.08\,kg + 0.5\,kg}{123} \times 78 = 339.64\,kg$$

$$m(反应后混合物中含的二硝基苯) = 546\,kg \times 0.1\% = 0.546\,kg$$

$$m(生成二硝基苯需苯) = \frac{0.546\,kg}{168} \times 78 = 0.254\,kg$$

转化率 $\quad x_A = \dfrac{339.64\,kg + 0.254\,kg}{343\,kg} \times 100\% = 99.1\%$

收率 $\quad\quad Y = \dfrac{339.64\,kg}{343\,kg} \times 100\% = 99\%$

选择性 $\quad S_P = \dfrac{339.64\,kg}{339.64\,kg + 0.254\,kg} \times 100\% = 99.9\%$

4.2.5 等温变容反应系统

一般情况下,工业生产中液相反应系统的反应过程可视为恒容过程。但是对于气相反应,反应体系的体积不仅受温度、压力的影响较大,反应前后体系物质的总量的变化也较大程度地影响反应体系的体积。而反应体系总体积的改变直接影响反应组分的浓度,进而影响反应速度。本节专门讨论体积变化对反应过程的影响。

(一) 表征变容特征的因素

在一连续操作的反应器中进行如下气相反应,当反应时间为 t_r 时,反应物 A 的转化率为 x_A,则各组分物质的量(mol)之间的关系为:

$$\nu'_A A \quad + \quad \nu'_B B \quad \longrightarrow \quad \nu_R R \quad + \quad \nu_S S$$

$t = 0$ 时 $\quad n_{A,0} \quad\quad n_{B,0} \quad\quad\quad\quad\quad 0 \quad\quad\quad 0$

$t = t_r$ 时 $\quad n_{A,0}(1-x_A) \quad n_{B,0} - \dfrac{\nu'_B}{\nu'_A} n_{A,0} x_A \quad \dfrac{\nu_R}{\nu'_A} n_{A,0} x_A \quad \dfrac{\nu_S}{\nu'_A} n_{A,0} x_A$

$t = 0$ 时,反应体系总物质的量(mol)为:

$$n_0 = n_{A,0} + n_{B,0}$$

$t = t_r$ 时,反应体系总物质的量(mol)为:

$$n = n_{A,0}(1-x_A) + n_{B,0} - \frac{\nu'_B}{\nu'_A} n_{A,0} x_A + \frac{\nu_R}{\nu'_A} n_{A,0} x_A + \frac{\nu_S}{\nu'_A} n_{A,0} x_A$$

$$= n_{A,0} + n_{B,0} + \frac{(\nu_R + \nu_S) - (\nu'_A + \nu'_B)}{\nu'_A} n_{A,0} x_A$$

$$= n_0 + \frac{(\nu_R + \nu_S) - (\nu_A' + \nu_B')}{\nu_A'} n_{A,0} x_A$$

1. 化学膨胀因子 δ_A

定义

$$\delta_A = \frac{(\nu_R + \nu_S) - (\nu_A' + \nu_B')}{\nu_A'} = \frac{\sum \nu_j - \sum \nu_i'}{\nu_A'} \tag{4-25}$$

δ_A 称为化学膨胀因子,其物理意义为:当 A 转化 1 个分子时,引起反应系统总分子数的变化量。δ_A 的大小只与化学计量系数有关,与体系中是否含有惰性组分无关。

根据式(4-25),变容反应体系中任一时刻均有:

$$n = n_0 + \delta_A n_{A,0} x_A \tag{4-26}$$

式中: n —反应进行到某一时刻系统中物质的总量, mol; n_0—反应初始系统中物质的总量, mol。

一般情况下,气相反应系统可近似认为符合理想气体定律,即

$$pV = nRT$$

若反应过程为等温等压过程,在化学反应的初始状态,表示为

$$pV_0 = n_0 RT$$

两式相除,得

$$\frac{V}{V_0} = \frac{n}{n_0} = \frac{n_0 + \delta_A n_{A,0} x_A}{n_0}$$

整理,得到以关键组分转化率和化学膨胀因子为参数描述反应体系体积变化的关系式:

$$V = V_0(1 + \delta_A y_{A,0} x_A) \tag{4-27a}$$

式中: $y_{A,0}$—A 组分的起始摩尔分数。

2. 体积膨胀率 ω_A

若令 $\omega_A = \delta_A y_{A,0}$,则

$$V = V_0(1 + \omega_A x_A) \tag{4-27b}$$

ω_A 称为体积膨胀因子,也叫体积膨胀率。

(二) 非恒容系统中组分浓度的表示

根据转化率的定义,对关键组分,有

$$n_A = n_{A,0}(1 - x_A)$$

将此关系式代入浓度定义式,得

$$c_A = \frac{n_A}{V} = \frac{n_{A,0}(1 - x_A)}{V_0(1 + \delta_A y_{A,0} x_A)} = \frac{c_{A,0}(1 - x_A)}{1 + \delta_A y_{A,0} x_A} \tag{4-28}$$

$$y_A = \frac{n_A}{n} = \frac{n_{A,0}(1 - x_A)}{n_0 + \delta_A n_{A,0} x_A} = \frac{y_{A,0}(1 - x_A)}{1 + \delta_A y_{A,0} x_A} \tag{4-29}$$

$$p_A = p y_A = \frac{p y_{A,0}(1 - x_A)}{1 + \delta_A y_{A,0} x_A} = \frac{p_{A,0}(1 - x_A)}{1 + \delta_A y_{A,0} x_A} \tag{4-30}$$

同理,可写出系统中其他组分 i 的浓度与关键组分转化率之间关系的表达式,如

$$c_i = \frac{c_{i,0} - \frac{\nu_i}{\nu_A} c_{A,0} x_A}{1 + \delta_A y_{A,0} x_A} \tag{4-31}$$

此式既可用于反应物中的非关键组分,也可用于产物。

【例 4-2】   乙炔加氢反应

$$C_2H_2 + H_2 \longrightarrow C_2H_4$$
$$\;\;A\quad\;\; B\qquad\quad R$$

反应在恒温恒压下进行,物料的初始浓度为 $c_{A,0} = 1 \text{ mol·m}^{-3}$, $c_{B,0} = 3 \text{ mol·m}^{-3}$, $c_{R,0} = 0$, $c_{I,0} = 1 \text{ mol·m}^{-3}$(I 为甲烷)。试求各组分浓度与转化率之间的关系。

解   恒温恒压下, $T = T_0$, $p = p_0$

$$\delta_A = \frac{\sum \nu_j - \sum \nu_i'}{\nu_A} = \frac{1 - (1 + 1)}{1} = -1$$

$$y_{A,0} = \frac{n_{A,0}}{n_0} = \frac{1}{1 + 3 + 0 + 1} = 0.2$$

$$\delta_A y_{A,0} = (-1) \times 0.2 = -0.2$$

由式(4-28)与式(4-31),得到各组分的浓度表达式:

$$c_A = \frac{1 - x_A}{1 - 0.2 x_A}$$

$$c_B = \frac{3 - x_A}{1 - 0.2 x_A}$$

$$c_R = \frac{x_A}{1 - 0.2 x_A}$$

$$c_I = \frac{1}{1 - 0.2 x_A}$$

(三) 非恒容系统的动力学表达式

设一非恒容系统的气相反应

$$\nu_A' A \longrightarrow \nu_R R$$

其反应速率方程为:

$$(-r_A) = k c_A^a \tag{4-32}$$

若将变容系统中组分浓度的表示式代入,得:

$$(-r_A) = k \left[\frac{c_{A,0}(1 - x_A)}{1 + \delta_A y_{A,0} x_A} \right]^a \tag{4-33}$$

式(4-33)为变容情况下反应速率与转化率的关系式。它与恒容情况的不同之处,在于反应速率表达式应把体积变化这一因素考虑进去,即多了一项体积校正因子 $(1 + \delta_A y_{A,0} x_A)^a$。

值得注意的是,上述有关变容过程的计算仅适用于气相反应。液相反应一般都可按恒容过程处理,无论物质的总量是否发生变化,都不会带来很大的误差。但需要指出:分子数发生变化的气相反应在间歇反应器中,由于容积恒定,其结果将使反应系统的总压改变。

4.3   均相反应器

化工生产过程中,反应器是生产的关键设备。反应器设计或造型是否合理,关系到产品生产的成败。本节介绍反应器设计的主要任务,并对典型均相反应器的特性及计算方法进行讨论,以便了解和掌握不同特点的化学反应对反应器的要求。

4.3.1 化学反应器设计的基本内容

工业反应器中的化学反应过程比较复杂,完成一定的生产任务所需反应体积的大小,也受到许多因素的影响。为使反应过程在保证质量的前提下,让反应器达到最大的生产强度,同时还应保证生产安全可靠,尽可能地减少环境污染,反应器的设计存在一个最优化的问题,从而实现过程的优质、高产、低耗和安全。反应器的设计通常包括以下几项内容:

1. 造型

工业反应器类型很多,不同类型的反应器,传递特性往往差异很大。反应器的选型就是根据给定反应体系的动力学特性和设备的传递特性,选择适宜传递特性的反应设备,使反应结果最佳。

2. 结构设计及其参数的确定

反应器的结构设计是指按照规定的生产任务及选定的反应器型式确定反应设备的总体布置及单个反应器的内部结构。如反应器的个数、组合方式、体积、反应器的高径比、搅拌方式及强度、传热面积及换热方式、进出口物料的分布及集流装置等。

3. 工艺参数的确定

操作工艺参数如反应器进口物料组成、进口温度、最终转化率等的变化,直接影响反应的结果。因此,在反应器型式及结构确定之后,要求正确选择合适的操作条件,使反应系统处于最佳的操作状态并达到最大的经济效益。

4.3.2 化学反应器设计的基本方法

近年来,化学反应器的设计开始采用数学模型方法。数学模型主要包括物料衡算式、能量衡算式和反应动力学方程式。基本方法是在实验事实的基础上,取反应器中一个代表性的单元体积,列出单位时间内物料或热量、动量的输入量、输出量及累积量之间的关系,其形式为:

$$输入量 = 输出量 + 累积量 \tag{4-34}$$

这是一个总的表示式,它是我们分析和解决问题的基础。在反应器的设计中,应根据具体情况,列出相应的衡算式。例如,当流体通过反应器前后的压差不太大时,动量衡算式可以不列。对于等温过程,只需列出式(4-35)物料衡算式即可求出反应器的体积大小,即

$$\begin{bmatrix} 组分A \\ 进入速率 \end{bmatrix} = \begin{bmatrix} 组分A \\ 排出速率 \end{bmatrix} + \begin{bmatrix} 组分A \\ 反应速率 \end{bmatrix} + \begin{bmatrix} 组分A \\ 累积速率 \end{bmatrix} \tag{4-35}$$

但是,对于许多化学反应过程,反应热效应常常不可忽略,是非等温过程,这时就需要列出式(4-36)的热量衡算式与式(4-35)物料衡算式联立求解。热量衡算式可表示为在单位时间内:

$$[输入热量] = [输出热量] + [反应热] + [累积热] \tag{4-36}$$

采用数学模型方法进行反应器的设计,目前认为是最科学的方法。但是由于实际反应器中的复杂性,数学模型方法还有待于进一步完善。到目前为止,并非所有反应器都能采用数学模型方法进行设计,在相当多的场合里,人们还只能采用半经验、半理论的设计方法。

4.3.3 间歇操作的釜式反应器(IBR)

早在2000多年前,古罗马人就开始用间歇操作釜式反应器通过皂化反应制造肥皂。但那时的反应器只是一个简单的敞口锅,使用人工进行搅拌。图4-11所示的是最常见的间歇操作

的搅拌釜式反应器。这种反应器通常除配有良好的搅拌装置外，还配有夹套(或蛇管)，可提供或移走热量，以控制反应温度。顶盖上还配有各种工艺接管用以测量温度、压力和添加各种物料。反应物料按一定配比一次加入反应器内搅拌，经过一定反应时间，达到要求的反应程度为止，将物料排放出反应器，完成一个操作周期。

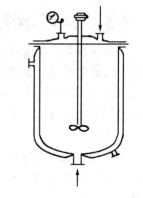

图 4-11 间歇操作釜式反应器

(一) 反应时间 t_r 的计算

间歇操作的釜式反应器也称理想间歇反应器(ideal batch reactor, IBR)。反应器内物料一次性加入，反应过程无物料的输入和输出，而且由于剧烈搅拌作用，反应器内物料充分混合，浓度均一。反应体系内组分的浓度仅随反应时间而变化(如图 4-12)，所以可以在整个反应器范围内对组分 A 做物料衡算。根据式(4-35)，单位时间内：

$$[组分 A 的反应消耗量] = -[组分 A 的累积量]$$

即

$$V(-r_A) = -\frac{dn_A}{dt}$$

$$(-r_A) = -\frac{1}{V}\frac{dn_A}{dt} \tag{4-37}$$

式中：$(-r_A)$—组分 A 的反应速率，$mol \cdot m^{-3} \cdot s^{-1}$；$V$—反应器的有效体积，$m^3$；$n_A$—组分 A 的量，$mol$。

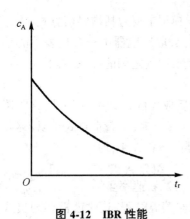

图 4-12 IBR 性能

若以转化率表示，$n_A = n_{A,0}(1-x_A)$，$dn_A = -n_{A,0}dx_A$，代入上式并整理，得

$$dt = \frac{n_{A,0}dx_A}{V(-r_A)}$$

当 $t=0$ 时，$x_A=0$；$t=t_r$ 时，$x_A=x_{A,f}$。积分，得

$$t_r = n_{A,0}\int_0^{x_{A,f}}\frac{dx_A}{V(-r_A)} \tag{4-38}$$

式(4-38)是计算间歇反应器中反应时间的通式。该式表示在一定操作条件下，达到一定转化率所需的时间 t_r。

在恒容条件下，V 为一常数，式(4-38)可表示为：

$$t_r = c_{A,0}\int_0^{x_{A,f}}\frac{dx_A}{(-r_A)} \tag{4-39}$$

因为在恒容条件下，有

$$c_A = c_{A,0}(1-x_A),\quad dc_A = -c_{A,0}dx_A$$

式(4-39)又可表示为：

$$t_r = -\int_{c_{A,0}}^{c_{A,f}}\frac{dc_A}{(-r_A)} \tag{4-40}$$

对于液相反应，反应物料的体积在反应前后变化不大，所以多数液相反应都可以按恒容过程处理。

从上述一系列计算反应时间的公式中可以看出:

(1) 在间歇反应器内,反应物达到一定转化率所需的时间只取决于反应速率,对不同的反应,反应速率有不同的形式,代入上式,即可求得 t_r。

(2) 这些计算式既适用于小型设备,也适用于大型设备。

因此,用实验室或中试数据设计大型设备时,只要保证两种情况下化学反应条件相同,就可以做到高倍数的放大,达到同样的反应效果。但是,要使两个规模不同的间歇反应器具有完全相同的反应条件并非易事。

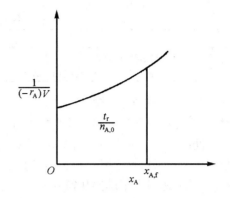

图 4-13 间歇反应器的图解

式(4-38)、(4-39)、(4-40)也可用图解积分求解,如图 4-13 和图 4-14。

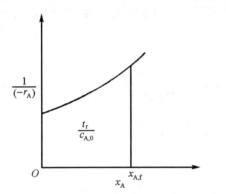 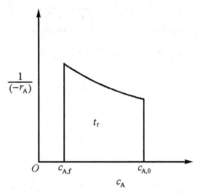

图 4-14 恒容情况间歇反应器的图解计算

(二) 反应器体积的计算

由于该类反应器属于间歇操作,每进行一批生产,需要进行装料、卸料、升(或降)温、清洗等操作,所以间歇反应器所需的实际操作时间包括反应时间 t_r 和辅助生产时间 t'。

反应器有效体积取决于单位生产时间所处理的物料量和每批生产所需的操作时间。实际反应器的体积按下列过程计算:

1. 反应器的有效体积

$$V = \frac{日处理量}{24} \times (t_r + t') = q_{V,0}(t_r + t') \qquad (4\text{-}41)$$

式中: $q_{V,0}$——每小时处理的物料量,$m^3 \cdot h^{-1}$; t'——每批操作中装、卸料及清洗等辅助生产时间,可根据生产经验确定,h。

2. 实际反应器体积

$$V_R = \frac{V}{\varphi} \qquad (4\text{-}42)$$

式中: φ——设备装料系数,其具体数值根据实际情况确定。可参照表4-2中的数值选择。

表 4-2　设备装料系数 φ

条　件	φ 的范围
不易起泡的物系	0.7~0.80
易起泡和在沸腾下操作的物质	0.4~0.60

实际生产中除某些特殊要求的场合外,一般使用的反应器高径比为 1 左右。另外还应注意,在设计反应器时应尽可能选择标准设备,所以计算所求得 V 一般需圆整。

间歇操作的反应器具有操作灵活、易于适应不同操作条件与不同产品品种等特点,适用于小批量、多品种、反应时间较长的产品生产,特别是精细化工与生物化工产品的生产。此反应器因装料、卸料等辅助操作需要耗费一定的时间,产品质量不易稳定。

【例 4-3】 某厂用己二酸与己二醇以等摩尔比在 70℃、H_2SO_4 作催化剂的条件下,进行缩聚反应生产醇酸树脂,以间歇操作的搅拌釜为反应器。已知动力学方程为 $(-r_A) = 3.28 \times 10^{-8} c_A^2 (\text{mol} \cdot \text{m}^{-3} \cdot \text{s}^{-1})$,己二酸初始浓度为 $4 \times 10^3 \text{ mol} \cdot \text{m}^{-3}$。求:(1) 己二酸转化率分别为 0.5、0.6、0.8、0.9 时所需的反应时间;(2) 若每天处理 2400 kg 己二酸,转化率为 80%,每批的辅助生产时间为 1 h,需多大体积的反应器。设 $\varphi = 0.75$。

解 (1) 本例为恒容过程,则有

$$t_r = c_{A,0} \int_0^{x_{A,f}} \frac{dx_A}{(-r_A)} = c_{A,0} \int_0^{x_{A,f}} \frac{dx_A}{kc_{A,0}^2(1-x_A)^2}$$

$$= \frac{1}{kc_{A,0}} \cdot \frac{1}{1-x_A}\bigg|_0^{x_{A,f}} = \frac{1}{kc_{A,0}} \cdot \frac{x_{A,f}}{1-x_{A,f}}$$

$$x_{A,f} = 0.5$$

$$t_r = \frac{0.5}{3.28 \times 10^{-8} \text{ mol}^{-1} \cdot \text{m}^3 \cdot \text{s}^{-1} \times 4 \times 10^3 \text{ mol} \cdot \text{m}^{-3}(1-0.5)} = 7.62 \times 10^3 \text{ s} = 2.12 \text{ h}$$

同理,可求得:

$$x_{A,f} = 0.6, \quad t_r = 11433 \text{ s} = 3.18 \text{ h}$$
$$x_{A,f} = 0.8, \quad t_r = 30488 \text{ s} = 8.47 \text{ h}$$
$$x_{A,f} = 0.9, \quad t_r = 68598 \text{ s} = 19.05 \text{ h}$$

可见,随着转化率的提高,所需的反应时间将急剧增加。因此,在实际生产中,确定最终转化率时应全面考虑,不可单纯追求高转化率。

(2) 反应器体积

每小时己二酸进料量为

$$q_{n,A,0} = \frac{2400}{24 \times 146} \times 1000 = 685 \text{ mol} \cdot \text{h}^{-1}$$

$$q_{V,0} = \frac{q_{n,A,0}}{c_{A,0}} = \frac{685 \text{ mol} \cdot \text{h}^{-1}}{4 \times 10^3 \text{ mol} \cdot \text{m}^{-3}} = 0.171 \text{ m}^3 \cdot \text{h}^{-1}$$

每批操作时间 = 反应时间 + 辅助生产时间 = 8.5 h + 1 h = 9.5 h

反应器有效体积　$V = q_{V,0} t_{总} = 0.171 \text{ m}^3 \cdot \text{h}^{-1} \times 9.5 \text{ h} = 1.63 \text{ m}^3$

所需实际反应器体积:

$$V_R = \frac{V}{\varphi} = \frac{1.63 \text{ m}^3}{0.75} = 2.17 \text{ m}^3$$

圆整至 2.5 m³,即有 2.5 m³ 标准反应釜可供选用。

对于一定量的物料,若选用一个反应器的体积过大时,由于搅拌效果很难达到小反应器那样均匀,将导致浓度和温度分布不均匀,影响反应结果(转化率)而达不到要求,所以可采用几个较小体积的反应器串联的办法。但是选用几个容积反应器,相应的辅助设备也需增加,设备操作费用将因此增大。因此,实际过程应从反应物的特性、产品质量、操作情况和经济效益等多方面利弊来确定反应器体积和个数。

(三)反应器优化操作条件的确定

反应器的优化操作,可以有不同的目标函数。一般情况下间歇操作的温度、压力及进料组成由工艺条件确定。这里仅讨论不同优化目标下最优反应时间的确定。

1.以平均生产强度最大为优化目标

平均生产强度指一个生产周期内单位时间的生产量,以 P 表示。对产物 R,平均生产强度按定义为:

$$P = \frac{Vc_R}{t_r + t'} \tag{4-43}$$

为使 P 增大,应 $\dfrac{\mathrm{d}P}{\mathrm{d}t_r} = 0$,即

$$\frac{\mathrm{d}c_R}{\mathrm{d}t_r} = \frac{c_R}{t_r + t'} \tag{4-44}$$

根据式(4-44),可用作图法确定最优化反应时间。图 4-15 中 $c_R(t)$ 为产物 R 的浓度曲线。过原点 O 向左截取 $OA = t'$,过点 A 作曲线 $c_R(t)$ 的切线 AB,B 点为切点。B 点的横坐标即为所求最优化反应时间 t_r,B 点的纵坐标即为相应产物 R 的浓度。

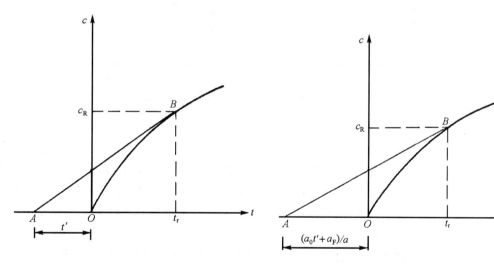

图 4-15　最佳反应时间的确定　　　　　图 4-16　图解法确定 t_r

2.以最低生产费用为优化目标

生产 R 的单位产量的费用 A 为:

$$A = \frac{at_r + a_0 t' + a_F}{Vc_R} \tag{4-45}$$

式中: a——单位时间生产 R 之能量消耗费用($¥ \cdot h^{-1}$), a_0——单位辅助生产时间能耗费用

（￥·h^{-1}），a_F—每批物料的设备折旧费（￥）。

　　为使生产费用最低，即

$$\frac{dA}{dt_r} = 0$$

也即

$$\frac{d}{dt_r}\left(\frac{at_r + a_0 t' + a_F}{Vc_R}\right) = 0$$

则

$$\frac{dc_R}{dt_r} = \frac{c_R}{t_r + (a_0 t' + a_F)/a} \tag{4-46}$$

同样，可利用作图法按图 4-16 所示图解求得最优化反应时间 t_r：过坐标原点 O 截取

$$OA = (a_0 t' + a_F)/a$$

过 A 点作 $c_R(t)$ 曲线的切线，切点 B 的横坐标即为所求的最优反应时间 t_r。

4.3.4　全混流反应器（CSTR）

　　化工生产中广泛使用的连续流动搅拌釜式反应器（continuous stirred tank reactor，CSTR），物料在反应器中流动时符合全混流条件，可视为全混流反应器，其特点为：反应器内反应物料完全均匀。加入反应器的组分在进入反应器的瞬间就被混合，釜内不存在浓度梯度和温度梯度。反应器出口的物料组成与反应器中的物料组成相等（$c_{A,f} = c_A$），反应器内系在等温、等浓度下的恒速率反应（如图4-17）所示。

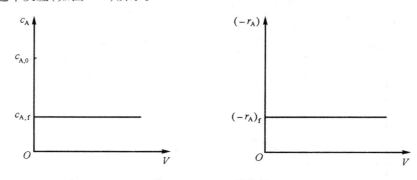

图 4-17　CSTR 的性能

　　全混流反应器内因不存在热量积累而引起的局部过热，适用于对温度敏感的化学反应，不容易引起副反应。同时由于釜内物料容量大，当进料条件发生一定程度的波动时，不会引起釜内反应条件的明显变化，稳定性好，操作安全，特别适用于像芳烃硝化那样的强放热反应在比较缓和的条件下进行。

　　根据全混流反应器的特点，我们可以选择整个反应器有效体积内对组分 A 作物料衡算。图 4-18 为全混流反应器的示意图。定常态下，物料在反应器内的累积量为零，单位时间内对组分 A 有：

$$q_{n,A,0} = q_{n,A,f} + V(-r_A)_f$$

式中：$q_{n,A,0}$—组分 A 的进口摩尔流率，$mol·s^{-1}$；$q_{n,A,f}$—组分 A 的出口摩尔流率，$mol·s^{-1}$；V—反应器的有效体积，m^3；$(-r_A)_f$—按出口浓度计的化学反应速率，$mol·m^{-3}·s^{-1}$。由于

$$q_{n,A,f} = q_{n,A,0}(1 - x_{A,f})$$

则 $$q_{n,A,0}\, x_{A,f} = V(-r_A)_f$$

即 $$\frac{V}{q_{n,A,0}} = \frac{x_{A,f}}{(-r_A)_f} \qquad (4\text{-}47)$$

又 $$q_{n,A,0} = q_{V,0} c_{A,0}$$

则

$$\tau = \frac{V}{q_{V,0}} = c_{A,0}\frac{x_{A,f}}{(-r_A)_f} \qquad (4\text{-}48)$$

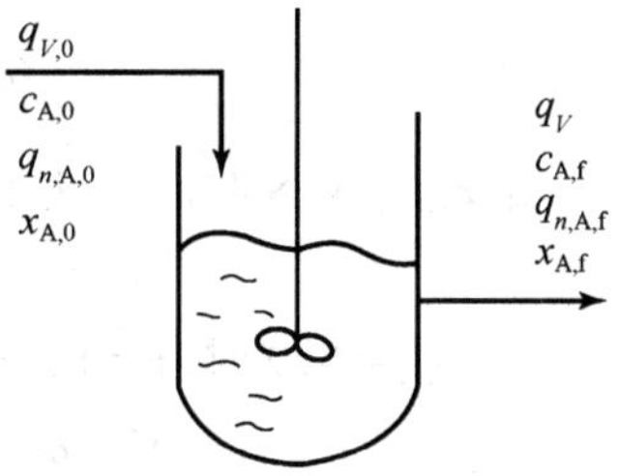

图 4-18 单个 CSTR 示意图

式(4-47)、(4-48)为全混流反应器的基本设计方程,它们关联了转化率、反应速率、反应器有效体积和进料量4个参数。如果进入反应器的物料 A 转化率不为零,式(4-47)、(4-48)应分别改写为:

$$\frac{V}{q_{n,A,0}} = \frac{x_{A,f} - x_{A,0}}{(-r_A)_f} \qquad (4\text{-}49)$$

$$\tau = c_{A,0}\frac{x_{A,f} - x_{A,0}}{(-r_A)_f} \qquad (4\text{-}50)$$

对于恒容过程,式(4-47)、(4-48)可改写为下列形式:

$$\frac{V}{q_{n,A,0}} = \frac{c_{A,0} - c_{A,f}}{c_{A,0}(-r_A)_f} \qquad (4\text{-}51)$$

$$\tau = \frac{c_{A,0} - c_{A,f}}{(-r_A)_f} \qquad (4\text{-}52)$$

式(4-48)及(4-52)的图解表示为图4-19。

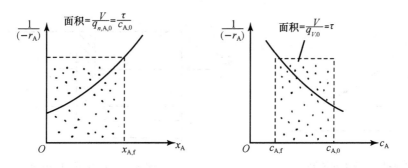

图 4-19 式(4-48)及(4-52)图解

【例 4-4】 在全混流反应器中进行例 4-3 中的反应,计算转化率为 0.8、0.9 所需全混流反应器的有效体积。

解

$$\tau = c_{A,0}\frac{x_{A,f}}{(-r_A)_f} = c_{A,0}\frac{x_{A,f}}{k\, c_{A,0}^2(1-x_{A,f})^2}$$

$$= \frac{x_{A,f}}{kc_{A,0}(1-x_{A,f})^2}$$

$$= \frac{x_{A,f}}{3.28\times10^{-8}\ \text{mol}^{-1}\cdot\text{m}^3\cdot\text{s}^{-1}\times4\times10^3\ \text{mol}\cdot\text{m}^{-3}(1-x_{A,f})^2}$$

$$= 7.62 \times 10^3 \frac{x_{A,f}}{(1 - x_{A,f})^2} \text{ s}$$

当 $x_{A,f} = 0.8$ 时，$\tau = 1.52 \times 10^5 \text{ s} = 42.3 \text{ h}$

$$V = q_{V,0}\,\tau = 0.171 \text{ m}^3 \cdot \text{h}^{-1} \times 42.3 \text{ h} = 7.23 \text{ m}^3$$

当 $x_{A,f} = 0.9$ 时，$\tau = 6.86 \times 10^5 \text{ s} = 190.5 \text{ h}$

$$V = q_{V,0}\,\tau = 0.171 \text{ m}^3 \cdot \text{h}^{-1} \times 190.5 \text{ h} = 32.58 \text{ m}^3$$

由本例可见，转化率仅提高 10%，所需反应器的体积却是原来的 4.5 倍。

4.3.5　活塞流反应器(PFR)

活塞流反应器(plug flow reactor, PFR)一般是管式连续流动反应器，物料中的所有流体微元在反应器内沿同一方向以相同的速率向前移动；在流体微元的流动方向上不存在轴向扩散；所有微元体在反应器内的停留时间相同；定常态下，器内物料的各种参数(如温度、浓度、反应速率等)只随物料流动方向变化，不随时间变化(如图 4-20 所示)，且与流动方向垂直的同一截面上，同一种参数值相等。工业中长径比大于 30 的管式反应器，物料在其中形成湍流时可作为活塞流处理。

根据活塞流反应器的特点，需要在反应器内取一微元管段 $\mathrm{d}l$，体积为 $\mathrm{d}V$，对组分 A 作物料衡算(如图 4-21)。

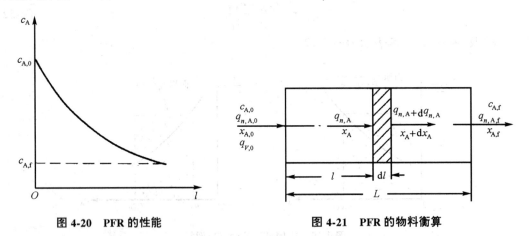

图 4-20　PFR 的性能　　　　　　图 4-21　PFR 的物料衡算

因为反应器属于定常态操作，累积量为零，所以，单位时间内组分 A 的物料衡算式为：

$$q_{n,A} = q_{n,A} + \mathrm{d}q_{n,A} + (-r_A)\mathrm{d}V$$

将 $q_{n,A} = q_{n,A,0}(1 - x_A)$，$\mathrm{d}q_{n,A} = -q_{n,A,0}\mathrm{d}x_A$ 代入上式并整理，得：

$$q_{n,A,0}\mathrm{d}x_A = (-r_A)\mathrm{d}V \tag{4-53}$$

即

$$\frac{\mathrm{d}V}{q_{n,A,0}} = \frac{\mathrm{d}x_A}{(-r_A)}$$

当 $x_A = 0$ 时，$V = 0$；$x_A = x_{A,f}$ 时，$V = V$，则

$$\frac{V}{q_{n,A,0}} = \int_0^{x_{A,f}} \frac{\mathrm{d}x_A}{(-r_A)} \tag{4-54}$$

或

$$\tau = c_{A,0} \int_0^{x_{A,f}} \frac{dx_A}{(-r_A)} \tag{4-55}$$

式(4-54)、(4-55)为活塞流反应器的基本设计式,式中关联了进料量、转化率、反应速率和反应器有效体积四个量。若为恒容过程,式(4-55)可表示为:

$$\tau = -\int_{c_{A,0}}^{c_{A,f}} \frac{dc_A}{(-r_A)} \tag{4-56}$$

式(4-54)、(4-55)、(4-56)的图解形式如图 4-22 所示。

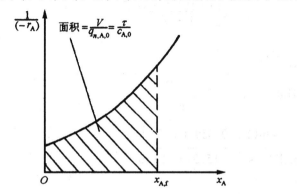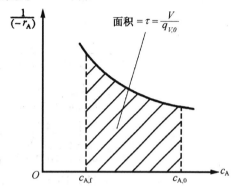

图 4-22 PFR 基本设计式的图解

【例 4-5】 在活塞流反应器中进行例4-3的反应,求转化率为 0.8、0.9 时所需反应器的体积。

解

$$\tau = c_{A,0} \int_0^{x_{A,f}} \frac{dx_A}{(-r_A)} = c_{A,0} \int_0^{x_{A,f}} \frac{dx_A}{kc_{A,0}^2(1-x_A)^2}$$

$$= \frac{x_{A,f}}{kc_{A,0}(1-x_{A,f})} = 7.62 \times 10^3 \frac{x_{A,f}}{1-x_{A,f}} \text{ s}$$

当 $x_{A,f} = 0.8$ 时, $\tau = 3.05 \times 10^4 \text{ s} = 8.47 \text{ h}$

$$V = q_{V,0}\tau = 0.171 \text{ m}^3 \cdot \text{h}^{-1} \times 8.47 \text{ h} = 1.45 \text{ m}^3$$

当 $x_{A,f} = 0.9$ 时, $\tau = 6.86 \times 10^4 \text{ s} = 19.05 \text{ h}$

$$V = q_{V,0}\tau = 0.171 \text{ m}^3 \cdot \text{h}^{-1} \times 19.05 \text{ h} = 3.26 \text{ m}^3$$

从活塞流反应器与间歇操作的釜式反应器的基本设计式及例 4-3 与例 4-5 计算结果可以看出,两者对同一反应,在操作条件相同时,达到相同的转化率所需反应时间 t_r 与空间时间 τ 相同,这是因为在反应过程中两种反应器内物料浓度的变化具有相似的规律。由于活塞流反应器没有辅助生产时间,处理量大,适用于较大规模的生产。

思考:试比较例 4-4 与例 4-5 的计算结果,并分析原因。

【例 4-6】 乙醛分解反应式为

$$CH_3CHO \longrightarrow CH_4 + CO$$

乙醛在 520℃ 和 1.01×10^5 Pa 下以 $0.1 \text{ kg} \cdot \text{s}^{-1}$ 的流率进入活塞流反应器进行分解反应,动力学方程为 $(-r_A) = kc_A^2$,$k = 4.3 \times 10^{-4} \text{ m}^3 \cdot \text{mol}^{-1} \cdot \text{s}^{-1}$。试求乙醛分解 35% 时的反应器有效体积、空间时间和平均停留时间。

解　本例属于等温变容反应过程

$$\delta_A = \frac{1+1-1}{1} = 1, \quad y_{A,0} = 1, \quad 1 + \delta_A y_{A,0} x_A = 1 + x_A$$

$$c_{A,0} = \frac{p_{A,0}}{RT} = \frac{1.01 \times 10^5 \, \text{Pa}}{8.314 \, \text{J} \cdot \text{K}^{-1} \cdot \text{mol}^{-1} \times (520 \, \text{K} + 273 \, \text{K})} = 15.37 \, \text{mol} \cdot \text{m}^{-3}$$

(1) 求空间时间 τ

$$\tau = c_{A,0} \int_0^{x_{A,f}} \frac{dx_A}{(-r_A)} = c_{A,0} \int_0^{x_{A,f}} \frac{dx_A}{k \left[\dfrac{c_{A,0}(1-x_A)}{1+x_A} \right]^2}$$

$$= \frac{1}{kc_{A,0}} \int_0^{x_{A,f}} \left(\frac{1+x_A}{1-x_A} \right)^2 dx_A$$

$$= \frac{1}{kc_{A,0}} \left[\frac{4}{1-x_A} + 4\ln(1-x_A) + x_A \right]_0^{0.35}$$

$$= \frac{\left[\dfrac{4}{1-0.35} - 4 + 4\ln(1-0.35) + 0.35 \right]}{4.3 \times 10^{-4} \, \text{m}^3 \cdot \text{mol}^{-1} \cdot \text{s}^{-1} \times 15.37 \, \text{mol} \cdot \text{m}^{-3}}$$

$$= 118.13 \, \text{s}$$

(2) 求反应器的有效体积

$$M_A = 44$$

$$q_{n,A,0} = \frac{0.1 \times 10^3 \, \text{g} \cdot \text{s}^{-1}}{44 \, \text{g} \cdot \text{mol}^{-1}} = 2.27 \, \text{mol} \cdot \text{s}^{-1}$$

$$q_{V,0} = \frac{q_{n,A,0}}{c_{A,0}} = \frac{2.27 \, \text{mol} \cdot \text{s}^{-1}}{15.37 \, \text{mol} \cdot \text{m}^{-3}} = 0.148 \, \text{m}^3 \cdot \text{s}^{-1}$$

$$V = q_{V,0} \tau = 0.148 \, \text{m}^3 \cdot \text{s}^{-1} \times 118.13 \, \text{s} = 17.48 \, \text{m}^3$$

(3) 求平均停留时间

$$\bar{t} = \int_0^V \frac{dV}{q_V} = \int_0^{x_{A,f}} \frac{q_{n,A,0} dx_A}{q_{V,0}(1 + \delta_A y_{A,0} x_A)(-r_A)}$$

$$= c_{A,0} \int_0^{x_{A,f}} \frac{dx_A}{kc_{A,0}^2 \left(\dfrac{1-x_A}{1+x_A} \right)^2 (1+x_A)}$$

$$= \frac{1}{kc_{A,0}} \int_0^{x_{A,f}} \frac{1+x_A}{(1-x_A)^2} dx_A$$

$$= \frac{1}{kc_{A,0}} \left[\frac{2}{1-x_A} + \ln(1-x_A) \right]_0^{0.35}$$

$$= \frac{\left[\dfrac{2}{1-0.35} - 2 + \ln(1-0.35) \right]}{4.3 \times 10^{-4} \, \text{m}^3 \cdot \text{mol}^{-1} \cdot \text{s}^{-1} \times 15.37 \, \text{mol} \cdot \text{m}^{-3}}$$

$$= 97.76 \, \text{s}$$

从本例计算结果可知,当 $\delta_A \neq 0$ 时,空时与平均停留时间不等,且 $\delta_A > 0$, $\tau > \bar{t}$。造成此差别的原因是由于反应过程中流体密度降低,使得气流通过反应器时速率加大。空时计算是以反应器进料体积为基准,没有考虑加速因素。但是平均停留时间计算考虑了加速因素的影响。

4.3.6 理想反应器的组合

在实际化工生产中,若处理的物料量较大,所需反应器体积过大,反应设备的长度或直径将受到设备制造、安装及操作等的限制,此时就应采用同类反应器组合操作;另外,某些反应根据其动力学特征,为使反应达到最优化操作,也考虑同类型或不同类型及大小不同的单个反应器的组合操作。例如,一个年产 30×10^4 t 乙烯的生产装置可以由 10 台管式裂解炉并联操作;釜式高压法生产低密度聚乙烯由单釜改为双釜操作,可使转化率由 18% 提高到 24%。一般情况下,单个反应器并联操作可以增大处理能力,串联操作可以提高反应的深度。

(一) 活塞流反应器的组合

1. 并联操作

同类型反应器并联操作(如图4-23),为使所需总反应体积最小,应保证各反应器出口的物料组成相同,即

$$c_{A,1} = c_{A,2} = c_{A,f} \tag{4-57a}$$

或

$$x_{A,1} = x_{A,2} = x_{A,f} \tag{4-57b}$$

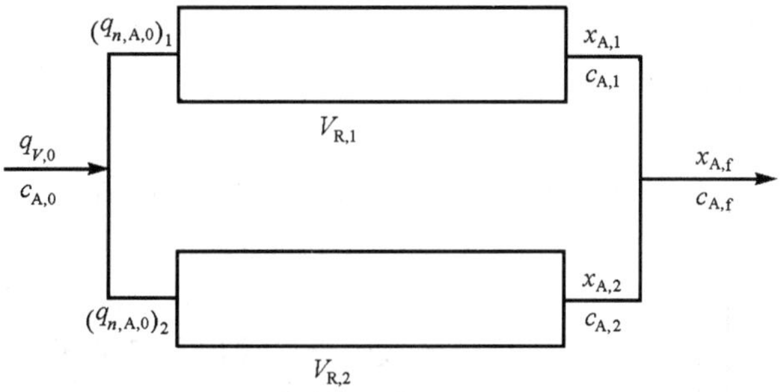

图 4-23 活塞流反应器并联

根据上述条件,活塞流反应器并联操作,应满足各个反应器的空时要相等,即各个反应器的反应体积与进料速率比 $\left(\dfrac{V}{q_{n,A,0}}\right)_i$ 相同。依据此原则,可以确定各反应器的进料体积流量。

如果 N 个活塞流反应器在等温下并联操作,对第 i 个反应器,有

$$V_i = (q_{n,A,0})_i \int_0^{x_{A,f}} \frac{\mathrm{d}x_A}{(-r_A)} \tag{4-58}$$

所需体积

$$V = \sum V_i = \left[(q_{n,A,0})_1 + (q_{n,A,0})_2 + (q_{n,A,0})_3 + \cdots + (q_{n,A,0})_N\right] \int_0^{x_{A,f}} \frac{\mathrm{d}x_A}{(-r_A)}$$

或

$$V = q_{n,A,0} \int_0^{x_{A,f}} \frac{\mathrm{d}x_A}{(-r_A)} \tag{4-59}$$

式中: $q_{n,A,0} = \sum (q_{n,A,0})_i$ 。

可见,N 活塞流反应器并联操作与一个和其总体积相同的单个活塞流反应器的作用相同。

2. 串联操作

如果为满足生产要求所需活塞流反应器长度过长时,可以采取反应器串联操作(如图4-24)。

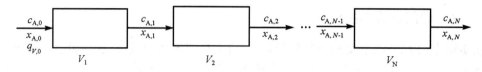

图 4-24　多级活塞流反应器串联

串联操作时,前一个反应器的出口浓度即为后一个反应器的进口浓度,且对第 i 个反应器,有

$$\frac{V_i}{q_{n,A,0}} = \int_{x_{A,i-1}}^{x_{A,i}} \frac{\mathrm{d}x_A}{(-r_A)_i}$$

若各釜反应温度相同,k 值将相同,$(-r_A)$ 表达式相同。则

$$\frac{V}{q_{n,A,0}} = \sum \frac{V_i}{q_{n,A,0}} = \int_0^{x_{A,1}} \frac{\mathrm{d}x_A}{(-r_A)} + \int_{x_{A,1}}^{x_{A,2}} \frac{\mathrm{d}x_A}{(-r_A)} + \cdots + \int_{x_{A,N-1}}^{x_{A,N}} \frac{\mathrm{d}x_A}{(-r_A)} = \int_0^{x_{A,N}} \frac{\mathrm{d}x_A}{(-r_A)}$$

$$(4\text{-}60)$$

可见,在恒温条件下,总体积为 V 的 N 个活塞流反应器串联操作,与一个体积为 V 的活塞流反应器所达最终转化率相同。

(二) 全混流反应器的组合

1. 并联操作

当生产过程采用单个全混流反应器处理一定量物料时,若所需反应器体积太大,可采用若干个体积较小的全混流反应器并联操作(如图 4-25)。

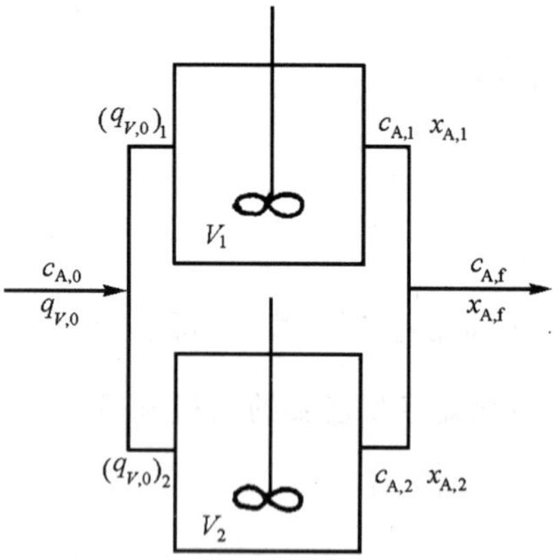

为使反应效果最佳,除了在各釜等温操作下,还应保证各釜的出口转化率相同,也就是说各釜进料流量的分配原则必须满足各釜的空时相同,即 $\tau_1 = \tau_2 = \tau_i$,或

$$\left(\frac{V}{q_{V,0}}\right)_1 = \left(\frac{V}{q_{V,0}}\right)_2 = \left(\frac{V}{q_{V,0}}\right)_i \qquad (4\text{-}61)$$

试证明:当进出口物料组成相同且操作温度相同时,总体积为 V 的 N 个全混流反应器并联操作与一个体积为 V 的单个全混流反应器处理物料量相同。

2. 串联操作

前已述及,单个全混流反应器中,化学反应是在低浓度下进行的。为了提高反应物浓度以提高化学反应过程的推动力,工业生产中通常把若干个全混流反应器串联操作(如图 4-26)。

图 4-25　多级釜式反应器并联

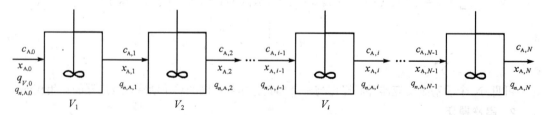

图 4-26　多级全混流反应器串联

当采用多釜串联后,其中每个釜满足全混流假设,各釜之间没有物料的混合,各釜中反应物的浓度分布如图 4-27,且都高于单级操作时的浓度(最后一釜除外),串联的釜数越多,浓度分布越接近于活塞流反应器。这样不但抑制了逆向混合,同时可以在各釜内控制不同的反应温度和物料浓度以及不同的搅拌加料情况,以适应工艺上的要求。

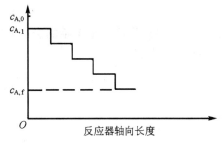

图 4-27 多级全混流反应器浓度分布

对第 i 个釜中反应组分 A 作物料衡算,即

$$q_{n,\mathrm{A},i-1} = q_{n,\mathrm{A},i} + V_i(-r_\mathrm{A})_i$$

将

$$q_{n,\mathrm{A},i-1} = q_{n,\mathrm{A},0}(1 - x_{\mathrm{A},i-1})$$

$$q_{n,\mathrm{A},i} = q_{n,\mathrm{A},0}(1 - x_{\mathrm{A},i})$$

代入物料衡算式,得

$$\frac{V_i}{q_{n,\mathrm{A},0}} = \frac{x_{\mathrm{A},i} - x_{\mathrm{A},i-1}}{(-r_\mathrm{A})_i} \tag{4-62a}$$

或

$$\tau_i = c_{\mathrm{A},0}\frac{x_{\mathrm{A},i} - x_{\mathrm{A},i-1}}{(-r_\mathrm{A})_i} \tag{4-62b}$$

对恒容反应,式(4-62b)可写为

$$\tau_i = \frac{c_{\mathrm{A},i-1} - c_{\mathrm{A},i}}{(-r_\mathrm{A})_i} \tag{4-63}$$

式(4-62b)、(4-63)为多釜串联反应器的基本设计方程。式中:$c_{\mathrm{A},i-1}$、$x_{\mathrm{A},i-1}$ 分别为进入第 i 釜时,组分 A 的浓度和转化率;$c_{\mathrm{A},i}$、$x_{\mathrm{A},i}$ 分别为离开第 i 釜时,组分 A 的浓度和转化率;$(-r_\mathrm{A})_i$—第 i 釜中的反应速度;τ_i—第 i 釜的空间时间。

在多釜串联反应器的设计计算中,一般已知动力学方程,需要确定每一个反应器的出口物料组成 $c_{\mathrm{A},i}$,并计算通过反应器的空时,从而求出反应器的体积。以上这些参数可以通过代数法或图解法求得。

(1) 代数法

因为多釜串联反应器中,前一个反应器的出口物料就是后一个反应器的进口物料,利用单个全混流反应器的计算方法对每个釜进行逐釜计算,直至所要求的转化率为止。例如,在多级全混流反应器中进行等温一级恒容反应,$(-r_\mathrm{A}) = kc_\mathrm{A}$,对其中任一釜,有

$$\tau_i = \frac{c_{\mathrm{A},i-1} - c_{\mathrm{A},i}}{kc_{\mathrm{A},i}}$$

整理,得

$$c_{\mathrm{A},i} = \frac{c_{\mathrm{A},i-1}}{1 + k\tau_i} \tag{4-64}$$

对第一釜,有

$$c_{\mathrm{A},1} = \frac{c_{\mathrm{A},0}}{1 + k\tau_1}$$

对第二釜,有

$$c_{\mathrm{A},2} = \frac{c_{\mathrm{A},1}}{1 + k\tau_2} = \frac{c_{\mathrm{A},0}}{(1 + k\tau_1)(1 + k\tau_2)}$$

若各釜体积 V_i 相同,各釜 τ_i 将相同,即

$$\tau_1 = \tau_2 = \cdots = \tau_i = \tau$$

式中: τ ——多釜串联中单个釜的空间时间。

对第 N 釜,则有

$$c_{A,N} = \frac{c_{A,0}}{(1 + k\tau)^N} \tag{4-65}$$

或

$$1 - x_{A,N} = \frac{1}{(1 + k\tau)^N}$$

$$x_{A,N} = 1 - \frac{1}{(1 + k\tau)^N} \tag{4-66}$$

当串联的釜数 N 及各釜体积一定时,利用式(4-66)可直接求出一级等温恒容过程所能达到的最终转化率。由式(4-66)可知,在一定条件下,串联釜数越多,最终达到的转化率也就越高。

(2) 图解法

为了避免复杂动力学方程在逐釜计算法中求解时的试差,或者有时测得动力学数据不必建立动力学方程,可直接采用图解法计算。

作图求解的原理由下文给出。

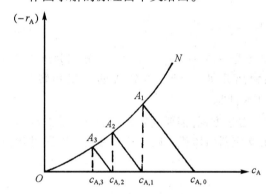

图 4-28　多级 CSTR 串联图解计算

第 i 级全混流反应器进、出口浓度与反应速度的关系由式(4-63)变换得:

$$(-r_A)_i = \frac{c_{A,i-1}}{\tau_i} - \frac{c_{A,i}}{\tau_i} \tag{4-67}$$

此关系在 $(-r_A)$-c_A 图上为一直线(见图 4-28),其斜率为 $-\dfrac{1}{\tau_i}$。同时,该级的出口浓度还应满足动力学方程 $(-r_A)_i = f(c_{A,i})$。因此将这两个方程式同时绘于 $(-r_A)$-c_A 图上,两线交点的横坐标就是所要求的 $c_{A,i}$。如果各釜的反应温度相等,可按下列步骤作图。

① 根据动力学方程,在 $(-r_A)$-c_A 坐标中作出 $(-r_A)$-c_A 曲线 ON(如图 4-28);

② 按照式(4-67)关系,从横轴上 $c_{A,0}$ 出发,过 $c_{A,0}$ 作斜率为 $-\dfrac{1}{\tau_i}$ 的直线(即操作线)与反应速度曲线 ON 交于 A_1 点,交点 A_1 的横坐标即为 $c_{A,1}$;

③ 再从 $c_{A,1}$ 出发依次作各釜操作线求各浓度值,直至 $c_{A,N}$ 符合工艺最终浓度要求为止。有 N 条直线,即表示需用 N 个釜串联。

如果各釜体积不同,图上各操作线斜率各异;若各釜体积相同,各操作线将相互平行。

【例 4-7】　用两个等体积的全混流反应器串联进行例 4-3 的反应,求转化率为 0.8 时所需的反应器体积。

解

对第一个反应器,有

$$\tau = c_{A,0}\frac{x_{A,1}}{kc_{A,0}^2(1-x_{A,1})^2} = \frac{x_{A,1}}{kc_{A,0}(1-x_{A,1})^2}$$

对第二个反应器,有

$$\tau_2 = c_{A,0}\frac{x_{A,2}-x_{A,1}}{kc_{A,0}^2(1-x_{A,2})^2} = \frac{x_{A,2}-x_{A,1}}{kc_{A,0}(1-x_{A,2})^2}$$

因为两个反应器等体积,即 $\tau_1 = \tau_2$,则

$$\frac{x_{A,1}}{(1-x_{A,1})^2} = \frac{x_{A,2}-x_{A,1}}{(1-x_{A,2})^2} = \frac{0.8-x_{A,1}}{(1-0.8)^2}$$

解得　$x_{A,1} = 0.624$

$$\tau_2 = \frac{0.8-0.624}{3.28\times10^{-8}\ mol^{-1}\cdot m^3\cdot s^{-1}\times4\times10^3\ mol\cdot m^{-3}\times(1-0.8)^2} = 33537\ s = 9.32\ h$$
$$V_2 = 0.171\ m^3\cdot h^{-1}\times9.32\ h = 1.59\ m^3$$
$$V_1 = V_2$$
$$V_{总} = 2V_2 = 2\times1.59\ m^3 = 3.18\ m^3$$

比较例 4-4、4-5、4-7 可知,同一反应在同一处理量和相同操作条件下,达到相同转化率所需各种反应器体积从大到小顺序为:

$$单个\ CSTR > 多个\ CSTR\ 串联 > PFR$$

4.3.7　均相反应器的优化选择

如何进行反应器的优化选择,是由多方面的因素决定的。如化学反应本身的动力学特征,反应器的操作特性,设备和操作费用,操作的安全性、稳定性和灵活性等。但是从生产实际出发,最终的选择依据取决于整个过程的经济性。而过程经济性的衡量有两个重要的指标:一是反应设备的生产能力大小,即对于给定的生产任务,反应器的体积要小;二是产物的分布,包括目的产物的收率和选择性等。对简单反应,产物是确定的,没有产物分布的问题,选择反应器时主要考虑反应器的生产能力。对于复合反应,产物分布往往是反应器选型首先要考虑的问题。

(一) 反应器生产能力比较
1. 单个反应器

在一定操作温度下,如果化学反应速率随反应物浓度的增加而增大[如图 4-29(a)所示],设进入不同反应器的物料中 A 的浓度均为 $c_{A,0}$,摩尔流量均为 $q_{n,A,0}$。由图 4-29(b)可知:

　① 对活塞流反应器　　$\dfrac{V_P}{q_{n,A,0}} = \dfrac{\tau_P}{c_{A,0}} = (斜线面积)$

　② 对全混流反应器　　$\dfrac{V_C}{q_{n,A,0}} = \dfrac{\tau_C}{c_{A,0}} = (阴影面积)$

式中;V_P 代表活塞流反应器体积, V_C 代表全混流反应器体积。

显然,达到相同转化率所需活塞流反应器体积比全混流反应器体积小。

产生这种差别是由于在活塞流反应器和全混流反应器中反应物浓度变化的历程不同引起的。在活塞流反应器中,反应物浓度沿着流动方向从高到低,反应速率也逐渐下降。而在全混流反应器中,反应物的浓度处处相等,均等于活塞流反应器的出口浓度,其反应速率也与活塞

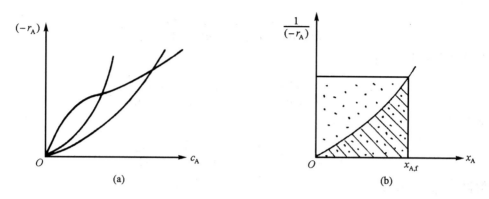

图 4-29 活塞流反应器与全混流反应器性能比较

流反应器出口的反应速率相同。

根据全混流反应器和活塞流反应器的基本设计式,可得

$$\frac{\tau_C}{\tau_P} = \frac{V_C}{V_P} = \frac{x_A/(-r_A)}{\int_0^{x_A} \frac{dx_A}{(-r_A)}} \tag{4-68}$$

① 对于等温恒容过程

$$(-r_A) = kc_A^n = kc_{A,0}^n (1-x_A)^n$$

当 $n=1$ 时

$$\left.\begin{array}{l} \dfrac{\tau_C}{\tau_P} = \dfrac{V_C}{V_P} = \dfrac{x_A}{(x_A-1)\ln(1-x_A)} \\[4mm] \text{当 } n \neq 1 \text{ 时} \\[4mm] \dfrac{\tau_C}{\tau_P} = \dfrac{V_C}{V_P} = \dfrac{(n-1)x_A}{(1-x_A)-(1-x_A)^n} \end{array}\right\} \tag{4-69a}$$

② 若为非恒容过程, $(-r_A) = \dfrac{kc_{A,0}^n (1-x_A)^n}{(1+\delta_A y_{A,0} x_A)^n}$, 则

$$\frac{\tau_C}{\tau_P} = \frac{V_C}{V_P} = \frac{x_A \left(\dfrac{1+\delta_A y_{A,0} x_A}{1-x_A}\right)^n}{\int_0^{x_A} \left(\dfrac{1+\delta_A y_{A,0} x_A}{1-x_A}\right)^n dx_A} \tag{4-69b}$$

式(4-69)表示达到一定转化率时所需全混流反应器和活塞流反应器体积比。将此关系图形化,即得到图 4-30。

分析图 4-30 可知,对低级数反应,或是低转化率情况下,两种反应器所需反应器体积差别小;但是对于高级数反应,或在高转化率下,全混流反应器所需的反应体积比活塞流反应器体积要大得多;对于非恒容过程,由于反应而产生物料的密度变化,也将影响全混流反应器与活塞流反应器的体积比,但它通常是属于较次要的因素。

上述讨论表明,在等温情况下,返混可能使单位反应器体积的生产能力下降,然而对自催化反应,返混降低了反应物的浓度,但提高了产物(催化剂)的浓度,因而使反应加速。对负级数反应,返混能使反应速率提高。

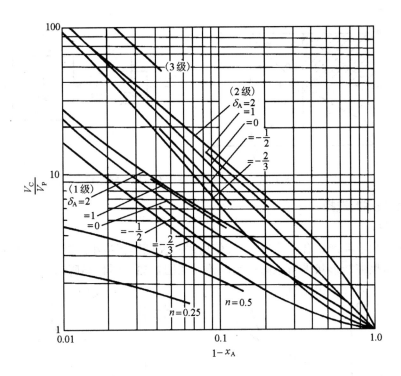

图 4-30 n 级反应在简单反应器中性能比较

2. 全混流反应器串联

根据 $\dfrac{\tau_i}{c_{A,0}} = \dfrac{V_i}{q_{n,A,0}} = \dfrac{x_{A,i} - x_{A,i-1}}{(-r_A)_i}$，可用图 4-31 所示的方法求解。图中各小矩形面积为

$$\frac{\tau_i}{c_{A,0}}$$

这些小矩形面积的总和比单个全混流反应器的大矩形面积小得多。而且串联的釜数越多，达到相同转化率所需反应器的总体积越小；当串联釜数无限多时，和活塞流反应器体积相同。(为什么?)

但应注意，当串联釜数增加到一定值时，再增加釜数所能减少的反应体积已很有限。在实际过程中要从经济上加以权衡，一般串联釜数不超过 4 个。

当转化率一定时，为使全混流反应器串联操作的总体积最小，可以用求最大矩形面积法确定。图 4-32 为两个全混流反应器串联时，确定两个反应器的最佳体积大小(使反应

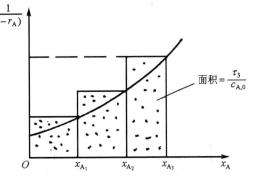

图 4-31 多个 CSTR 和 PFR 比较

器总体积最小)的方法，其关键在于确定体积最佳时的 $x_{A,1}$。如图 4-32，当对角线 BD 的斜率等于曲线上 C 点的斜率时，矩形的面积 $ABCD$ 最大，此时两个反应器的总体积最小。

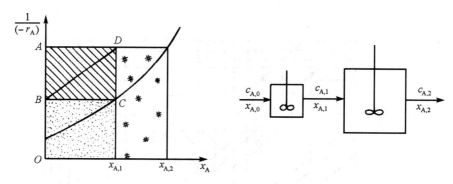

图 4-32　不同体积的两个 CSTR 串联比较

(二) 反应器的选择

1. 简单反应

选择单个反应器或组合反应器时,应使所需总反应体积最小。在温度一定时,一般可根据反应速率与浓度曲线形状采用不同的反应器。如图4-33～图4-35所示。

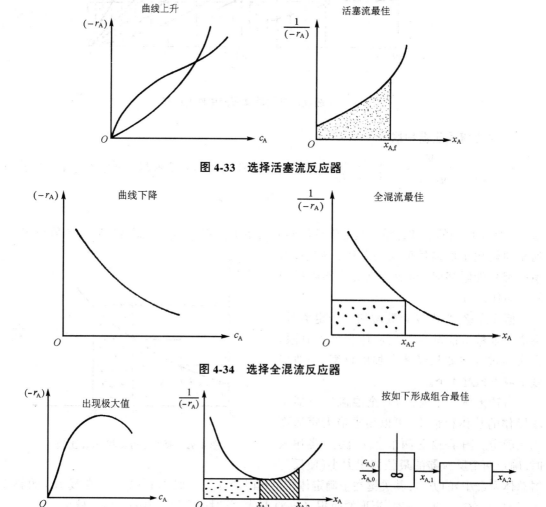

图 4-33　选择活塞流反应器

图 4-34　选择全混流反应器

图 4-35　选择两种反应器组合

2. 复合反应

对于复合反应,返混不仅影响所需反应器体积大小,还影响反应产物的分布。所以这类反应考虑的中心问题是从提高目的产物的选择性来选择反应器类型与反应器的操作方法。

(1) 平行反应

$$A+B \longrightarrow P（主反应） \qquad r_P = k_1 c_A^{\alpha_1} c_B^{\beta_1}$$

$$A+B \longrightarrow S（副反应） \qquad r_S = k_2 c_A^{\alpha_2} c_B^{\beta_2}$$

瞬时选择性为:

$$S_P = \frac{r_P}{r_P + r_S} = \frac{1}{1 + \dfrac{r_S}{r_P}} = \frac{1}{1 + \dfrac{k_2}{k_1} c_A^{\alpha_2-\alpha_1} c_B^{\beta_2-\beta_1}} \qquad (4\text{-}70)$$

为了得到最大的 P,应使 r_S/r_P 最小。从式(4-70)可知,在一定温度下,只需知道主、副反应级数的相对大小,就可确定在反应过程中对组分浓度高低的要求,从而确定采用何种反应器及加料方式,见表 4-3。

表 4-3 平行反应的反应器选型及加料方式

动力学特点	浓度要求	反应器类型及加料方式
$\alpha_1 > \alpha_2$ $\beta_1 > \beta_2$	c_A、c_B 均高	① A、B 同时加入 IBR ② A、B 同时加入 PFR ③ 多级 CSTR 串联,A、B 同时加入第一釜
$\alpha_1 < \alpha_2$ $\beta_1 < \beta_2$	c_A、c_B 均低	① A、B 缓慢滴加至 IBR 中 ② 单个 CSTR
$\alpha_1 > \alpha_2$ $\beta_1 < \beta_2$	c_A 高 c_B 低	① A 一次加入,B 缓慢滴加至 IBR 中 ② PFR,A 由进口加入,B 沿管长分段加入 ③ 多级 CSTR 串联,A 由第一级加入,B 分级加入 ④ 单个 CSTR,A 从出口物料分离返回反应器

【例 4-8】 有一分解反应:

$$A \begin{cases} \xrightarrow{k_1} P & r_P = k_1 c_A \\ \xrightarrow{k_2} R & r_R = k_2 \\ \xrightarrow{k_3} S & r_S = k_3 c_A^2 \end{cases}$$

已知 $k_1 = 2\ \text{min}^{-1}$, $k_2 = 1\ \text{mol}\cdot\text{L}^{-1}\cdot\text{min}^{-1}$, $k_3 = 1\ \text{L}\cdot\text{mol}^{-1}\cdot\text{min}^{-1}$, $c_{A,0} = 2\ \text{mol}\cdot\text{L}^{-1}$。P 为目的产物,R、S 均为副产物。若不考虑未反应物料的回收,试在等温条件下求:

(a) 在全混流反应器中所能达到的最高 c_P;

(b) 在活塞流反应器中所能达到的最高 c_P;

(c) 如果未反应物料回收,采用何种反应器或流程较为合理?

解 这是一个平行反应,根据选择性定义:

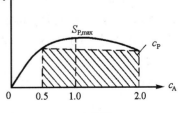

(a) 全混流

$$S_P = \frac{r_P}{r_P + r_R + r_S} = \frac{2c_A}{2c_A + 1 + c_A^2} = \frac{2c_A}{(1 + c_A)^2}$$

（a）在全混流反应器中获得最大 c_P

$$c_P = \overline{S_P}(c_{A,0} - c_A)$$
$$= S_P(c_{A,0} - c_A)$$
$$= \frac{2c_A}{(1 + c_A)^2}(c_{A,0} - c_A)$$

当 $\dfrac{dS_P}{dc_A} = 0$ 时，c_P 最大，解得

$$c_A = \frac{1}{2} \text{ mol} \cdot \text{L}^{-1}, \quad c_P = \frac{2}{3} \text{ mol} \cdot \text{L}^{-1}, \quad S_P = \frac{4}{9}$$

（b）在活塞流反应器中获得最大 c_P

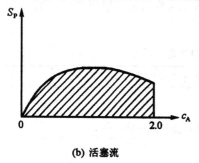

(b) 活塞流

$$\overline{S_P} = \frac{1}{c_{A,0} - c_{A,f}} \int_{c_{A,f}}^{c_{A,0}} S_P dc_A$$
$$c_P = \overline{S_P}(c_{A,0} - c_{A,f})$$
$$c_P = \int_{c_{A,f}}^{c_{A,0}} S_P dc_A$$
$$= \int_{c_{A,f}}^{c_{A,0}} \frac{2c_A}{(1 + c_A)^2} dc_A$$

由图（b）可知，对活塞流反应器，只有当反应物全部转化时，曲线下面积才最大。所以：

$$c_P = \int_0^2 \frac{2c_A}{(1 + c_A)^2} dc_A = 2\left[\ln(1 + c_A) + \frac{1}{1 + c_A}\right]_0^2 = 0.864 \text{ mol} \cdot \text{L}^{-1}$$

（c）根据 S_P-c_A 曲线，由

$$\frac{dS_P}{dc_A} = \frac{2(1 + c_A)^2 - 4c_A(1 + c_A)}{(1 + c_A)^4} = 0$$

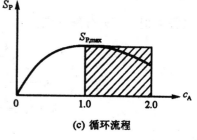

(c) 循环流程

得 $c_A = 1$ 时，S_P 最大，$S_P = 0.5$。

设想一流程：选用一个全混流反应器，在 $c_A = 1$ mol·L^{-1} 操作，将未反应的 A 从产物中分离，然后再循环返回反应器，并使 $c_{A,0} = 2$ mol·L^{-1}。

从（a）、（b）、（c）三种情况比较可知，采用全混流反应器并将未反应物经分离后循环返回反应器的流程为最优。采用（c）操作，每转化 1 mol A，可获得 0.5 mol P；而对活塞流反应器，采用（b）操作，即每转化 1 mol A，仅获得 0.43 mol P；对全混流反应器，则只获得 0.44 mol P。

（2）串联反应

现以一级不可逆反应为例：

$$A \xrightarrow{k_1} R \xrightarrow{k_2} S$$
$$\text{（目的产物）}$$

选择性：

$$S_P = \frac{r_R}{(-r_A)} = 1 - \frac{k_2}{k_1}\frac{c_R}{c_A} \tag{4-71}$$

即目的产物 R 的选择性与反应物的浓度比值 c_R/c_A 有关。凡是使反应器内产物浓度 c_R 增大、反应物浓度 c_A 减小的措施,都不利于串联反应过程选择性的提高。因此返混对串联反应过程的选择性不利,在活塞流反应器或多级串联全混流反应器中反应总是优于全混流反应器。

串联反应若以各物料浓度随时间 τ 变化作图(见图 4-36),则可知在反应过程中,随着反应持续时间的增加,反应物 A 的浓度 c_A 不断降低,副产物 S 的浓度 c_S 不断增大,目的产物 R 的浓度 c_R 先增大而后减小,在整个反应过程中存在一个最优时间,此时目的产物 R 的浓度最大。因此,为了使目的产物 R 的选择性达到最大,应严格控制反应时间。从这个角度考虑,应选择间歇操作的搅拌釜或活塞流反应器。在工业生产中,常使串联反应在较低的单程转化率下操作,把未反应的原料经分离回收后再循环使用。

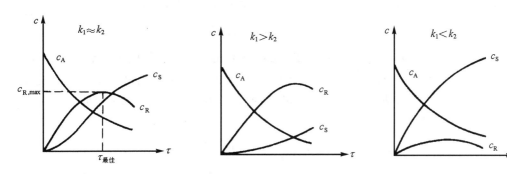

图 4-36 串联反应浓度变化示意图

4.3.8 非等温反应过程

化工生产的反应过程大多伴随有热效应,有时这种热效应还相当大;对于某些反应,为了获得最优的产品分布和适宜的反应速率,人们往往将其安排在非等温条件下操作。对非等温反应器的计算,需要结合物料衡算、热量衡算和动力学方程求解。

(一) 间歇操作搅拌釜

以放热反应为例,在整个釜范围、$\mathrm{d}t$ 时间内作热量衡算:

$$(-\Delta H_r)(-r_A)V\mathrm{d}t - KA(T-t_m)\mathrm{d}t = \sum m_i c_{p,i}\mathrm{d}T \tag{4-72}$$

式中:$(-\Delta H_r)$—反应的摩尔焓(放热反应,取正值),$J\cdot mol^{-1}$;m_i—反应物料中各组分的质量,kg;$c_{p,i}$—i 组分的比定压热容,$J\cdot kg^{-1}\cdot K^{-1}$;$K$—传热系数,$W\cdot m^{-2}\cdot K^{-1}$;$A$—传热面积,$m^2$;$t_m$——换热介质的温度,K;$T$——反应体系的温度,K。

式(4-72)左边第一项表示因化学反应而放出的热量,第二项表示向环境传递的热量;右边项表示由于热量积累使体系温度升高。

将式(4-72)与式(4-38)联立求解,可得出非等温操作时的转化率 x_A、反应温度 T 和反应时间 t_r 的关系。

反应过程若在绝热条件下操作,则

$$KA(T-t_m)\mathrm{d}t=0$$

$$(-\Delta H_{\mathrm{r}})(-r_{\mathrm{A}})V\mathrm{d}t = \sum m_i c_{p,i}\mathrm{d}T$$

将 $(-r_{\mathrm{A}})V\mathrm{d}t = n_{\mathrm{A},0}\mathrm{d}x_{\mathrm{A}}$ 代入,得

$$(-\Delta H_{\mathrm{r}})n_{\mathrm{A},0}\mathrm{d}x_{\mathrm{A}} = \sum m_i c_{p,i}\mathrm{d}T$$

当 $x_{\mathrm{A}}=0$ 时, $T=T_0$; 当 $x_{\mathrm{A}}=x_{\mathrm{A}}$ 时, $T=T$。积分,得

$$\int_0^{x_{\mathrm{A}}}(-\Delta H_{\mathrm{r}})n_{\mathrm{A},0}\mathrm{d}x_{\mathrm{A}} = \int_{T_0}^{T}\sum m_i c_{p,i}\mathrm{d}T$$

$$T = \frac{(-\Delta H_{\mathrm{r}})n_{\mathrm{A},0}}{\sum m_i c_{p,i}}x_{\mathrm{A}} + T_0 \tag{4-73}$$

式(4-73)反映了间歇反应器中的温度与转化率的关系,随着转化率的提高,温度总是呈线性变化的。

【例 4-9】 某液相反应 $A \longrightarrow R$,其反应动力学方程为(单位: $\mathrm{mol\cdot L^{-1}\cdot h^{-1}}$):

$$(-r_{\mathrm{A}}) = k_0 \exp\left(-\frac{E}{RT}\right)c_{\mathrm{A}}^{1.5}$$

式中, $k_0 = 1.5\times10^{11}\ \mathrm{mol^{-0.5}\cdot L^{0.5}\cdot h^{-1}}$, $E = 64015\ \mathrm{J\cdot mol^{-1}}$。若已知: $(-\Delta H_{\mathrm{r}}) = 146440\ \mathrm{J\cdot(mol\ A)^{-1}}$, $c_{\mathrm{A},0} = 0.2\ \mathrm{mol\cdot L^{-1}}$, $c_p = 3.975\ \mathrm{kJ\cdot kg^{-1}\cdot K^{-1}}$,反应物料密度 $\rho = 1100\ \mathrm{kg\cdot m^{-3}}$,初始温度为 20℃。如果反应在绝热条件下进行,求 $x_{\mathrm{A}}=0.8$ 时所需的反应时间。

解　间歇反应器中进行的恒容反应:

$$t_{\mathrm{r}} = c_{\mathrm{A},0}\int_0^{x_{\mathrm{A}}}\frac{\mathrm{d}x_{\mathrm{A}}}{(-r_{\mathrm{A}})} = c_{\mathrm{A},0}\int_0^{x_{\mathrm{A}}}\frac{\mathrm{d}x_{\mathrm{A}}}{kc_{\mathrm{A}}^{1.5}}$$

$$= c_{\mathrm{A},0}\int_0^{x_{\mathrm{A}}}\frac{\mathrm{d}x_{\mathrm{A}}}{k_0\exp\left(-\dfrac{E}{RT}\right)c_{\mathrm{A},0}^{1.5}(1-x_{\mathrm{A}})^{1.5}}$$

绝热反应:

$$T = \frac{(-\Delta H_{\mathrm{r}})n_{\mathrm{A},0}x_{\mathrm{A}}}{\sum m_i c_{p,i}}x_{\mathrm{A}} + T_0$$

代入上式,通过数值积分,求得反应时间为 6.94 h。

(二) 活塞流反应器

以 $q_{n,i}$ 表示各组分的摩尔流量, $c_{p,i}$ 表示各组分的比定压热容,取微元管段 $\mathrm{d}l$ 范围作热量衡算。

物料带入的热量:

$$\sum q_{n,i}M_i c_{p,i}T$$

物料带出的热量:

$$\sum q_{n,i}M_i c_{p,i}(T+\mathrm{d}T)$$

因反应放出的热量:

$$q_{n,\mathrm{A},0}\mathrm{d}x_{\mathrm{A}}(-\Delta H_{\mathrm{r}}) = (-\Delta H_{\mathrm{r}})(-r_{\mathrm{A}})S\mathrm{d}l$$

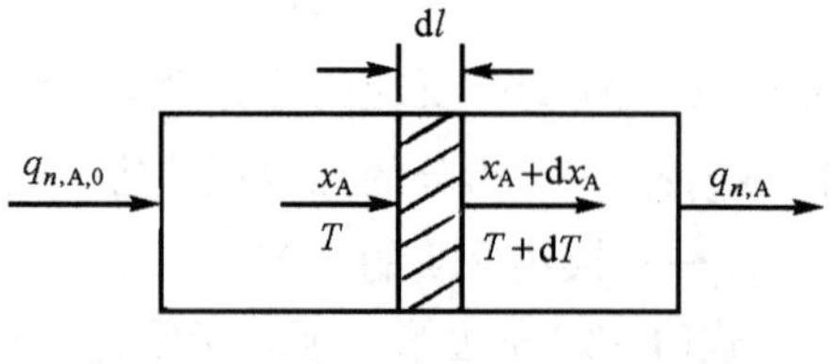

与环境的热交换为:

$$K\mathrm{d}A(T-t_{\mathrm{m}}) = K(T-t_{\mathrm{m}})\pi d\cdot\mathrm{d}l$$

图 4-37　活塞流反应器热量衡算示意图

则

$$\sum q_{n,i}M_i c_{p,i}T + (-\Delta H_{\mathrm{r}})(-r_{\mathrm{A}})S\mathrm{d}l = \sum q_{n,i}M_i c_{p,i}(T+\mathrm{d}T) + K\pi d(T-t_{\mathrm{m}})\mathrm{d}l$$

即

$$(-\Delta H_r)(-r_A)Sdl = \sum q_{n,i}M_ic_{p,i}dT + K\pi d(T - t_m)dl \qquad (4\text{-}74)$$

或

$$(-\Delta H_r)q_{n,A,0}dx_A = \sum q_{n,i}M_ic_{p,i}dT + K\pi d(T - t_m)dl \qquad (4\text{-}75)$$

式中：S—管截面积，d—管径，$q_{n,i}$—各组分的摩尔流量，M_i—各组分的摩尔质量。

将上述两式整理，得

$$\frac{dT}{dl} = \frac{(-\Delta H_r)(-r_A)S - K\pi d(T - t_m)}{\sum q_{n,i}M_ic_{p,i}} \qquad (4\text{-}76)$$

$$\frac{dT}{dx_A} = \frac{q_{n,A,0}\left[(-\Delta H_r) - \dfrac{K(T - t_m)\pi d}{S(-r_A)}\right]}{\sum q_{n,i}M_ic_{p,i}} \qquad (4\text{-}77)$$

式(4-76)和式(4-77)表示变温操作过程，活塞流反应器内温度 T 随管长 l 或转化率 x_A 的变化关系。

若反应器为绝热操作，则

$$K\pi d(T - t_m)dl = 0$$

$$(-\Delta H_r)q_{n,A,0}dx_A = \sum q_{n,i}M_ic_{p,i}dT$$

$$dT = \frac{(-\Delta H_r)q_{n,A,0}dx_A}{\sum q_{n,i}M_ic_{p,i}}$$

积分：

$$\int_{T_0}^{T}dT = \int_{x_{A,0}}^{x_A}\frac{(-\Delta H_r)q_{n,A,0}dx_A}{\sum q_{n,i}M_ic_{p,i}}$$

如果物料的比定压热容随温度的变化近似线性关系，可用 T 及 T_0 算术平均值来计算比热容，则上式积分结果为

$$T - T_0 = \frac{(-\Delta H_r)q_{n,A,0}}{\sum q_{n,i}M_ic_{p,i}}(x_A - x_{A,0}) \qquad (4\text{-}78)$$

利用式(4-78)可以估算绝热反应器的出口温度。对于恒容过程，反应过程总摩尔流率不变，$q_{n,t,0} = q_{n,t}$，$\sum q_{n,i}M_ic_{p,i} = q_{n,t}\overline{Mc_p} = q_{n,t,0}\overline{Mc_p}$。

如果反应器进口反应物 A 的转化率 $x_{A,0} = 0$，当 A 全部转化时，$x_A = 1$，则

$$T - T_0 = \frac{q_{n,A,0}(-\Delta H_r)}{q_{n,t}\overline{Mc_p}} = \frac{y_{A,0}(-\Delta H_r)}{\overline{Mc_p}} = \lambda \qquad (4\text{-}79)$$

式中：$q_{n,t,0}$—反应器进口物料总摩尔流量；$q_{n,t}$—转化率为 x_A 时，物料总摩尔流量；$y_{A,0}$—气体混合物中组分 A 的起始摩尔分数；λ—绝热温升；$\overline{M}$—体系的平均摩尔质量。

式(4-79)中 λ 的物理意义为：在绝热条件下，反应物 A 全部转化后反应混合物温度升高的数值。λ 给出了绝热反应器中化学反应所能引起物料温度变化的极限值，它是反应器初步设计时的一个重要参考数据。若为吸热反应，λ 为物料温度的降低值，称为绝热温降。

若 $x_{A,0} = 0$，反应过程中转化率与反应温度之间的关系可表示为：

$$T = T_0 + \lambda x_A \qquad (4\text{-}80)$$

可见，恒容过程温度与转化率之间为线性关系(如图4-38所示)。

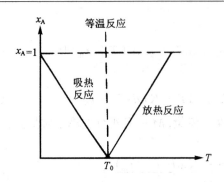

图4-38　T-x_A 关系图

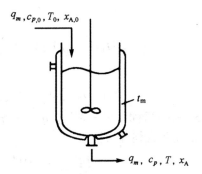

图4-39　釜式反应器热量衡算

（三）全混流反应器

1. 热量衡算

全混流反应器若处于定常态操作,反应体系在等温下操作。对一放热反应,在单位时间内对整个反应器做物料 A 的热量衡算:

$$q_m c_{p,0} T_0 + (-\Delta H_r)(-r_A)V = q_m c_p T + KA(T - t_m)$$

得

$$q_m \bar{c}_p (T - T_0) + KA(T - t_m) = (-\Delta H_r)(-r_A)V \tag{4-81}$$

式中:q_m——进料质量流量, kg·s^{-1};$\bar{c}_p$——进、出口物料在温度 T 与 T_0 之间的平均比热容, J·kg^{-1}·K^{-1};t_m——换热介质的温度,K;T——反应器内的温度,K。

通过热量衡算,可以决定反应器的温度、换热量以及换热面积等(见图4-39)。

【例4-10】　在全混流反应器中进行一级液相不可逆反应:A $\longrightarrow$ R,且
$(-r_A) = 0.8 c_A$ kmol·m^{-3}·h^{-1},$c_{A,0} = 3.5$ kmol·m^{-3},处理量为140 kg·h^{-1},进料温度为20℃,反应过程要求维持在163℃下操作,反应摩尔焓$(-\Delta H_r) = 87085$ kJ·kmol^{-1},A 与 R 的比热容均为 2.36 kJ·(kg·K)$^{-1}$,$\bar{\rho}$ 为 850 kg·m^{-3}。求当转化率达95%时,所需反应器体积及传热量各为多大?

解

$$\tau = \frac{V}{q_{V,0}} = c_{A,0} \frac{x_A}{(-r_A)} = c_{A,0} \frac{x_A}{k\, c_{A,0}(1 - x_A)}$$

$$= \frac{0.95}{0.8\ \text{h}^{-1}(1 - 0.95)} = 23.75\ \text{h}$$

$$V = \tau q_{V,0} = 23.75\ \text{h} \times \frac{140\ \text{kg} \cdot \text{h}^{-1}}{850\ \text{kg} \cdot \text{m}^{-3}} = 3.91\ \text{m}^3$$

反应系统需移出的热量

$$
\begin{aligned}
Q &= KA(T - t_m) \\
&= (-\Delta H_r)(-r_A)V - q_m \bar{c}_p (T - T_0) \\
&= (-\Delta H_r) k c_A V - q_m \bar{c}_p (T - T_0) \\
&= (-\Delta H_r) \frac{k c_{A,0}}{1 + k\tau} V - q_m \bar{c}_p (T - T_0) \\
&= 87085\ \text{kJ} \cdot \text{kmol}^{-1} \times \frac{0.8\ \text{h}^{-1} \times 3.5\ \text{kmol} \cdot \text{m}^{-3}}{1 + 0.8\ \text{h}^{-1} \times 23.75\ \text{h}} \times 3.91\ \text{m}^3 - 140\ \text{kg} \cdot \text{h}^{-1}
\end{aligned}
$$

$$\times 2.36\,\text{kJ·kg}^{-1}\text{·K}^{-1}\times(163-20)\text{K}$$
$$=423.13\,\text{kJ·h}^{-1}=117.5\,\text{W}$$

即反应过程的传热量为 117.5 W。

2. 全混流反应器的热稳定性

反应器的热稳定性,指运转中的反应器在反应条件有微小波动时能自动恢复正常状态的能力。如果反应器具有热稳定性,只要有关参数基本保持在给定值,即使短暂的波动使反应器内的温度发生了偏离,但它能自动返回到原来的平衡状态,无需做专门的调节。相反,不具有热稳定性的反应器,若不进行专门的调节,这种偏离(或偏差)将会自动地愈来愈大,以致无法操作。

式(4-81)等号左边为移热速率,用 Q_{re} 表示;等号右边为反应放热速率,用 Q_{ge} 表示。即

$$\text{移热速率 } Q_{\text{re}}=\text{反应放热速率 } Q_{\text{ge}} \qquad (4\text{-}82)$$

式中:
$$Q_{\text{re}}=q_m\bar{c}_p(T-T_0)+KA(T-t_\text{m})=(q_m\bar{c}_p+KA)T-(q_m\bar{c}_pT_0+KAt_\text{m})$$
$$(4\text{-}83)$$

显然,Q_{re} 是反应温度 T 的线性函数(如图4-40)。

$$Q_{\text{ge}}=(-\Delta H_\text{r})(-r_\text{A})V \qquad (4\text{-}84)$$

若反应为恒容一级不可逆放热反应,则

$$(-r_\text{A})=kc_\text{A}=\frac{kc_{\text{A},0}}{1+k\tau}$$

$$Q_{\text{ge}}=(-\Delta H_\text{r})\frac{kc_{\text{A},0}V}{1+k\tau}$$
$$=\frac{q_{n,\text{A},0}(-\Delta H_\text{r})kV}{q_{V,0}(1+k\tau)}$$
$$=\frac{q_{n,\text{A},0}(-\Delta H_\text{r})\tau k_0\exp\left(-\dfrac{E}{RT}\right)}{1+\tau k_0\exp\left(-\dfrac{E}{RT}\right)} \qquad (4\text{-}85)$$

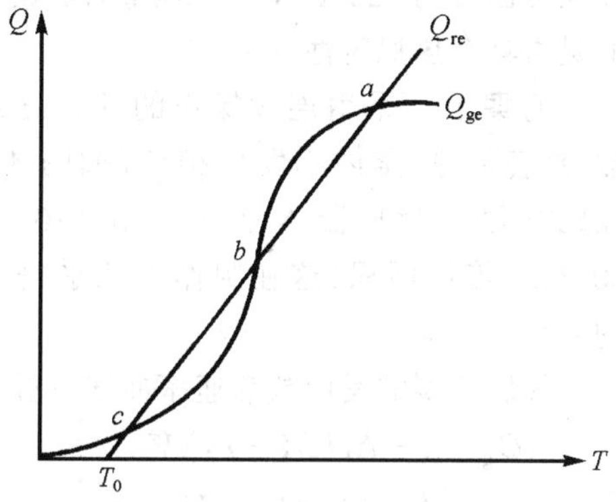

图 4-40 放热反应的 Q_{re}、Q_{ge} 线

可见,Q_{ge} 是反应温度的非线性函数,Q_{ge}-T 曲线是一条 S 形曲线(如图4-40)。

图 4-40 是一级不可逆放热反应的 Q_{re}、Q_{ge} 与 T 的关系曲线。曲线上的三个交点,均满足 $Q_{\text{re}}=Q_{\text{ge}}$,体系有三个定常操作状态,但处于定常状态操作的反应器不一定具有热稳定性。

分析图 4-40 中 a、c 两点,移热速率曲线斜率大于反应放热速率曲线斜率,即

$$\frac{\text{d}Q_{\text{re}}}{\text{d}T}>\frac{\text{d}Q_{\text{ge}}}{\text{d}T} \qquad (4\text{-}86)$$

当外界的扰动作用使系统温度升高时,由于移热速率高于反应放热速率,系统温度可以自动回降到原来的定常态操作温度。反之,当外界扰动使系统温度降低时,由于反应放热速率大于移热速率,将使系统温度自动回升到原来的操作温度。

可见,定常态操作点 a、c 对外界的扰动都具有自衡能力,我们将 a、c 点称为热稳定状态操作点。然而 b 点的移热速率曲线斜率小于反应放热速率曲线斜率,即

$$\frac{\text{d}Q_{\text{re}}}{\text{d}T}<\frac{\text{d}Q_{\text{ge}}}{\text{d}T} \qquad (4\text{-}87)$$

当外界的扰动使系统温度升高时,由于反应放热速率大于移热速率,系统温度将继续上

升,直至 a 点才能重新达到热平衡。反之,当外界扰动使系统温度降低时,由于移热速率大于反应放热速率,系统温度将不断下降,直至 c 点。可见 b 点对外界扰动作用不具有自衡能力,它虽然是定常态操作点,但不是热稳定状态操作点。

因此,全混流反应器具有热稳定性操作状态应同时满足:

$$Q_{re} = Q_{ge}$$

和

$$\frac{dQ_{re}}{dT} > \frac{dQ_{ge}}{dT}$$

由于这两个条件是以稳定操作为前提提出的,未引入动态因素,所以只是必要条件,而不是充分条件。

【例 4-11】   有一强放热的一级反应:

$$A \longrightarrow R + 2.00 \times 10^6 \text{ J} \cdot \text{kg}^{-1}$$

$$(-r_a) = kc_A \qquad k = 10^{12} e^{-9545/T} \text{ s}^{-1}$$

在反应温度为 328 K,A 的处理量为 1 kg·s⁻¹时,转化率为 70%。现有两个设计方案,试分析它们是否具有热稳定性。

方案 I   采用连续操作的理想釜式反应器,夹套传热,釜内不发生相变(如图 4-41a)。在此方案中,反应器体积为 $2.00 \times 10^{-2} \text{ m}^3$,需 60.3 m^2 传热面积(这在制作上几乎是不可能的)。

该反应器的反应放热速率曲线方程为:

$$
\begin{aligned}
Q_{ge} &= (-\Delta H_r)(-r_A) V \\
&= \frac{(-\Delta H_r) kc_{A,0} V}{1 + k\tau} \\
&= (-\Delta H_r) q_{V,0} c_{A,0} \frac{k\tau}{1 + k\tau} \\
&= 2.00 \times 10^6 \frac{k\tau}{1 + k\tau} \text{ W} \\
&= \frac{2 \times 10^7 \text{ W}}{10 + 10^{-12} \times e^{9545/T}}
\end{aligned}
$$

(a)

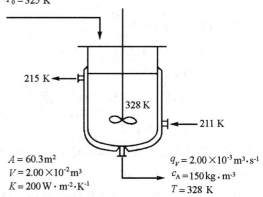

$q_{V,0} = 2.00 \times 10^{-3} \text{ m}^3 \cdot \text{s}^{-1}$ $\rho = 1.00 \times 10^3 \text{ kg} \cdot \text{m}^{-3}$
$c_{A,0} = 500 \text{ kg} \cdot \text{m}^{-3}$ $c_p = 2.00 \times 10^3 \text{ J} \cdot \text{kg}^{-1} \cdot \text{K}^{-1}$
$T_0 = 325 \text{ K}$

215 K

328 K

211 K

$A = 60.3 \text{ m}^2$
$V = 2.00 \times 10^{-2} \text{ m}^3$ $q_V = 2.00 \times 10^{-3} \text{ m}^3 \cdot \text{s}^{-1}$
$K = 200 \text{ W} \cdot \text{m}^{-2} \cdot \text{K}^{-1}$ $c_A = 150 \text{ kg} \cdot \text{m}^{-3}$
$T = 328 \text{ K}$

图 4-41a   例 4-11 之方案 I

反应器的移热速率曲线方程为:

$$
\begin{aligned}
Q_{re} &= q_m \bar{c}_p (T - T_0) + KA(T - t_m) \\
&= (q_m \bar{c}_p + KA) T - (q_m \bar{c}_p T_0 + KA t_m) \\
&= [2 \times 10^{-3} \text{ m}^3 \cdot \text{s}^{-1} \times 1 \times 10^3 \text{ kg} \cdot \text{m}^{-3} \times 2.00 \times 10^3 \text{ J} \cdot \text{kg}^{-1} \cdot \text{K}^{-1} \\
&\quad + 200 \text{ W} \cdot \text{m}^{-2} \cdot \text{K}^{-1} \times 60.3 \text{ m}^2] T \\
&\quad - [2 \times 10^{-3} \text{ m}^3 \cdot \text{s}^{-1} \times 1.00 \times 10^3 \text{ kg} \cdot \text{m}^{-3} \times 2 \times 10^3 \text{ J} \cdot \text{kg}^{-1} \cdot \text{K}^{-1} \\
&\quad \times 325 \text{ K} + 200 \text{ W} \cdot \text{m}^{-2} \cdot \text{K}^{-1} \times 60.3 \text{ m}^2 \times \frac{211 \text{ K} + 215 \text{ K}}{2}] \\
&= (1.61 \times 10^4 T - 3.87 \times 10^6) \text{W}
\end{aligned}
$$

(b)

将式(a)中 Q_{ge} 与 T 的关系列于下表。

T/K	k/s^{-1}	$x_A = \dfrac{k\tau}{1+k\tau}$	$Q_{\text{ge}}/10^6\text{W}$
283	0.00225	0.0220	0.0440
293	0.00712	0.0665	0.133
303	0.0209	0.173	0.346
313	0.0571	0.363	0.726
315	0.0692	0.409	0.818
318	0.0921	0.479	0.958
320	0.111	0.526	1.053
323	0.147	0.595	1.190
325	0.176	0.638	1.276
328	0.230	0.697	1.394
330	0.274	0.733	1.466
332	0.327	0.766	1.532
333	0.356	0.781	1.562
338	0.544	0.845	1.690
343	0.822	0.892	1.784

并将式(a)、(b)关系绘于图 4-41b 中。从图中分析可知, 在 328 K 时, 虽然 $Q_{\text{re}} = Q_{\text{ge}}$, 但 $\dfrac{\mathrm{d}Q_{\text{re}}}{\mathrm{d}T} < \dfrac{\mathrm{d}Q_{\text{ge}}}{\mathrm{d}T}$, 所以, 该反应器是不稳定的。

方案Ⅱ 仍使用全混流反应器, 但是采用溶剂稀释加料, 溶剂量为加料量的 11.5 倍。反应器主要依靠釜内溶剂气化带走反应热; 气化了的溶剂经过冷凝, 重新回流到釜内。此方案由于利用溶剂带热, 夹套传热量可以减少; 而且由于釜中有相变过程, 使得传热系数增加, 所以, $0.25\ \text{m}^3$ 的反应器仅需要 $0.86\ \text{m}^2$ 的传热面积。其操作示意图见图 4-41c, Q_r 曲线同上。

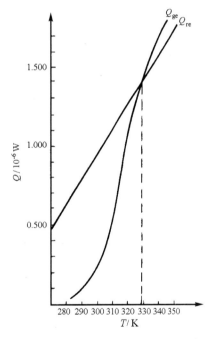

图 4-41b 方案Ⅰ的稳定性

$$Q_{\text{re}} = (q_m \bar{c}_p + KA) T - (q_m \bar{c}_p T_0 + KAt_m - q_{m,\text{v}} \Delta H_{\text{V}})$$
$$= (2.50 \times 10^{-2}\ \text{m}^3 \cdot \text{s}^{-1} \times 1.00 \times 10^3\ \text{kg} \cdot \text{m}^{-3} \times 2.00$$
$$\times 10^3\ \text{J} \cdot \text{kg}^{-1} \cdot \text{K}^{-1} + 500\ \text{W} \cdot \text{m}^{-2} \cdot \text{K}^{-1} \times 0.860\ \text{m}^2) T$$
$$- 2.50 \times 10^{-2}\ \text{m}^3 \cdot \text{s}^{-1} \times 1.00 \times 10^3\ \text{kg} \cdot \text{m}^{-3} \times 2.00$$
$$\times 10^3\ \text{J} \cdot \text{kg}^{-1} \cdot \text{K}^{-1} \times 325\ \text{K} - 500\ \text{W} \cdot \text{m}^{-2} \cdot \text{K}^{-1}$$
$$\times 0.860\ \text{m}^2 \times \frac{211\ \text{K} + 215\ \text{K}}{2} + 2.50\ \text{kg} \cdot \text{s}^{-1} \times 5.23$$
$$\times 10^5\ \text{J} \cdot \text{kg}^{-1}$$
$$= (5.04 \times 10^4 T - 1.50 \times 10^7)\text{W}$$

从 $Q\text{-}T$ 的关系图(图 4.41d)可知, 在 328 K 时, 不但 $Q_{\text{re}} = Q_{\text{ge}}$, 而且 $\dfrac{\mathrm{d}Q_{\text{re}}}{\mathrm{d}T} > \dfrac{\mathrm{d}Q_{\text{ge}}}{\mathrm{d}T}$, 所以按方案Ⅱ操作, 反应器是稳定的。

从例4-11分析可知, 对强放热反应, 为确保反应器稳定操作, 可以通过采用过量溶剂蒸发

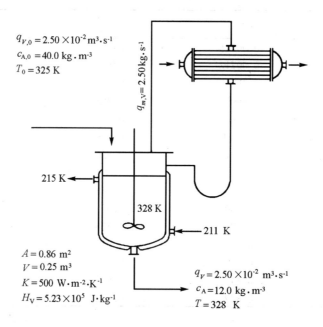

$q_{V,0} = 2.50 \times 10^{-2}\, \text{m}^3 \cdot \text{s}^{-1}$
$c_{A,0} = 40.0\, \text{kg} \cdot \text{m}^{-3}$
$T_0 = 325\, \text{K}$

$q_{m,V} = 2.50\, \text{kg} \cdot \text{s}^{-1}$

215 K

328 K

211 K

$A = 0.86\, \text{m}^2$
$V = 0.25\, \text{m}^3$
$K = 500\, \text{W} \cdot \text{m}^{-2} \cdot \text{K}^{-1}$
$H_V = 5.23 \times 10^5\, \text{J} \cdot \text{kg}^{-1}$

$q_V = 2.50 \times 10^{-2}\, \text{m}^3 \cdot \text{s}^{-1}$
$c_A = 12.0\, \text{kg} \cdot \text{m}^{-3}$
$T = 328\, \text{K}$

图 4-41c 例 4-11 之方案 Ⅱ

带热的方法。另外,对其他放热反应,还可考虑采用增大传热面积、强化传热系数以及液相产品打回流的方法,来维持反应器的稳定性。

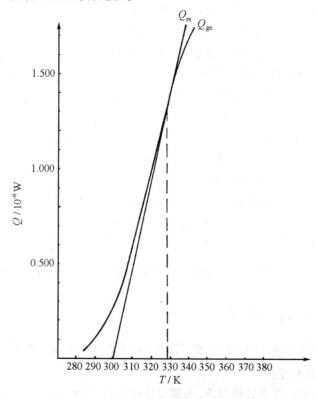

图 4-11d 方案 Ⅱ 的稳定性

4.3.9 有关成本核算

在 4.3.7 节中,我们从化学反应动力学特征及反应器的特性,讨论化学反应器的优化选择。但对一项工程实际过程,最终还应用经济的观点去评价。本节将简要介绍如何从经济最优化角度权衡有关工艺参数的确定。此方法主要是根据有关条件列出成本核算平衡式,再结合反应器的物料衡算式进行求解。列式过程通常以单位时间为基准,表示为:

$$\underset{\substack{利润 \\ (¥·h^{-1})}}{} = \overbrace{\left(\begin{array}{c}产品价值 \\ ¥·h^{-1}\end{array}\right)}^{收入} - \overbrace{\left(\begin{array}{c}原料费用 \\ ¥·h^{-1}\end{array}\right) - \left(\begin{array}{c}设备费用 \\ ¥·h^{-1}\end{array}\right) - \left(\begin{array}{c}其他费用 \\ ¥·h^{-1}\end{array}\right)}^{总费用(M)} \qquad (4\text{-}88)$$

决定于 $q_{n,A,0}$, $c_{A,0}$, x_A ；决定于 $q_{n,A,0}$, $c_{A,0}$ ；决定于反应器的类型及大小；一般为常数

已知各项费用,可将上式写成数学表达式,并根据处理的问题,可能有各种形式的最优化经济标准。例如:

(1) 已知进料流量 $q_{n,A,0}$,确定最佳 V、x_A 及 $q_{n,R}$ 以得到最大利润(E, $¥·h^{-1}$),即

$$\frac{\mathrm{d}E}{\mathrm{d}x_A} = 0 \quad 或 \quad \frac{\mathrm{d}E}{\mathrm{d}V} = 0, \quad \frac{\mathrm{d}E}{\mathrm{d}q_{n,R}} = 0$$

(2) 已知反应器体积 V 大小,确定最佳 $q_{n,A,0}$、x_A 及 $q_{n,R}$,以得到最大利润,则

$$\frac{\mathrm{d}E}{\mathrm{d}x_A} = 0 \quad 或 \quad \frac{\mathrm{d}E}{\mathrm{d}q_{n,A,0}} = 0, \quad \frac{\mathrm{d}E}{\mathrm{d}q_{n,R}} = 0$$

(3) 已知产物的产量 $q_{n,R}$,确定最佳 V、$q_{n,A,0}$ 及 x_A,使得总费用(M)最小,则

$$\frac{\mathrm{d}M}{\mathrm{d}x_A} = 0 \quad 或 \quad \frac{\mathrm{d}M}{\mathrm{d}V} = 0, \quad \frac{\mathrm{d}M}{\mathrm{d}q_{n,A,0}} = 0$$

【例 4-12】 已知在一定温度下,反应 A $\longrightarrow$ R 的动力学方程为:$(-r_A) = 0.2c_A$ $mol·L^{-1}·h^{-1}$。反应在全混流反应器中进行。进料组成为 A 的饱和水溶液,$c_{A,0} = 0.1$ $mol·L^{-1}$,价格为 0.5 $¥·(mol)^{-1}$,反应器折旧费及操作费用为 0.01 $¥·(L·h)^{-1}$,当产物中的 A 不回收时,求生产 R 100 $mol·h^{-1}$ 的最佳反应体积、最佳进料速率及最佳转化率。

解 设反应器的体积为 V,在 CSTR 中进行一级恒容反应的体积为:

$$V = q_{n,A,0}\frac{x_A}{(-r_A)} = \frac{q_{n,A,0}x_A}{kc_{A,0}(1-x_A)}$$

依题意 $\qquad q_{n,R} = q_{n,A,0}x_A = 100 \ mol·h^{-1}$

总费用 $\quad M = $ 设备及操作费 + 原料费

$$= V \times 0.01 \ ¥·L^{-1}·h^{-1} + q_{n,A,0} \times 0.5 \ ¥·mol^{-1}$$

$$= \frac{q_{n,A,0}x_A}{kc_{A,0}(1-x_A)} \times 0.01 \ ¥·L^{-1}·h^{-1} + 0.5 \ q_{n,A,0} \ ¥·mol^{-1}$$

$$= \frac{100 \ mol·h^{-1} \times 0.01 \ ¥·L^{-1}·h^{-1}}{0.2 \ h^{-1} \times 0.1 \ mol·L^{-1} \times (1-x_A)} + \frac{0.5 \ ¥·mol^{-1} \times 100 \ mol·h^{-1}}{x_A}$$

$$= \frac{50.0 \ ¥·h^{-1}}{1-x_A} + \frac{50.0 \ ¥·h^{-1}}{x_A}$$

令　$\dfrac{\mathrm{d}M}{\mathrm{d}x_\mathrm{A}}=0$,解得

$$x_\mathrm{A}=0.5$$

组分 A 的进料速率为　$q_{n,\mathrm{A},0}=\dfrac{100\ \mathrm{mol\cdot h^{-1}}}{x_\mathrm{A}}=\dfrac{100\ \mathrm{mol\cdot h^{-1}}}{0.5}=200\ \mathrm{mol\cdot h^{-1}}$

原料的体积流率为　$q_{V,0}=\dfrac{q_{n,\mathrm{A},0}}{c_{\mathrm{A},0}}=\dfrac{200\ \mathrm{mol\cdot h^{-1}}}{0.1\ \mathrm{mol\cdot L^{-1}}}=2000\ \mathrm{L\cdot h^{-1}}$

设备体积为

$$V=q_{n,\mathrm{A},0}\dfrac{x_\mathrm{A}}{kc_{\mathrm{A},0}(1-x_\mathrm{A})}=\dfrac{200\ \mathrm{mol\cdot h^{-1}}\times 0.5}{0.2\ \mathrm{h^{-1}}\times 0.1\ \mathrm{mol\cdot L^{-1}}\times(1-0.5)}=10000\ \mathrm{L}$$

产品成本

$$\dfrac{M}{q_{n,\mathrm{R}}}=\dfrac{\dfrac{50\ \mathrm{¥\cdot h^{-1}}}{1-0.5}+\dfrac{50\ \mathrm{¥\cdot h^{-1}}}{0.5}}{100\ \mathrm{mol\cdot h^{-1}}}=2.00\ \mathrm{¥\cdot mol^{-1}}$$

4.4　化学反应器中的非理想流动

在活塞流反应器中流体的粒子完全不返混;而全混流反应器中,粒子之间的返混程度达到最大。但实际上流体在反应器内的流动状况与理想流动有不同程度的偏离,流体质点间的返混程度介于活塞流与全混流之间。造成偏离的原因很多,例如,由于流体在系统中速率分布不均匀,流体的分子扩散和湍流扩散,搅拌引起的强制对流,因为反应器的设计、加工和安装不良而产生的沟流、短路、死区等,使得流体粒子在系统中的停留时间有长有短,有些物料粒子很快离开了反应器;有些粒子却经历很长时间后才离开,从而形成了停留时间分布。所以对实际工业反应器,一般需要采用非理想流动模型来描述,建立各种流动模型的基础是物料在反应器内的停留时间分布。

4.4.1　停留时间分布的定量描述

物料粒子在反应器内的停留时间分布是一个随机过程,它可以用概率分布的方法描述物料粒子的停留时间分布,即停留时间分布密度函数和停留时间分布函数。

(一)停留时间分布函数 $F(t)$

在下面的实验过程中,将水连续送入系统,当系统进、出口的流动达到稳定状态时,从某一时刻(记做 $t=0$)开始,将物料切换为由红色微粒组成的流体,并保持流量及流动型态不变,在容器出口观察,将会看到流体颜色逐渐从无色到红色变深,最后和进口流体相同。在任一时刻 t,出口流体中的红色粒子在粒子总体中所占的分率也就是在容器中停留时间小于 t 的流体所占的分率。这一分率称为流体在该容器中的停留时间分布函数。

停留时间分布函数是一个累积函数,它是无因次量,并具有如下性质:

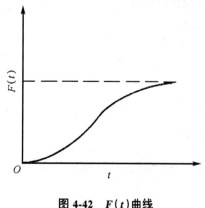

图 4-42　$F(t)$曲线

$$F(0)=0 \qquad\qquad F(\infty)=1$$

或

$$\int_{t=0}^{t=\infty} \mathrm{d}F(t) = 1 \tag{4-89}$$

根据概率论可知,$t=0$时刻进入容器的流体粒子在$0\sim t$这段时间间隔中流出的量所占分率的可能性为$F(t)$;在大于t时间流出的量的可能性为$1-F(t)$。停留时间分布函数曲线形状如图4-42所示。

(二) 停留时间分布密度函数 $E(t)$

将停留时间分布函数对时间求导,得到停留时间分布密度函数 $E(t)$。即

$$E(t) = \frac{\mathrm{d}F(t)}{\mathrm{d}t} \tag{4-90}$$

将式(4-90)代入式(4-89),得

$$\int_0^\infty E(t)\mathrm{d}t = 1 \tag{4-91}$$

式(4-90)与式(4-89)所表示的停留时间函数的性质称为归一性。

$F(t)$表示出口流体中停留时间小于t的流体粒子所占的分率,而$F(t+\mathrm{d}t)$表示出口流体中停留时间小于$(t+\mathrm{d}t)$的流体粒子所占的分率,则

$$F(t+\mathrm{d}t) - F(t) = \mathrm{d}F(t) = E(t)\mathrm{d}t$$

因此,$E(t)\mathrm{d}t$ 表示了同时进入系统的流体粒子(总量为 N)中停留时间介于 t 和 $t+\mathrm{d}t$ 之间的粒子(量为 $\mathrm{d}N$)所占的分率,即

$$\frac{\mathrm{d}N}{N} = E(t)\mathrm{d}t \tag{4-92}$$

其曲线形状如图 4-43 所示。

需要注意的是,停留时间分布密度函数$E(t)$是有因次的连续函数,因次为[时间]$^{-1}$;$E(t)$的大小不代表分率的大小,它仅表示停

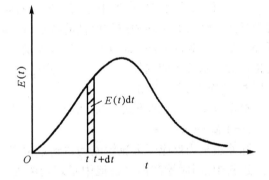

图 4-43　$E(t)$曲线

留时间分布的密集程度,$E(t)$曲线下方在$t \to (t+\mathrm{d}t)$之间的面积,才是分率的大小。利用$\mathrm{d}N/N = E(t)\mathrm{d}t$,可以计算任何停留时间范围内的物料量占总量的分率。例如停留时间为$t_1 \to t_2$范围内,物料量在总进料量中所占的分率为:

$$\frac{\Delta N_{t_1}^{t_2}}{N} = \int_{t_1}^{t_2} E(t)\mathrm{d}t \tag{4-93a}$$

则停留时间小于t的物料量在总量中所占的分率为:

$$\frac{\Delta N_0^t}{N} = F(t) = \int_0^t E(t)\mathrm{d}t \tag{4-93b}$$

根据式(4-93b),图 4-43 中时间t由 0 到t时$E(t)$曲线下所围成的面积即表示$F(t)$。因此,所有流体粒子所占的分率总和,自然为 1。即如前所述:

$$F(\infty) = \int_0^\infty E(t)\mathrm{d}t = \int_0^{1.0} \mathrm{d}F(t) = 1 \tag{4-94}$$

利用此性质,可以用来检验实验测定的停留时间分布密度函数是否正确。

【例 4-13】 实验测得某一反应器内的停留时间分布密度函数为 $E(t) = 0.01\mathrm{e}^{-0.01t}(\mathrm{s}^{-1})$。(1)试判断该函数正确与否;(2)若正确,试求停留时间小于 90 s 的物料所占分率。

解   （1）$\int_0^{\infty} 0.01 e^{-0.01t} dt = -e^{-0.01t} \Big|_0^{\infty} = 1$，该函数正确。

（2）停留时间小于 90 s 的物料所占分率为：

$$\int_0^{90} E(t) dt = \int_0^{90} -0.01 e^{-0.01t} dt$$

$$= -e^{-0.01t} \Big|_0^{90}$$

$$= 59.34\%$$

4.4.2   停留时间分布的实验测定

为了简单起见，在停留时间分布这节所讨论的流体流动常假定为流体在流动过程中为恒容过程，且无反应发生，并且为一闭式系统。闭式系统是假定在系统进口处流体粒子有进无出，而在系统出口处则有出无进。这种假定，通常是符合大多数实际情况的。

停留时间分布的实验测定，主要方法是示踪应答技术，通过示踪剂跟踪流体在系统内的停留时间。即用一定的方法将示踪剂从反应器进口加入，然后在反应器出口流体中检测示踪剂信号，以获得示踪剂在反应器中停留时间分布规律的实验数据。可以选用的示踪剂很多，利用其光学的、电学的、化学的或放射性的特点，以相应的测试仪器检测其电导率、放射性物质的活度等。最为直观的方法是向流体中加入少量有色颜料，然后用光电比色仪测定流出液颜色的变化。关于示踪剂的选择，一般遵循下列原则：对流体流动状况没有影响；示踪剂不参与反应、不挥发、不沉淀；易于检测。

根据示踪剂加入的方式不同，可分为脉冲法、阶跃法和周期输入法。本教材仅介绍前两种。

（一）脉冲法

脉冲法是当反应器内流体流动达到定常态后，在极短时间内，于系统入口处将示踪剂全部注入进料中，同时检测出口物流中示踪剂浓度 $c(t)$ 随时间的变化。图 4-44 为脉冲法测定停留时间分布示意图。由图可见，示踪剂虽然在极短的时间内输入，但是到了出口处，却有可能形成一个很宽的分布，反映了示踪剂在反应器中的停留时间分布。

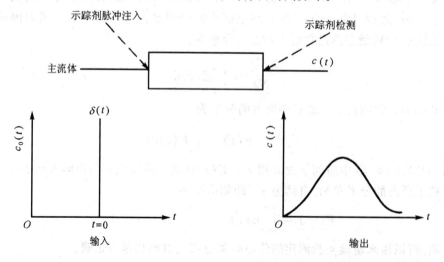

图 4-44   脉冲法测定停留时间分布

为了把全部示踪剂看成是在同一时间内加入到系统中,并把输入时间定为 $t=0$,以便可以比较准确地确定停留时间,所以要求在极短的时间内将示踪剂加入。这样的脉冲称为理想脉冲,在数学上可用 δ 函数(又称 Dirac 函数)表示,该函数是处理集中于一点的物理问题常用的数学工具。

设流体的流量为 q_V,加入示踪剂总量为 M,出口示踪剂浓度为 $c(t)$,出口物流中停留时间为 t 与 $(t+dt)$ 之间的示踪剂所占的分率为 $E(t)dt$,则相应的量为 $ME(t)dt$;它们应在 dt 时间内从出口流出,所以

$$ME(t)dt = q_V c(t)dt$$

则

$$E(t) = \frac{q_V}{M}c(t) \tag{4-95}$$

式中:$c(t)$—出口流体中示踪剂浓度,它随时间 t 变化;M、q_V—为定值。

示踪剂的加入量有时难以准确测得,可用下式求出:

$$M = q_V\int_0^\infty c(t)dt \tag{4-96}$$

则

$$E(t) = \frac{c(t)}{\int_0^\infty c(t)dt} \tag{4-97}$$

由式(4-97)可以看出,用脉冲法测得反应器出口中示踪剂浓度 $c(t)$ 随时间 t 的变化,表示了停留时间分布密度函数 $E(t)$ 随时间的变化,将 $c(t)$-t 曲线放大 q_V/M 倍,即为 $E(t)$-t 曲线。

若实验测得的是离散数据,可以由下式估算

$$E(t) = \frac{c(t)}{\sum_0^\infty c(t)\Delta t} \tag{4-98}$$

因为 $F(t) = \int_0^t E(t)dt$,所以

$$F(t) = \frac{\int_0^t c(t)dt}{\int_0^\infty c(t)dt} \tag{4-99}$$

及

$$F(t) = \frac{\sum_0^t c(t)\Delta t}{\sum_0^\infty c(t)\Delta t} \tag{4-100}$$

某一反应器用脉冲法测定流体粒子的停留时间分布时,所得出口物料中示踪剂浓度随时间的变化如图 4-45(a)所示。

由式(4-96),得

$$\frac{M}{q_V} = \int_0^\infty c(t)dt \tag{4-101}$$

即图4-45(a)曲线下的面积为 M/q_V。若以 $E(t)$ 对 t 作图,得图 4-45(b),该图中曲线下所包

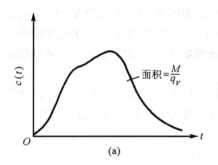
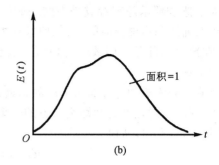

图 4-45　脉冲法出口示踪剂浓度变化示意图

围的面积应为 1。

【例 4-14】　在一闭式连续操作的釜式反应器中,用脉冲法测定液相反应器的停留时间分布。不同时间在出口物流检测示踪剂浓度 $c(t)$(如表 4-4 中 1~2 列),试确定 $E(t)$ 与 $F(t)$。

解　因为实验数据是离散型的,所以用下面两式分别求 $E(t)$ 与 $F(t)$。

$$E(t) = \frac{c(t)}{\sum_0^\infty c(t)\Delta t} \xrightarrow{\Delta t \text{ 相等}} \frac{c(t)}{\Delta t \sum_0^\infty c(t)}$$

$$F(t) = \frac{\sum_0^t c(t)\Delta t}{\sum_0^\infty c(t)\Delta t} \xrightarrow{\Delta t \text{ 相等}} \frac{\sum_0^t c(t)}{\sum_0^\infty c(t)}$$

$$\sum_0^\infty c(t) = (6.5 + 12.5 + 12.5 + 10.0 + 5.0 + 2.5 + 1.0)\text{g} \cdot \text{L}^{-1} = 50\,\text{g} \cdot \text{L}^{-1}$$

$$\Delta t \sum_0^\infty c(t) = 120\,\text{s} \times 50\,\text{g} \cdot \text{L}^{-1} = 6000\,\text{s} \cdot \text{g} \cdot \text{L}^{-1}$$

所求结果列于表 4-4 中。

表 4-4　脉冲法实验和计算数据

t/s	$c(t)/(\text{g}\cdot\text{L}^{-1})$	$\sum_0^t c(t)/(\text{g}\cdot\text{L}^{-1})$	$F(t)$	$E(t)/10^{-3}\,\text{s}^{-1}$
0	0.0	0.0	0.00	0.000
120	6.5	6.5	0.13	1.083
240	12.5	19	0.38	2.083
360	12.5	31.5	0.63	2.083
480	10.0	41.5	0.83	1.667
600	5.00	46.5	0.93	0.833
720	2.5	49.0	0.98	0.417
840	1.0	50.0	1.00	0.167
960	0.0	50.0	1.00	0.000

(二) 阶跃法

当反应器内的流体达到定常态流动后,在某一瞬间(视 $t=0$)将反应器进口物料全部切换成流量相同的含有示踪剂(示踪剂浓度为 c_0)的流体,同时在出口检测示踪剂浓度 $c(t)$ 随时间的变化,直至 $c(t)$ 等于 c_0 为止。如图 4-46 所示。

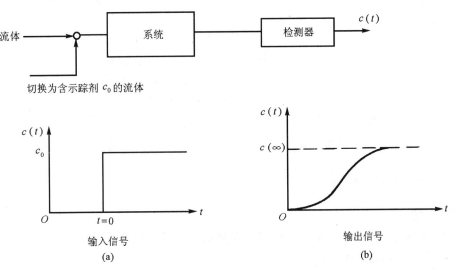

图 4-46 阶跃法测定停留时间分布

由于用阶跃法测定停留时间分布是从 $t=0$ 开始连续定常向系统加入示踪剂,所以在任何时刻 t 测到的出口流体中示踪剂的量必然包括了停留时间从 0 到 t 的全部示踪剂,而停留时间大于 t 的示踪剂仍然在反应器中。因此在时刻(t)到 $t+\mathrm{d}t$ 的时间间隔内,从系统流出的示踪剂量为 $q_V c(t)\mathrm{d}t$,而在相应的时间间隔内输入的示踪剂量为 $q_V c_0 \mathrm{d}t$,根据 $F(t)$ 定义得:

$$F(t) = \frac{q_V c(t)\mathrm{d}t}{q_V c_0 \mathrm{d}t} = \frac{c(t)}{c_0} \qquad (4\text{-}102)$$

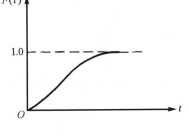

将图 4-46(b)的纵坐标除以 c_0,便得到物料在反应器中的停留时间分布函数曲线。如图 4-47 所示。

从上述讨论可见,由阶跃法响应曲线直接求得的是停留时间分布函数,而脉冲法响应曲线直接求得的是停留时间分布密度函数。两者差别的根本原因在于脉冲法是在

图 4-47 $F(t)$ 曲线

一极短时间内把示踪剂全部加入到系统中,而阶跃法是连续通入示踪剂一直到实验结束为止。这样阶跃法在出口处某一时刻 t 所得到的示踪剂浓度就包含了停留时间从 0 到 t 的全部示踪剂。

4.4.3 平均停留时间与散度

物料在反应器中的停留时间是一随机变量,为了定量比较不同流动状况下的停留时间分布,可以用随机变量的两个特征值——数学期望与方差来表示。停留时间分布的数学期望就是物料的平均停留时间 $\bar{t}$,方差 σ_t^2 则是停留时间分布的散度。

(一)平均停留时间 $\bar{t}$

对于 $E(t)$ 曲线来说,均值是对原点的一阶矩。根据一阶矩的定义,在连续系统中,有

$$\overline{t} = \frac{\int_0^\infty tE(t)\mathrm{d}t}{\int_0^\infty E(t)\mathrm{d}t} = \int_0^\infty tE(t)\mathrm{d}t \qquad (4\text{-}103)$$

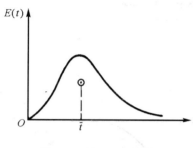

图 4-48   由 $E(t)$ 确定 $\overline{t}$

在几何图形上，$\overline{t}$ 是 $E(t)$ 曲线的分布中心，即 $E(t)$ 曲线所包围的面积的重心在横轴上的投影，见图 4-48。

若使用离散型测定值计算平均停留时间时，式 (4-103) 表示为：

$$\overline{t} = \frac{\sum_0^\infty tE(t)\Delta t}{\sum_0^\infty E(t)\Delta t} \underset{\Delta t\ 相等}{=\!=} \frac{\sum_0^\infty tE(t)}{\sum_0^\infty E(t)} \qquad (4\text{-}104)$$

（二）方差 σ_t^2

方差也称离散度，是用以度量随机变量与其均值的偏离程度。σ_t^2 是 $E(t)$ 曲线对平均停留时间的二阶矩，其定义如下：

$$\sigma_t^2 = \frac{\int_0^\infty (t-\overline{t})^2 E(t)\mathrm{d}t}{\int_0^\infty E(t)\mathrm{d}t} = \int_0^\infty (t-\overline{t})^2 E(t)\mathrm{d}t$$

$$= \int_0^\infty t^2 E(t)\mathrm{d}t - \overline{t}^2 \qquad (4\text{-}105)$$

若采用离散型实验测定值时，可使用下面求和式：

$$\sigma_t^2 = \frac{\sum_0^\infty t^2 E(t)\Delta t}{\sum_0^\infty E(t)\Delta t} - \overline{t}^2 \qquad (4\text{-}106)$$

为了应用上的方便，常常还以无因次对比时间 θ 为参数来表示，其定义为：

$$\theta = \frac{t}{\tau} \qquad (4\text{-}107)$$

则

$$\overline{\theta} = \frac{\tau}{\tau} = 1$$

以 $F(\theta)$ 表示用对比时间 θ 为自变量的停留时间分布函数，在对应的时标处，即 θ 和 $\theta\tau = t$，有 $F(\theta) = F(t)$。若用 $E(\theta)$ 表示以 θ 为自变量的停留时间分布密度函数，则：

$$E(\theta) = \frac{\mathrm{d}F(\theta)}{\mathrm{d}\theta} = \frac{\mathrm{d}F(t)}{\mathrm{d}(t/\tau)} = \tau\frac{\mathrm{d}F(t)}{\mathrm{d}t} = \tau E(t) \qquad (4\text{-}108)$$

$E(\theta)$ 也具有归一化性质：

$$\int_0^\infty E(\theta)\mathrm{d}\theta = 1 \qquad (4\text{-}109)$$

以 θ 表示，方差 σ_θ^2 为：

$$\sigma_\theta^2 = \int_0^\infty (\theta-\overline{\theta})^2 E(\theta)\mathrm{d}\theta = \int_0^\infty \left[\left(\frac{t}{\tau}\right) - \left(\frac{\overline{t}}{\tau}\right)\right]^2 \tau E(t)\mathrm{d}\left(\frac{t}{\tau}\right)$$

$$= \frac{1}{\tau^2}\int_0^\infty (t - \bar{t})^2 E(t)\mathrm{d}t = \frac{\sigma_t^2}{\tau^2} \tag{4-110}$$

因为方差是表示停留时间分布的离散程度(见图4-49),方差愈小,停留时间分布越集中,越趋向于平均值,此时流动状况愈接近于活塞流;反之,方差值越大,流动状况愈接近全混流。所以

对于活塞流 $\qquad \sigma_\theta^2 = \sigma_t^2 = 0$

对于全混流 $\qquad \sigma_\theta^2 = 1$

对于一般实际流动状况,$0 < \sigma_\theta^2 < 1$;当 σ_θ^2 接近于 0 时,可作为活塞流处理;当 σ_θ^2 接近于 1 时,可作为全混流处理。

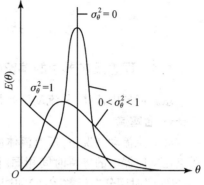

图 4-49 停留时间分布与方差关系

【例 4-15】 用脉冲法测定一流动反应器的停留时间分布,得到出口流体中示踪剂的浓度 $c(t)$ 与时间 t 的关系列于下表中,试求该反应器内物料的平均停留时间和方差。

t/min	0	2	4	6	8	10	12	14	16	18	20	22	24
$c(t)$/(g·m^{-3})	0	1	4	7	9	8	5	2	1.5	1	0.6	0.2	0

解

$$\bar{t} = \frac{\sum_0^\infty t E(t)\Delta t}{\sum_0^\infty E(t)\Delta t} \xrightarrow{\Delta t \text{ 相等}} \frac{\sum_0^\infty t c(t)}{\sum_0^\infty c(t)}$$

$$\sigma_t^2 = \frac{\sum_0^\infty t^2 E(t)\Delta t}{\sum_0^\infty E(t)\Delta t} - \bar{t}^2 \xrightarrow{\Delta t \text{ 相等}} \frac{\sum_0^\infty t^2 c(t)}{\sum_0^\infty c(t)} - \bar{t}^2$$

将有关数据求得结果列于下表中:

t/min	$c(t)$/(g·m^{-3})	$tc(t)$/(g·min·m^{-3})	$t^2 c(t)$/(g·min^2·m^{-3})
0	0	0	0
2	1	2	4
4	4	16	64
6	7	42	252
8	9	72	576
10	8	80	800
12	5	60	720
14	2	28	392
16	1.5	24	384
18	1	18	324
20	0.6	12	240
22	0.2	4.4	96.8
24	0	0	0
$\sum$	39.3	358.4	3852.8

$$\bar{t} = \frac{358.4}{39.3} = 9.12 \, \text{min}$$

$$\sigma_t^2 = \frac{3852.8}{39.3} - 9.12^2 = 14.86$$

$$\sigma_\theta^2 = \frac{\sigma_t^2}{\tau^2} = \frac{14.86}{9.12^2} = 0.179$$

4.4.4　理想反应器中的停留时间分布

理想反应器中流体,其流动型态是确定的,可以直接计算停留时间分布。

(一) 活塞流

在活塞流流动情况下,所有流体质点在反应器中沿同一方向并以相同速率向前流动,物料各质点在反应器中的停留时间相同,而且等于平均停留时间,因此其停留时间分布密度函数 $E(t)$ 与停留时间分布函数 $F(t)$ 如图 4-50。

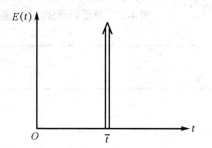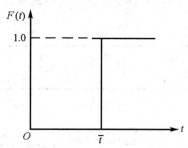

图 4-50　活塞流反应器的 $E(t)$ 和 $F(t)$ 曲线

由于物料在反应器中没有任何返混,所以:

$$E(t) = \begin{cases} 0 & t \neq \bar{t} \\ \infty & t = \bar{t} \end{cases} \tag{4-111}$$

$$F(t) = \begin{cases} 0 & t < \bar{t} \\ 1.0 & t \geqslant \bar{t} \end{cases} \tag{4-112}$$

(二) 全混流

在全混流流动情况下,设备内流体的质点达到完全混合,反应器内各处浓度相等,且等于出口处浓度。当采用阶跃法测定流体在反应器中的停留时间分布时,从示踪剂开始加入反应器进行计时,在 t 到 $(t + \mathrm{d}t)$ 时间间隔中进入反应器的示踪剂量为 $q_V c_0 \mathrm{d}t$,流出反应器的示踪剂量为 $q_V c(t) \mathrm{d}t$,示踪剂的累积量为 $V \mathrm{d}c(t)$。对示踪剂作物料衡算,得:

$$q_V c_0 \mathrm{d}t = q_V c(t) \mathrm{d}t + V \mathrm{d}c(t) \tag{4-113}$$

式中:q_V—流体流经反应器进、出口处的体积流量(因为过程视为恒容过程),$\mathrm{m}^3 \cdot \mathrm{s}^{-1}$;$c_0$—示踪剂在进口处的浓度,$\mathrm{mol} \cdot \mathrm{m}^{-3}$;$V$—反应器的有效体积,$\mathrm{m}^3$。

上式改写为:

$$\frac{q_V}{V} \mathrm{d}t = \frac{q_V}{V} \frac{c(t)}{c_0} \mathrm{d}t + \mathrm{d}\left[\frac{c(t)}{c_0} \right]$$

$$\left(注: \frac{V}{q_V} = \tau ; 恒容时, \tau = \bar{t} \right)$$

移项并积分,得

$$\int_0^t \frac{1}{\tau}\mathrm{d}t = \int_0^{c(t)} \frac{1}{1 - \dfrac{c(t)}{c_0}}\mathrm{d}\left[\frac{c(t)}{c_0}\right]$$

$$\frac{t}{\tau} = -\ln\left[1 - \frac{c(t)}{c_0}\right] = -\ln[1 - F(t)]$$

则:

$$F(t) = 1 - \mathrm{e}^{-\frac{t}{\tau}} \tag{4-114}$$

由 $F(t)$ 与 $E(t)$ 关系,得

$$E(t) = \frac{1}{\tau}\mathrm{e}^{-\frac{t}{\tau}} \tag{4-115}$$

式(4-114)和(4-115)分别为全混流反应器的停留时间分布函数与停留时间分布密度函数。由此可以求得:

$$t = 0, \qquad E(t) = \frac{1}{\tau}, \qquad F(t) = 0$$

$$t = \bar{t}, \qquad E(t) = \frac{1}{\mathrm{e}\tau}, \qquad F(t) = 0.632$$

$$t = \infty, \qquad E(t) = 0, \qquad F(t) = 1.0$$

相应的 $E(t)$ 与 $F(t)$ 曲线如图4-51所示。

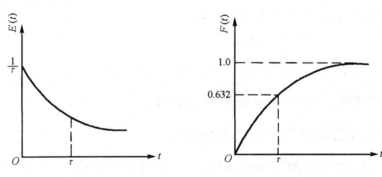

图4-51 全混流反应器的 $E(t)$ 与 $F(t)$ 曲线

从上例分析可知,在全混流反应器中,有 63.2% 的物料停留时间小于平均停留时间。如果与活塞流反应器比较,设两个反应器中进行同一个反应,且平均停留时间相等,操作条件相同。由于在活塞流反应器中,所有质点的停留时间相等,并且都等于平均停留时间。而全混流反应器中,因为停留时间小于平均停留时间的流体质点占全部流体的63.2%,这部分流体的转化率低于活塞流反应器。虽然其余 100% - 63.2% = 36.8% 的反应物料停留时间大于平均停留时间,转化率高于活塞流,但无法抵偿量大的那部分因停留时间短而造成的转化率低。所以全混流反应器的转化率低于活塞流。由此可见,从停留时间长短分析,使停留时间分布集中,可以提高反应器的生产强度。当然,转化率的高低还与流体质点间的混合有关。

【例4-16】 已知反应器的有效体积为1 m³,流量恒定为 $3.33 \times 10^{-3}\,\mathrm{m^3 \cdot s^{-1}}$。

(1) 若为活塞流反应器,试求:

① $E(290)\,\mathrm{s^{-1}}$, ② $E(301)\,\mathrm{s^{-1}}$, ③ $F(300)$, ④ $F(295)$, ⑤ σ_θ^2

(2) 若为全混流反应器,试求:

① $E(300)\text{s}^{-1}$, ② $E(290)\text{s}^{-1}$, ③ $F(290)$, ④ σ_{θ}^2

解　$\bar{t} = \tau = \dfrac{V}{q_{V,0}} = \dfrac{1\ \text{m}^3}{3.33 \times 10^{-3}\ \text{m}^3 \cdot \text{s}^{-1}} = 300\ \text{s}$

(1) 活塞流反应器

因为所有质点的停留时间都等于平均停留时间,所以:

① $E(290) = 0$

② $E(301) = 0$

③ $F(300) = 1.0$

④ $F(295) = 0$

⑤ $\sigma_t^2 = \displaystyle\int_0^\infty (t - \bar{t})^2 E(t)\mathrm{d}t = 0$, $\sigma_\theta^2 = \dfrac{\sigma_t^2}{\tau^2} = 0$

(2) 全混流反应器

$$E(t) = \frac{1}{\tau}\mathrm{e}^{-t/\tau} = \frac{1}{300}\mathrm{e}^{-t/300}$$

$$F(t) = 1 - \mathrm{e}^{-t/\tau} = 1 - \mathrm{e}^{-t/300}$$

① $E(300) = \dfrac{1}{300\ \text{s}}\mathrm{e}^{-300/300} = 1.23 \times 10^{-3}\text{s}^{-1}$

② $E(290) = \dfrac{1}{300\ \text{s}}\mathrm{e}^{-290/300} = 1.27 \times 10^{-3}\text{s}^{-1}$

③ $F(290) = 1 - \mathrm{e}^{-290/300} = 0.62$

④ $\sigma_t^2 = \displaystyle\int_0^\infty t^2 E(t)\mathrm{d}t - \bar{t}^2 = \int_0^\infty t^2 \frac{1}{\tau}\mathrm{e}^{-t/\tau}\mathrm{d}t - \bar{t}^2 = \tau^2$, $\sigma_\theta^2 = \dfrac{\sigma^2}{\tau^2} = 1$

可见,活塞流反应器中, $\sigma_\theta^2 = 0$;全混流反应器中, $\sigma_\theta^2 = 1$ 。

4.4.5　实际反应器的设计方法(流动模型)

实际反应器中流体的流动状况偏离理想流动,称为非理想流动。产生非理想流动的原因通常可以划分为两类:第一类是由于反应器设计、制造不良造成的病态流动,这种情况下反应器的操作状况会严重恶化,必须设法加以排除;第二类是反应体系固有特性相互作用引起的非理想流动,此种情况下需要对非理想流动状况建立适宜的流动模型来预测反应的结果。建立流动模型的依据是停留时间分布,采用的方法为对理想流动模型进行修正,或者将理想流动模型与滞流区、沟流和短路等作不同的组合,所建立的模型宜便于数学处理,模型参数一般不宜超过两个,而且能正确反映模拟对象的物理实质。

需要注意的是,形成非理想流动的原因很多,返混只是其中之一,并且停留时间分布与反应器中流体的返混之间不一定存在一一对应关系。即一定的返混必然会造成确定的停留时间分布,然而同样的停留时间分布可以由不同的返混或由其他非理想流动所造成。因此模型选择的是否合理必须通过实验检验。下面介绍三种非理想流动模型。

(一) 凝集流模型

该模型假设流体粒子以宏观混合经过反应器。流体粒子就像一个有边界的个体,从反应器的进口向出口运动,每个粒子如间歇反应器各自独立进行反应,反应的程度取决于该粒子在反应器中的停留时间(此停留时间等于在间歇反应器内的反应时间);各粒子之间存在停留时间分布,它们在反应器出口浓度 $c(t)$ 不同,所以在反应器出口浓度是一个平均值。则

$$\overline{c_A} = \int_0^\infty c(t)E(t)\mathrm{d}t \tag{4-116}$$

根据转化率定义,得

$$1 - \overline{x_A} = \int_0^\infty [1 - x_A(t)]E(t)\mathrm{d}t$$

则

$$\overline{x_A} = \int_0^\infty x_A(t)E(t)\mathrm{d}t \tag{4-117}$$

注意:使用该式时,式中 $x_A(t)$ 是由间歇反应器中转化率与反应时间的对应关系得出的。

(二) 多釜串联模型

多釜串联模型是将一个实际反应器用 N 个等体积全混流反应器串联来模拟。N 为该模型参数,N 值的大小反映了实际反应器中的不同返混程度。当 $N=1$ 时为全混流流动;$N=\infty$ 时为活塞流流动。通过对停留时间分布的测定,可以求出模型参数 N。

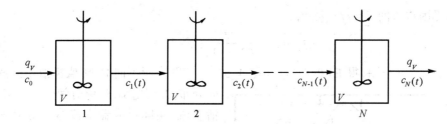

图 4-52 多釜串联模型示意图

如图 4-52,该模型假设各反应器的反应体积 V 相同,物料的输入与输出体积流量相等,以 q_V 表示,则各釜平均停留时间相等,均为 $\bar{t_i}$;各反应器内全返混,反应器之间无返混。采用阶跃法注入示踪剂,进入第一釜示踪剂浓度为 c_0,进入第二釜示踪剂浓度为 $c_1(t)$,则从第 N 釜流出的示踪剂浓度为 $c_N(t)$。

对第一釜,已知其停留时间分布函数为

$$F_1(t) = \frac{c_1(t)}{c_0} = 1 - \mathrm{e}^{-t/\bar{t_i}}$$

对第二釜作物料衡算,在 $\mathrm{d}t$ 时间内输入示踪剂量为 $q_V c_1(t)\mathrm{d}t$,输出的示踪剂量为 $q_V c_2(t)\mathrm{d}t$,累积量为 $V\mathrm{d}c_2(t)$,则

$$q_V c_1(t)\mathrm{d}t = q_V c_2(t)\mathrm{d}t + V\mathrm{d}c_2(t)$$

$$c_1(t) - c_2(t) = \frac{V}{q_V}\frac{\mathrm{d}c_2(t)}{\mathrm{d}t}$$

因为

$$\frac{c_1(t)}{c_0} = F_1(t) = 1 - \mathrm{e}^{-t/\bar{t_i}}$$

则

$$\frac{\mathrm{d}[c_2(t)/c_0]}{\mathrm{d}t} + \frac{1}{\bar{t_i}}\frac{c_2(t)}{c_0} = \frac{1}{\bar{t_i}}(1 - \mathrm{e}^{-t/\bar{t_i}}) \tag{4-118}$$

式(4-118)为一阶线性微分方程,其解为

$$\frac{c_2(t)}{c_0} = F_2(t) = 1 - e^{-t/\bar{t}_i}(1 + \frac{t}{\bar{t}_i}) \tag{4-119}$$

同理,解得第三釜为

$$\frac{c_3(t)}{c_0} = F_3(t) = 1 - e^{-t/\bar{t}_i}\left[1 + \frac{t}{\bar{t}_i} + \frac{1}{2!}\left(\frac{t}{\bar{t}_i}\right)^2\right]$$

推扩到第 N 釜,为

$$F(t) = \frac{c_N(t)}{c_0} = 1 - e^{-t/\bar{t}_i}\left[1 + \frac{t}{\bar{t}_i} + \frac{1}{2!}(\frac{t}{\bar{t}_i})^2 + \cdots\cdots + \frac{1}{(N-1)!}\left(\frac{t}{\bar{t}_i}\right)^{N-1}\right] \tag{4-120}$$

式(4-120)对 t 求导,得到多釜串联模型的停留时间分布密度函数

$$E(t) = \frac{1}{\bar{t}_i}\frac{1}{(N-1)!}e^{-t/\bar{t}_i}\left(\frac{t}{\bar{t}_i}\right)^{N-1} \tag{4-121}$$

上式中 $\bar{t}_i$ 为单釜的平均停留时间,若以 $\bar{t}$ 表示总平均停留时间,$\bar{t} = N\bar{t}_i$,则

$$E(t) = \frac{N^N}{(N-1)!}\frac{1}{\bar{t}}\left(\frac{t}{\bar{t}}\right)^{N-1}e^{-Nt/\bar{t}} \tag{4-122}$$

若以无因次时间 $\theta = t/\bar{t}$ 表示,则

$$E(\theta) = \frac{N^N}{(N-1)!}\theta^{N-1}e^{-N\theta} \tag{4-123}$$

将 $E(\theta)$ 对 θ 作图,得 $E(\theta)$ 曲线(如图 4-53)。该图表明不同的 N 值模拟不同的停留时间分布,N 值增加,停留时间分布变窄,越接近活塞流。实际反应器中流体的返混程度介于全混流与活塞流之间。当采用多釜串联模型来模拟一个实际反应器的流动状况时,首先要测定停留时间分布,然后求出该分布的方差,再由下式求出模型参数 N。

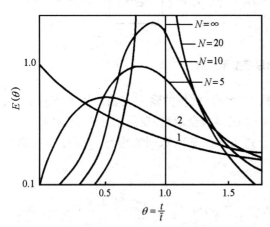

图 4-53 多釜串联模型的 $E(\theta)$ 图

$$\begin{aligned}\sigma_\theta^2 &= \int_0^\infty \theta^2 E(\theta)\mathrm{d}\theta - \bar{\theta}^2 \\ &= \int_0^\infty \theta^2 \frac{N^N}{(N-1)!}\theta^{N-1}e^{-N\theta}\mathrm{d}\theta - \bar{\theta}^2 \\ &= \frac{N^N}{(N-1)!}\int_0^\infty \theta^{N+1}e^{-N\theta}\mathrm{d}\theta - \bar{\theta}^2 \\ &= \frac{N^N}{(N-1)!}\frac{(N+1)!}{N^{N+2}} - 1\end{aligned}$$

则

$$\sigma_\theta^2 = \frac{1}{N} \tag{4-124}$$

即一个实际反应器的停留时间分布与 N 个等体积(总体积不变)全混流反应器串联时的停留时间分布相当。当 $N=1$ 时,$\sigma_\theta^2 = 1$,与全混流模型一致;当 $N \longrightarrow \infty$ 时,与活塞流模型一致;当 N 为任何正整数时,方差介于 0 与 1 之间。利用该法估计模型参数 N 时,可能出现 N 为非整数。此时可把小数部分视作一较小体积的釜。有了 N 值,就可按照多釜串联反应器的计算方法求反应器出口处的转化率。如果各釜体积相同、停留时间相同、反应温度也相同,且

进行一级不可逆反应,反应器出口处的转化率为

$$x_A = 1 - \frac{1}{(1 + k\bar{t}_i)^N} \tag{4-125}$$

式中:$\bar{t}_i$——单个釜中的平均停留时间。

(三) 轴向扩散模型

轴向扩散模型适用于返混程度不大的系统,尤其对管式反应器、固定床反应器。该模型是依照一般的分子扩散中用扩散系数来表征反应器内的质量传递,用一个轴向有效扩散系数 D_e 来表征一维的返混。也就是把具有一定返混的流动简化为在一个活塞流中叠加一个轴向扩散。该模型的这些要点是基于以下几点假设。

(1) 流体以恒定的速度 u 流过系统;

(2) 沿着与流体流动方向垂直的每一截面上具有均匀的径向浓度;

(3) 物料浓度是流体流动距离的函数。

轴向扩散模型可由物料衡算导出。如图 4-54 所示,设流体以恒定线速度 u 流过一管式反应器,反应管长度为 L,管直径为 d,在没有化学反应时,取管截面某一处的 $\mathrm{d}l$ 微元段作物料衡算:

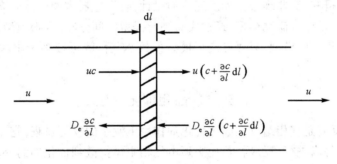

图 4-54　扩散模型示意图

单位时间进入微元段的量:

$$\left[uc + D_e \frac{\partial}{\partial l}\left(c + \frac{\partial c}{\partial l}\mathrm{d}l \right) \right] \frac{\pi}{4} d^2$$

单位时间离开微元段的量:

$$\left[u\left(c + \frac{\partial c}{\partial l}\mathrm{d}l \right) + D_e \frac{\partial c}{\partial l} \right] \frac{\pi}{4} d^2$$

单位时间微元段内累积量:

$$\frac{\partial c}{\partial t}\left(\frac{\pi}{4} d^2 \right) \mathrm{d}l$$

根据输入量＝输出量＋累积量,将上列各项代入,整理,得

$$\frac{\partial c}{\partial t} = D_e \frac{\partial^2 c}{\partial l^2} - u \frac{\partial c}{\partial l} \tag{4-126}$$

为便于进行一般性比较,在式(4-126)中引入下列无因次量:

$$c^* = \frac{c}{c_0}, \ \theta = \frac{t}{\bar{t}}, \ Z = \frac{l}{L}$$

得轴向扩散模型的无因次方程:

$$\frac{\partial c^*}{\partial \theta} = \frac{1}{Pe}\frac{\partial^2 c^*}{\partial Z^2} - \frac{\partial c^*}{\partial Z} \tag{4-127}$$

式中：$Pe = \dfrac{uL}{D_e}$，称为佩克莱(Peclet)准数，它的物理意义为：

$$Pe = \frac{总体传递速率}{扩散传递速率}$$

即 Pe 表示了总体流动速率和扩散传递速率的相对大小，反映了返混的程度。当 $Pe \rightarrow 0$ 时，总体传递速率比扩散速率小得多，属于全混流情况；当 $Pe \rightarrow \infty$ 时，扩散速率比总体传递速率小得多，属于活塞流。因此，佩克莱准数愈大，轴向返混程度越小。所以 Pe 是轴向扩散模型的参数。

在实际应用中，如果从实验测得停留时间分布曲线，并获得表征该曲线的统计特征值 σ_θ^2，可以求得 Pe。例如在返混程度很小时$\left(\dfrac{1}{Pe} < 0.01\right)$，有

$$\sigma_\theta^2 = \frac{2}{Pe} \tag{4-128}$$

当返混程度比较大时，需要考虑边界条件的影响。本书因受篇幅限制，不再评述。

根据上述分析可知，对非理想流动反应器的设计，若反应器内微团之间充分混合。而且存在一定程度返混，可以结合流动模型，通过实验测定停留时间分布，求得模型参数，再计算反应结果。例如采用多釜串联模型，只要确定了模型参数 N 后，就可按多釜串联的方法进行有关计算。

4.5　气-固相催化反应

气-固相催化反应是气相组分在固体催化剂作用下发生的反应过程，它在工业上有着广泛的应用。为使反应得以进行，反应物首先必须由气相主体扩散到催化剂的外表面(外部传质过程)；然后再由催化剂外表面通过催化剂颗粒的内孔扩散到内表面(内部传质过程)；反应物在颗粒内表面进行表面反应后的产物从内表面扩散到外表面(内部传质过程)；产物再从外表面向气相主体扩散，上述过程是串联进行的。外部传质和内部传质的一个重要差别是前者为单纯的传质过程，后者为传质和反应同时进行的过程。由于反应往往伴有热效应，因此在质量传递的同时，催化剂的外部和内部同时还存在热量传递。所以，气-固相催化反应过程，不仅受动力学因素的影响，同时还受到传递因素的影响。在化学工程中，将化学反应规律与传递规律综合考虑对反应结果的影响，称为宏观动力学；如果排除传递过程影响的动力学称本征动力学。本节主要讨论传质过程对反应结果的影响。

4.5.1　外部传质过程的影响

在气-固相催化反应中，反应组分从气相主体扩散到催化剂外表面的过程属于外部传质过程。为了定量描述外部传递过程对反应速率的影响，定义外部效率因子为：

$$\eta_{外} = \frac{有外部传递影响的反应速率}{无外部传递影响的反应速率}$$

或

$$\eta_{外} = \frac{k' c_{A(s)}^n}{k c_{A(g)}^n} \tag{4-129}$$

式中：$\eta_{外}$—外部效率因子；$c_{A(g)}$—反应组分 A 在气相主体中的浓度，$mol \cdot m^{-3}$；$c_{A(s)}$—反应组分 A 在催化剂外表面的浓度，$mol \cdot m^{-3}$；k、k'—分别为无外部传热和有外部传热对反应速率影响的动力学常数。

对等温过程，$k = k'$，则

$$\eta_{外} = \left(\frac{c_{A(s)}}{c_{A(g)}} \right)^n \tag{4-130}$$

为了集中考察外扩散传质过程对反应结果的影响，假设反应热效应很小，视为等温过程，即

$$T_g = T_s = T$$

式中：T_g—气相主体温度；T_s—催化剂颗粒外表面温度；T—催化剂颗粒内的温度。

同时暂不考虑内扩散的影响，近似为：

$$c_{A(s)} = c_A$$

式中：c_A 为组分 A 在催化剂颗粒内的浓度。

(一) 反应速率和传质速率

相间传质过程和表面反应过程是一串联过程，在定常态下，两者的速率相等。对简单反应

$$A \longrightarrow B$$

可表示为

$$k_g a \left[c_{A(g)} - c_{A(s)} \right] = k c_{A(s)}^n \tag{4-131}$$

式中：k_g—气膜传质系数，$m \cdot s^{-1}$；a—以催化剂颗粒体积为基准的比表面积，$m^2 \cdot m^{-3}$；k—以催化剂颗粒体积为基准的动力学常数，$(m^3 \cdot mol^{-1})^{n-1} \cdot s^{-1}$。

上式移项后两边同除以 $k c_{A(g)}^n$，得

$$\left(\frac{c_{A(s)}}{c_{A(g)}} \right)^n + \left(\frac{k_g a c_{A(g)}}{k c_{A(g)}^n} \right) \left(\frac{c_{A(s)}}{c_{A(g)}} \right) - \frac{k_g a c_{A(g)}}{k c_{A(g)}^n} = 0 \tag{4-132}$$

令

$$Da = \frac{k c_{A(g)}^n}{k_g a c_{A(g)}} \tag{4-133}$$

Da 称达姆克勒准数(Damköhler)，分子表示表面浓度等于气相主体浓度时的反应速率，即本系统可能的最大反应速率，分母表示表面浓度为零时的最大传质速率，所以 Da 的物理意义为可能的最大反应速率和最大传质速率之比。当 Da 准数很大时，表明极限反应速率比极限传质速率大得多，$c_{A(g)} \gg c_{A(s)}$，反应速率取决于传质速率，外扩散为控制过程；反之，当 Da 准数很小时(Da < 0.1)，化学反应速率远较传质速率小得多，过程为反应速率控制 $[c_{A(g)} \approx c_{A(s)}]$。所以 Da 准数可以作为颗粒外部传质影响程度大小的判据，Da 越大，表明外扩散对过程的影响越大。

将 Da 准数代入式(4-132)，得

$$\left(\frac{c_{A(s)}}{c_{A(g)}} \right)^n + \frac{1}{Da} \left(\frac{c_{A(s)}}{c_{A(g)}} \right) - \frac{1}{Da} = 0 \tag{4-134}$$

由式(4-134)可知，催化剂颗粒外表面的浓度 $c_{A(s)}$ 是 Da 准数的函数。若已知反应级数，可以解得 $c_{A(s)}$。如

（1）当 $n=1$ 时

$$\frac{c_{A(s)}}{c_{A(g)}} = \frac{1}{1+Da} \qquad (4\text{-}135)$$

（2）当 $n=2$ 时

$$\frac{c_{A(s)}}{c_{A(g)}} = \frac{\sqrt{1+4Da}-1}{2Da} \qquad (4\text{-}136)$$

（二）外扩散效率因子 $\eta_{外}$ 与 Da 准数的关系

已知在等温条件下有

$$\eta_{外} = \left(\frac{c_{A(s)}}{c_{A(g)}}\right)^n$$

该式与式（4-134）比较可知,对一定级数的反应,$\eta_{外}$ 也是 Da 准数的函数。如

（1）当 $n=1$ 时

$$\eta_{外} = \frac{c_{A(s)}}{c_{A(g)}} = \frac{1}{1+Da} \qquad (4\text{-}137)$$

（2）当 $n=2$ 时

$$\eta_{外} = \left[\frac{c_{A(s)}}{c_{A(g)}}\right]^2 = \left[\frac{1}{2Da}(\sqrt{4Da+1}-1)\right]^2 \qquad (4\text{-}138)$$

【例 4-17】　二元气体混合物以 $0.1\ m\cdot s^{-1}$ 的流速流过装有直径为 5 mm 的球形颗粒、空隙率为 0.4 的催化剂床层,气膜传质系数为 $5.65\times10^{-2}\ m\cdot s^{-1}$。若进行一级反应,以反应体积为基准的反应速率常数 $k_{床}=0.5\ s^{-1}$,试估计外部传递过程的影响。

解　以催化剂体积为基准

$$k = \frac{k_{床}}{1-\varepsilon} = \frac{0.5}{1-0.4} = 0.833\ s^{-1}$$

比表面积为

$$a = \frac{A_p}{V_p} = \frac{4\pi R^2}{(4/3)\pi R^3} = \frac{3}{R} = \frac{3}{5\times10^{-3}\ m\times(1/2)} = 1200\ m^2\cdot m^{-3}$$

式中：A_p—催化剂颗粒表面积,m^2；V_p—催化剂颗粒体积,m^3；R—催化剂颗粒半径,m。

$$Da = \frac{k}{k_g a} = \frac{0.833\ s^{-1}}{5.65\times10^{-2}\ m\cdot s^{-1}\times 1200\ m^2\cdot m^{-3}} = 0.012$$

$$\eta_{外} = \frac{1}{1+Da} = \frac{1}{1+0.012} = 0.988$$

因为 Da 远小于 1,$\eta_{外}$ 越近于 1,所以外部传质过程的影响可以忽略。

（三）外部传质对复杂反应选择性的影响

对复杂反应,外部传质不仅影响反应速率,而且影响反应的选择性。如对于平行反应：

$$A \longrightarrow B \qquad r_B = k_1 c_{A(s)}^{n_1}$$

$$A \longrightarrow C \qquad r_C = k_2 c_{A(s)}^{n_2}$$

组分 B 的选择性为

$$S_P = \frac{r_B}{r_B+r_C} = \frac{1}{1+\dfrac{r_C}{r_B}} = \frac{1}{1+\dfrac{k_2}{k_1}c_{A(s)}^{n_2-n_1}} \qquad (4\text{-}139)$$

当 $n_1 > n_2$ 时, 相间传质阻力存在使选择性降低; 当 $n_1 < n_2$ 时, 相间传质阻力存在使选择性提高; 当 $n_1 = n_2$ 时, 相间传质阻力不影响反应的选择性。

对于串联反应 $\qquad A \xrightarrow{k_1} R \xrightarrow{k_2} S$

其中 R 为目的产物, 如果主、副反应均为一级反应, R 的选择性为:

$$S_P = \frac{r_R}{(-r_A)} = 1 - \frac{r_S}{(-r_A)} = 1 - \frac{k_2 c_R}{k_1 c_A} \qquad (4\text{-}140)$$

可见, 反应物 A 的浓度下降和目的产物 R 的浓度上升都将使选择性下降, 外部传质阻力的存在正是使催化剂颗粒表面 A 的浓度下降及 R 的浓度上升, 所以外扩散传质阻力的存在将不利于提高目的产物的选择性。但若 S 是目的产物, 如汽车废气的催化燃烧, 希望 A 全部转化为 S, 则应使过程处于扩散控制状态。

4.5.2 内部传质过程的影响

气-固相催化反应过程中, 催化剂通常制成多孔性结构以增大内表面积, 化学反应主要是在催化剂颗粒的内表面上进行, 所以反应物由气相主体传递到颗粒外表面后, 还必须通过催化剂的内孔向里扩散至不同深度的内表面上。在等温条件下, 内部传质过程将改变实际反应场所的浓度 $[c_A < c_{A(s)}]$, 从而影响宏观反应的结果。内部传质阻力的存在对反应速率的影响, 可以用内部效率因子 (亦称内扩散有效因子) $\eta_{内}$ 表示, 其定义为:

$$\eta_{内} = \frac{内扩散影响下的实际反应速率}{无内扩散影响的极限反应速率}$$

或 $\qquad\qquad\qquad\qquad \eta_{内} = \frac{r_P}{(-r_A)_s} \qquad\qquad\qquad (4\text{-}141)$

式中: r_P —内扩散影响下的实际反应速率; $(-r_A)_s$ —以表面浓度计的反应速率, 即无内扩散影响的极限反应速率。

根据内扩散效率因子的定义可知, $\eta_{内}$ 的大小表示内扩散对反应过程影响程度的大小。假设催化剂粒度非常小, 使内表面完全暴露, $r_P = (-r_A)_s$, $\eta_{内} = 1$, 粒子内、外表面浓度相等。所以 $\eta_{内}$ 也可理解为内表面利用率的大小。

(一) 球形催化剂等温下的内扩散效率因子 $\eta_{内}$

例如, 某一不可逆反应 $A \longrightarrow R$, 在球形催化剂上进行气-固相催化反应。若要计算等温条件下的内扩散有效因子 $\eta_{内}$, 需先确定催化剂颗粒内反应物 A 的浓度分布。如图 4-55, 在半径为 R 的球形催化剂颗粒内, 取一半径为 r、厚度为 dr 的微元壳体, 在定常态条件下单位时间内通过扩散进入该微元壳体反应物 A 的量 $4\pi(r+dr)^2 \cdot D_e \cdot \frac{d}{dr}\left(c_A + \frac{dc_A}{dr}dr\right)$ 与单位时间通过扩散离开该微元体反应物 A 的量 $4\pi r^2 \cdot D_e \cdot \frac{dc_A}{dr}$ 之差, 等于单位时间内在该微元壳体中进行化学反应消耗 A 的量 kc_A^n, 即

$$4\pi(r+dr)^2 \cdot D_e \cdot \frac{d}{dr}\left(c_A + \frac{dc_A}{dr}dr\right) - 4\pi r^2 \cdot D_e \cdot \frac{dc_A}{dr} = kc_A^n \qquad (4\text{-}142)$$

经整理, 得

$$\frac{d^2 c_A}{dr^2} + \frac{2}{r}\frac{dc_A}{dr} = \frac{kc_A^n}{D_e} \qquad (4\text{-}143)$$

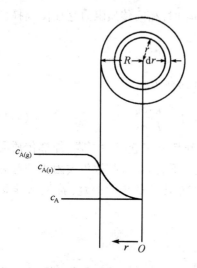

图 4-55　球形催化剂颗粒内
反应物 A 的浓度分布

式中：D_e—组分 A 在催化剂颗粒内的有效扩散系数，$m^2 \cdot s^{-1}$。若在催化剂颗粒上进行一级不可逆反应，式(4-143)为：

$$\frac{d^2 c_A}{dr^2} + \frac{2}{r}\frac{dc_A}{dr} = \frac{k}{D_e}c_A \qquad (4\text{-}144)$$

令

$$\varphi_s = \frac{R}{3}\sqrt{\frac{k}{D_e}} \qquad (4\text{-}145)$$

式中：k—以催化剂颗粒体积为基准的反应速率常数，s^{-1}；R—催化剂颗粒半径，m；φ_s—蒂勒(Thiele)模数，无因次。

将式(4-145)代入(4-144)，得

$$\frac{d^2 c_A}{dr^2} + \frac{2}{r}\frac{dc_A}{dr} = \left(\frac{3\varphi_s}{R}\right)^2 c_A \qquad (4\text{-}146)$$

式(4-146)是二阶线性常微分方程，其解析解为：

$$c_A = \frac{c_{A(s)} R\, sh\left(3\varphi_s \frac{r}{R}\right)}{r\, sh(3\varphi_s)} \qquad (4\text{-}147)$$

此式即为球形催化剂颗粒内进行一级不可逆反应时的组分浓度分布方程。对上式求导，得浓度梯度

$$\frac{dc_A}{dr} = \frac{c_{A(s)}R}{sh(3\varphi_s)}\left[\frac{\frac{3\varphi_s}{R}ch\left(3\varphi_s\frac{r}{R}\right)}{r} - \frac{sh\left(3\varphi_s\frac{r}{R}\right)}{r^2}\right] \qquad (4\text{-}148)$$

当 $r = R$ 时，催化剂外表面的浓度梯度为：

$$\left(\frac{dc_A}{dr}\right)_{r=R} = c_{A(s)}\left[\frac{3\varphi_s}{R}\frac{1}{th(3\varphi_s)} - \frac{1}{R}\right] = \frac{3\varphi_s}{R}c_{A(s)}\left[\frac{1}{th(3\varphi_s)} - \frac{1}{3\varphi_s}\right] \qquad (4\text{-}149)$$

定常态下，组分 A 进入催化剂的速率等于存在内扩散影响时的实际反应速率，即

$$r_P = 4\pi R^2 D_e\left(\frac{dc_A}{dr}\right)_{r=R}$$

$$= 4\pi R^2 D_e \frac{3\varphi_s}{R}c_{A(s)}\left[\frac{1}{th(3\varphi_s)} - \frac{1}{3\varphi_s}\right]$$

$$= 4\pi R D_e 3\varphi_s c_{A(s)}\left[\frac{1}{th(3\varphi_s)} - \frac{1}{3\varphi_s}\right] \qquad (4\text{-}150)$$

若不存在内扩散影响，整个催化剂颗粒内组分 A 的浓度与外表面浓度相等$[c_A = c_{A(s)}]$，这时的反应速率为极限反应速率，即

$$(-r_A)_s = \frac{4}{3}\pi R^3 k c_{A(s)} \qquad (4\text{-}151)$$

根据内扩散有效因子的定义：

$$\eta_{内} = \frac{r_P}{(-r_A)_s} = \frac{4\pi R^2 3(\varphi_s/R)D_e c_{A(s)}\left[\frac{1}{th(3\varphi_s)} - \frac{1}{3\varphi_s}\right]}{\frac{4}{3}\pi R^3 k c_{A(s)}}$$

则

$$\eta_{内} = \frac{1}{\varphi_s}\left[\frac{1}{\text{th}(3\varphi_s)} - \frac{1}{3\varphi_s}\right] \tag{4-152}$$

式(4-152)即为球形催化剂颗粒内进行一级等温不可逆反应时,内扩散有效因子的计算式。

(二) 蒂勒模数 φ_s

在蒂勒模数定义式中包含了颗粒半径 R 及反应速率常数 k 与颗粒内有效扩散系数 D_e 的比值项 k/D_e。当颗粒半径 R 和 k/D_e 增大时,都将导致 φ_s 值增大而 $\eta_{内}$ 减小。这是由于 k 增大及 D_e 减小时,一方面增大了单位时间内反应物向颗粒中心扩散过程中的反应消耗量,另一方面减少了单位时间反应物向颗粒中心的扩散量,从而降低了 $\eta_{内}$。当 k/D_e 值不变而增大颗粒半径 R 时,由于大颗粒中心处反应物浓度远小于小颗粒中心处反应物浓度,所以大颗粒的实际反应速率比小颗粒低得多,$\eta_{内}$ 值也就更小。

蒂勒模数的物理意义可从下式说明:

$$\varphi_s^2 = \left(\frac{R}{3}\right)^2 \frac{k}{D_e} = \frac{1}{3}\frac{\frac{4}{3}\pi R^3 k c_{A(s)}}{4\pi R^2 D_e\left(\frac{c_{A(s)}}{R}\right)} = \frac{1}{3}\frac{\text{不计内扩散影响时的反应速率}}{\text{以}\frac{c_{A(s)}}{R}\text{为浓度梯度的扩散速率}} \tag{4-153}$$

即蒂勒模数 φ_s 值表示可能的最大反应速率与可能的最大颗粒内传质速率的相对大小。当内扩散阻力较大,扩散速率相对较小,φ_s 值较大,$\eta_{内}$ 值较小,说明内扩散对过程影响较为严重。蒂勒模数 φ_s 与内扩散有效因子 $\eta_{内}$ 之间的关系标于图 4-56 中。

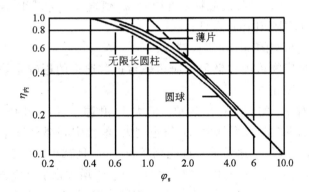

图 4-56 $\eta_{内}$ 与 φ_s 的关系(一级反应)

由该图可知,$\eta_{内}$ 与 φ_s 的关系可分为三个区域来表示:

(1) 当 $\varphi_s < 0.4$ 时,$\eta_{内}$ 趋于 1。在这个区域内,颗粒内部传质对反应速率的影响可以忽略,一般对小颗粒、大孔径的催化剂,反应速率常数较小的情况属于这一区域。

(2) 当 $0.4 < \varphi_s < 3$ 时,内扩散对反应速率的影响较明显。

(3) 当 $\varphi_s > 3$ 时,内扩散对反应速率的影响严重,此时内扩散有效因子 $\eta_{内}$ 与蒂勒模数 φ_s 成反比,即

$$\eta_{内} = \frac{1}{\varphi_s} \tag{4-154}$$

对于催化剂颗粒大,孔径小、内表面大,反应速率常数较大的情况,属于这个区域。

从图 4-56 还可知,对于一级不可逆反应,不同形状催化剂的 $\eta_{内}$-φ_s 曲线几乎是重合的,所

以可以近似认为催化剂的 $\eta_{内}$ 与颗粒的几何形状无关,均可以用式(4-152)求 $\eta_{内}$。但 φ_s 的通式为:

$$\varphi_s = \frac{V_p}{A_p} \sqrt{\frac{k}{D_e}} \tag{4-155}$$

式中: V_p—催化剂颗粒的体积,m^3;A_p—催化剂颗粒的外表面积,m^2。

上述讨论的对象为等温一级不可逆反应,若是等温非一级不可逆反应,可作下面近似解。

$$\varphi_s = \frac{V_p}{A_p} \sqrt{\frac{k}{D_e} c_{A(s)}^{n-1}} \tag{4-156}$$

$$\eta_{内} = \frac{1}{\varphi_s} \left[\frac{1}{\text{th}(3\varphi_s)} - \frac{1}{3\varphi_s} \right] \tag{4-157}$$

(三) 影响内扩散有效因子的因素

从式(4-157)可知,φ_s 是决定 $\eta_{内}$ 的惟一参数,影响 φ_s 的因素也将影响 $\eta_{内}$。从 φ_s 的定义式可知,任何使反应速率增加的措施和使扩散速率减慢的措施都将使 φ_s 增大而 $\eta_{内}$ 减小。影响 φ_s 的因素可以归纳为温度、反应物浓度和催化剂颗粒的结构。

反应速率常数 k 和扩散系数都随温度的升高而增大,但由于反应活化能常在 $83.74 \sim 251.22 \, kJ \cdot mol^{-1}$ 左右,扩散活化能仅在 $4.187 \sim 12.561 \, kJ \cdot mol^{-1}$ 之间,所以温度对于反应速率常数的影响更大,因此提高反应温度,使 φ_s 值增大,$\eta_{内}$ 将降低。

反应物浓度的变化对极限反应速率和扩散速率的影响,应视反应级数而异:

(1) 对 n 级反应,当 $n > 1$ 时,反应物浓度增大,φ_s 值增大,$\eta_{内}$ 减小,此时在管式反应器内各处的 $\eta_{内}$ 不相等,进口端要比出口端低;

(2) 当 $n < 1$ 时,进口端的 $\eta_{内}$ 比出口端高;

(3) 当 $n = 1$ 时,反应物浓度对极限反应速率与扩散速率的影响是等同的,φ_s 与浓度无关,$\eta_{内}$ 也不随浓度发生变化。

催化剂颗粒结构对 $\eta_{内}$ 的影响可以从颗粒的大小、孔隙率、内孔孔径大小、孔道的曲折度及颗粒的形状分析。如颗粒的粒度越大,φ_s 值也越大,颗粒中心部分与外表部分的反应组分浓度差增大,相应地 $\eta_{内}$ 降低。通常减小催化剂颗粒粒度,是减小内扩散影响的最直接、最有效的方法。另外小孔径、大孔隙率有较大的内表面,有利于增大化学反应速率,但孔径太小,导致内扩散阻力增大,降低 $\eta_{内}$。所以工业上将催化剂制成多元结构,例如在适当大的孔径内连结着甚多的小孔,以兼顾两方面的优点。

但是需要说明的是:所有增大反应速率的措施虽然都将使 $\eta_{内}$ 减小,但这并不意味着一定使实际反应速率降低。因为实际反应速率可表示为:

$$r_P = \eta_{内} k c_{A(s)}^n \tag{4-158}$$

$\eta_{内}$ 固然是影响实际反应速率的一个重要因素,但不是惟一的因素。当采取措施使反应速率增加的同时,$\eta_{内}$ 减小,但极限反应速率却随之增大。再从内扩散的两个极端分析,当内扩散阻力很小,对反应过程不产生影响时,实际反应速率完全取决于本征反应速率,自然增大反应速率的措施必然增大实际反应速率;而当内扩散影响十分严重时,增加反应速率的措施也不会使扩散进入催化剂颗粒内的速率减小,只可能使其增加,所以实际反应速率也可能增大。

(四) 内扩散影响的判据

在一定温度和气体组成下的气-固相催化反应,欲判断是否存在内扩散的影响,常常通过粒度实验或测试实际反应速率 r_P 来确定。

粒度实验是在温度、反应组分的组成、空间速度不变时,改变颗粒粒度大小,若实验测得转化率或复合反应的选择性不随粒度减小而提高,说明内扩散影响可以忽略。

对于 n 级反应,如果动力学方程中的浓度项可以表示为 $f(c_A) = c_A^n$,实际反应速率为 $r_P = \eta_{内} k c_{A(s)}^n$,则反应速率常数为

$$k = \frac{r_P}{\eta_{内} c_{A(s)}^n} \tag{4-159}$$

将此式代入式(4-156)中,且等式两边平方得

$$\varphi_s^2 \eta_{内} = \left(\frac{V_P}{A_P}\right)^2 \frac{r_P}{c_{A(s)} D_e} \tag{4-160}$$

该式右边均为可测项,用作内扩散的判据式。当 $\varphi_s < 0.4$ 时,$\eta_{内} = 1$,$\varphi_s^2 \eta_{内} < 0.16$,表明内扩散对过程无明显影响;当 $\varphi_s > 3$ 时,$\eta_{内} \approx \frac{1}{\varphi_s}$,$\varphi_s^2 \eta_{内} > 3$,表明内扩散对过程影响严重。

【例 4-18】 在球形催化剂上进行一级不可逆反应 A ⟶ R。气相温度为 337°C,压力为 0.1 MPa,组分 A 的摩尔分数为 5%。催化剂粒径为 2.4 mm,组分 A 在颗粒内的有效扩散系数 $D_e = 1.5 \times 10^{-5}$ m$^2 \cdot$ s^{-1},外部传质系数 $k_g = 0.3$ m $\cdot$ s^{-1},实际测得反应速率 $r_P = 27.7$ mol $\cdot$ m$^{-3} \cdot$ s^{-1}。试回答:

(1) 外部传质阻力对反应速率有无影响?

(2) 内部传质阻力对反应速率有无影响?

解 (1) 组分 A 在气相主体中的浓度为:

$$c_{A(g)} = \frac{p_{A(g)}}{RT} = \frac{0.05 \times 1 \times 10^5 \text{ Pa}}{8.314 \text{ J} \cdot \text{K}^{-1} \cdot \text{mol}^{-1} \times (273 \text{ K} + 337 \text{ K})} = 0.986 \text{ mol} \cdot \text{m}^{-3}$$

催化剂颗粒的比表面积:

$$a = \frac{A_P}{V_P} = \frac{4\pi R^2}{\frac{4}{3}\pi R^3} = \frac{6}{d} = \frac{6}{2.4 \times 10^{-3} \text{ m}} = 2.5 \times 10^3 \text{ m}^2 \cdot \text{m}^{-3}$$

因 $r_P = k_g a (c_{A(g)} - c_{A(s)})$

故 $c_{A(s)} = c_{A(g)} - \dfrac{r_P}{k_g a}$

$$= 0.986 \text{ mol} \cdot \text{m}^{-3} - \frac{2.77 \times 10^{-2} \times 10^3 \text{ mol} \cdot \text{m}^{-3} \cdot \text{s}^{-1}}{30 \times 10^{-2} \text{ m} \cdot \text{s}^{-1} \times 2.5 \times 10^3 \text{ m}^{-1}}$$

$$= 0.986 \text{ mol} \cdot \text{m}^{-3}$$

$$\eta_{外} = \frac{r_P}{(-r_A)_g} = \frac{k c_{A(s)}}{k c_{A(g)}} = \frac{c_{A(s)}}{c_{A(g)}} = \frac{0.986 \text{ mol} \cdot \text{m}^{-3}}{0.986 \text{ mol} \cdot \text{m}^{-3}} = 1.00$$

所以,外部传质阻力对反应速率的影响可以忽略。

(2) $\eta_{内} \varphi_s^2 = \left(\dfrac{V_P}{A_P}\right)^2 \dfrac{r_P}{D_e c_{A(s)}}$

$$= \left(\frac{2.4 \times 10^{-3} \text{ m}}{6}\right)^2 \times \frac{27.7 \text{ mol} \cdot \text{m}^{-3} \cdot \text{s}^{-1}}{1.5 \times 10^{-5} \text{ m}^2 \cdot \text{s}^{-1} \times 0.986 \text{ mol} \cdot \text{m}^{-3}}$$

$$= 0.300$$

可见,内部传质阻力对反应速率有一定程度的影响。

4.6   气-固相催化反应器

气-固相催化反应器主要有固定床和流化床两大类。本节分别介绍这两种反应器的结构和特性。

4.6.1   固定床反应器

(一) 固定床反应器的类型

凡是流体通过静止不动的固体催化剂或固体反应物所形成的床层而进行反应的装置称为固定床反应器,在工业上气相反应物通过固体催化剂床层的气固相固定床催化反应器应用十分广泛。表 4-5 列出了一些主要的催化反应过程。

表 4-5   主要固定床催化反应过程

基本化学工业	石油化学工业	
烃类水蒸气转化	催化重整	异构化
一氧化碳变换	二氯乙烷	醋酸乙烯酯
一氧化碳甲烷化	丁二烯	顺酐
氨合成	苯酐	环己烷
二氧化硫氧化甲醇合成	苯乙烯	加氢脱烷基

固定床反应器在工业上具有广泛应用的原因是由于它具有下列优点:床层内流体的流动接近活塞流,可用较少量的催化剂和较小的反应器容积来获得较大的生产能力,当伴有串联副反应时,可以达到较高的选择性和转化率;而且该反应器结构简单、操作方便,催化剂机械磨损小。但是由于催化剂的导热性能较差,固定床传热能力差,而化学反应又多伴有热效应,反应结果对温度的依赖性又很强,所以对热效应大的反应过程,传热与控温问题就成为固定床技术中的难点,这是固定床的主要缺点。它的另一个缺点是催化剂更换时必须停产,因此不适宜对催化剂需要不断再生的反应过程。另外由于床层压力降的限制,固定床反应器中催化剂粒度一般不小于 1.5 mm,对高温下的快速反应,可能导致比较严重的内扩散影响。所以固定床反应器一般适用于热效应小或单程转化率低的反应。

固定床反应器有绝热式和换热式两大类。绝热式固定床反应器有轴向反应器和径向反应器,如图 4-57 所示。图中(a)为轴向反应器,它实际上是一个

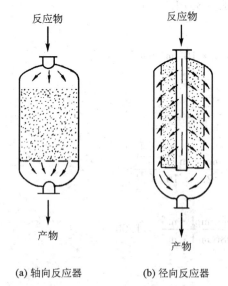

(a) 轴向反应器   (b) 径向反应器

图 4-57   绝热式固定床反应器

容器,催化剂均匀置于床内,预热到一定温度的反应物自上而下流过床层进行反应;图中(b)为径向反应器,催化剂装载于两个同心圆筒构成的环隙中,流体沿径向采用离心流动或向心流动通过床层。在径向反应器内,流体流过的距离较短,流道截面积较大,床层阻力降较小,适用于

要求气流通道截面积大,床层较薄的反应。如果单段绝热床不能适应反应的要求时,可以采用多段绝热床。根据反应的需要,一般有二段、三段或四段绝热床,段间换热方式有间接换热和冷激式两种,以控制反应器内的轴向温度分布,如图 4-58。

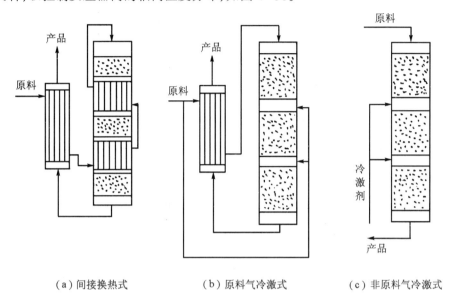

(a) 间接换热式　　　　(b) 原料气冷激式　　　　(c) 非原料气冷激式

图 4-58　多段固定床绝热反应器

换热式固定床反应器由多根管径为 25～50 mm 的反应管并联构成(如图4-59),管数可能多达万根以上。管内或管间充填催化剂,载热体与反应物料通过管壁进行热交换。为了满足反应的需要,还可将上述基本形式的反应器串联组合,一般为多个绝热式反应器相互串联,反应器之间设换热器或补充物料以调整反应器的入口温度,还有的将换热式反应器和绝热式反应器相结合。

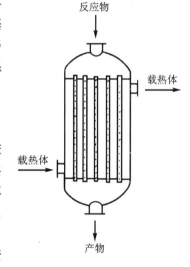

图 4-59　换热式固定床反应器

(二) 固定床反应器的特性参数

1. 床层空隙率 ε

床层空隙率是床层中颗粒间的自由空隙体积与整个床层体积之比。它是表征固定床结构的重要参数之一,对床层中流体的阻力、传热及传质过程都有较大影响。床层空隙率的大小与颗粒形状、粒度分布、颗粒直径与床层直径之比以及颗粒的填充方式有关。

通过测定催化剂颗粒的堆积密度 ρ_B 和颗粒密度 ρ_p,按下式可以计算床层空隙率:

$$\varepsilon = 1 - \frac{\rho_B}{\rho_p} \tag{4-161}$$

2. 颗粒直径 d

固体催化剂颗粒的形状可以是球形、圆柱形、圆环形以及不规则形状等。除圆球形粒子外,固体颗粒直径可以用不同的方法表示。在流体力学中,常常采用与颗粒体积相等的球体直径来表示,称体积当量直径 d_p,其定义为

$$d_p = \left(\frac{6V_p}{\pi} \right)^{\frac{1}{3}}$$ (4-162)

式中:V_p—颗粒的体积,m^3。

如果以 A_s 表示与颗粒等体积圆球的外表面积,则

$$d_a = \left(\frac{A_s}{\pi} \right)^{1/2}$$ (4-163)

式中:d_a 称面积当量直径。非球形颗粒的外表面积 A_p 大于等体积圆球的外表面积 A_s,因此引入一个形状系数 φ,以其表示与颗粒体积相等的圆球外表面积与颗粒的外表面积之比,即

$$\varphi = \frac{A_s}{A_p}$$ (4-164)

对于球形颗粒,$\varphi = 1$;非球形颗粒,$\varphi < 1$。形状系数 φ 说明了颗粒与圆球的差异程度。表 4-6 列出了一些颗粒的形状系数。

表 4-6   非球形颗粒的形状系数

物　料	形　状	φ	物　料	形　状	φ
鞍形填料		0.3	砂		0.75
拉西环		0.3	各种形状（平均）	尖角状	0.65
烟(道)尘	球状	0.89	硬　砂	尖片状	0.43
	聚集状	0.55	砂	圆形	0.83
天然煤灰	≥10 mm	0.65	砂	有角状	0.73
破碎煤粉		0.75	碎玻璃屑	尖角状	0.65

形状系数 φ 也可由颗粒的体积及外表面积计算得到。颗粒体积可由实验测定或从其质量及密度计算。颗粒外表面积由颗粒形状而定。形状规则的颗粒,可从其高度和直径来求取,形状不规则的颗粒外表面积难以直接测量,可利用测定这种颗粒所组成的床层压降来计算形状系数。

颗粒的当量直径还常表示为

$$d_s = \frac{6V_p}{A_p}$$ (4-165)

式中:V_p—颗粒体积,A_p—颗粒外表面积,d_s—比表面当量直径。

d_s 与 d_p 之间关系为:

$$\varphi d_p = d_s$$ (4-166)

工业生产中使用的某些催化剂有时是由大块物料破碎成的碎块组成的,颗粒间形状不规则,大小也不均匀。要计算混合颗粒的平均直径,对粒子不太细时(>0.075 mm),可由筛分分析数据来确定。将催化剂颗粒用标准筛进行筛析,分别称量留在各号筛上的颗粒质量,然后算出各种粒度的颗粒所占的质量分数,各筛分粒子的平均直径是上、下筛目的两个尺寸的几何平均值,再按下式求平均直径(也称调和平均直径)$\bar{d}_p$。

$$\frac{1}{d_p} = \sum_{i=1}^{n} \frac{w_i}{d_i} \tag{4-167}$$

式中：w_i—留在各号筛上粒子的质量分数；d_i—各筛分粒子的平均直径。

在固定床流体力学中，用调和平均直径较符合实验数据。

3. 流体通过床层的压降 Δp

在固定床中，流体是在催化剂颗粒之间的空隙中流动。这些空隙所形成的孔道相互交错联通，而且是曲折的，各孔道的几何形状相差甚远，孔道截面积不规则且不相等，床层各截面上孔道的数目也不相同。因此当流体通过催化剂床层时，由于颗粒的粘滞曳力（流体与颗粒表面间摩擦力）和流体流经的孔道截面积突然扩大与收缩，以及流体对颗粒的撞击及流体不断再分布产生压力损失。在低流速时，压力降主要是由表面摩擦而产生，在高流速及薄床层中流动时，扩大和收缩成为产生压力降的主要原因。如果床径与颗粒直径之比 < 8 时，还应考虑壁效应对压力降的影响。

流体通过固定床压力降的计算公式很多，大多是将流体在空管中流动时的压力降计算公式，加以合理修正后用于固定床。下面介绍其中一种常用的计算公式：

$$\Delta p = f \frac{L}{d_s} \left(\frac{1-\varepsilon}{\varepsilon^3} \right) \rho u_0^2 \tag{4-168}$$

式中：L—床层高度，m；d_s—比表面当量直径，m；ε—床层空隙率，$m^3 \cdot m^{-3}$；u_0—以床层空截面积计算的流体平均流速，$m \cdot s^{-1}$；f—修正摩擦系数，它与修正雷诺准数 $(Re)_M$ 之间关系为

$$f = \frac{150}{(Re)_M} + 1.75 \tag{4-169}$$

其中

$$(Re)_M = \frac{d_s u_0 \rho}{\mu} \frac{1}{1-\varepsilon} \tag{4-170}$$

式中：μ、ρ 为流体的粘度与密度。当 $(Re)_M < 10$ 时，流体在床层中呈层流流动，则

$$f \approx \frac{150}{(Re)_M}$$

当 $(Re)_M > 1000$ 时，流体在床层中呈湍流流动，$f \approx 1.75$。

【例 4-19】 以 3.5 ~ 4.5 mm 的不均匀颗粒作固定床压力降的试验。已知床层高度为 1 m，床层空隙率 $\varepsilon_1 = 0.38$，可以忽略壁效应。在测试条件下，$(Re)_M > 1000$，测得床层压力降 $\Delta p_1 = 2.2 \times 10^5$ Pa。现改变试验条件，床层中填充 $\varnothing 4$ mm 的圆球，床层空隙率 $\varepsilon_2 = 0.4$，如果床层高度、流体的质量流速及其他条件与 3.5 ~ 4.5 mm 颗粒的试验相同时，测得床层压力降 $\Delta p_2 = 6.30 \times 10^4$ Pa。求 3.5 ~ 4.5 mm 颗粒的形状系数 φ_1。

解　$(Re)_M > 1000$ 时，$f \approx 1.75$

$$\Delta p = 1.75 \frac{L}{d_s} \left(\frac{1-\varepsilon}{\varepsilon^3} \right) \frac{G^2}{\rho}$$

式中　　　　　　　　　　　　$G = \rho u_0 , \quad L = 1 \text{ m}$

所以

$$\Delta p_1 = 1.75 \frac{G^2}{\rho d_{s_1}} \left(\frac{1-\varepsilon_1}{\varepsilon_1^3} \right) = 1.75 \frac{G^2}{\rho d_{s_1}} \left(\frac{1-0.38}{0.38^3} \right) = 1.75 \times 11.30 \frac{G^2}{\rho d_{s_1}}$$

$$\Delta p_2 = 1.75 \frac{G^2}{\rho\, d_{s_2}} \left(\frac{1 - \varepsilon_2}{\varepsilon_2^3} \right)$$

$$= 1.75 \frac{G^2}{\rho\, d_{s_2}} \left(\frac{1 - 0.4}{0.4^3} \right)$$

$$= 1.75 \times 9.38 \frac{G^2}{\rho\, d_{s_2}}$$

$$\frac{\Delta p_1}{\Delta p_2} = \frac{d_{s_2}}{d_{s_1}} \times \frac{11.30}{9.38} = \frac{2.2 \times 10^5\,\text{Pa}}{6.30 \times 10^4\,\text{Pa}}$$

$$d_{s_2} = 2.90 d_{s_1}$$

$$d_{p_2} = 0.004\,\text{m}$$

$$d_{p_1} = \sqrt{3.5 \times 4.5} \times 10^{-3}\,\text{m} = 3.97 \times 10^{-3}\,\text{m}$$

对于圆球:

$$\varphi_2 = 1, d_{s_2} = d_{p_2} = 0.004\,\text{m}$$

$$d_{s_1} = \frac{d_{s_2}}{2.90}$$

$$\varphi_1 = \frac{d_{s_1}}{d_{p_1}} = \frac{d_{s_2}}{2.90 d_{p_1}} = \frac{0.004\,\text{m}}{2.90 \times 3.97 \times 10^{-3}\,\text{m}} = 0.336$$

由公式计算所得到的压力降一般是对新催化剂的预期压力降。催化剂在使用过程中会发生破损和粉化现象,使粒度减小,空隙率降低而床层阻力增大。所以在反应器设计时,对压缩机的风压和供电容量应留有足够的裕量。

根据式(4-168)可知,对床层压降影响十分显著的因素是床层空隙率和流体的流速,若两者稍有变化,都将使压降产生较大的变化,例如当空隙率 ε 由 0.45 降至 0.4,压力降则提高为原来的 1.5 倍。所以设法使床层空隙率增大至关重要,如可以采用较大催化剂颗粒,而且最好做成圆球形。降低流速也可使床层压降减小,但同时将引起传质和传热变差,所以需要综合考虑,选择适宜的流速。

4.6.2　流化床反应器

流化床反应器是利用气体或液体自下而上通过固体颗粒层而使固体颗粒处于悬浮运动状态,并进行气固相反应或液固相反应的反应器。

流化床反应器通常为一直立的圆筒型容器(如图4-60),容器下部一般设有分布板,细颗粒的固体物料装填在容器内。当流体向上通过颗粒层时,在适当的流速下,固体颗粒与流体所组成的体系具有若干流体的性质,这种现象称为固体的流态化。处于流化状态的固体颗粒在床层中随流体作剧烈湍动,所以流化床有很高的传热效率,床内温度分布均匀;比较容易实现固体物料的连续输入和输出,便于催化剂的再生,可以使用粒度很小的固体物料或催化剂;在气-固相催化反应中,有利于消除内扩散阻力,大大提高了催化剂的有效利用系数;而且流化床结构简单、紧凑、投资少,适用于大规模连续化生产。

但是由于在气固流化床中,不少气体以气泡形式通过床层,气体反应很不完全,所以不适于单程转化率很高的反应;同时固体颗粒的运动方式接近全混流,导致反应速率下降、选择性差;另外固体颗粒之间以及颗粒和壁之间的磨擦会产生大量细粉被气体挟带而出,必须设高效旋风分离器等对粒子回收的装置;与固定床比较,流化床反应器放大更困难。

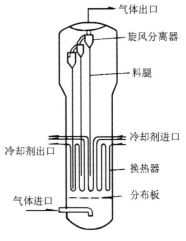

图 4-60　流化床反应器

(一) 流化床反应器的类型

根据加工对象,流化床反应器分为两类:

(1) 流化床反应器中有固体物料连续进料和出料,其加工对象是固体,如矿石的焙烧。

(2) 属于催化反应过程或流体相加工过程,其加工对象是流体,固体为催化剂。

此类反应器中是否设置固体物料连续进出装置,由固体物料性状变化的速度决定。如果固体物料性状变化很快,需设置固体物料连续进出装置;如果固体物料性状在较长时间(如半年或一年)不发生明显变化,则可不设置。

(二) 流态化现象

当流体自下而上通过直立管内的固体颗粒层时,随着流速逐渐增大,床层内的状况也将发生如下表化:当流体流速较低时,床层内固体颗粒静止不动,属于固定床范围;当流体的流速达到某一数值时,床层开始膨胀变松,空隙率增大,部分颗粒开始出现在颗粒空隙中游动,成为膨胀床;当流速继续增大到流体与固体颗粒间的摩擦力等于固体颗粒质量时,床层刚刚能被流体托起,固体颗粒悬浮在流体中且能自由运动,形成流化床,即为流态化的开始,这时流体的空管速率称为起始流化速率,亦称临界流化速率 u_{mf},相应的床高称临界流态化床高 L_{mf};流速大于临界流化速率时,床层相应增高,床层空隙率进一步增大,床层进入完全流化状态。流化介质的密度与固体颗粒的密度相差越大,所形成的流化床越不均匀。通常将颗粒分布均匀的流化状态称为散式流态化,一般液-固流化床接近于散式流化;以气体作流化介质,形成的气固流化床在完全流化时会出现不均匀的分散,当气速超过 u_{mf} 后,部分气体形成气泡,以鼓泡形式穿过床层,颗粒被分成大小不同的集团活动,这种形式的床层称为聚式流化床。聚式流化床中还可能出现腾涌现象,整个直径与设备相等的大气泡将床层分成若干节,气节崩裂时床层剧烈波动,难以正常操作,是一种不正常的现象。

在流化床中,床面以下部分称密相床,床面以上的部分因也有一些粒子被抛掷和夹带上去,称稀相床。密相床中的情形如水沸腾,故又称沸腾床。当流体流速进一步增大至某一数值时,粒子将被气流带走,相应的流速称为颗粒带出速率(或称终端带出速率 u_t)。这时只有不断补充进新的粒子,才能保持床层一定高度的料面。

图 4-61 表示了流化过程的各个阶段。

理想的流化状态具有以下几个特征:

(1) 有一个明显的临界流态化速率 u_{mf},当表观速率达到 u_{mf} 时,整个颗粒床层开始流化;

(2) 流态化床层的压降为一常数;

(3) 流化床层具有稳定的床层界面;

(4) 流态化床层的空隙率均匀,不因床层的位置变化。

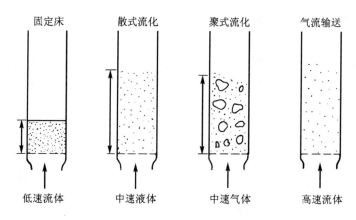

固定床　　散式流化　　聚式流化　　气流输送

低速流体　　中速液体　　中速气体　　高速流体

图 4-61　流化过程的各个阶段

（三）床层压降 Δp

流态化过程的各阶段,床层的压降随之发生相应的变化,图 4-62 描述了这种变化规律,在

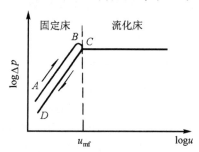

图 4-62　流化过程床层压降变化

低流速的固定床范围内,压力降随流速增大而增加,但床层高不变,如图中 AB 线所示。当流速增大到与 B 点对应的值时,床层开始松动;流速再增加,床层膨胀,床层空隙率增大,以致在点 B 以后的一个较小的流速范围内,压力降随流速的增加而减小;C 点之后表示床层达到完全流化,该阶段随流速的增大而床层压降不变。点 C 称为临界流化点,相应的流速即为临界流化速率。流化床的压降可以按下式计算:

$$\Delta p = L_{mf}(1 - \varepsilon_{mf})(\rho_p - \rho)g \qquad (4\text{-}171)$$

式中：Δp—床层压降,Pa; L_{mf}—床层颗粒开始流化时的床层高,m; ρ_p、ρ—分别为颗粒与流体的密度,$kg \cdot m^{-3}$; ε_{mf}—床层颗粒开始流化时的床层空隙率。

4.6.3　气-固相反应器的选型

反应热效应是影响气-固相反应器选型的重要因素。在选择反应器型式时,需要了解反应热的大小和绝热温升大小,以及反应系统允许的温度范围。反应系统所允许的温度指催化剂自身的适宜温度范围以及从反应的选择性角度考虑所允许的温度范围。单段绝热固定床反应器因其结构简单,往往成为选型时首先考虑的对象。但是这种反应器因在反应过程中无法和外界进行热交换,所以对热效应大的反应,可以把催化剂分为若干段,在段间进行热交换使反应物流在进入下一段床层前调整到适宜的温度。

在工业生产中为了使反应器结构不致过分复杂,且便于操作,多段固定床反应器的段数一般不超过五段。当所需的段数多到不经济的程度(如烃类氧化这类强放热反应)时,换热式反应器将是更为有利的选择。在流化床反应器中,由于固体颗粒的循环运动,能有效消除床层可能发生的局部过热,而且床层和换热面之间具有高的传热系数,有助于使反应器满足热稳定性的要求。所以对强放热反应,可以选择流化床反应器。

4.7 生化反应工程基础

以生物为催化剂进行的化学反应过程,称为生化反应过程(bioprocess)。它包含生化反应的上游加工、生化反应及生化反应的下游加工,整个过程用下列流程图表示:

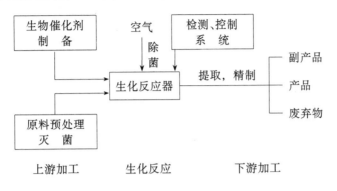

图4-63 生化反应过程

在生化反应过程中,若以微生物、动植物细胞等活细胞为催化剂,称为发酵或微生物反应。该过程不仅得到产品,微生物细胞同时繁殖,所以称其为细胞培养过程;若以固定或游离化酶为催化剂,则称为酶反应过程,但酶在反应中不会增长。从催化作用的实质分析,发酵过程是细胞内的酶在起催化作用,因此,生化反应的核心是酶的催化作用。

酶催化反应具有专一性强、对底物有严格要求,催化效率高、反应活化能低、反应速率大,反应条件通常为常温、常压及中性 pH,酶活性的调控机制复杂等特点。

4.7.1 生化反应动力学

生化反应动力学研究生化反应的速率及影响该速率的各种因素。它可分为酶催化反应动力学、微生物反应动力学及灭菌动力学,其中酶催化反应动力学是生化反应动力学的基础。

(一) 酶催化反应动力学

在以可溶性酶为催化剂的生化反应中,原料称为底物,酶和底物构成酶反应系统的最基本因素,决定了酶反应的基本性质,其他各种因素必须通过它们才能产生影响。本节讨论典型的单一底物均相酶反应过程。

1. 酶反应速率与底物浓度关系

图4-64为典型的酶反应速率曲线。根据图中所示,底物浓度与反应速率之间呈双曲线变化:低浓度时,反应速率 r_P 与底物浓度 c_S 成正比,表现为一级反应;当底物浓度很大时,反应速率 r_P 接近于恒定值(最大反应速率),而与底物浓度无关。

2. 米氏方程(Michaelis-Menton equation)

设单底物和酶反应发生了下列过程:

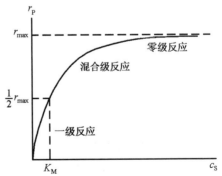

图4-64 酶反应速率与底物浓度关系

$$E + S \underset{k_2}{\overset{k_1}{\rightleftharpoons}} ES \overset{k_3}{\longrightarrow} E + P$$

式中:E—游离酶;S—底物;ES—酶与底物的复合物;P—产物。

根据稳态原理,当过程达到动态平衡时,ES 的生成速率等于分解速率,ES 浓度不变,即

$$\frac{dc_{ES}}{dt} = k_1 c_E c_S - k_2 c_{ES} - k_3 c_{ES} = 0 \tag{4-172}$$

式中:c_E—酶的浓度,mol·m^{-3};c_S—底物浓度,mol·m^{-3};c_{ES}—酶与底物复合物的浓度,mol·m^{-3};k_1、k_2、k_3—反应速率常数。

由式(4-172),得

$$k_1 c_E c_S = (k_2 + k_3) c_{ES} \tag{4-173}$$

设酶的初始浓度为 $c_{E,0}$,在反应过程中保持恒定,则

$$c_{E,0} = c_E + c_{ES} \tag{4-174}$$

$$c_E = c_{E,0} - c_{ES} \tag{4-175}$$

$$k_1(c_{E,0} - c_{ES}) c_S = (k_2 + k_3) c_{ES} \tag{4-176}$$

故

$$c_{ES} = \frac{k_1 c_{E,0} c_S}{k_3 + k_2 + k_1 c_S} \tag{4-177}$$

$$r_P = k_3 c_{ES} = \frac{k_1 k_3 c_{E,0} c_S}{k_3 + k_2 + k_1 c_S} = \frac{k_3 c_{E,0} c_S}{\dfrac{k_3 + k_2}{k_1} + c_S} = \frac{k_3 c_{E,0} c_S}{K_M + c_S} \tag{4-178}$$

式中:米氏常数

$$K_M = \frac{k_3 + k_2}{k_1} \tag{4-179}$$

当 $c_S \gg K_M$ 时,反应速率 r_P 达最大,即

$$r_{P,max} = k_3 c_{E,0} \tag{4-180}$$

则

$$r_P = \frac{r_{P,max} c_S}{K_M + c_S} \tag{4-181}$$

该式为单底物酶催化反应的米氏方程(Michaelis-Menton equation),它定量关联了酶催化反应速率 r_P 与底物浓度 c_S 之间的关系为双曲线型。由式(4-181)可知,当底物浓度很低时($c_S \ll K_M$),$r_P = \dfrac{r_{P,max} c_S}{K_M}$,反应速率与底物浓度近似呈线性关系;当底物浓度很高时($c_S \gg K_M$),$r_P = r_{P,max}$,说明酶活性部位已全部被底物占据,反应速率为最大值,呈零级反应。可以说,米氏方程充分说明了图4-64的动力学曲线变化趋势。

3. 米氏常数 K_M 的确定

将式(4-181)两边取倒数,得

$$\frac{1}{r_P} = \frac{K_M}{r_{P,max}} \frac{1}{c_S} + \frac{1}{r_{P,max}} \tag{4-182}$$

根据实验数据,以 $\dfrac{1}{r_P}$ 对 $\dfrac{1}{c_S}$ 作图(如图4-65),所得直线斜率为 $\dfrac{K_M}{r_{P,max}}$,纵轴截距为 $\dfrac{1}{r_{P,max}}$,即

可求得$r_{P,max}$及K_M。也可由横轴上截距求K_M,这种作图法求解称为双倒数作图法。

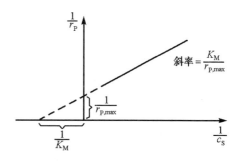

米氏常数是酶催化反应过程的重要动力学参数。因为K_M是酶催化反应中各速率常数的函数,所以K_M表达了酶催化反应的性质、反应条件和酶催化反应各速率之间的关系。K_M是酶的特征常数,不同的酶,K_M值不同;同一种酶若能与多种底物作用,K_M值也不同,因此同一种酶对不同的底物亲和力不同。可以近似用$1/K_M$表示酶与底物的亲和

图4-65 双倒数作图法求$r_{P,max}$及K_M

力,K_M值越小,$1/K_M$值就越大,表示酶与底物的亲和力越大,酶催化反应越容易进行。

4. 抑制剂对酶催化反应过程的影响

生化反应中,酶在不变性的情况下,因某些物质存在而降低反应速率,称为抑制作用。引起抑制作用的物质称为抑制剂。抑制作用主要有以下几类:

(1)可逆抑制

抑制剂与酶蛋白以非共价键结合,具有可逆性,用透析等物理方法可以解除抑制的物质以恢复酶的活性。根据抑制剂与底物的关系,可逆抑制又可分为竞争性抑制、非竞争性抑制和反竞争性抑制三类,相应的动力学方程各不相同。

(2)不可逆抑制

抑制剂与酶的某些活性基因以共价键结合,使酶永久失活。

(3)底物抑制

在酶的催化反应中,当底物浓度增大,反应速率反而减小,称为底物的抑制作用。这种作用普遍存在于酶的催化反应中,其过程机理为:

$$S + E \underset{k_2}{\overset{k_1}{\rightleftharpoons}} ES \overset{k_3}{\longrightarrow} E + P$$

$$S + ES \underset{k_5}{\overset{k_4}{\rightleftharpoons}} SES$$

式中:SES—不具有催化活性,不能分解为产物的三元复合物。

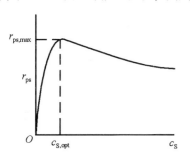

动力学方程为:

$$r_{ps} = \frac{r_{P,max}c_S}{K_M + c_S + \dfrac{c_S^2}{K_{si}}} \qquad (4-183)$$

或

$$r_{ps} = \frac{r_{P,max}}{1 + \dfrac{K_M}{c_S} + \dfrac{c_S}{K_{si}}} \qquad (4-184)$$

图4-66 底物抑制的r_{ps}与c_S关系图

式中:r_{ps}—底物抑制存在时的反应速率,$mol \cdot m^{-3} \cdot s^{-1}$;$K_{si}$—底物抑制的解离常数,$mol \cdot m^{-3}$。

以底物抑制存在时的反应速率r_{ps}对底物浓度作图,得图4-66。图中速率曲线最大值为$r_{ps,max}$,对应底物浓度为最佳浓度$c_{S,opt}$,它可以通过下式求得:

$$\frac{\mathrm{d}r_{\mathrm{ps}}}{\mathrm{d}c_{\mathrm{S}}} = 0$$

$$c_{\mathrm{S,opt}} = \sqrt{K_{\mathrm{M}}K_{\mathrm{S}}} \tag{4-185}$$

对于间歇式操作,经常把浓度为 c_{S} 的底物分批或连续加入,使反应器内底物浓度接近于 $c_{\mathrm{S,opt}}$ 下反应,反应速率保持接近最大值,称为"流加"(fed batch)。采用适当的"流加"可以较大幅度提高间歇生化器内生产能力和收率,因此在抗生素生产中普遍采用。

(二) 微生物群体的生长规律

以活细胞为催化剂的微生物反应过程,不仅可以得到产品,同时还将得到更多的生物细胞,所以说微生物反应涉及到细胞的生长和代谢过程。在分批式微生物培养过程中,细胞、基质和产物浓度不断发生变化,以细胞浓度 c_{S} 随培养时间变化,在半对数坐标上作图,得到微生物分批培养时的生长曲线(图4-67)。图4-67反映了微生物在新的适宜环境中生长、繁殖直至衰亡全过程的动态变化,同时还揭示了微生物生长速率随培养时间的变化规律。根据微生物生长繁殖速率的变化,其生长过程分别为延滞期 I、对数生长期 II、稳定期 III 和衰亡期 IV 四个阶段。

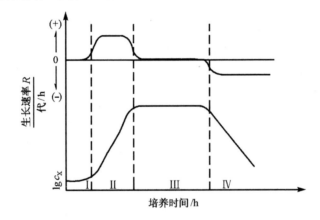

图4-67　微生物典型生长曲线

延滞期(lag phase)是细胞在环境改变后的适应阶段,此阶段细胞不立即生长繁殖,细胞数无明显增加;经过延滞期后细胞适应了新环境,开始迅速繁殖,细胞浓度随时间呈对数变化,称为对数生长期(logarithmic phase)。

在对数生长期,细胞生长速率为:

$$r_{\mathrm{X}} = \frac{\mathrm{d}c_{\mathrm{X}}}{\mathrm{d}t} = \mu c_{\mathrm{X}} \tag{4-186}$$

式中: r_{X} ——细胞生长速率,kg(干细胞)· m^{-3} · s^{-1} ; c_{X} ——细胞浓度,kg(干细胞)· m^{-3} ; t ——时间,s; μ ——细胞比生长速率, s^{-1} 。

由式(4-186)可得

$$\mu = \frac{1}{c_{\mathrm{X}}} \frac{\mathrm{d}c_{\mathrm{X}}}{\mathrm{d}t} \tag{4-187}$$

该阶段细胞的生长不受基质浓度限制,比生长速率达最大值 $\mu_{\max}$,则

$$\frac{\mathrm{d}c_{\mathrm{X}}}{\mathrm{d}t} = \mu_{\max} c_{\mathrm{X}} \tag{4-188}$$

当 $t = t_1, c_X = c_{X,1}; t = t_2, c_X = c_{X,2}$, 式(4-188)积分,可得

$$\ln \frac{c_{X,2}}{c_{X,1}} = \mu_{\max}(t_2 - t_1) \tag{4-189}$$

即

$$c_{X,2} = c_{X,1}\exp[\mu_{\max}(t_2 - t_1)] \tag{4-190}$$

处于对数生长期内的细胞繁殖很快,代谢功能非常活跃。在生产上若将此时期的细胞接入新培养基中,可以有效缩短延滞期。

当细胞大量生长后,基质浓度下降,有害代谢物逐渐增加及细菌生长引起环境条件变化,细胞生长速率逐渐降低,进入稳定期(stationary phase);随着培养基质的耗尽和有害代谢物的大量积累,细胞生长速率继续降低至零,活细胞死亡速率加速,称此阶段为衰亡期(death phase)。

(三) 微生物反应动力学

1. 莫诺(Monod)方程

微生物反应可以用以下基元反应表示:

$$S + X_0 \underset{k_2}{\overset{k_1}{\rightleftharpoons}} X_g \overset{k}{\longrightarrow} 2X_0 + P$$

$$c_X = c_{X,0} + c_{X,g} \tag{4-191}$$

式中:X_0—有生命活性但不处于分裂状态的静止细胞;X_g—可以分裂为两个新的静止细胞的孕细胞;S—基质(原料);c_X—细胞的总浓度;$c_{X,0}$、$c_{X,g}$—静止细胞、孕细胞的浓度。

采用类似于酶反应动力学的处理方法,得到细胞的比生长速率 μ 与限制性基质浓度 c_S 的关系为:

$$\mu = \mu_{\max}\frac{c_S}{K_S + c_S} \tag{4-192}$$

该式是微生物反应中目前应用最广的莫诺方程。式中:μ—比生长速率,s^{-1};$\mu_{\max}$—最大比生长速率,s^{-1};c_S—限制性基质浓度,$kg \cdot m^{-3}$;K_S—莫诺常数,$kg \cdot m^{-3}$,其值等于 $\frac{1}{2}\mu_{\max}$ 时的限制性基质浓度。

如图4-68所示:(i) 当 c_S 很小时,$c_S \ll K_S$,μ 随 c_S 的变化明显,此时提高基质 S 浓度,可明显提高细胞的生长速率,S 成为限制性基质:

$$\mu = \mu_{\max}\frac{c_S}{K_S} \tag{4-193}$$

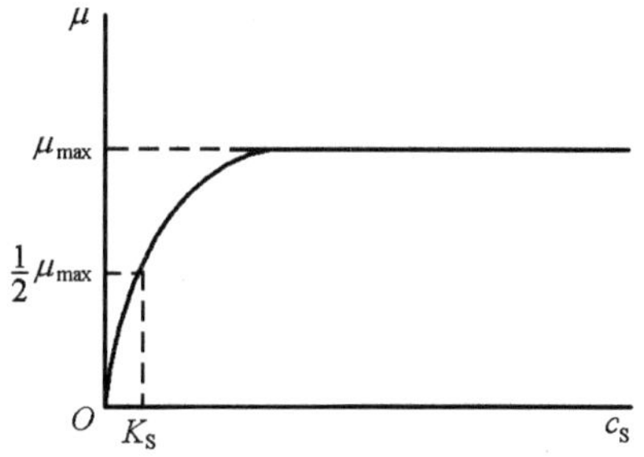

图4-68 细胞的比生长速率

(ii) 当 $c_S \gg K_S$ 时,$\mu \approx \mu_{\max}$,细胞比生长速率与基质浓度无关;(iii) 当基质浓度 c_S 处于上述两种情况之间,μ 与 c_S 的关系服从莫诺方程。

2. 基质消耗动力学

在微生物反应中,基质不仅要消耗于细胞的生长上,还要消耗于维持细胞生命所需的能量及产物的生成。所以基质消耗速率取决于细胞生长速率、基质消耗于维持能的速率和产物生成速率等三个因素。基质消耗动力学方程表示为:

$$r_S = -\frac{dc_S}{dt} = \frac{1}{Y_{X/S}}\frac{dc_X}{dt} + m_X c_X + \frac{1}{Y_{P/S}}\frac{dc_P}{dt} \tag{4-194}$$

式中：$Y_{X/S}$—对基质的细胞得率，kg(干细胞)·kg(基质)$^{-1}$；$Y_{P/S}$—对基质的产物得率，kg(产物)·kg(基质)$^{-1}$；m_X—细胞的维持系数，指维持细胞正常生理活动所消耗的基质量，kg(基质)·kg(干细胞)$^{-1}$。并有

$$Y_{X/S} = \frac{\text{生成细胞的质量}}{\text{消耗基质的质量}} \tag{4-195}$$

$$Y_{P/S} = \frac{\text{生成代谢产物的质量}}{\text{消耗基质的质量}} \tag{4-196a}$$

式(4-196a)也可表示为：

$$r_S = \frac{1}{Y_{X/S}}\mu c_X + m_X c_X + \frac{1}{Y_{P/S}} q_P c_X \tag{4-196b}$$

式中：q_P—产物的比生长速率，表示单位质量细胞生成产物的速率：

$$q_P = \frac{1}{c_X}\frac{dc_P}{dt} \tag{4-197}$$

3. 产物生成动力学

产物生成动力学较为复杂。Gaden 根据产物形成与细胞生长间的不同关系，提出以下三种模型。

（1）相关模型

若产物是细胞能量代谢的结果，产物的生成与细胞的生长是同步的，如乙醇、葡萄糖酸的生产等，该类型称为相关模型。其动力学方程为：

$$r_P = \frac{dc_P}{dt} = Y_{P/X}\frac{dc_X}{dt} \tag{4-198}$$

式中：$Y_{P/X}$—对干细胞的产物得率，kg(产物)·kg(干细胞)$^{-1}$。

（2）部分相关模型

若产物是能量代谢的间接结果，产物的生成只与细胞生长部分相关。在细胞生长前期，基本上无产物生成，当有产物生成后，产物的生成速率既与细胞生长有关，又与细胞浓度有关，如柠檬酸的生产，该类型称为部分相关模型。其动力学方程为：

$$r_P = \frac{dc_P}{dt} = \alpha\frac{dc_X}{dt} + \beta c_X \tag{4-199}$$

式中：α、β—常数；$\alpha\dfrac{dc_X}{dt}$—产物随细胞生长而生长；βc_X—只要细胞存在，产物便会产生。

（3）非相关模型

若产物的生成与细胞的生长无直接联系。当细胞处于生长阶段时无产物积累，而细胞生长停止后，产物大量生成，如抗生素等二级代谢产物的生成，该类型称为非相关模型。其动力学方程为：

$$r_P = \frac{dc_P}{dt} = \beta c_X \tag{4-200}$$

4.7.2　生化反应器

(一) 生化反应器类型

生化反应器是进行生物催化反应的核心设备。根据催化剂类型，可分为微生物反应器和

酶反应器。根据反应器操作方式,可分为间歇操作、半间歇操作、连续操作等类型。

1. 微生物反应器

微生物反应器应尽量避免杂菌和噬菌体的污染;阀件应保持清洁,所有阀件和配管部分都应能进行蒸气杀菌;反应器本身结构简单,容易清洗;反应器内尽量减少死角,接管和焊接部分需保持圆滑;反应器及各部件要求具有一定的强度。表4-7为各种型式微生物反应器。

表4-7 各种型式微生物反应器

机械搅拌式	普通搅拌式 环流搅拌式 立体多桨搅拌式 Waldhof式 往复搅拌式 卧式多桨式 水平搅拌式 循环搅拌式 多段搅拌式 局部环流搅拌式 离心搅拌式 卧式转盘搅拌式
液体用泵循环喷射式	循环鼓泡式 喷射自吸环流式 喷洒塔式 喷射自吸式 液相喷射式 外循环喷射自吸式 涡流式
气升型塔式	鼓泡塔式 内循环式 外循环式 压差循环式 正向循环式 环隙气升式 筛板环流式 非对称环流式 通道环流式
多段塔式	多段多孔板式 环流多段多孔板式 导流筒多段多孔板式 多段圆锥塔式 带导流管的多段塔式 转盘塔式 外段环流筛板塔式
固体床式	泵循环式 滴流床式 上流式 下流式 内循环固定床式
其他类型	流化床式 管式活塞流式 中空纤维式 膜式 自吸式

工业上常见的几种微生物反应器参见图4-69～图4-72。

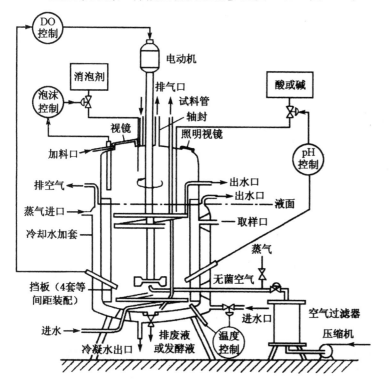

图4-69 机械搅拌式发酵罐布置

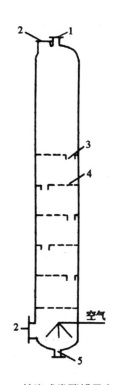

图4-70 鼓泡式发酵罐示意图
1—排气口,2—入孔,3—降液管,
4—筛板,5—排料

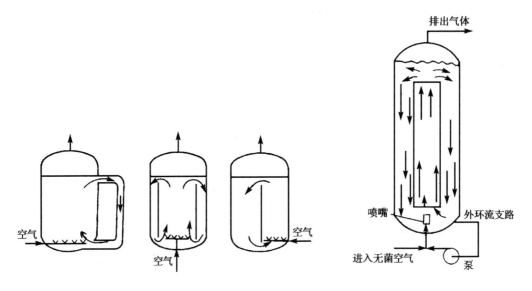

图4-71　气升式发酵罐示意图　　　　图4-72　液体喷射环流式反应器示意图

2. 酶反应器

以酶为催化剂进行生物催化反应的装置,称为酶反应器。几种主要酶反应器如图4-73所示。

酶反应器的选型,可以根据酶的形状、特征、大小、机械强度和密度、酶更换再生的难易,底物的性质,反应动力学特征及反应条件,物质的传递特征和反应器特性,生产量大小等方面考虑。如:

(1)间歇式酶反应器

间歇式酶反应器主要用于游离酶反应,操作过程一般不回收游离酶。但以固定化酶为催化剂的反应,采用间歇式反应器,需要从每批物料中过滤或离心分离回收固定化酶,反复循环回收易使酶失活,所以固定化酶很少用在间歇式反应器中。

(2)全混流反应器

连续操作的全混流反应器,具有下述优点:反应器内浓度、温度均一,并且在低浓度下进行,反应温度和溶液 pH 易于控制;也可以在运行情况下置换固定化酶;还能处理颗粒状底物。但由于高速搅拌,可能引起固定化酶的切变粉碎使酶破坏。

(3)固定床反应器

固定床反应器接近于活塞流反应器。在有产物抑制的酶系统中,采用这种反应器可以获得较高的产率,同时适宜于容易磨损的固定化酶。但固定床反应器传热传质程度较差,颗粒状或胶状底物易引起床层堵塞。如选流化床反应器,可克服这些缺点,但它不适于有产物抑制的反应。

(4)膜式反应器

膜式反应器可以使酶重复使用,从而维持系统较高的酶浓度,同时产物可以不断从反应系统中分离出来,减小产物对反应的抑制作用,提高反应器的生产能力。图4-73(f)是全混流-超滤膜反应器(CSTR/UF),其中酶处于水溶液状态。这种联合反应装置既适用于间歇循环操作,又适用于连续操作;既适用于产物为小分子化合物的酶促反应,又适用于水不溶性或胶体状底物。膜式反应器虽然是近几年正在研究开发的一种新型生物反应器,但在工业上已开始应用,如用α-淀粉酶和葡萄糖淀粉酶水解淀粉。目前生物反应器的开发正向大型化方向发展,

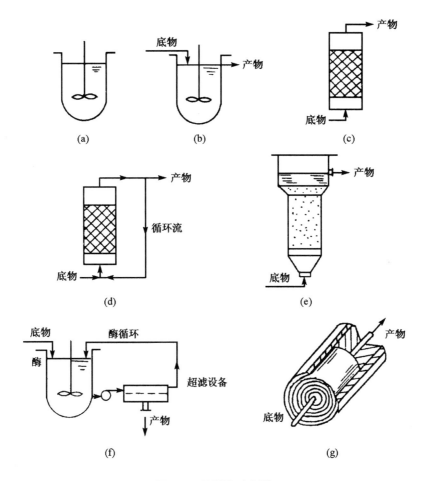

图4-73 几种酶反应器

(a) 间歇式反应器;(b) 连续式搅拌反应器;(c),(d) 固定床;
(e) 流化床;(f) 全混搅拌釜-超滤膜反应器;(g) 螺旋卷绕膜式反应器

同时着手研制特殊要求的新型生物反应器,如边发酵边分离反应器等。

(二) 生化反应器的设计计算基础

生化反应器为活细胞或酶提供适宜的反应环境,达到细胞增殖或形成产品的目的,是影响生物加工过程经济效益的重要方面。所以生化反应器设计的目标是操作状态的最佳化,同时解决放大问题。具体设计内容为:在选择合适反应器型式的基础上,确定最佳工艺参数及其控制方式、反应器操作方式和反应器结构设计。

1. 间歇操作的生化反应器

该类反应器与化学反应器计算方法原则上相同,不同的是动力学方程式。如对整批加料和卸料的操作,酶催化反应的反应动力学以米氏方程表示:

$$r_S = -\frac{dc_S}{dt} = \frac{r_{max}c_S}{K_M + c_S}$$

当 $t = 0$ 时,$c_S = c_{S,0}$;当 $t = t_r$ 时,$c_S = c_S$。对于液相反应,将其代入间歇反应器基本关系式

$$t_r = -\int_{c_{S,0}}^{c_S} \frac{dc_S}{r_S}, 积分, 得$$

$$t_r = \frac{K_M}{r_{max}} \ln \frac{c_{S,0}}{c_S} + \frac{c_{S,0} - c_S}{r_{max}} \tag{4-201}$$

式中: t_r—反应时间, s。

式(4-201)右边第一项相当于一级反应, 第二项相当于零级反应。该式表示达到规定的底物浓度所需的反应时间 t_r。同间歇操作的化学反应器一样, 还需要加料、卸料、清洗、灭菌等辅助生产时间 t', 所以生产周期为$(t_r + t')$, 则所需反应器有效体积为 $V_R = q_{V,0}(t_r + t')$。

对微生物反应器的间歇操作, 用莫诺方程代替米氏方程。

2. 全混流反应器

连续操作的全混流反应器, 在细胞培养中称为恒化器(chemostat), 过程是在恒浓度、恒温度、恒速率下的反应。微生物全混流反应器与化学反应全混流反应器在操作中最主要区别是细胞的接种一般为分批进行, 连续加入的是底物。恒化器的计算方法与化学反应中的全混流反应器相同, 若为定常态下的恒容过程, 在反应器有效体积范围内对底物作物料衡算, 得

$$\tau = \frac{V_R}{q_{V,0}} = \frac{c_{S,0} - c_S}{r_S} \tag{4-202}$$

对酶催化反应, r_S 以米氏方程代入, 得

$$\tau = \frac{c_{S,0} - c_S}{r_{max} c_S}(K_M + c_S) \tag{4-203}$$

对微生物反应器, 用莫诺方程代替米氏方程。

在恒化器的出口产物中会有细胞被带出, 若对细胞在有效体积 V_R 范围内作物料衡算, 得

细胞加入量 + 生长量 - 流出量 = 累积量

$$0 \qquad + r_X V_R - q_{V,0} c_X = \qquad 0 \tag{4-204}$$

由于 $r_X = \mu c_X$, 则

$$\mu = \frac{q_{V,0}}{V_R} = D \tag{4-205}$$

式中: D—稀释率, 表示反应器内物料被"稀释"的程度, s^{-1}; μ—细胞比生长速率, s^{-1}; r_X—细胞生长速率, kg(干)$\cdot m^{-3} \cdot s^{-1}$。

式(4-205)说明连续操作的微生物反应器的一个十分重要特性: 要使细胞连续培养处于定常态, 必须使表征细胞生长特性的参数 μ 与系统操作状态参数 D 相等。利用该特性, 通过改变培养液的体积流量, 可以控制细胞的比生长速率。

定常态下, 若对限制性底物作物料衡算, 有:

$$q_{V,0} c_{S,0} - q_{V,0} c_S = \frac{1}{Y_{X/S}} r_X V_R \tag{4-206}$$

结合式(4-204), 得

$$c_X = Y_{X/S}(c_{S,0} - c_S) \tag{4-207}$$

在单级 CSTR 中, $D = \mu = \mu_{max} \dfrac{c_S}{K_S + c_S}$, 得

$$c_S = \frac{D K_S}{\mu_{max} - D} \tag{4-208}$$

式中：c_S—单级 CSTR 中，在某一稀释率下的基质浓度。

则

$$c_X = Y_{X/S}\left(c_{S,0} - \frac{DK_S}{\mu_{max} - D}\right) \tag{4-209}$$

式(4-208)和式(4-209)说明在定常态下，反应器内细胞浓度 c_X、基质浓度 c_S 与稀释率 D 的关系。在 CSTR 中，细胞的生长速率 r_X 或反应器生产能力 P_X 为：

$$P_X = r_X = Dc_X = DY_{X/S}\left(c_{S,0} - \frac{DK_S}{\mu_{max} - D}\right) \tag{4-210}$$

图4-74表示 c_S、c_X 和 P_X 与 D 的关系。由图中分析可知，随 D 增大，c_S 增大；当 D 增大到一定程度时，$c_S = c_{S,0}$，此时的稀释率称为临界稀释率 D_c：

$$D_c = \frac{\mu_{max}c_{S,0}}{K_S + c_{S,0}} \tag{4-211}$$

D_c 是操作允许的上限，因为这时基质进、出口浓度不变，即无细胞生成。实际操作过程的 D 应小于 D_c。

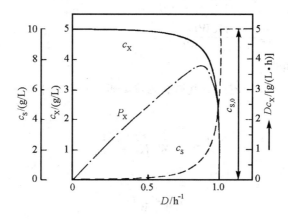

图4-74 单级 CSTR 中 c_X、c_S 和 P_X 与 D 的关系

图4-74还反映出对应于 $P_{X,max}$，有一最佳 D_{opt}，称为最适稀释率。实际生产可控制在略低于 D_{opt} 的稀释率下进行。

为保持反应器中细胞有较高浓度以提高反应器的生产能力，生化反应器常采用循环操作(如图4-75)，即将浓缩后的浓细胞液返回反应器(相当于连续接种)，不但提高了反应器的操作稳定性，同时还提高了反应器的生产能力。

定义物料循环比(体积比)为：

$$R = \frac{q_{V,r}}{q_{V,0}} \tag{4-212}$$

式中：R—循环比，$R > 0$；$q_{V,r}$—循环的物料体积流量，$m^3 \cdot s^{-1}$；$q_{V,0}$—反应系统进、出口物料体积流量，$m^3 \cdot s^{-1}$。

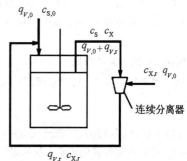

图4-75 带循环的 CSTR 示意图

细胞浓缩系数为:

$$\beta = \frac{c_{X,r}}{c_X} \tag{4-213}$$

式中:c_X—反应器出口细胞浓度,$kg(干) \cdot m^{-3}$;$c_{X,r}$—连续分离器出口细胞浓度,$kg(干) \cdot m^{-3}$;β—细胞浓缩系数,$\beta > 1$。

定常态下,在全混流反应器中对细胞做物料衡算,有

$$q_{V,0}c_{X,0} + q_{V,r}c_{X,r} + V_R r_X = (q_{V,0} + q_{V,r})c_X$$

式中:$c_{X,0} = 0$,$q_{V,r} = Rq_{V,0}$,$r_X = \mu c_X$。并将 $\frac{q_{V,0}}{V_R} = D$ 代入,整理,得

$$\mu = D(1 + R - R\beta) \tag{4-214}$$

可见,由于循环的作用,$\mu \neq D$,而且 $\beta > 1$,即 $(1 + R - R\beta) < 1$,所以 $D > \mu$,也即稀释率恒大于生长速率。

若对限制性基质在 CSTR 内作物料衡算,同理可以导出

$$c_X = \frac{Y_{X/S}(c_{S,0} - c_S)}{1 + R - R\beta} = \frac{Y_{X/S}(c_{S,0} - c_S)}{W} \tag{4-215}$$

$$c_S = \frac{K_S WD}{\mu_{max} - WD} \tag{4-216}$$

式中:$W = 1 + R - R\beta$,$W < 1$。

与无循环比较,循环使反应器出口基质 S 浓度降低,反应器内细胞浓度提高,同时其临界稀释率为

$$D_{cr} = \frac{1}{W} \frac{\mu_{max}c_{S,0}}{K_S + c_{S,0}} \tag{4-217}$$

则

$$D_{cr} = \frac{1}{W}D_c \tag{4-218}$$

可见,由于循环作用,使临界稀释率提高,即加料流量 $q_{V,0}$ 可以增大;若加料流量不变,可以缩小反应器体积。由此可知,细胞的循环有利于提高反应器的生产能力。

习　题

4-1 合成氨的反应式为 $N_2 + 3H_2 \rightleftharpoons 2NH_3$,设在一定条件下其化学反应速率 $r = 3.22 \times 10^{-3} mol \cdot m^{-3} \cdot s^{-1}$。试求以各组分 N_2、H_2、NH_3 表示的反应速率$[-r(N_2)]$、$[-r(H_2)]$、$r(NH_3)$各为多少?

4-2 在一定条件下,SO_2 催化制取 SO_3 的反应式为:

$$2SO_2 + O_2 \rightleftharpoons 2SO_3$$

已知反应入口处 SO_2 的浓度是 7.15%(摩尔分数,下同),出口物料中含 SO_2 0.48%,求 SO_2 的转化率。

4-3 已知700℃、3×10^5 Pa(绝压)下的反应:

$$\underset{(A)}{C_4H_{10}} \longrightarrow \underset{(B)}{2C_2H_4} + H_2$$

反应开始时 C_4H_{10} 为 116 kg。求当反应完成 50% 时,c_A、p_A、y_A、c_B 各为多少?

4-4 乙醇在装有氧化铝催化剂的固定床反应器中脱水,生成乙烯:

$$C_2H_5OH \longrightarrow C_2H_4 + H_2O$$

测得每次投料 0.50 kg 乙醇,可得 0.26 kg 乙烯,剩余 0.03 kg 乙醇未反应。求乙醇转化率、乙烯的产率和选择

性。

4-5　在间歇反应器中用醋酸和丁醇反应生成醋酸丁酯,反应式为:

$$CH_3COOH + C_4H_9OH \xrightarrow{H_2SO_4} CH_3COOC_4H_9 + H_2O$$
$$(A) \qquad\quad (B) \qquad\qquad\qquad (R) \qquad\quad (S)$$

已知反应在 100°C 下进行,动力学方程为 $(-r_A) = 2.9 \times 10^{-7} c_A^2$ mol·m^{-3}·s^{-1}。反应物配比为丁醇:醋酸 $= 4.972:1$(摩尔比),每天生产醋酸丁酯 2400 kg(忽略分离损失),辅助生产时间为 30 min,混合物的密度视为常数,等于 750 kg·m^{-3}。试求当醋酸的转化率为 50% 时所需反应器的体积大小(装料系数取 0.7)。

4-6　某气相一级反应,$A \longrightarrow 3R$,反应速率常数 $k = 8.33 \times 10^{-3}$ s^{-1},在间歇反应器中进行。初始条件为纯 A,总压为 101325 Pa。问 1 min 后反应器总压为多少?

4-7　等温间歇操作的搅拌釜中进行皂化反应:

$$CH_3COOC_2H_5 + NaOH \longrightarrow CH_3COONa + C_2H_5OH$$

该反应对乙酸乙酯和氢氧化钠均为一级,反应开始时乙酸乙酯和氢氧化钠的浓度均为 20 mol·m^{-3},反应速率常数 $k = 9.33 \times 10^{-5}$ m^3·s^{-1}·mol^{-1},要求最终转化率为 0.95。试求当反应体积分别为 1 m^3、2 m^3 时,所需的反应时间各是多少?

4-8　根据4-5题给出的反应条件和产量,用单个全混流反应器生产醋酸丁酯,试计算所需反应釜的有效体积。

4-9　在全混流反应器中进行等温反应 $A \longrightarrow B$,测得反应速度 $(-r_A)$ 与 $c_{A,f}$ 的关系如下:

$c_{A,f}$/(kmol·m^{-3})	1	2	3	4	5	6	8	10
$(-r_A)$/(kmol·m^{-3}·min^{-1})	1	2	3	4	4.7	4.9	5	5

(1)若要达到 $x_{A,f} = 80\%$,反应体积为 0.25 m^3,$c_{A,0} = 10$ kmol·m^{-3},求进料体积流量;

(2)若要达到 $x_{A,f} = 80\%$,$c_{A,0} = 15$ kmol·m^{-3},$q_{V,0} = 1$ m^3·min^{-1},求反应体积;

(3)若反应体积为 3 m^3,$q_{V,0} = 1$ m^3·min^{-1},$c_{A,0} = 8$ kmol·m^{-3},求反应器出口反应物 A 的浓度。

4-10　在 0.12 m^3 的 CSTR 中进行液相反应 $A + B \rightleftharpoons R + S$。120°C 下,反应速率方程式为

$$\frac{-r_A}{kmol·m^{-3}·min^{-1}} = 8c_Ac_B - 1.7c_Rc_S$$

两种原料液同时等流量进入反应器,一股含 A 2.8 kmol·m^{-3},另一股含 B 1.6 kmol·m^{-3}。当 B 的转化率为 80% 时,每股料流量为多少?

4-11　高温下二氧化氮的分解反应为二级不可逆反应:$2NO_2 \rightleftharpoons 2NO + O_2$。现将纯 NO$_2$ 在 101325 Pa、627.2 K 下于活塞流反应器中分解。已知 $k = 1.7$ m^3·kmol^{-1}·s^{-1},气体处理量为 120 m^3·h^{-1}(标准状态下),若使 NO$_2$ 分解率为 70%,求下列两种情况下所需反应体积。

(1)不考虑体积变化;

(2)考虑体积变化。

4-12　某气相一级分解反应 $A \longrightarrow 3P$,在等温活塞流反应器中进行,加入原料含 A 50%,含惰性物料 50%,物料流过反应器的时间为 10 min,系统出口体积流量变为原来的 1.5 倍。求此时 A 的转化率及该反应在实验条件下的反应速率常数。

4-13　根据题4-5给出的反应条件和产量,用活塞流反应器生产醋酸丁酯,试求所需反应器的有效体积。并根据题 4-5、4-8 和本题计算结果,试比较在相同操作条件下,所需三种反应器体积大小顺序。

4-14　在活塞流反应器中进行二级等温液相反应

$$A + B \longrightarrow R \qquad \frac{-r_A}{kmol·m^{-3}·min^{-1}} = 1.97 \times 10^{-3} c_A c_B$$

已知 $c_{A,0} = c_{B,0} = 4$ kmol·m^{-3},反应物料的体积流量为 0.171 m^3·h^{-1}。试求下列各情况所需反应器的有效容

积为多少?

(1) $x_{A,f} = 80\%$;

(2) 上述条件不变,但要求 $x_{A,f} = 90\%$;

(3) $c_{A,0} = c_{B,0} = 8\ \text{kmol·m}^{-3}$, $x_{A,f} = 80\%$。

4-15　已知某均相反应,反应速率为 $(-r_A) = 0.017\,4c_A^2(\text{kmol·m}^{-3}\text{·min}^{-1})$, $c_{A,0} = 7.14\ \text{kmol·m}^{-3}$, 物料密度恒定为 $750\ \text{kg·m}^{-3}$, 加料速率为 $7.14\times10^{-3}\text{m}^3\text{·min}^{-1}$。反应在等温下进行,试计算下列方案的转化率各为多少?

(1) 串联两个 $0.25\ \text{m}^3$ 的全混流反应器;

(2) 一个 $0.25\ \text{m}^3$ 的全混流反应器,后接一个 $0.25\ \text{m}^3$ 的活塞流反应器;

(3) 一个 $0.25\ \text{m}^3$ 的活塞流反应器,后接一个 $0.25\ \text{m}^3$ 的全混流反应器;

(4) 两个 $0.25\ \text{m}^3$ 的活塞流反应器串联。

4-16　某一液相基元反应 $A + B \longrightarrow R + S$, 由于 B 大大过量,所以可视为拟一级反应。让物料依次通过一个全混流反应器和一个活塞流反应器,现调换两个反应器顺序,对出口转化率 $x_{A,f}$ 是否有影响?

4-17　一级反应 $A \longrightarrow B$, 设计一个等温等压的活塞流反应器,要求达到 63.2% 转化率,已知原料是纯 A, 流量为 $1.5\times10^{-4}\text{m}^3\text{·h}^{-1}$, 在选用的反应温度下, $k = 5.01\ \text{h}^{-1}$。但是反应器安装后。操作过程中发现转化率仅达到设计值的 92.7%, 认为这是由于反应器内的扰动,产生某个区域的返混,若该区域的返混像一个 CSTR, 则整个反应器可视作 PFR $\longrightarrow$ CSTR $\longrightarrow$ PFR。试估计发生扰动该部分区域占反应器总体积的分率。

4-18　例 4-12 中,若改在活塞流反应器中进行,求各最佳值及产品成本。

4-19　例 4-12 中,当反应物 A 回收且浓缩到 $0.1\ \text{mol·L}^{-1}$, 此费用为 $0.125\ \text{¥·(mol)}^{-1}$。求适宜的转化率及成本。

4-20　设 $F(t)$ 及 $E(t)$ 分别为闭式流动反应器的停留时间分布函数与停留时间分布密度函数。已知反应器体积为 $4\ \text{m}^3$, 物料体积流量为 $2\ \text{m}^3\text{·min}^{-1}$。

(1) 如果该反应器为全混流反应器,试求:

① $F(2)$, ② $E(2)$, ③ $F(1.8)$, ④ $E(1.8)$, ⑤ $E(2.2)$

(2) 如果该反应器为活塞流反应器,试求:

① $F(2)$, ② $E(2)$, ③ $E(1.8)$, ④ $F(1.8)$, ⑤ $E(2.2)$

(3) 如果该反应器为一非理想流动反应器,试求:

① $F(0)$, ② $F(\infty)$, ③ $E(\infty)$, ④ $\int_0^\infty E(t)\mathrm{d}t$, ⑤ $\int_0^\infty tE(t)\mathrm{d}t$, ⑥ $\int_0^\infty \theta E(\theta)\mathrm{d}\theta$

4-21　某反应器用脉冲法测得如下表中的数据,试求 $E(t)$、$F(t)$、$\bar{t}$、σ_t^2 及 σ_θ^2。

时间 t/min	0	5	10	15	20	25	30	35	40	45	50
示踪剂浓度 $c(t)/(\text{g·m}^{-3})$	0.0	2.0	6.0	12.0	12.0	10.0	5.0	2.0	1.0	0.5	0.0

4-22　已知一等温闭式液相反应器的停留时间分布密度函数(min^{-1})为

$$E(t) = 16\,t\exp(-4t)$$

试求:(1) 平均停留时间;

(2) 停留时间小于 1 min 的物料所占的分率;

(3) 停留时间大于 2 min 的物料所占的分率;

(4) 若用多釜串联模型拟合,反应器内进行一级液相反应, $k = 6\ \text{min}^{-1}$, 出口转化率为多少?

(5) 若反应器内进行一级液相反应, $k = 6\ \text{min}^{-1}$, 试用凝集流模型求反应器出口转化率。

4-23　在 $\varnothing 5\ \text{mm}\times5\ \text{mm}$ 圆柱形催化剂颗粒上,进行 A 的等温一级不可逆反应 $A \longrightarrow B$。已知在某一温度下以催化剂颗粒体积计的反应速率常数 $k = 6.2\ \text{s}^{-1}$, 有效扩散系数为 $0.0017\ \text{cm}^2\text{·s}^{-1}$。试计算催化剂的内

部效率因子,并判断内扩散的影响程度。

4-24　某一级不可逆气固相催化反应,反应速率为$(-r_A)=2\times10^{-6}\,\mathrm{mol\cdot m^{-3}\cdot s^{-1}}$。当$c_A=2\times10^{-2}\,\mathrm{mol\cdot L^{-1}}$,总压为 0.1013 MPa。温度为 400℃ 时,若要求催化剂内扩散对总速率基本上不发生影响。如何确定催化剂颗粒的直径。已知$D_e=1\times10^{-3}\,\mathrm{cm^2\cdot s^{-1}}$。

4-25　某等温下的一级不可逆反应,以反应体积为基准的反应速率常数$k=2\,\mathrm{s^{-1}}$,催化剂为$\varnothing5\,\mathrm{mm}\times5\,\mathrm{mm}$的圆柱体,床层空隙率$\varepsilon=0.5$,测得其内扩散有效因子$\eta_{内}=0.638$。试计算下述两种情况下的宏观反应速率常数$k'$:

(1) 催化剂颗粒改为$\varnothing3\,\mathrm{mm}\times3\,\mathrm{mm}$的圆柱体;

(2) 粒度不变,改变装填方式,使$\varepsilon=0.4$。

4-26　在直径为 2.4 mm 球形催化剂上进行一级不可逆反应 A $\longrightarrow$ B。气流主体中 A 的浓度为$0.02\,\mathrm{kmol\cdot m^{-3}}$。测得单位床层内宏观反应速率为$60\,\mathrm{kmol\cdot m^{-3}\cdot h^{-1}}$,空隙率$\varepsilon=0.4$,组分 A 在颗粒内的有效扩散系数为$5\times10^{-5}\,\mathrm{m^2\cdot h^{-1}}$,气膜传质系数为$300\,\mathrm{m\cdot h^{-1}}$,试定量计算内、外扩散的影响。

附　录

A. 附　表

A.1　常用物理量的单位和量纲

物理量的名称	SI 单位		
	单位名称	单位符号	量　纲
长度	米	m	$[L]$
时间	秒	s	$[T]$
质量	千克(公斤)	kg	$[M]$
力,重量	牛[顿]	$N = kg \cdot m \cdot s^{-2}$	$[MLT^{-2}]$
速度	米每秒	$m \cdot s^{-1}$	$[LT^{-1}]$
加速度	米每二次方秒	$m \cdot s^{-2}$	$[LT^{-2}]$
密度	千克每立方米	$kg \cdot m^{-3}$	$[ML^{-3}]$
压力,压强	帕[斯卡]	$Pa = N \cdot m^{-2}$	$[ML^{-1}T^{-2}]$
能[量],功,热量	焦[耳]	$J = kg \cdot m^2 \cdot s^{-2}$	$[ML^2T^{-2}]$
功率	瓦[特]	$W = J \cdot s^{-1}$	$[ML^2T^{-3}]$
[动力]粘度	帕[斯卡]·秒	$Pa \cdot s = kg \cdot m^{-1} \cdot s^{-1}$	$[ML^{-1}T^{-1}]$
运动粘度	二次方米每秒	$m^2 \cdot s^{-1}$	$[L^2T^{-1}]$
表面张力	牛[顿]每米	$N/m = kg \cdot s^{-2}$	$[MT^{-2}]$
扩散系数	二次方米每秒	$m^2 \cdot s^{-1}$	$[L^2T^{-1}]$

A.2　水的物理性质

温度 $\dfrac{t}{℃}$	密度 $\dfrac{\rho}{\text{kg·m}^{-3}}$	饱和蒸气压 $\dfrac{p}{\text{kPa}}$	比定压热容 $\dfrac{c_p}{\text{kJ·kg}^{-1}\text{·K}^{-1}}$	粘度 $\dfrac{\mu}{10^{-3}\text{Pa·s}}$	导热系数 $\dfrac{\lambda}{\text{W·m}^{-1}\text{·K}^{-1}}$	膨胀系数 $\dfrac{\beta}{10^{-4}\text{K}^{-1}}$	表面张力 $\dfrac{\sigma}{10^{-3}\text{N·m}^{-1}}$	普兰德数 Pr
0	999.9	0.61	4.209	1.792	0.551	0.63	75.6	13.67
10	999.7	1.22	4.188	1.305	0.575	0.70	74.2	9.52
20	998.2	2.33	4.180	1.005	0.599	1.82	72.7	7.02
30	995.7	4.24	4.175	0.801	0.618	3.21	71.2	5.42
40	992.2	7.37	4.175	0.656	0.634	3.87	69.7	4.31
50	988.1	12.33	4.175	0.549	0.648	4.49	67.7	3.54
60	983.2	19.92	4.176	0.469	0.659	5.11	66.2	2.98
70	977.8	31.16	4.184	0.406	0.668	5.70	64.4	2.55
80	971.8	47.34	4.192	0.357	0.675	6.32	62.6	2.21
90	965.3	71.00	4.205	0.317	0.680	6.95	60.7	1.95
100	958.4	101.3	4.217	0.282	0.683	7.52	58.9	1.75
110	951.0	143.3	4.230	0.259	0.685	8.08	56.9	1.60
120	943.1	198.6	4.247	0.237	0.686	8.64	54.8	1.47
130	934.8	270.2	4.264	0.218	0.686	9.19	52.9	1.36
140	926.1	361.5	4.284	0.201	0.685	9.72	50.7	1.26
150	917.0	476.2	4.310	0.186	0.684	10.3	48.7	1.17
160	907.4	618.3	4.343	0.174	0.683	10.7	46.6	1.10
170	897.3	792.5	4.377	0.163	0.679	11.3	44.3	1.05
180	886.0	100.4	4.414	0.153	0.675	11.9	41.3	1.00
190	876.0	1255	4.456	0.144	0.670	12.6	40.0	0.96
200	863.0	1554	4.502	0.136	0.663	13.3	37.7	0.93
250	799.0	3978	4.841	0.110	0.618	18.1	26.2	0.86
300	712.5	8593	5.732	0.0912	0.540	29.2	14.4	0.97
350	574.4	16540	9.504	0.0726	0.430	66.8	3.82	1.60
370	450.5	21054	40.319	0.0569	0.337	264	0.47	6.79

A.3　饱和水蒸气表

温度 $\dfrac{t}{℃}$	压强 $\dfrac{p}{\text{kPa}}$	密度 $\dfrac{\rho}{\text{kg} \cdot \text{m}^{-3}}$	比体积 $\dfrac{v}{\text{m}^3 \cdot \text{kg}^{-1}}$	液体焓 $\dfrac{H_{\text{L}}}{10^6 \text{J} \cdot \text{kg}^{-1}}$	蒸气焓 $\dfrac{H_{\text{V}}}{10^6 \text{J} \cdot \text{kg}^{-1}}$	气化焓变 $\dfrac{r}{10^6 \text{J} \cdot \text{kg}^{-1}}$
0	0.6082	0.00484	206.5	0	2.4911	2.4911
10	1.226	0.0094	106.4	0.0419	2.5104	2.4685
20	2.335	0.0172	57.8	0.0837	2.5301	2.4464
30	4.247	0.0304	32.93	0.1256	2.5493	2.4237
40	7.377	0.0511	19.55	0.1675	2.5686	2.4011
50	12.33	0.083	12.054	0.2093	2.5874	2.3781
60	19.92	0.130	7.687	0.2512	2.6063	2.3551
70	31.16	0.198	5.052	0.2931	2.6243	2.3312
80	47.34	0.293	3.414	0.3349	2.6423	2.3074
90	71.00	0.423	2.365	0.3768	2.6598	2.2830
100	101.3	0.597	1.675	0.4187	2.6770	2.2583
105	120.9	0.704	1.421	0.4400	2.6850	2.2450
110	143.3	0.825	1.212	0.4610	2.6933	2.2323
115	169.1	0.964	1.038	0.4823	2.7013	2.2190
120	198.6	1.120	0.893	0.5037	2.7088	2.2051
125	232.2	1.296	0.7715	0.5250	2.7164	2.1914
130	270.2	1.494	0.6693	0.5464	2.7239	2.1775
135	313.1	1.715	0.5831	0.5677	2.7310	2.1633
140	361.5	1.962	0.5096	0.5891	2.7377	2.1486
145	415.7	2.238	0.4469	0.6109	2.7444	2.1335
150	476.2	2.543	0.3933	0.6322	2.7507	2.1185
160	618.3	3.252	0.3075	0.6757	2.7628	2.0871
170	792.5	4.113	0.2431	0.7193	2.7733	2.0540
180	1004	5.145	0.1944	0.7632	2.7825	2.0193
190	1255	6.378	0.1568	0.8076	2.7900	1.8824
200	1554	7.840	0.1276	0.8520	2.7955	1.9435
250	3978	20.01	0.04998	1.0814	2.7900	1.7086
300	8593	46.93	0.02525	1.3525	2.7080	1.3555
350	16540	113.2	0.00884	1.6362	2.5167	0.8805

A.4　干空气的物理性质

（$p = 1.01325 \times 10^5$ Pa）

温度 $\dfrac{t}{℃}$	密度 $\dfrac{\rho}{kg \cdot m^{-3}}$	粘度 $\dfrac{\mu}{10^{-5} Pa \cdot s}$	比定压热容 $\dfrac{c_p}{kJ \cdot kg^{-1} \cdot K^{-1}}$	导热系数 $\dfrac{\lambda}{10^{-2} W \cdot m^{-1} \cdot K^{-1}}$	普兰德数 Pr
−50	1.584	1.46	1.013	2.04	0.728
−40	1.515	1.52	1.013	2.12	0.728
−30	1.453	1.57	1.013	2.20	0.723
−20	1.392	1.62	1.009	2.28	0.716
−10	1.342	1.67	1.009	2.36	0.712
0	1.293	1.72	1.005	2.44	0.707
10	1.247	1.77	1.005	2.51	0.705
20	1.205	1.82	1.005	2.59	0.703
30	1.165	1.86	1.005	2.68	0.701
40	1.128	1.91	1.005	2.76	0.699
50	1.093	1.96	1.005	2.83	0.698
60	1.060	2.01	1.005	2.90	0.696
70	1.029	2.06	1.009	2.97	0.694
80	1.000	2.11	1.009	3.05	0.692
90	0.972	2.15	1.009	3.13	0.690
100	0.946	2.19	1.009	3.21	0.688
120	0.898	2.29	1.009	3.38	0.686
140	0.854	2.37	1.013	3.49	0.684
160	0.815	2.45	1.017	3.64	0.682
180	0.779	2.53	1.022	3.78	0.681
200	0.746	2.60	1.026	3.93	0.680
250	0.674	2.74	1.038	4.27	0.677
300	0.615	2.97	1.047	4.61	0.674
350	0.566	3.14	1.059	4.91	0.676
400	0.524	3.31	1.068	5.21	0.678
500	0.456	3.62	1.093	5.75	0.687
600	0.404	3.91	1.114	6.22	0.699
700	0.362	4.18	1.135	6.71	0.706
800	0.329	4.43	1.156	7.18	0.713
900	0.301	4.67	1.172	7.63	0.717
1000	0.277	4.91	1.185	8.07	0.719
1100	0.257	5.12	1.197	8.50	0.722
1200	0.239	5.35	1.210	9.15	0.724

A.5　某些液体的物理性质

说明：密度 ρ、粘度 μ、膨胀系数 β、表面张力 σ、比定压热容 c_p、导热系数 λ 的数据条件为 $p = 1.01325 \times 10^5$ Pa，$T = 293.15$ K；沸点 T_b 与气化焓变 r 的数据条件为 $p = 1.0325 \times 10^5$ Pa。

物　　质	分子式	相对分子质量	密度 ρ / kg·m⁻³	粘度 μ / mPa·s	膨胀系数 β / 10⁻⁴ K⁻¹	表面张力 σ / mN·m⁻¹	比定压热容 c_p / kJ·kg⁻¹·K⁻¹	导热系数 λ / W·m⁻¹·K⁻¹	沸点 T_b / ℃	气化焓变 r / kJ·kg⁻¹
水	H_2O	18.02	998	1.005	1.82	72.7	4.18	0.599	100	2256.9
盐水(25%)	$NaCl\text{-}H_2O$	—	1180	2.3	(4.4)	65.6	3.39	(0.57)	107	—
盐水(25%)	$CaCl_2\text{-}H_2O$	—	1228	2.5	(3.4)	64.6	2.89	0.57	107	—
盐酸(30%)	HCl	36.47	1149	2	—	65.7	2.55	0.42	(110)	—
硝酸	HNO_3	63.02	1513	1.17(10℃)	—	42.7	1.74	0.384	68	481.1
硫酸	H_2SO_4	98.08	1813	25.4	5.6	55.1	1.47	—	340(分解)	—
甲醇	CH_3OH	32.04	791	0.597	12.2	22.6	2.495	0.212	64.6	110.1
三氯甲烷	$CHCl_3$	119.38	1489	0.58	12.6	27.1	0.992	0.14	61.1	253.7
四氯化碳	CCl_4	153.82	1594	0.97	—	26.8	0.85	0.12	76.5	195
乙醛	CH_3CHO	44.05	780	0.22	11.6	21.2	1.884	—	20.4	573.6
乙醇	C_2H_5OH	46.07	789	1.200	10.7	22.3	2.395	0.172	78.3	845.2
醋酸	CH_3COOH	60.03	1049	1.31	—	27.6	1.997	0.175	117.9	406
乙二醇	$C_2H_4(OH)_2$	62.05	1113	23	—	4.77	2.349	—	197.2	799.7
甘油	$C_3H_5(OH)_3$	92.09	1261	1490	5.3	61.0	2.34	0.593	290(分解)	—
乙醚	$(C_2H_5)_2O$	74.12	714	0.233	16.3	17.0	2.336	0.14	34.5	360
醋酸乙酯	$CH_3COOC_2H_5$	88.11	901	0.455	—	23.9	1.922	0.14	77.1	368.4
戊烷	C_5H_{12}	72.15	626	0.240	15.9	15.2	2.244	0.113	36.1	357.5
糠醛	$C_5H_4O_2$	96.09	1160	1.29	—	43.5	1.59	—	161.8	452.2
己烷	C_6H_{14}	86.17	659	0.326	—	18.4	2.311	0.119	68.7	335.1
苯	C_6H_6	78.11	879	0.652	12.4	28.9	1.704	0.148	80.1	393.9
甲苯	C_7H_8	92.13	867	0.590	10.9	28.4	1.70	0.138	110.6	363.4
邻二甲苯	C_8H_{10}	106.16	880	0.810	—	29.6	1.742	0.142	144.4	346.7
间二甲苯	C_8H_{10}	106.16	864	0.620	10.1	28.5	1.70	0.168	139.1	342.9
对二甲苯	C_8H_{10}	106.16	861	0.648	—	27.5	1.704	0.129	138.4	340

A.6　常用固体材料的物理性质

名　称	$\rho/(\mathrm{kg \cdot m^{-3}})$	$\lambda/(\mathrm{W \cdot m^{-1} \cdot K^{-1}})$	$c_p/(\mathrm{kJ \cdot kg^{-1} \cdot K^{-1}})$
(1) 金属			
钢	7850	45.4	0.46
不锈钢	7900	17.4	0.50
铸铁	7220	62.8	0.50
铜	8800	383.8	0.406
青铜	8000	64.0	0.381
黄铜	8600	85.5	0.38
铝	2670	203.5	0.92
镍	9000	58.2	0.46
铅	11400	34.9	0.130
(2) 塑料			
酚醛	1250~1300	0.13~0.26	1.3~1.7
脲醛	1400~1500	0.30	1.3~1.7
聚氯乙烯	1380~1400	0.16	1.84
聚苯乙烯	1050~1070	0.08	1.34
低压聚乙烯	940	0.29	2.55
高压聚乙烯	920	0.26	2.22
有机玻璃	1180~1190	0.14~0.20	
(3) 建筑材料、绝热材料、耐酸材料及其他			
干砂	1500~1700	0.45~0.58	0.75（−20~20℃）
粘土	1600~1800	0.47~0.53	
锅炉炉渣	700~1100	0.19~0.30	
粘土砖	1600~1900	0.47~0.67	0.92
耐火砖	1840	1.0(800~1100℃)	0.96~1.00
绝热砖(多孔)	600~1400	0.16~0.37	
混凝土	2000~2400	1.3~1.55	0.84
松木	500~600	0.07~0.10	2.72(0~100℃)
软木	100~300	0.041~0.064	0.96
石棉板	700	0.12	0.816
石棉水泥板	1600~1900	0.35	
玻璃	2500	0.74	0.67
耐酸陶瓷制品	2200~2300	0.9~1.0	0.75~0.80
耐酸砖和板	2100~2400		
耐酸搪瓷	2300~2700	0.99~1.05	0.84~1.26
橡胶	1200	0.16	1.38
冰	900	2.3	2.11

A.7 某些气体的物理性质

($p = 1.01325 \times 10^5$ Pa, $T = 273.15$ K)

物质	分子式	相对分子质量	密度 $\dfrac{\rho}{\text{kg·m}^{-3}}$	粘度 $\dfrac{\mu}{10^{-5}\text{ Pa·s}}$	比定压热容 $\dfrac{c_p}{\text{kJ·kg}^{-1}\text{·K}^{-1}}$	导热系数 $\dfrac{\lambda}{\text{W·m}^{-1}\text{·K}^{-1}}$	沸点 $\dfrac{T_b}{\text{℃}}$	气化焓变 $\dfrac{r}{\text{kJ·kg}^{-1}}$
氢	H_2	2.016	0.090	0.842	14.268	0.16	-252.8	454.3
氦	He	4.00	0.1785	1.88	5.275	0.144	-268.9	19.51
氨	NH_3	17.03	0.771	0.918	2.219	0.021	-33.4	1373
一氧化碳	CO	28.01	1.250	1.66	1.047	0.022	-191.5	211.4
氮	N_2	28.02	1.251	1.70	1.047	0.023	-195.8	199.2
空气	—	(28.95)	1.293	1.72	1.009	0.0244	-195	196.8
氧	O_2	32	1.429	2.03	0.913	0.0240	-183	213.1
硫化氢	H_2S	34.08	1.539	1.16	1.059	0.0131	-60.2	548.5
氩	Ar	39.94	1.782	2.09	0.532	0.0173	-185.9	162.9
二氧化氮	NO_2	46.01	—	—	0.804	0.0400	21.2	711.7
二氧化碳	CO_2	44.01	1.976	1.37	0.837	0.0137	-78.2	573.6
二氧化硫	SO_2	64.07	2.927	1.17	0.632	0.0077	-10.8	393.6
氯	Cl_2	70.91	3.217	1.29	0.482	0.0085	-33.8	305.4
甲烷	CH_4	16.04	0.717	1.03	2.223	0.0300	-161.6	510.8
乙炔	C_2H_2	26.04	1.171	0.935	1.683	0.0184	(-83.7)	829.0
乙烯	C_2H_4	28.05	1.261	0.985	1.528	0.017	-103.7	481.5
乙烷	C_2H_6	30.07	1.357	0.850	1.729	0.0186	-88.5	485.7
丙烯	C_3H_6	42.08	1.914	0.810	1.633	—	-47.7	439.6
丙烷	C_3H_8	44.1	2.020	0.747	1.863	0.0148	-42.1	427.0
正丁烷	C_4H_{10}	58.12	2.673	0.810	1.918	0.0135	-0.5	386.4
正戊烷	C_5H_{12}	72.15	—	0.874	1.712	0.0128	36.1	360.1
苯	C_6H_6	78.11	—	0.72	1.252	0.0088	80.2	393.6

A.8 管壁的绝对粗糙度

管子材料使用情况	绝对粗糙度[a] ε/mm
干净的拉制铜、黄铜、铅管及玻璃管	$0.0015 \sim 0.01$
橡胶软管	$0.01 \sim 0.03$
水泥浆粉管	$0.45 \sim 3.0$
陶土排水管	$0.35 \sim 6$
新无缝钢管	$0.04 \sim 0.07$
煤气管路上用过一年的无缝钢管	≈ 0.12
略受腐蚀的无缝钢管	$0.2 \sim 0.3$
旧的不锈钢管	$0.6 \sim 0.7$
镀锌管或新铸铁管	$0.25 \sim 0.4$
受腐蚀的旧铸铁管	>0.85

[a] 一般计算中,对于干净的玻璃、铜、铅等拉制管,可视为光滑管($\varepsilon = 0$);新无缝钢管,取 $\varepsilon = 0.1$mm;稍受腐蚀的无缝钢管及新有缝钢管,取 $\varepsilon = 0.35$mm;旧铸铁管或受强烈腐蚀的管,取 $\varepsilon = 1$mm。

A.9 管子规格(摘录)

(一) 水煤气输送钢管(摘自 GB 3091-82, GB 3092-82)

公称直径[a]/mm (in)	外径/mm	普通管壁厚/mm	加厚管壁厚/mm
$8\left(\frac{1}{4}\right)$	13.50	2.25	2.75
$10\left(\frac{3}{8}\right)$	17.00	2.25	2.75
$15\left(\frac{1}{2}\right)$	21.25	2.75	3.25
$20\left(\frac{3}{4}\right)$	26.75	2.75	3.50
25 (1)	33.50	3.25	4.00
$32\left(1\frac{1}{4}\right)$	42.25	3.25	4.00
$40\left(1\frac{1}{2}\right)$	48.00	3.50	4.25
50 (2)	60.00	3.50	4.50
$65\left(2\frac{1}{2}\right)$	75.50	3.75	4.50
80 (3)	88.50	4.00	4.75
100 (4)	114.00	4.00	5.00
125 (5)	140.00	4.50	5.50
150 (6)	165.00	4.50	5.50

[a] 此列中( )内的单位为英寸。

(二) 冷拔无缝钢管规格简表(摘自 GB 8163-88)

外径/mm	壁厚[a]/mm	外径/mm	壁厚/mm	外径/mm	壁厚/mm
6	0.25~2.0	20	0.25~6.0	40	0.40~9.0
7	0.25~2.5	22	0.40~6.0	42	1.0~9.0
8	0.25~2.5	25	0.40~7.0	44.5	1.0~9.0
9	0.25~2.8	27	0.40~7.0	45	1.0~10.0
10	0.25~3.5	28	0.40~7.0	48	1.0~10.0
11	0.25~3.5	29	0.40~7.5	50	1.0~12
12	0.25~4.0	30	0.40~8.0	51	1.0~12
14	0.25~4.0	32	0.40~8.0	53	1.0~12
16	0.25~5.0	34	0.40~8.0	54	1.0~12
18	0.25~5.0	36	0.40~8.0	56	1.0~12
19	0.25~6.0	38	0.40~9.0		

[a] 壁厚有 0.25, 0.30, 0.40, 0.50, 0.60, 0.80, 1.0, 1.2, 1.4, 1.5, 1.6, 1.8, 2.0, 2.2, 2.5, 2.8, 3.0, 3.2, 3.5, 4.0, 4.5, 5.0, 5.5, 6.0, 6.5, 7.0, 7.5, 8.0, 8.5, 9, 9.5, 10, 11, 12 mm。

A.10 泵规格(摘录)

(一) B型水泵性能表

泵型号	流量 m³·h⁻¹	扬程 m	转速 r·min⁻¹	功率/kW 轴	功率/kW 电机[a]	效率 (%)	允许吸上真空度 m	叶轮直径 mm	泵的净质量 kg	与BA型对照
	10	34.5		1.87		50.6	8.7			
2B31	20	30.8	2900	2.60	4(4.5)	64	7.2	162	35	2BA-6
	30	24		3.07		63.5	5.7			
	10	28.5		1.45		54.5	8.7			
2B31A	20	25.2	2900	2.06	3(2.8)	65.6	7.2	148	35	2BA-6A
	30	20		2.54		64.1	5.7			
	10	22		1.10		54.9	8.7			
2B31B	20	18.8	2900	1.56	2.2(2.8)	65	7.2	132	35	2BA-6B
	30	16.3		1.73		64	6.6			
	30	62		9.3		54.4	7.7			
3B57	45	57	2900	11	17(20)	63.5	6.7	218	116	3BA-3
	60	50		12.3		66.3	5.6			
	70	44.5		13.3		64	4.4			
	30	45		6.65		55	7.5			
3B57A	40	41.6	2900	7.30	10(14)	62	7.1	192	116	3BA-6A
	50	37.5		7.98		64	6.4			
	60	30		8.80		59				
	65	22.6		5.32		75				
4B20	90	20	2900	6.36	10	78	5	143	59	4BA-18
	110	17.1		6.93		74				
	60	17.2		3.80		74				
4B20A	80	15.2	2900	4.35	5.5(7)	76	5	130	59	4BA-18A
	95	13.2		4.80		71.1				

[a] 括号内数字是 JO 型的电动机功率。

(二) Y型离心油泵性能表

泵型号	流量 m³·h⁻¹	扬程 m	转速 r·min⁻¹	功率/kW 轴	功率/kW 电机	效率 (%)	气蚀余量 m	泵壳许用应力 Pa	结构型式
50Y-60	12.5	60	2950	5.95	11	35	2.3	1570/2550	单级悬臂
50Y-60A	11.2	49	2950	4.27	8			1570/2550	单级悬臂
50Y-60B	9.9	38	2950	2.39	5.5	35		1570/2550	单级悬臂
50Y-60×2	12.5	120	2950	11.7	15	35	2.3	2158/3138	两级悬臂
50Y-60×2A	11.7	105	2950	9.55	15			2158/3138	两级悬臂
50Y-60×2B	10.8	90	2950	7.65	11			2158/3138	两级悬臂
65Y-60×2C	9.9	5	2950	5.9	8			2158/3138	两级悬臂

泵型号	流量 m³·h⁻¹	扬程 m	转速 r·min⁻¹	功率/kW 轴	功率/kW 电机	效率（%）	气蚀余量 m	泵壳许用应力 Pa	结构型式
65Y-60	25	60	2950	7.5	11	55	2.6	1570/2550	单级悬臂
65Y-60A	22.5	49	2950	5.5	8			1570/2550	单级悬臂
65Y-60B	19.8	38	2950	3.75	5.5			1570/2550	单级悬臂
65Y-100	25	100	2950	17.0	32	40	2.6	1570/2550	单级悬臂
65Y-100A	23	85	2950	13.3	20			1570/2550	单级悬臂
65Y-100B	24	70	2950	10.0	15			1570/2550	单级悬臂
65Y-100×2	25	200	2950	34	55	40	2.6	2942/3923	两级悬臂
65Y-100×2A	23.3	175	2950	27.8	40			2942/3923	两级悬臂
65Y-100×2B	21.6	150	2950	22.0	32			2942/3923	两级悬臂
65Y-100×2C	19.8	125	2950	16.8	20			2942/3923	两级悬臂

（三）F型耐腐蚀泵性能表

泵型号	流量 m³·h⁻¹	扬程 m	转速 r·min⁻¹	功率/kW 轴	功率/kW 电机	效率（%）	允许吸上真空度 m	叶轮外径 mm
25F-16	8.6	16.0	2960	0.38	0.8	41	6	130
25F-16A	3.27	12.5	2960	0.27	0.8	41	6	118
40F-26	7.20	25.5	2960	1.14	2.2	44	6	148
40F-216A	6.55	20.5	2960	0.83	1.1	44	6	135
50F-40	14.4	40	2960	3.41	5.5	46	6	190
50F-40A	13.10	32.5	2960	2.54	4.0	46	6	178
50F-16	14.4	15.7	2960	0.96	1.5	64	6	123
50F-16A	13.1	12.0	2960	0.70	1.1	62	6	112
65F-16	28.8	15.7	2960	1.74	4.0	71	6	122
65F-16A	26.2	12.0	2960	1.24	2.2	69	6	112
100F-92	100.8	92.0	2960	37.1	55.0	68	4	274
100F-92A	94.3	80.0	2960	31.0	40.0	68	4	256
100F-92B	88.6	70.5	2960	25.4	40.0	67	4	241

A.11　管板式热交换器系列标准(摘录)

(一) 固定管板式(代号 G)

公称直径/mm	159	273	400	600	800
公称压力 kgf/cm²	25	25	16, 25	10, 16, 25	6, 10, 16, 25
公称压力 kPa[a]	2.45×10³	2.45×10³	2.57×10³ 2.45×10³	0.981×10³ 1.57×10³ 2.45×10³	0.588×10³ 0.981×10³ 1.57×10³ 2.45×10³
公称面积/m²	1　2　3	3　4　5　7	10　20　40	60　120	100　200　300
管长/m	1.5　2　3	1.5　1.5　2　2　3	1.5　3　6	3　6	3　6　6
管子总数	13　13　13	32　38　32　38　32	102　86　86　86	269　254	456　444　444　501
管程数	1　1　1	2　1　2　1　2	2　4　4　4	1　2	4　6　6　1
壳程数	1　1　1	1　1　1　1　1	1　1　1　1	1　1	1　1　1　1
管子尺寸 mm — 碳钢	⌀25×2.5	⌀25×2.5	⌀25×2.5	⌀25×2.5	⌀25×2.5
管子尺寸 mm — 不锈钢	⌀25×2	⌀25×2	⌀25×2	⌀25×2	⌀25×2
管子排列方法	△[c]	△	△	△	△

(二) 浮头式(代号 F)

公称直径/mm	325	400	500	600	700	800
公称压力 kgf/cm²	40	40	16, 25, 40	16, 25, 40	16, 25, 40	25
公称压力 kPa[a]	3.92×10³	3.92×10³	1.57×10³ 2.45×10³ 3.92×10³	1.57×10³ 2.45×10³ 3.92×10³	1.57×10³ 2.45×10³ 3.92×10³	2.45×10³
公称面积/m²	10	25		130	185	245
管长/m	3	3	6	6	6	6
管子尺寸/mm	⌀19×2	⌀19×2	⌀19×2	⌀19×2	⌀19×2	⌀19×2
管子总数	76	138	228(224)[b]	372(368)	528(528)	700(696)
管程数	2	2	2(4)	2(4)	2(4)	2(4)
实际面积/m²	13.2	24	79	131	186	245
管子排列方法	△[c]	△	△	△	△	△

[a] 以 kPa 表示的公称压力为编者按原系列标准中的 kgf/cm² 换算来的。

[b] 括号内的数据为四管程的总管数。

[c] △表示管子为正三角形排列,表(二)中管子中心距为 25 mm。

B. 重要的化工专业术语

B.1 汉英对照

板式塔　plate column

比摩尔分数　specific mole fraction

比生长速率　specific growth rate

边界层　boundary layer

并流　co-current flow

层流　laminar flow

差压计　differential manometer

产物抑制　product inhibition

传热系数　heat transfer coefficient

传质单元高度　height of a transfer unit

传质单元数　number of transfer units

萃取　extraction

萃取精馏　extractive distillation

错流　cross current flow

单向扩散　unidirectional diffusion

当量长度　equivalent length

等分子对向扩散　equimolecular counter diffusion

等温反应器　isothermal reactor

动量传递　momentum transfer

动力粘度　dynamic viscosity

对数平均温度差　logarithmic mean temperature difference

对数生长期　logarithmic phase

底物　substrate

底物抑制　substrate inhibition

反应精馏　reactive distillation

返混　backmixing

发酵罐　fermenter

分批培养　batch culture

分子扩散　molecular diffusion

格拉斯霍夫准数　Grashof number

固定床反应器　fixed-bed reactor

固定化酶　immobilized enzyme

管式反应器　tubular reactor

恒沸精馏　azeotropic distillation

恒化器　chemostat

化学反应工程　chemical reaction engineering

换热器　heat exchanger

回流比　reflux ratio

混合　mixing

活塞流反应器　plug flow reactor

加料板　feed tray

剪应力　shear stress

精馏　rectifying

精馏段　stripping section

绝热反应器　adiabatic reactor

空间时间　space time

空间速度　space velocity

空塔速度　superficial velocity

孔板流量计　orifice flowmeter

雷诺准数　Reynolds number

离心泵　centrifugal pump

离心压缩机　centrifugal compressor

理论塔板数　number of theoretical plates

理想间歇反应器　ideal batch reactor

连续搅拌釜式反应器　continuous stirred tank reactor

连续培养　continuous culture

流化床反应器　fluidized-bed reactor

流体动力学　fluid dynamics

流体静力学　fluid statics

流体流动　fluid-flow

摩尔分数　mole fraction

酶催化　enzyme catalysis

酶-底物复合物　enzyme-substrate complex

酶反应动力学 enzymatic reaction kinetics
米氏动力学 Michaelis-Menton kinetics
米氏方程 Michaelis-Menton equation
米氏常数 Michaelis-Menton constant
莫诺生长动力学 Monod growth kinetics
膜生物反应器 membrane bioreactor
逆流 counter current flow
浓度边界层 concentration boundary layer
努塞特准数 Nusselt number
普兰特准数 Prandtl number
强制对流 forced convection
全混流反应器 mixed flow reactor
热边界层 thermal boundary layer
热传导 thermal conduction
热对流 thermal convection
热辐射 thermal radiation
热量传递 heat transfer
热通量 heat flux
热载体 heat carrier
热阻 heat resistance
舍伍特准数 Sherwood number
生物催化反应 biocatalytic reaction
生物催化剂 biocatalyst
生长速率 growth rate
生物反应器 bioreactor

施密特准数 Schmidt number
实际塔板数 actual plate number
双膜理论 two-film theory
死亡期 death phase
塔板效率 plate efficiency
提馏段 distillate section
填料塔 packed tower
停留时间 residence time
湍流 turbulent flow
涡流扩散 eddy diffusion
稳定期 stationary phase
无因次准数 dimensionless number
吸收 absorption
相对挥发度 relative volatility
压头损失 fluid head lost
液泛速度 flooding velocity
液气比 liquid-gas ratio
因次分析 dimensional analysis
折流 baffling current flow
蒸馏 distillation
质量传递 mass transfer
转化率 conversion
转子流量计 rotary flowmeter
自然对流 natural convection

B.2 英 汉 对 照

absorption 吸收
actual plate number 实际塔板数
adiabatic reactor 绝热反应器
azeotropic distillation 恒沸精馏
backmixing 返混
baffling current flow 折流
batch culture 分批培养
biocatalytic reaction 生物催化反应
biocatalyst 生物催化剂
bioreactor 生物反应器
boundary layer 边界层
centrifugal compressor 离心压缩机

centrifugal pump 离心泵
chemical reaction engineering 化学反应工程
chemostat 恒化器
co-current flow 并流
concentration boundary layer 浓度边界层
continuous stirred tank reactor 连续搅拌釜
  式反应器
continuous culture 连续培养
conversion 转化率
counter current flow 逆流
cross current flow 错流
death phase 死亡期

differential manometer　差压计

dimensional analysis　因次分析

dimensionless number　无因次准数

distillate section　提馏段

distillation　蒸馏

dynamic viscosity　动力粘度

eddy diffusion　涡流扩散

enzyme catalysis　酶催化

enzyme-substrate complex　酶-底物复合物

enzymatic reaction kinetics　酶反应动力学

equimolecular counter diffusion　等分子对向扩散

equivalent length　当量长度

extraction　萃取

extractive distillation　萃取精馏

feed tray　加料板

fermenter　发酵罐

fixed-bed reactor　固定床反应器

flooding velocity　液泛速度

fluid dynamics　流体动力学

fluid head lost　压头损失

fluid statics　流体静力学

fluid-flow　流体流动

fluidized-bed reactor　流化床反应器

forced convection　强制对流

Grashof number　格拉斯霍夫准数

growth rate　生长速率

heat carrier　热载体

heat exchanger　换热器

heat flux　热通量

heat resistance　热阻

heat transfer　热量传递

heat transfer coefficient　传热系数

height of a transfer unit　传质单元高度

ideal batch reactor　理想间歇反应器

immobilized enzyme　固定化酶

isothermal reactor　等温反应器

laminar flow　层流

liquid-gas ratio　液气比

logarithmic mean temperature difference　对数平均温度差

logarithmic phase　对数生长期

mass transfer　质量传递

membrane bioreactor　膜生物反应器

Michaelis-Menton kinetics　米氏动力学

Michaelis-Menton equation　米氏方程

Michaelis-Menton constant　米氏常数

mixed flow reactor　全混流反应器

mixing　混合

mole fraction　摩尔分数

molecular diffusion　分子扩散

momentum transfer　动量传递

Monod growth kinetics　莫诺生长动力学

natural convection　自然对流

number of theoretical plates　理论塔板数

number of transfer units　传质单元数

Nusselt number　努塞特准数

orifice flowmeter　孔板流量计

packed tower　填料塔

plate column　板式塔

plate efficiency　塔板效率

plug flow reactor　活塞流反应器

Prandtl number　普兰特准数

product inhibition　产物抑制

reactive distillation　反应精馏

rectifying　精馏

reflux ratio　回流比

relative volatility　相对挥发度

residence time　停留时间

Reynolds number　雷诺准数

rotary flowmeter　转子流量计

Schmidt number　施密特准数

shear stress　剪应力

Sherwood number　舍伍特准数

space time　空间时间

space velocity　空间速度

specific mole fraction　比摩尔分数

specific growth rate　比生长速率

stationary phase   稳定期

stripping section   精馏段

substrate   底物

substrate inhibiton   底物抑制

superficial velocity   空塔速度

thermal boundary layer   热边界层

thermal conduction   热传导

thermal convection   热对流

thermal radiation   热辐射

tubular reactor   管式反应器

turbulent flow   湍流

two-film theory   双膜理论

unidirectional diffusion   单向扩散

C. 习题参考答案

第1章

1-1 1839 mmHg, 3.432×10^5 Pa

1-2 $h_w = 0.214$ m, $h_o + h_w = 1.284$ m

1-3 (1) $0 < x < 1$ m, (2) $h = 0.5$ m

1-4 $p_A = 6396$ Pa(表压), $p_B = 62431$ Pa(表压)

1-5 $\zeta = 0.54$

1-6 $\Delta p = 981$ Pa, $\Delta p_f = 4.40 \times 10^3$ Pa

1-7 $q_V = 0.0265$ $\text{m}^3 \cdot \text{s}^{-1}$, $R = 0.345$ m

1-8 (1) $\Delta p_f'/\Delta p_f = 0.35$
   (2) $\Delta p_f'/\Delta p_f = 0.269$
   (3) $\Delta p_f'/\Delta p_f = 0.252$

1-9 (1) $q_m = 0.117$ $\text{kg} \cdot \text{s}^{-1}$
   (2) $q_V = 0.0367$ $\text{m}^3 \cdot \text{s}^{-1}$
   (3) $q_{V,0} = 0.0905$ $\text{m}^3 \cdot \text{s}^{-1}$

1-10 (1) $\text{Re} = 1494$
   (2) $r = 5.303$ mm
   (3) $\Delta p_f = 6400$ Pa

1-11 $\zeta = 0.428$

1-12 $\left(\dfrac{p_1}{\rho g} + z_1\right) < \left(\dfrac{p_2}{\rho g} + z_2\right)$,右侧高;$R = 0.117$ m

1-13 $p_2 = 620$ mmHg(真空度)

1-14 $F_f = 3.64 \times 10^3$ N

1-15 (1) $N = 2.89$ kW
   (2) $p_B = 6.66 \times 10^4$ Pa(表压)

1-16 $N_e = 2.24$ kW

1-17 $H \leqslant 43$ m

1-18 $u = 6.45$ $\text{m} \cdot \text{s}^{-1}$, $q_V = 1.82$ $\text{m}^3 \cdot \text{h}^{-1}$

1-19 $q_V = 58.3$ $\text{m}^3 \cdot \text{h}^{-1}$

1-20 $q_{V,水}$ 为 $0.296 \sim 2.96$ $\text{m}^3 \cdot \text{h}^{-1}$
   $q_{V,乙醇}$ 为 $0.336 \sim 3.36$ $\text{m}^3 \cdot \text{h}^{-1}$

1-21 $u = 14.8$ $\text{m} \cdot \text{s}^{-1}$

1-22 (1) 层流 44 mm, (2) 湍流 37 mm

1-23 (1) $H_e = 34.56$ m, $H_g = -0.705$ m
   (2) 能正常操作

1-24 $\Delta h_{min} = 2.85$ m, $\Delta h_{允} = 3.15$ m

1-25 $q_V = 600$ $\text{m}^3 \cdot \text{h}^{-1}$

第2章

2-1 (1) 不计层间热阻 $q = 1187$ $\text{W} \cdot \text{m}^{-2}$; (2) 0.478

2-2 (1) 42.6%; (2) $\lambda_1 = 1.167$ $\text{W} \cdot \text{m}^{-1} \cdot \text{°C}^{-1}$, $\lambda_2 = 1.037$ $\text{W} \cdot \text{m}^{-1} \cdot \text{°C}^{-1}$

2-3 $b_{2,min} = 0.1208$ m, 91.5%

2-4 $\Delta r = 0.036$ m

2-5 $Q'/Q = 1.25$

2-6 (略)

2-7 $t_2 = 6.84$°C

2-8 $\alpha_1 = 39.1$ $\text{W} \cdot \text{m}^{-2} \cdot \text{°C}^{-1}$
   $\alpha_2 = 45.2$ $\text{W} \cdot \text{m}^{-2} \cdot \text{°C}^{-1}$, $t_2 = 88.9$°C

2-9 $\alpha_1 = 3.11 \times 10^4$ $\text{W} \cdot \text{m}^{-2} \cdot \text{°C}^{-1}$, $t_2 = 25.1$°C
   $\alpha_2 = 1.11 \times 10^4$, $t_2 = 17.4$°C; $\alpha_3 = 7.62 \times 10^3$
   $t_2 = 15.4$°C; 量纲法 $\alpha = 9.492 \times 10^4$, $t_2 = 16.5$°C

2-10 $j_H = 2.497 \times 10^{-3}$

2-11 $l' = 3.70$ m

2-12 $\Delta t_m' = 49.5$°C, $T_2' = 155.4$°C, $t_2' = 161.4$°C

2-13 $t_2 = 27.5$°C, $q_{m,c} = 5.69 \times 10^3$ $\text{kg} \cdot \text{h}^{-1}$

2-14 $S_0 = 16.59$ m^2, $q_{m,c} = 1.14$ $\text{kg} \cdot \text{s}^{-1}$

2-15 $\alpha = 57.7$ $\text{W} \cdot \text{m}^{-2} \cdot \text{°C}^{-1}$

2-16 $K = 58.0$ $\text{W} \cdot \text{m}^{-2} \cdot \text{°C}^{-1}$

2-17 $\alpha_{1.5} = 4942$ $\text{W} \cdot \text{m}^{-2} \cdot \text{°C}^{-1}$

2-18 $\theta = 0.203$ h

2-19 $q_{m,c} = 1.319$ $\text{kg} \cdot \text{s}^{-1}$, 冷凝段 $\Delta t_m = 8.8$°C, 冷却段 $\Delta t_m' = 23.6$°C

2-20 $Q_大/Q_小 = 4$

2-21 忽略热失 $\theta = 0.203$ h, 考虑热损失 $\theta = 2.34$ h

2-22 $n = 120$ 根

2-23 饱和蒸气 $T = 116.5$°C, $p = 179.2$ kPa

第3章

3-1 真空度 $= 94.28$ kPa

3-2 $\alpha = 2.91$

3-3 (略)

3-4 (略)

3-5 $q_{n,D} = 201.5\ \text{kmol}\cdot\text{h}^{-1}$, $q_{n,W} = 33.5\ \text{kmol}\cdot\text{h}^{-1}$

3-6 $q_{n,D} = 34.3\ \text{kmol}\cdot\text{h}^{-1}$, $q_{n,W} = 65.7\ \text{kmol}\cdot\text{h}^{-1}$

$q_{n,L} = 85.8\ \text{kmol}\cdot\text{h}^{-1}$, $q_{n,V} = 120\ \text{kmol}\cdot\text{h}^{-1}$

3-7 $q = 1.27$

3-8 （略）

3-9 (1) $R = 4.13$

(2) $q_{n,F} = 141\ \text{kmol}\cdot\text{h}^{-1}$, $q_{n,D} = 41\ \text{kmol}\cdot\text{h}^{-1}$

(3) 斜率 $= 1.42$

3-10 （略）

3-11 $R_{\min} = 4.30$

3-12 (1) $R_{\min} = 6.95$, (2) $N_{T,\min} = 47.6$

3-13 （略）

3-14 $x_2 = 0.852$

3-15 $N = 310\sim320$

3-16 16 块, 含塔釜;第 8 块进料

3-17 $q_{n,D}$ 减小、$q_{n,W}$ 增大、x_d 增大、x_w 增大

3-18 (1) $x_A = 0.365$, $y_A = 0.59$

(2) $R_{\min} = 1.69$

3-19 68.3%

3-20 $d = 1.6\ \text{m}$

3-21 （略）

3-22 $H = 0.596\ \text{kmol}\cdot\text{m}^{-3}\cdot\text{kPa}^{-1}$, $m = 0.920$

3-23 (1) $p_A - p_{A,i} = 10\ \text{kPa}$, $k_L = 384\ \text{m}\cdot\text{h}^{-1}$

$c_{A,i} - c_A = 0.375\times10^{-3}\ \text{kmol}\cdot\text{m}^{-3}$

$K_G = 0.0111\ \text{kmol}\cdot\text{h}^{-1}\cdot\text{m}^{-2}\cdot\text{kPa}^{-1}$

$p_A - p_A^* = 13\ \text{kPa}$, $K_L = 88.6\ \text{m}\cdot\text{h}^{-1}$

$c_A^* - c_A = 1.62\ \text{kmol}\cdot\text{m}^{-3}$

(2) 77%

3-24 $K_G = 5.9\times10^{-4}\ \text{kmol}\cdot\text{h}^{-1}\cdot\text{m}^{-2}\cdot\text{kPa}^{-1}$

$K_L = 0.36\ \text{m}\cdot\text{h}^{-1}$

$K_Y = 0.063\ \text{kmol}\cdot\text{h}^{-1}\cdot\text{m}^{-2}$

$K_X = 20\ \text{kmol}\cdot\text{h}^{-1}\cdot\text{m}^{-2}$

3-25 $q_{n,C}/q_{n,B} = 623$, $X_1 = 3.11\times10^{-5}$, $q_{n,C}/q_{n,B}$
$= 62.3$, $X_1 = 3.11\times10^{-5}$

3-26 $K_Y a = 206\ \text{kmol}\cdot\text{h}^{-1}\cdot\text{m}^{-3}$

$N_A = 3.88\ \text{kmol}\cdot\text{h}^{-1}$

3-27 (1) 用水量 $= 286.2\ \text{t}\cdot\text{h}^{-1}$, (2) $H = 11.53\ \text{m}$

3-28 (1) $x = 0.264\%$

(2) $87\ \text{t}\cdot\text{h}^{-1}$

(3) $N_{OG} = 5.7$

3-29 (1) Y_2 增大、X_1 增大

(2) Y_2 减小、X_1 增大

(3) Y_2 减小、X_1 减小

3-30 $N_T = 5$

3-31 $c = 794\ \mu\text{g}\cdot\text{mL}^{-1}$, $c_p = 2.08\ \mu\text{g}\cdot\text{mL}^{-1}$

第 4 章

4-1 $[-r(\text{N}_2)] = 3.22\times10^{-3}\ \text{mol}\cdot\text{m}^{-3}\cdot\text{s}^{-1}$

$[-r(\text{H}_2)] = 9.66\times10^{-3}\ \text{mol}\cdot\text{m}^{-3}\cdot\text{s}^{-1}$

$r(\text{NH}_3) = 6.44\times10^{-3}\ \text{mol}\cdot\text{m}^{-3}\cdot\text{s}^{-1}$

4-2 $x_A = 93.51\%$

4-3 $c_A = 9.27\ \text{mol}\cdot\text{m}^{-3}$, $p_A = 7.5\times10^4\ \text{Pa}$,

$y_A = 0.25$, $c_B = 18.55\ \text{mol}\cdot\text{m}^{-3}$

4-4 $x_A = 94\%$, $Y_p = 85.4\%$, $S_P = 90.9\%$

4-5 $V_R = 1.47\ \text{m}^3$

4-6 $p = 1.81\times10^5\ \text{Pa}$

4-7 $t_r = 2.83\ \text{h}$

4-8 $V = 1.08\ \text{m}^3$

4-9 $q_{V,0} = 0.0625\ \text{m}^3\cdot\text{min}^{-1}$, $V = 4\ \text{m}^3$,

$c_{A,f} = 2\ \text{kmol}\cdot\text{m}^{-3}$

4-10 $q_{V,A,0} = q_{V,B,0} = 0.026\ \text{m}^{-3}\cdot\text{min}^{-1}$

4-11 (1) $V = 5.42\ \text{m}^3$

(2) $V = 8.40\ \text{m}^3$

4-12 $x_A = 50\%$, $k = 0.0693\ \text{min}^{-1}$

4-13 $V = 0.54\ \text{m}^3$

4-14 (1) $V = 1.45\ \text{m}^3$

(2) $V = 3.26\ \text{m}^3$

(3) $V = 0.72\ \text{m}^3$

4-15 (1) $x_{A,2} = 79.85\%$

(2) $x_{A,2} = 85.70\%$

(3) $x_{A,2} = 87.79\%$

(4) $x_{A,2} = 89.69\%$

4-16 （略）

4-17 $V_m/V_\text{总} = 57\%$

4-18 $q_{n,A,0} = 146.6\ \text{mol}\cdot\text{h}^{-1}$, $q_{V,0} = 1.466\ \text{m}^3\cdot\text{h}^{-1}$,

$V = 8.40\ \text{m}^3$, $1.57\ \yen\cdot(\text{mol R})^{-1}$

4-19 $x_A = 0.333$; $1.5\ \yen\cdot(\text{mol R})^{-1}$

4-20 （略）

4-21 $\bar{t} = 20.25\ \text{min}$, $\sigma_t^2 = 64.44\ \text{min}^2$, $\sigma_\theta^2 = 0.157$

4-22 (1) $\bar{t} = 0.5\ \text{min}$

(2) $F(t) = 90.84\%$

(3) $F(\infty) = 0.302\%$

(4) $x_A = 84\%$

(5) $\bar{x}_A = 84\%$

4-23 $\eta_\text{内} = 0.199$

4-24 $d < 2.4\ \text{mm}$

4-25 (1) $k' = 1.62\ \text{s}^{-1}$

(2) $k' = 1.334\ \text{s}^{-1}$

4-26 $\eta_\text{外} = 0.995$, $\eta_\text{内} \approx 0.07$

D. 参考文献

[1] 北京大学化学系化学工程基础编写组.化学工程基础.第二版,北京:高等教育出版社(1983)

[2] 姚玉英主编.化工原理.天津大学出版社(1999)

[3] 陈敏恒,丛德滋,方图南,齐鸣斋.化工原理.北京:化学工业出版社(1999)

[4] 蒋维均等编.化工原理.北京:清华大学出版社(1993)

[5] 王定锦编.化学工程基础.北京:高等教育出版社(1992)

[6] 王绍亭,陈涛编.化工传递过程基础.北京:化学工业出版社(1987)

[7] 郑洁修,马玉龙,韩其勇编.化工过程开发概要.北京:高等教育出版社(1991)

[8] 吴望一编著.流体力学.北京大学出版社(1982)

[9] 陈常贵主编.化工原理教与学.天津大学出版社(1992)

[10] 刘茉娥等编.膜分离技术.北京:化学工业出版社(1998)

[11] 袁渭康,朱开宏编著.化学反应工程分析.上海:华东理工大学出版社(1995)

[12] 陈甘棠主编.化学反应工程.北京:化学工业出版社(1990)

[13] 李绍芬主编.反应工程.北京:化学工业出版社(1994)

[14] 朱炳辰主编.化学反应工程.北京:化学工业出版社(1998)

[15] [德]M.贝伦斯,H.霍夫曼,A.林肯著;张继炎等译.化学反应工程.北京:中国石化出版社(1994)

[16] 毛之侯,谢声礼,张濂编著.化学反应工程基本原理.北京:化学工业出版社(1990)

[17] 屠雨思,周为民,许根慧编著.有机化工反应工程.北京:中国石化出版社(1995)

[18] 姚玉英主编.化工原理例题与习题.北京:化学工业出版社(1990)

[19] 朱炳辰,房鼎业,姚佩芳编.化学反应工程例题与习题.上海:华东化工学院出版社(1993)

[20] Perry Robert H, Green Don W, Maloney James O. Perry's Chemical Engineers' Handbook. 7th ed. New York：McGraw-Hill(1997)

[21] 化学工程编辑委员会编.化学工程手册(6).北京:化学工业出版社(1989)

[22] 李绍芬主编.化学反应工程.北京:化学工业出版社(2001)

[23] 尹芳华,李为民主编.化学反应工程基础.北京:中国石化出版社(2000)

[24] 李再资编.生物化学工程基础.北京:化学工业出版社(1999)

[25] 戚以政,汪叔雄编著.生化反应动力学与反应器.北京:化学工业出版社(1999)

[26] 童海宝编著.生物化工.北京:化学工业出版社(2001)

[27] 石识之主编.精细化工反应器及车间工艺设计.上海:华东理工大学出版社(1996)

[28] Richardson J F & Peacock D G. Chemical Engineering. Vol.3, 3rd ed., 北京:世界图书出版公司(2000)